ヘテロ環化合物の化学

中川昌子 著

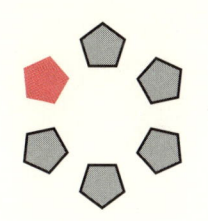

東京化学同人

まえがき

　ヘテロ環化合物〔複素環(式)化合物〕は，環状の有機化合物で炭素原子に加えて炭素(C)以外の原子（ヘテロ原子）を含んでいる化合物である．ヘテロ原子としては窒素(N)，酸素(O)，硫黄(S)が最も一般的である．

　本書は一度有機化学の基礎を学んだ人，理学部，工学部，農学部，薬学部の学生，特に学部4年生，大学院1年生，また企業に携わる研究者などを対象としたヘテロ環化合物の入門書である．これを学べば，より複雑なヘテロ環化合物に馴染むための敷居が低くなることを出版の目的の一つとした．今日までヘテロ環化合物に関する書物は多数出版されているが，教科書的なものは少ない．本書を執筆するにあたっては，すべてのヘテロ環を順次網羅するのではなく，主としてヘテロ原子が加わったがゆえに対応する炭素環式化合物と異なる化学的な性質や反応性を示す芳香族六員環と芳香族五員環のヘテロ環，およびそれらのベンゼン縮合体を取上げた（第1～8章）．しかる後に第9章において脂肪族ヘテロ環化合物についても記述した．脂肪族ヘテロ環化合物は対応する鎖式化合物と比較考察することに努めた．ヘテロ原子は1個含むものから複数個含むものを取上げ，かつ窒素，酸素，硫黄原子に限った．六員環系ではヘテロ原子は窒素に限った．複数のヘテロ原子をもつヘテロ環の母核は種類が多く，反応性，合成法も統一して簡単な原則に基づいて説明することは困難であるので，できるだけ共通性のある部分を取上げた．さらに代表的な合成法については，実用的な合成例を取上げるよう努めた．またこれらのヘテロ環を含む天然物や医薬品，さらに機能性材料など各章末で実例をあげた．

　最近の有機化学の本，特に教科書にはヘテロ環についてまとまって取上げられたものは少ない．有機化学のアドバンスコースの一つとして本書で基礎知識を学び，それが将来さらに複雑なヘテロ環に遭遇したときに役に立つことを期待している．本書に記載されていない複雑なヘテロ環の化学については，多くの専門書や文献検索をお勧めする．

　ヘテロ環が特に重要であると注目されるのは，ヘテロ環を含む化合物が有機化合物の半数以上を占めており，かつ重要な役割を担う化合物が多いためである．特に医薬品はヘテロ環を含むものが実に多い．薬の構造や性質，そして，作用発現のメカニズムなどを解明するためにも，ヘテロ環化合物についての基礎知識を身につけることは創薬研究戦略の観点からも必須であるばかりではなく，薬剤師にとっても役立つものとなるであろう．また，ヘテロ環化合物は農薬や有機機能性材料，電子材料，触媒分野などきわめて広い範囲で利用されてきている．一方，生物学的反応，特に代謝に関与する補酵素などにもヘテロ環をもつものが多い．NAD^+，NADH，FADなどは生体内酸化還元の反応剤であり，ビタミンB_1のチアゾール環は求核的な触媒である．また，大気中の酸素を細胞へ運ぶ輸送体はヘモグロビンである．ヘテロ環化合物がいかに体の中で活躍しているかを第10章で述べた．さらに近年，ヘテロ環は不斉有機金属触媒の配位子として，不斉反応開発において革新的な成果の一翼を担ってきた．第11章では配位子として利用されている代表的なヘテロ環化合物を簡単に取上げた．

　陸上・海洋生物由来の天然物には，多くの顕著な生物活性をもつヘテロ環誘導体が知ら

れているが，それらのなかからは有望なリード化合物が発見され，医薬品にまで開発されたものも少なくない．ヘテロ環の化学は医薬を主体として発展してきたが，有機化学の格段の進歩に伴って，しだいに医薬以外の多方面にわたる分野に進出・貢献している．

2011 年は世界化学年（統一テーマ：Chemistry — our life, our future）であった．未来社会に必要とされる医薬品や有機機能性材料などの開発においてヘテロ環化合物の潜在的多様性の発現が期待されると共に，それによってヘテロ環の新たな価値を創造することが期待される．

生物活性天然物の単離・構造解析とその合成研究など天然物化学の進展は有機化学の発展に大きく貢献してきた．ヘテロ環の化学もまたサルファ薬の開発や生物活性天然物，特にアルカロイドの合成などを通じて発展してきた．わが国ではヘテロ環の化学が盛んである．今後の更なる発展のために本書が少しでも役立てば幸いである．

本書の企画は山中 宏先生（東北大学名誉教授）と協同で始めたが実際の計画・執筆は著者が行った．先生には初めから種々の助言，示唆や励ましをいただきました．ここに厚く感謝いたします．

本書は主として神奈川大学での講義を基にして作成したものである．ここに松本正勝先生（神奈川大学名誉教授）のご支援に心より感謝いたします．また，本書をつくるうえで原稿をご閲読いただき，終始貴重な助言と知見をご教示くださり，ご激励くださった 故日野 亨先生（千葉大学名誉教授）に深く感謝いたします．資料の提供などを含めてご援助いただきました，柴﨑正勝先生（東京大学名誉教授），相見則郎先生（千葉大学名誉教授），濱田康正先生（千葉大学大学院薬学研究院教授），周東 智先生（北海道大学大学院薬学研究院教授），高山廣光先生（千葉大学大学院薬学研究院教授），西田まゆみ博士（広栄化学研究所所長），坂本尚夫先生（東北大学名誉教授），伊集院久子博士（神奈川大学機能性材料研究所客員研究員），三浦偉俊博士（ケミクレア株式会社つくば研究所所長），佐藤泰彦博士（元田辺製薬株式会社研究所副所長）に感謝いたします．本書の完成にあたって重要であったのは，長田敏明博士（武田薬品工業株式会社），小出友紀博士（トーアエイヨー株式会社），有澤光広博士（大阪大学大学院薬学研究科准教授）ら元千葉大学薬学部大学院生の多大な協力を得たことでありました．ここに深く感謝いたします．

有機化学とヘテロ環化学の手ほどきと研究のご指導をいただきました恩師，故伴 義雄先生（北海道大学名誉教授，元北海道大学学長）に心よりお礼申し上げます．本書を 故伴 義雄先生と 故日野 亨先生に捧げます．また貴重なご助言とご激励を賜りました金岡祐一先生（北海道大学名誉教授，富山国際学園理事長・学長）に厚く感謝しお礼を申し上げます．

本書を執筆するにあたり多くの書籍や文献などを参考にさせていただいた．そのおもなものを巻末にあげた．

最後に出版に際しては細部にわたり終始，適切なまたご親切な編集を行っていただきました東京化学同人の橋本純子氏，丸山 潤氏に厚くお礼を申し上げます．

2014 年 2 月

中 川 昌 子

目　　次

はじめに 1

第1章　ピリジン（芳香族ヘテロ六員環化合物） 7

1・1　ピリジンの構造と化学的特徴 7
1・2　ピリジンと求電子剤の反応 9
　1・2・1　ピリジンの求電子置換反応 9
　1・2・2　求電子剤の窒素への付加 12
1・3　ピリジンと求核剤の反応 18
　1・3・1　ピリジンの求核置換反応 18
　1・3・2　ピリジニウムイオンへの
　　　　　求核付加反応 22
1・4　ピリジンの酸化と還元 24
1・5　ピリジンのリチオ化 25
1・6　パラジウム触媒による
　　　ハロピリジンの反応 26
　1・6・1　溝呂木-Heck 反応 27
　1・6・2　小杉-右田-Stille
　　　　　カップリング反応 28
　1・6・3　鈴木-宮浦カップリング反応 28
　1・6・4　薗頭カップリング反応 31
　1・6・5　根岸カップリング反応 32
　1・6・6　Buchwald-Hartwig アミノ化反応 ... 32
1・7　ピリジン環を含む天然物と医薬品 35

第2章　キノリン，イソキノリン（ベンゼン環が縮合した芳香族ヘテロ六員環化合物） 38

2・1　キノリン，イソキノリンと
　　　求電子剤の反応 38
2・2　キノリン，イソキノリンの
　　　求核置換反応 40
　2・2・1　ハロキノリン，ハロイソキノリンの
　　　　　求核置換反応 41
　2・2・2　キノリン，イソキノリンの
　　　　　α位水素の求核置換反応 41
2・3　キノリン，イソキノリンの
　　　酸化と還元 43
2・4　パラジウム触媒によるハロキノリン，
　　　ハロイソキノリンの反応 43
　2・4・1　溝呂木-Heck 反応 44
　2・4・2　小杉-右田-Stille カップリングと
　　　　　薗頭カップリング 44
　2・4・3　鈴木-宮浦カップリングと
　　　　　根岸カップリング 45
2・5　キノリン，イソキノリン環を含む
　　　天然物と医薬品 47

第3章　ピリジン，キノリン，イソキノリンの合成 51

3・1　ピリジンの合成 51
　3・1・1　Hantzsch ピリジン合成 51
　3・1・2　その他のピリジン合成 54
3・2　キノリンの合成 55
　3・2・1　Gould-Jacobs キノリン合成 57
　3・2・2　Friedlander キノリン合成 58
　3・2・3　その他のキノリン合成 61
3・3　イソキノリンの合成 63
　3・3・1　Bischler-Napieralski 反応 64
　3・3・2　Pictet-Spengler 反応 66
　3・3・3　その他のイソキノリン合成 69

第4章 アジン（複数の環内窒素をもつ芳香族ヘテロ六員環化合物） ... 70

4・1 アジンの構造と化学的特徴 ... 70
4・2 アジンの反応性 ... 73
  4・2・1 アジンの求核置換反応 ... 73
  4・2・2 パラジウム触媒による
    アジンハロゲン化物（ハロアジン）
    の反応 ... 74
4・3 アジンの合成 ... 75
  4・3・1 ピリダジンの合成 ... 75
  4・3・2 ピリミジンの合成（Pinner 合成） ... 77
  4・3・3 ヘテロ Diels-Alder 反応
    （Boger 反応） ... 78
4・4 アジンを含む天然物と医薬品 ... 80

第5章 ピロール，フラン，チオフェン（芳香族ヘテロ五員環化合物） ... 90

5・1 ピロール，フラン，チオフェンの
  構造と化学的特徴 ... 90
  5・1・1 ピロール，フラン，チオフェンの
    構造 ... 90
  5・1・2 ピロール，フラン，チオフェンの
    反応性 ... 92
5・2 ピロール，フラン，チオフェンの
  求電子置換反応 ... 93
  5・2・1 ピロールの求電子置換反応 ... 94
  5・2・2 チオフェンの求電子置換反応 ... 94
  5・2・3 フランの求電子置換反応 ... 95
  5・2・4 ピロールのプロトン化 ... 97
  5・2・5 フランの酸加水分解──
    1,4-ジケトンの生成 ... 98
  5・2・6 ピロール，フラン，チオフェンの
    一置換体合成 ... 99
5・3 チオフェンの脱硫反応 ... 103
5・4 ピロール，フラン，チオフェンの
  リチオ化 ... 103
5・5 芳香族ヘテロ五員環の
  Diels-Alder 反応 ... 105
  5・5・1 フランの Diels-Alder 反応 ... 105
  5・5・2 ピロールの Diels-Alder 反応 ... 106
  5・5・3 チオフェンの Diels-Alder 反応 ... 107
5・6 ピロール，フラン，チオフェンの
  求核置換反応 ... 107
5・7 パラジウム触媒によるピロール，
  フラン，チオフェンの反応 ... 108
  5・7・1 溝呂木-Heck 反応 ... 108
  5・7・2 小杉-右田-Stille カップリング ... 108
  5・7・3 鈴木-宮浦カップリング反応 ... 110
  5・7・4 薗頭カップリング ... 113
  5・7・5 根岸カップリング ... 113
5・8 ピロール，フラン，チオフェンを含む
  天然物と医薬品 ... 114

第6章 インドール，ベンゾフラン，ベンゾチオフェン（ベンゼン環が縮合した芳香族ヘテロ五員環化合物） ... 116

6・1 インドール，ベンゾフラン，
  ベンゾチオフェンの
  化学的特徴と反応性 ... 116
  6・1・1 インドール，ベンゾフラン，
    ベンゾチオフェンの
    求電子置換反応 ... 116
6・2 インドール，ベンゾフラン，
  ベンゾチオフェンのリチオ化 ... 120
6・3 パラジウム触媒によるインドール，
  ベンゾフラン，ベンゾチオフェン
  の反応 ... 121
  6・3・1 溝呂木-Heck 反応 ... 122
  6・3・2 鈴木-宮浦カップリング ... 122
  6・3・3 小杉-右田-Stille カップリング ... 123
  6・3・4 薗頭カップリング ... 123
  6・3・5 根岸カップリング ... 123
6・4 インドール，ベンゾフラン，
  ベンゾチオフェンを含む
  天然物と医薬品 ... 124
6・5 プリビリッジド構造にみられる
  ヘテロ環 ... 127

第7章　芳香族ヘテロ五員環化合物の合成 ················ 131

7・1　ピロール，フラン，チオフェンの合成 ···· 131
7・1・1　Paal-Knorr 法 ························· 131
7・2　インドールの合成 ························· 134
7・2・1　Fischer インドール合成 ············· 135
7・2・2　遷移金属触媒を用いる
　　　　インドール合成 ····················· 139
7・3　β-カルボリンの合成 ····················· 142
7・3・1　Bischler-Napieralski 反応と
　　　　Pictet-Spengler 反応 ················ 142
7・3・2　インドールアルカロイドの
　　　　生合成における
　　　　Pictet-Spengler 反応 ················ 145

第8章　アゾール（複数の環内窒素をもつ芳香族ヘテロ五員環化合物） ················ 148

8・1　アゾールの構造と化学的特徴 ·········· 148
8・2　アゾールの反応性 ························· 150
8・2・1　イオン液体 ······························· 152
8・2・2　五員環ヘテロサイクリックカルベン ··· 153
8・3　トリアゾール，テトラゾール ·········· 155
8・4　アゾールの合成 ····························· 158
8・4・1　1,2-アゾールの合成 ·················· 158
8・4・2　1,3-アゾールの合成 ·················· 160
8・4・3　トリアゾール，テトラゾールの合成 ··· 162
8・5　アゾールを含む天然物と医薬品 ······· 163

第9章　脂肪族ヘテロ環化合物 ················ 167

9・1　ヘテロ三員環化合物 —— アジリジン，
　　　オキシラン，チイラン ················ 168
9・1・1　ヘテロ三員環化合物の反応 ········ 168
9・2　ヘテロ四員環化合物 —— アゼチジン，
　　　オキセタン，チエタン ················ 172
9・2・1　β-ラクタム ······························ 173
9・2・2　ジオキセタン ··························· 177
9・3　ヘテロ五員環，六員環化合物 ········· 178
9・3・1　塩基性と求核性 ························ 178
9・3・2　ヘテロ環アミンから生成した
　　　　エナミンの活用 ····················· 180
9・3・3　配座制御への利用 ···················· 181
9・3・4　反応溶媒としての飽和ヘテロ環 ··· 183
9・4　脂肪族ヘテロ環を含む
　　　天然物と医薬品 ························· 184

第10章　からだの中で働くヘテロ環 ················ 188

10・1　脂肪酸の異化 —— β 酸化 ············· 188
10・2　炭水化物の代謝（異化）——
　　　ピルビン酸からアセチル CoA
　　　への変換 ·································· 192
10・3　アミノ酸の異化反応 ——
　　　アミノ基転移 ·························· 193
10・4　クエン酸回路 ······························ 195

第11章　配位子としてのヘテロ環 ················ 197

11・1　不斉補助剤としてのヘテロ環 ······· 197
11・1・1　Evans の不斉補助剤 ——
　　　　オキサゾリジノン ·················· 197
11・1・2　Sharpless 触媒的
　　　　不斉ジヒドロキシ化 ··············· 199
11・1・3　パラジウム触媒カップリング反応の
　　　　ヘテロ環配位子 ····················· 200
11・2　N-ヘテロサイクリックカルベン ——
　　　アルケンメタセシス反応触媒の
　　　配位子 ····································· 201
11・3　色素増感太陽電池（DSC）用
　　　増感色素の配位子 ····················· 203
11・4　超分子構造にみられるヘテロ環 ····· 204

参考文献 ··· 206
索　　引 ··· 207

略 号 表

Ac	acetyl	HSAB	hard and soft acids and bases
ACE	angiotensin converting enzyme	LDA	lithium diisopropylamide
AIDS	acquired immunodeficiency syndrome	mCPBA	m-chloroperbenzoic acid
Ar	aryl	Mes	mesityl
ARB	angiotensin receptor blocker	MS3A	molecular sieves 3A
ATP	adenosine 5′-triphosphate	MS4A	molecular sieves 4A
Bn	benzyl	NAD$^+$	nicotinamide adenine dinucleotide
Boc	t-butoxycarbonyl	NBS	N-bromosuccinimide
Bu	butyl	NCS	N-chlorosuccinimide
Cbz	benzyloxycarbonyl	NHC	N-heterocyclic carbene
CoA	coenzyme A	NIS	N-iodosuccinimide
COX	cyclooxygenase	NMDA	N-methyl-D-aspartate
CSA	camphor-10-sulfonic acid	NMP	N-methylpyrrolidone
Cy	cyclohexyl	NMR	nuclear magnetic resonance
DABCO	1,4-diazabicyclo[2.2.2]octane	NSAID	nonsteroidal anti-inflammatory drug
dba	dibenzylideneacetone	PCC	pyridinium chlorochromate
DBU	1,8-diazabicyclo[5.4.0]-7-undecene	PG	prostagranndin
DCC	dicyclohexylcarbodiimide	Ph	phenyl
DCE	1,2-dichloroethane	PPA	polyphosphoric acid
DDQ	2,3-dichloro-5,6-dicyano-p-benzoquinone	PPE	polyphosphate ester
		Pr	propyl
DHQ	dihydroquinone	PTC	phase-transfer catalyst
DHQD	dihydroquinidine	pyr	pyridine
DIPEA	diisopropylethylamine		pyridyl
DMAP	4-(N,N-dimethylamino)pyridine	RCM	ring-closing metathesis
DME	1,2-dimethoxyethane	RNA	ribonucleic acid
DMF	N,N-dimethylformamide	SEM	2-(trimethylsilyl)ethoxymethyl
DMSO	dimethyl sulfoxide	TBAB	tetrabutylammonium bromide
DMT	dimethoxytrityl	TBDPS	t-butyldiphenylsilyl
DNA	deoxyribonucleic acid	TBS	t-butyldimethylsilyl
dppb	1,4-bis(diphenylphosphino)butane	Tf	trifluoromethanesulfonyl
dppf	1,1′-bis(diphenylphosphino)ferrocene	TFA	trifluoroacetic acid
dppp	1,3-bis(diphenylphosphino)propane	THF	tetrahydrofuran
DSC	dye-sensitized solar cell	THP	tetrahydropyran
EDC	1-ethyl-3-(3-dimethylaminopropyl)carbodiimide		2-tetrahydropyranyl
		TIPS	triisopropylsilyl
ee	enantiomeric excess	TMEDA	N,N,N′,N′-tetramethylethylenediamine
Et	ethyl	TMP	2,2,6,6-tetramethylpiperidide
FAD	flavin adenine dinucleotide		tetra-2,4,6-trimethylphenylporphyrin
FGI	functional group interconversion	TMS	trimethylsilyl
HOAt	7-aza-1-hydroxy benzotriazole	Tol	tolyl
HOBt	1-hydroxybenzotriazole	Ts	p-toluenesulfonyl, tosyl

はじめに

有機化合物は炭素原子の結合形式によって鎖式化合物と環式化合物に大別することができる．環状の有機化合物はさらに炭素原子のみからなる**炭素環化合物（炭素環）**

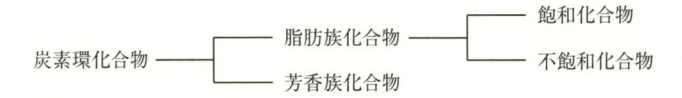

```
                            ┌─ 脂肪族化合物 ─┬─ 飽和化合物
炭素環化合物 ─┤                └─ 不飽和化合物
                            └─ 芳香族化合物
```

と**ヘテロ環化合物（ヘテロ環）**に大別される．ヘテロ環は環骨格に窒素（N），酸素（O），硫黄（S）などの炭素以外の原子（**ヘテロ原子**）を少なくとも一つあるいは複数もつ環状化合物である．N, O, S のほかにも Se, P, Si, B, As などがある．ヘテロ環は炭素環同様，さらに脂肪族ヘテロ環と芳香族ヘテロ環に分類される．脂肪族ヘテロ環はさらに飽和なヘテロ環と，部分的に不飽和なヘテロ環に分けられる．脂肪族ヘテロ環の化学はジエチルアミン $(CH_3)_2NH$ やジエチルエーテル $(CH_3)_2O$, ジメチルスルフィド $(CH_3)_2S$ などのようなヘテロ原子をもつ非環状化合物（鎖状化合物）の化学と似ている．小員環では環のひずみ効果や，また，ヘテロ原子の**非共有電子対**の向きが環状のために規制されるなど新たな理解が必要となるが，一般的な反応性は非環状化合物と類似している．これらの化合物については第 9 章にまとめた．

炭素環化合物
carbocyclic compound

炭素環　carbocycle

ヘテロ環化合物
heterocyclic compound

ヘテロ環（heterocycle）：複素環ともいう（文部省学術用語集化学編）．本書では"ヘテロ環"で統一する．

ヘテロ原子（heteroatom）：名称はギリシャ語で"異なる"を意味する heterose に由来する．

非共有電子対（unshared electron pair）：化学結合に関与していない電子対のこと．孤立電子対（lone pair），非結合電子対ともいう．

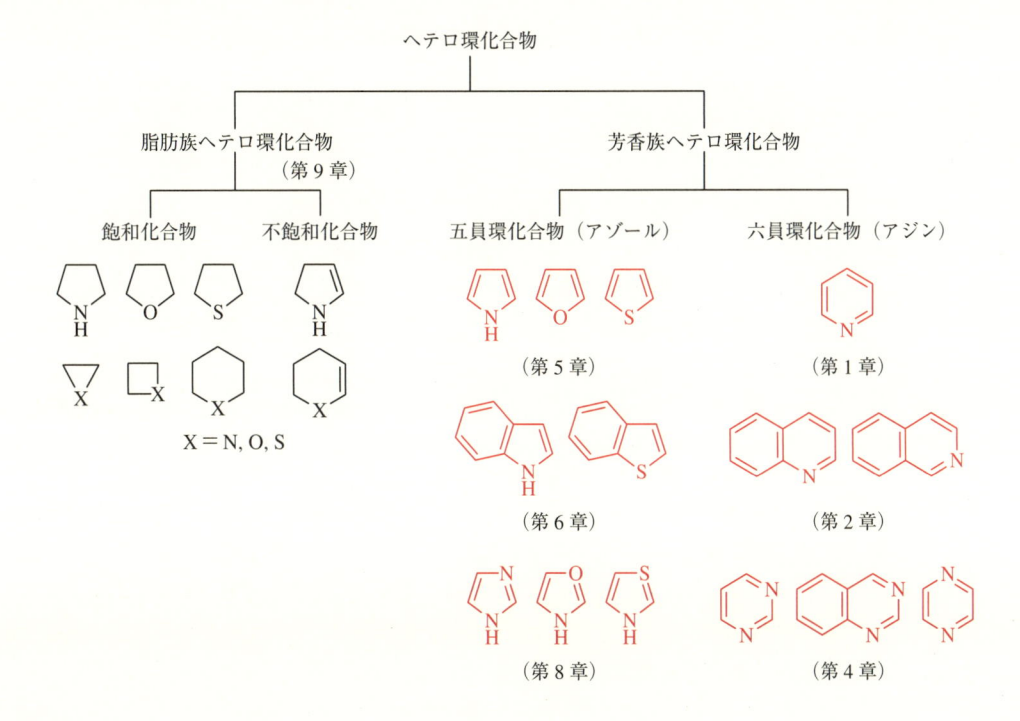

芳香族性 aromaticity

ヘテロ環化学 heterocyclic chemistry

　一方，脂肪族（飽和）ヘテロ環に比べて芳香族ヘテロ環とよばれる一群の化合物は化学的反応性の特徴から，便宜的に五員環と六員環に大別すると理解しやすくなる．これら五員環および六員環は共に 6π 電子をもっており，ベンゼンのような**芳香族性**を示すのが特徴である．さらに電気陰性度の違いや非共有電子対の存在などヘテロ原子特有の性質による影響を受けている．五員環および六員環単環にさらにベンゼン環が縮合したインドールやキノリンのようなベンゼン縮環体もこの系列に含まれ，基本的には単環と類似の化学的な反応性を示す．本書では**ヘテロ環化学**のなかでも，ヘテロ環であるがゆえに独特な性質を示す芳香族ヘテロ環（赤で書かれた構造群）に焦点を絞り，後の第 9 章で脂肪族ヘテロ環についてふれる．p.1 の図にヘテロ環化合物の分類とそれぞれの代表的な構造，本書中の対応する章を列記した．第 3 章と第 7 章にはそれぞれ芳香族ヘテロ六員環化合物と芳香族ヘテロ五員環化合物の代表的な合成を記した．有機合成化学系の新着文献をみるとほとんど毎号のように新しいヘテロ環の合成法が発表されている．これらの新規合成法は効率的で優れた方法が多いが，適切に選択して紹介するのは別の機会に譲り，主として従来から利用されてきた代表的な合成法を取上げた．

　ヘテロ環を特に取上げる理由は何であろうか．それは"まえがき"でも触れたようにヘテロ環化合物が全有機化合物中のなんと半数以上を占めており非常に数が多いことであり，しかも人類にとって重要な化合物が広く存在しているからである．

　ベンゼン環と電子的類似性があり，かつヘテロ原子特有の性質があるために芳香族ヘテロ環も脂肪族ヘテロ環も共に生物活性をもつものが多い．特に医薬品の多くはヘテロ環化合物である．たとえば，アヘンの塩基成分として 1806 年に抽出されたモルヒネは顕著な薬理活性をもち，その医薬としての利用の歴史は遥か古代メソポタミア時代にまで遡る．モルヒネは代表的なヘテロ環の一つであり，今日でもなお欠くことのできないきわめて強力な鎮痛薬である．モルヒネは植物体内でアミノ酸の一つであるフェニルアラニンまたはチロシンより生成する (S)-$(-)$-レチクリンから生合成される．$(-)$-レチクリンはイソキノリンアルカロイドの代表的なヘテロ環の一つであるイソキノリン骨格をもち，多岐にわたるイソキノリンアルカロイドの重要な生合成鍵中間体である．

モルヒネ
morphine

(S)-$(-)$-レチクリン
(S)-$(-)$-reticuline

イソキノリン
isoquinoline

　さらに，歴史的に非常に重要な役割を果たしてきたキノリン系アルカロイドにキニーネがある．16 世紀にはすでにマラリアの予防・治療薬として用いられていた．貴重なキニーネの代用薬を研究中にアスピリンが解熱鎮痛作用をもつことが見いだされ，つづいて解熱鎮痛作用・抗炎症作用をもつアンチピリンやフェニルブタゾンなどの開発に至った．アンチピリンは現在あまり使われていないがピラゾロン環をもつ初の合成医薬品である．

これらアスピリンより端を発して合成されたピリン系化合物は，**非ステロイド性抗炎症薬**（NSAID）とよばれ，その後，多種にわたる NSAID が合成・開発されてきた．

非ステロイド性抗炎症薬
nonsteroidal anti-inflammatory drug（NSAID）

キニーネ
quinine

アンチピリン
antipyrine

フェニルブタゾン
phenylbutazone

1900 年代に入り化学療法の概念が導入されるとスルファピリジンをはじめとする膨大な数の**サルファ薬**（スルホンアミド系抗菌薬）が合成されたが，著しい抗菌活性を示すものにはスルホンアミドのアミノ基にヘテロ環が置換されたものが多い．

サルファ薬（sulfa drug）：スルホンアミド系抗菌薬（sulfonamide antibacterial drug）ともいう．

スルファピリジン
sulfapyridine

スルフイソキサゾール
sulfisoxazole

スルファジアジン
sulfadiazine

1929 年に A. Fleming によって発見された抗生物質ペニシリンは，その後 1940 年に H. W. Florey，E. B. Chain らによって再発見され実用化された．1945 年にはこれら 3 名にノーベル生理学・医学賞が授与された．ペニシリンの発見を端緒としてセファロスポリン C などの **β-ラクタム系抗生物質**の発見が相次ぎ，β-ラクタム環を共通骨格とするこれら抗生物質の骨格修飾による開発と利用が始まった．β-ラクタム環は飽和四員環のヘテロ環であり，この環の反応性こそが抗菌活性発現の原因であり，大きな影響を及ぼしている．

β-ラクタム系抗生物質
β-lactam antibiotic

ペニシリン G
penicillin G

セファロスポリン C
cephalosporin C

しかし，サルファ薬もペニシリンも結核には効かなかった．1940 年代に入り，結核に効く初めての抗生物質として**アミノグリコシド系抗生物質**とよばれるストレプトマイシンやジヒドロストレプトマイシンが S. A. Waksman によって発見され，一大革命がもたらされた．これらはアミノ配糖体であるが，聴力障害などの副作用や耐性菌の出現などからあまり使用されなくなった．一方，イソニアジド（合成抗結核薬）など簡単なヘテロ環であるピリジン誘導体が開発され，現在でもなお使用されている．

アミノグリコシド系抗生物質
aminoglycoside antibiotic

1960 年以降になると生体機能のメカニズムがしだいに明らかになり，そのメカニズムに沿った創薬デザインによる医薬品開発が始まった．1970 年代には画期的な合

R = CHO：ストレプトマイシン
streptomycin

R = CH₂OH：ジヒドロストレプトマイシン
dihydrostreptomycin

アミノグリコシド系抗生物質

イソニアジド
isoniazid
（抗結核薬）

成医薬品シメチジン（抗潰瘍薬）が開発され，発見者の J. Black は 1988 年にノーベル生理学・医学賞を受賞した．また，NSAID の一つであるインドメタシンも受容体との相互作用の検討からデザインされた．なお，シメチジンはイミダゾールを，インドメタシンはインドールをというようにそれぞれヘテロ環を含んでいる．

シメチジン
cimetidine

インドメタシン
indomethacin

ニフェジピン
nifedipine

さらに 1980 年代にはニフェジピンのようなジヒドロピリジン誘導体が狭心症や高血圧症に有効な効果をもたらす新しいタイプの心臓病治療薬になることが発見された．
サルファ薬，β-ラクタム系抗生物質など代表的な化学療法薬について概観したが，1960 年初期にナリジクス酸に抗菌作用が見いだされて以来，ピリドンカルボン酸を基本骨格とするキノロン系抗菌薬が活発に開発されてきた．一方，1980 年代には，初期のキノロン系抗菌薬に対してニューキノロンとよばれる一連の合成抗菌薬が登場した．これらはレボフロキサシンに代表されるように，ヘテロ環キノロンにフッ素（F）やピペラジンなどが置換された化合物であり，より強力な，かつ，より広範囲の菌種に対して抗菌作用を示す新たな合成医薬品として用いられている．

キノロン系抗菌薬
quinolone antibacterial drug

ナリジクス酸
nalidixic acid

ピリドンカルボン酸
pyridone carboxylic acid

レボフロキサシン
levofloxacin

地球上に実現した想像を絶する超分子であり，そして 40 億年をつなぐ鍵分子であ

はじめに

るDNAは遺伝子の本体であるが，たった4種類のヘテロ環アミンを**核酸塩基**（A, G, C, T）とするデオキシリボヌクレオチドからつくり出された分子系である．この4種類のヘテロ環アミンが遺伝情報の文字としての重要な役割を担っている．

核酸塩基
nucleic acid base, nucleobase

ヘテロ環アミン（DNA核酸塩基）： アデニン（A） adenine／グアニン（G） guanine／シトシン（C） cytosine／チミン（T） thymine

デオキシヌクレオチド
deoxinucleotide

DNAヌクレオシドの一つであるチミジンを修飾してつくられたジドブジン〔ZDV，別名：アジドチミジン（AZT）〕は抗ウイルス作用をもち，後天性免疫不全症候群（エイズ，AIDS）治療薬となっている．また5-フルオロウラシル（5-FU）はチミン核酸塩基と類似した構造をもっており，がん細胞のDNA生合成代謝を阻害する抗悪性腫瘍薬（抗がん剤）である．近年最も話題を集めたシルデナフィル（勃起不全治療薬，商品名：バイアグラなど）も核酸に類似したヘテロ環をその構造中に含んでいる．

チミジン tymidine／ジドブジン zidovudine（ZDV）別名：アジドチミジン 3′-azido-3′-thymidine（AZT）／フルオロウラシル 5-fluorouracil（5-FU）／シルデナフィル sildenafil

以上で取上げた例は限られたものであるが，ヘテロ環化学の進歩とその歴史は医薬品開発の歴史と深いつながりをもっている．

このようなヘテロ環を中心とした医薬の発展のおかげで，先進国では感染症による死亡率減少をはじめ，その他の多くの疾病の改善により平均寿命が延びるようになってきている．しかし，発展途上国では現在でもなお結核，マラリア，後天性免疫不全症候群などの感染症による死亡率は高く，これらに対する有効で安価な医薬品の開発が必要とされている．

本書では，各章の反応例や合成例はできるだけ医薬品や機能性材料などの具体的実例を取上げるようにした．また，各章末には文中に取上げられなかった天然物や医薬

品などを記した．第10章では，生体の中で起こっている反応において，いかにヘテロ環が重要な役割を担っているのか，すでにわれわれが知っている代表的な生化学反応を取上げて考察した．第11章は配位子として重要な役割を担っているヘテロ環を取上げた．第10章，第11章の内容は少し難しくなるが，主としてヘテロ環化合物の医薬品以外の応用面と展開を示したものである．

芳香族ヘテロ六員環化合物

ピリジン

1・1 ピリジンの構造と化学的特徴

　窒素を含む芳香族六員環化合物のなかで，最も基本的な化合物は**ピリジン**である．ピリジンはベンゼンのCH（sp^{2}混成炭素）の一つをN（sp^{2}混成窒素）と置き換えた化合物，**アザベンゼン**である．窒素のp軌道から1電子が加わり，ベンゼンと同様に6π電子系となっている（図1・1）．ピリジンがベンゼンと同じように芳香族化合物であることは，ピリジンの共鳴エネルギー〔約133 kJ mol^{-1}（約32 kcal mol^{-1}）〕がベンゼンの共鳴エネルギー〔約150 kJ mol^{-1}（約36 kcal mol^{-1}）〕*に近いことや^{1}H NMRスペクトルや^{13}C NMRスペクトルなどからも示されている．実際にベンゼンに近い安定な化合物である．

ピリジン　pyridine

アザベンゼン　azabenzene

* 水素化熱の測定による．

図1・1　ピリジンの構造

　しかし，その電子構造は窒素原子の影響を強く受けている．炭素よりも電気陰性度が大きい窒素は，誘起効果と共鳴効果の両方によって環内電子を引きつけている．飽和環状アミンであるピペリジンの双極子モーメント（μ）は1.17D〔D: デバイ（単位）〕であるが，これは誘起効果のみに起因している．これに対してピリジンの双極子モーメントは2.26Dである．これは誘起効果に加えて，図1・2に示す共鳴構造から予想されるようにπ電子の分極の大きさを示している．その結果，ピリジンはベンゼンに比べて炭素上の電子密度が減少しているために，**π電子不足**なヘテロ環化合物といわれる．特にC2位およびC4位の電子密度はC3位に比べてより低くなって

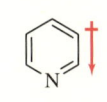

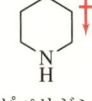

ピリジン　μ=2.26D　　ピペリジン　μ=1.17D

双極子モーメント

π電子不足（electron poor, π-deficient）: π電子欠如ともいう．

図1・2　ピリジンの共鳴構造

塩基性 basicity

*1 pK_{aH}：塩基の共役酸の酸性度を表す．この場合はアンモニウムイオンのpK_aをさす．
RN$^+$H$_3$+H$_2$O ⇌ RNH$_2$+H$_3$O$^+$

*2 ピリジンのsp^{2}混成窒素原子は33% s性をもつが，アルキルアミンのsp^{3}混成窒素原子のs性は25%であり s 性は低い．したがって，sp^{2}混成軌道にあるピリジンの非共有電子対はより核の近くに保持されているためにアルキルアミンに比べて塩基性は弱い．

いる．そのためにベンゼンに比べて，求電子剤との反応は起こりにくく，逆に求核剤に対する反応性が高くなっている．

この分極に基づく分子間の相互作用があるためにピリジンの沸点（115～116℃）はベンゼン（80℃）の沸点よりも高い．

一方，ピリジンの窒素は環と同一平面上にある sp^2 混成軌道に**非共有電子対**（孤立電子対）をもっている．この軌道は 6π 電子系を形成している p 軌道とは直交しているため軌道間の相互作用はない．このために非共有電子対は sp^2 混成軌道に局在化しており，**塩基性**（pK_{aH} 5.2）*1 を示す原因となっている．しかし，sp^3 混成軌道に非共有電子対をもつ脂肪族アミン（pK_{aH} 10～11）よりも塩基性はかなり弱い*2．ピペリジンの pK_{aH} は 11.2 である．

<ピリジンの塩基性>　　　　　　　　　　<ピペリジンの塩基性>

[化学反応式: ピリジニウム + H$_2$O ⇌ ピリジン + H$_3$O$^+$　　pK_{aH} 5.2]
[化学反応式: ピペリジニウム + H$_2$O ⇌ ピペリジン + H$_3$O$^+$　　pK_{aH} 11.2]

求核性 nucleophilicity

一方，ピリジンは塩基性を示すと同時に後述するように酸塩化物やハロゲン化アルキルなどに対して**求核性**を示す（図1・3）．

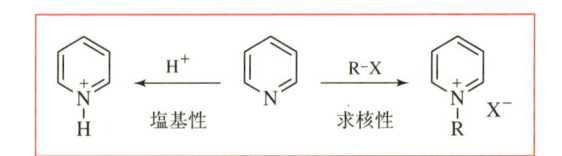

[図: 中央にピリジン，左にH$^+$で塩基性（ピリジニウム），右にR-Xで求核性（N-アルキルピリジニウムX$^-$）]

図1・3　ピリジン窒素上の反応

非共有電子対は水との水素結合が可能となるために，ピリジンは任意の割合で水と混ざる．しかしアルカンやベンゼンなどと異なり，ピリジン環に親水基のヒドロキシ基（–OH）やアミノ基（–NH$_2$）が導入されると分子間の水素結合が強固になるため水に溶けにくくなる．

ピリジンの 2 位にヒドロキシ基をもつ化合物は 2-ヒドロキシピリジン〔2-ピリジノール（ラクチム形）〕ではなく，2-ピリジノン〔1H-ピリジン-2-オンまたは 2-ピリドン（ラクタム形，環状アミド形）〕とよばれる*3．同様に 4-ヒドロキシピリジンも 4-ピリジノン（1H-ピリジン-4-オンまたは 4-ピリドン）形で存在する．これはピリジンのみならず後に述べるキノリンやプリン環などの π 電子不足なヘテロ環に特有の性質である．2-ヒドロキシピリジンまたは 4-ヒドロキシピリジンは，それぞれ対応するピリジノンとの間に互変異性があり，極性溶媒中では平衡は大きくピリジノンに偏っている．しかし炭化水素のような非極性溶媒や気体状態ではピリジノールに偏る．これに対してアミノ基が置換した 2-アミノピリジンの場合には互変異性はほとんどアミノ形に偏っている．

*3 ラクタム-ラクチム互変異性：環内にアミド（–CONH–）をもつ場合，ラクタムという．ラクタムの –CONH– が互変異性で –C(OH)=N–構造となったものをラクチムとよぶ．

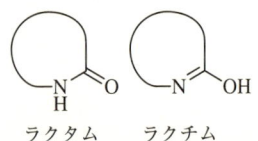

[構造式: ラクタム (lactam), ラクチム (lactim)]

一方，3-ヒドロキシピリジンは水溶液中ではヒドロキシ体と双性イオンの約 1：1 の混合物として存在するが，溶媒によって平衡の位置が変わる．

このような現象は後に述べるキノリンやアジンのような π 電子不足なヘテロ環についても共通している．

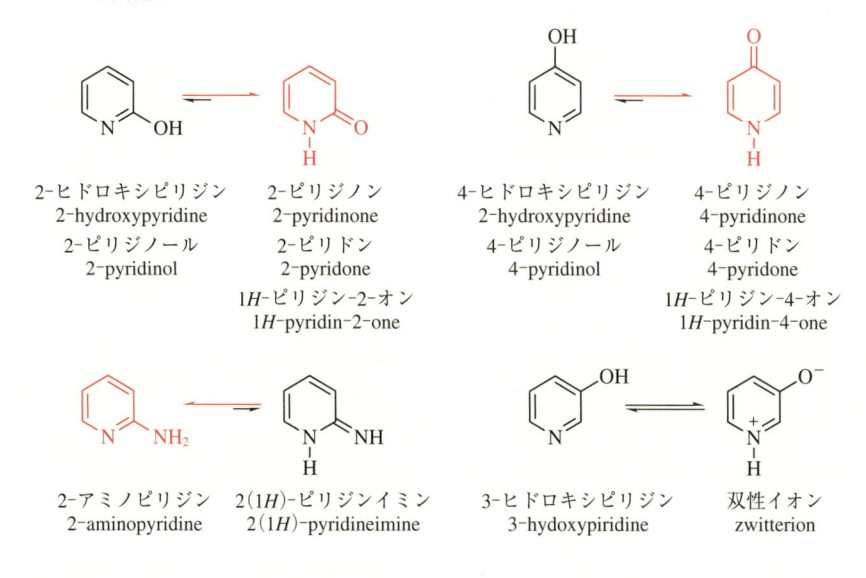

2-ヒドロキシピリジン　2-ピリジノン
2-hydroxypyridine　2-pyridinone
2-ピリジノール　2-ピリドン
2-pyridinol　2-pyridone
　　　　　　1H-ピリジン-2-オン
　　　　　　1H-pyridin-2-one

4-ヒドロキシピリジン　4-ピリジノン
2-hydroxypyridine　4-pyridinone
4-ピリジノール　4-ピリドン
4-pyridinol　4-pyridone
　　　　　　1H-ピリジン-4-オン
　　　　　　1H-pyridin-4-one

2-アミノピリジン　2(1H)-ピリジンイミン
2-aminopyridine　2(1H)-pyridineimine

3-ヒドロキシピリジン　双性イオン
3-hydoxypiridine　zwitterion

1・2 ピリジンと求電子剤の反応

1・2・1 ピリジンの求電子置換反応

芳香族化合物の最も特徴ある反応は**求電子剤**（E$^+$）による置換反応である（図1・4a）．芳香族化合物であるピリジンも**求電子置換反応**が起こる（図1・4b）．

求電子剤　electrophile
求電子置換反応　electrophilic substitution

図1・4　ベンゼンとピリジンの求電子置換反応

しかし，ピリジンと求電子剤（E$^+$）との置換反応はベンゼンと比べて炭素上の電子密度が低いためにきわめて起こりにくい．ハロゲン化，スルホン化，ニトロ化など

3-クロロピリジン　　　　　　　　　　　3-ピリジンスルホン酸
（33%）　　　　　　　　　　　　　　　（75〜80%）

3-ブロモピリジン　　　　　　　　　　　3-ニトロピリジン
（30%）　　　　　　　　　　　　　　　（5%）

代表的な求電子剤との反応は通常厳しい条件下でのみ起こり，収率も低い．また反応は位置選択的に3位で起こり，3位置換体が生成する．

a．求電子置換反応の反応性・位置選択性　ピリジン環と求電子剤との反応はなぜ起こりにくく，また3位で起こるのであろうか．まずピリジンの3位で求電子置換反応が優位に起こるのは，3位攻撃で生成するカチオン中間体 *2* が2位や4位の攻撃で生成するカチオン中間体よりも共鳴安定化を受けているからである．2位や4位の攻撃で生成するカチオン中間体の共鳴構造の一つ *1*, *3* には，炭素よりも電気陰性度の大きい窒素上に正電荷（＋）が分布することになり，不安定化している（図1・5）．

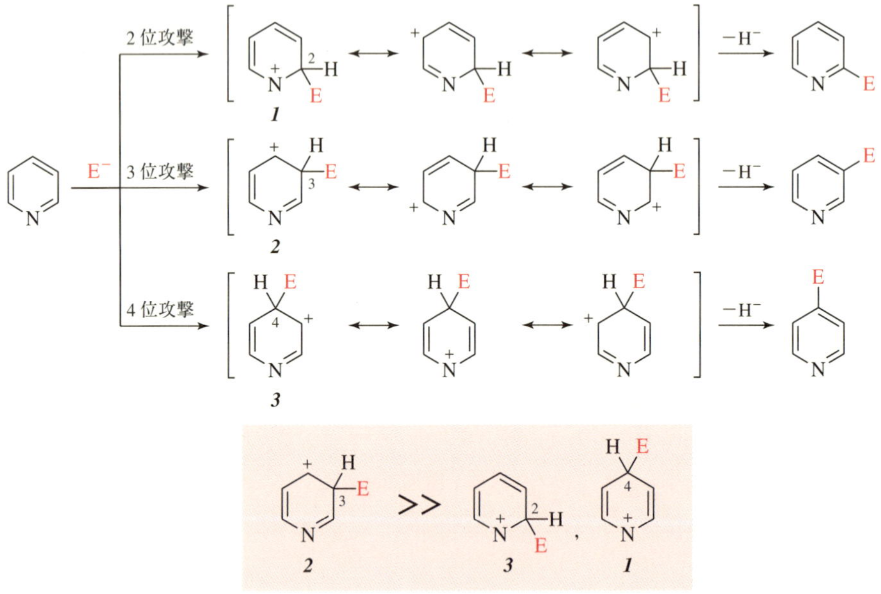

図1・5　ピリジン炭素上での求電子置換反応における位置選択性

b．ピリジニウムイオンの生成　ピリジン環と求電子剤との反応が起こりにくい原因の一つは窒素による炭素上の電子密度の低下にあるが，他の原因として，塩基性，求核性を示す非共有電子対と求電子剤（E^+）との反応が，炭素上への攻撃よりも速く起こり**ピリジニウムイオン**が生成することにある．しかし，ピリジニウムイオンは通常不安定であり逆反応との速い平衡にある．一方，遅いながら遊離塩基，ピリジンの炭素上への求電子剤（E^+）の攻撃が競争的に起こる．

ピリジニウムイオン
pyridinium ion

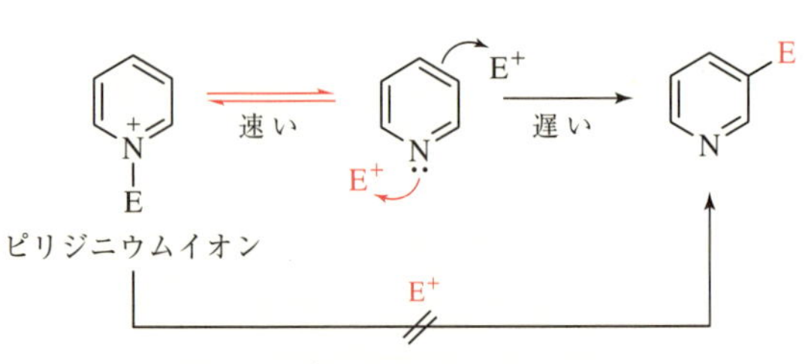

ピリジニウムイオンはなお 6π 電子系であるが，窒素に正電荷をもつために求電子剤との反応は遊離のピリジンよりもさらに不利になっており，ピリジニウムイオンと

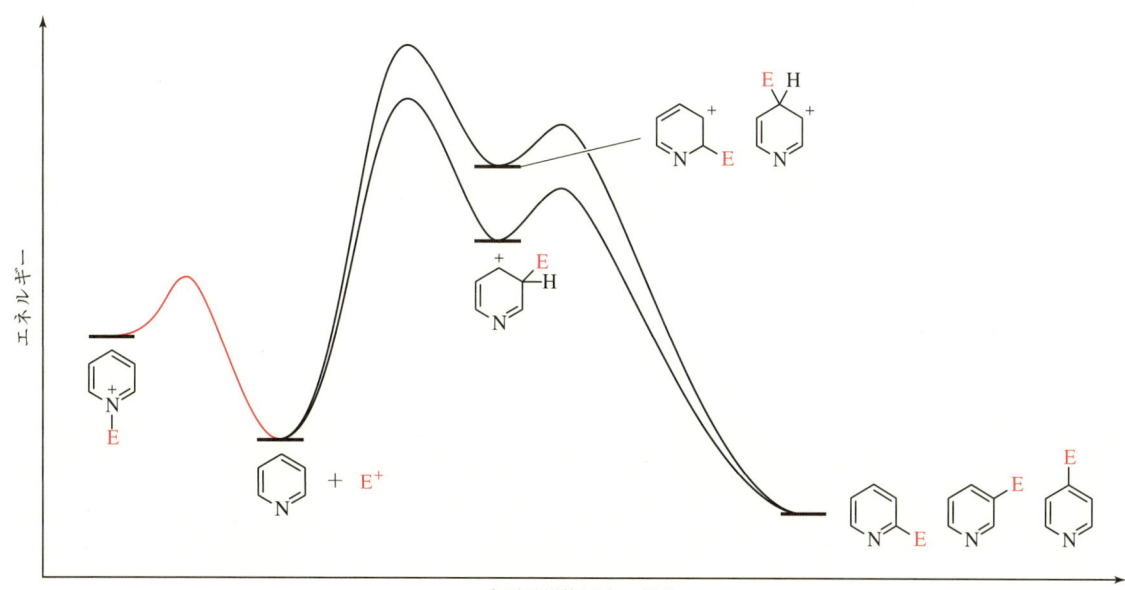

図 1・6 ピリジンの求電子置換反応に対する反応エネルギー図

求電子剤の直接の反応はほとんど起こらない．この求電子置換反応全体の推移を図1・6に示す．

ニトロ化やスルホン化などのような強い酸性の求電子置換反応条件下ではまず窒素のプロトン化が起こるために，炭素へのニトロ化には厳しい条件が必要となる．また$AlCl_3$や$SnCl_4$などのLewis酸を用いるFriedel-Crafts反応は起こらない．Lewis酸が酸塩化物（RCOCl）と反応するよりも先にピリジンの非共有電子対と反応してしまい，安定なピリジニウム塩（ピリジン錯体）が生成するためである．

したがって，次の例のように窒素の非共有電子対が立体障害のために求電子剤と配位しにくいと考えられる基質では置換反応が穏和な条件で進行する場合がある．たとえば，2,6-ジ-t-ブチルピリジンは，液体二酸化硫黄SO_2中，三酸化硫黄SO_3により

−10℃で容易にスルホン化される．これは二つのアルキル基の電子供与効果のみでは説明できない現象であり，二つの t-ブチル基の立体障害により Lewis 酸である求電子剤 SO_3 の窒素への接近が妨げられ，ピリジンが遊離塩基の状態で反応に関与するためと考えられる．2,6-ジクロロピリジンは，二つのクロロ基（−Cl）の電子求引効果によりほとんど塩基性を示さないことと立体障害のために，ピリジンよりも穏和な条件でニトロ化される．

1・2・2 求電子剤の窒素への付加

ピリジン窒素の非共有電子対と求電子剤の反応（図 1・7）は先に述べたように，炭素上への攻撃より速く，ピリジニウムイオンが生成する．しかし，生成したピリジニウムイオンはまた強力な求電子剤でもある．

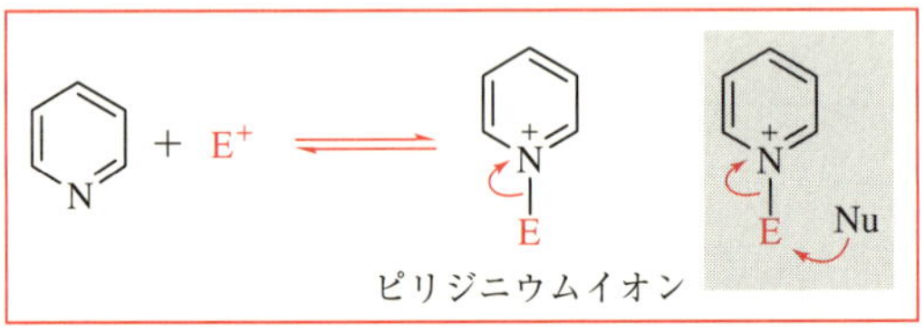

図 1・7 ピリジン窒素の非共有電子対と求電子剤の反応

この特質は穏和な条件下でのハロゲン化やニトロ化などの反応剤として利用されている．

a．ピリジニウムイオンの反応　ベンゼンに臭素 Br_2 を加えても何の反応も起こらないが，この中にピリジンを触媒量（1 mol%）加えるとブロモベンゼンが生成する．反応は冷却が必要なほど発熱して進行する．これはまずピリジンが Br_2 を攻撃して N-ブロモピリジニウムイオンが生成し，これが Br_2 よりも強力な臭素化剤となるためである．

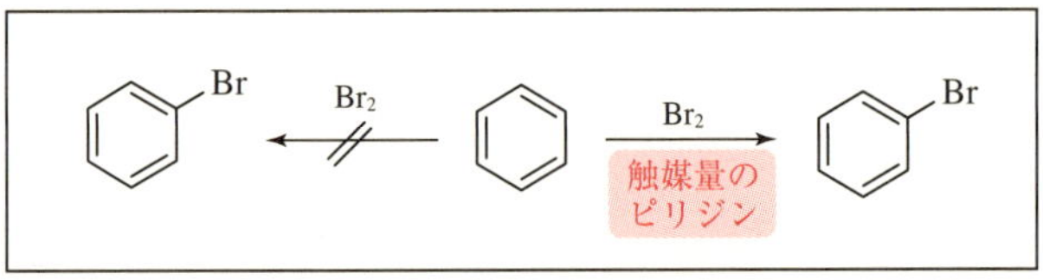

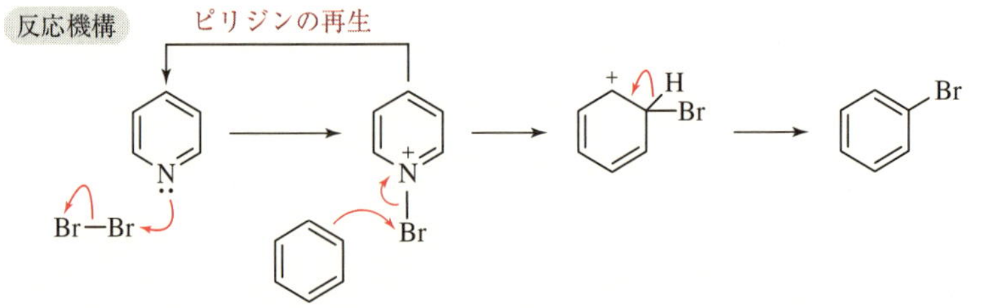

Br_2 の代わりにフッ素 F_2 を用いると N-フルオロピリジニウム塩が生成する（図 1・8）．この塩はピリジン環の置換基と対アニオンを選択することにより室温で安定な吸湿性のない結晶として単離される．これらはガラス容器の使用が可能な**求電子型フッ素**

化剤として市販され，汎用されているものも多い．フッ素化剤としての反応性はピリジン環の置換基によって制御することができる．電子供与基をもつものは無置換体より穏和なフッ素化剤であり，電子求引基をもつものはより強力なフッ素化剤となる．

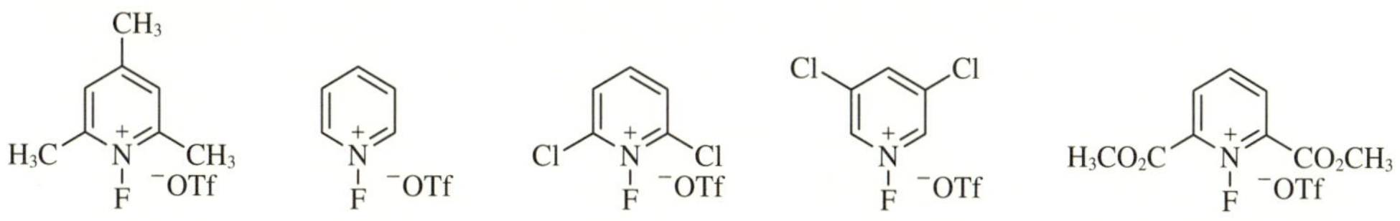

4	5	6	7	8
(168.5〜170℃)	(185〜187℃)	(151〜153℃)	(107〜112℃)	(140〜143℃)

図 1・8　フッ素化剤——*N*-フルオロピリジニウム塩　（ ）内の温度は各化合物の融点．

エノール誘導体，カルボアニオン，芳香族化合物，スルフィド，エナミン，アルケン（オレフィン）など基質の性質に合わせて，最適のフッ素化剤を選択すると高収率でフッ素化物が生成する．

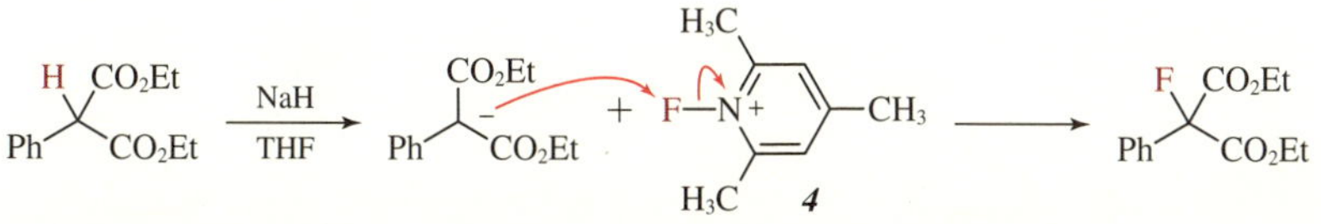

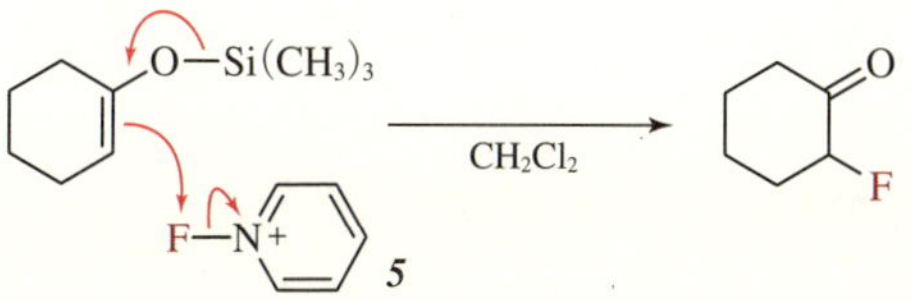

また，2,6-ジメチルピリジンと $NO_2^+BF_4^-$ から生成する *N*-ニトロピリジニウム塩は非酸性条件下でのニトロ化剤であり，臭素化の場合と同様に穏和な条件下でベンゼンをニトロ化する．

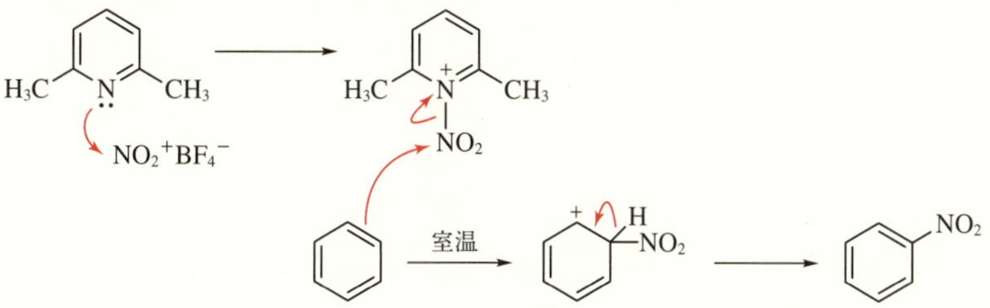

後に述べる（第 5 章）フランのような強い酸性条件下でのスルホン化を避けたい場合にも，ピリジン-三酸化硫黄を用いると穏やかにスルホン化が進行する（§5・2 参照）．

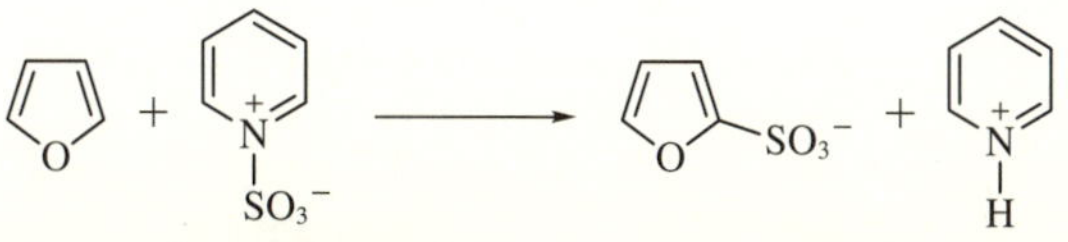

ピリジン-三酸化硫黄
pyridine sulfur trioxide

自動 DNA 合成機による DNA 合成では保護されたデオキシヌクレオチドのカップリング反応によって生成する亜リン酸エステルはヨウ素酸化によってリン酸エステルになる．このヨウ素酸化は 2,6-ジメチルピリジン（またはピリジン）存在下に行われるが，ヨードピリジニウムイオンが実際の酸化剤である（図 1・9）．

DNA 合成機は保護したヌクレオシドを固体担体（シリカ）に共有結合（エステル結合）させ，結合試薬を用いて一度に一つずつヌクレオチドを鎖状につないでいく．最後のヌクレオチドを加えたら保護基（図 1・9 では DMT*）を外して，合成した DNA を固体担体から切り離す．全体で 5 段階が必要である．その 4 段階目で二つのヌクレオシドのカップリング体，亜リン酸エステルを 2,6-ジメチルピリジン存在下でヨウ素と反応させリン酸エステルに酸化する．最終段階ですべての保護基を除去し，DNA を担体シリカに結合しているエステル結合を切断し生成する．

* ジメトキシトリチル (dimethoxytrityl) 基 (p-CH$_3$OC$_6$H$_4$)$_2$PhC-) の略号. アルコールの保護基であり，弱酸（DNA 自動合成機ではトリクロロ酢酸）を用いた穏和な条件で除去される．

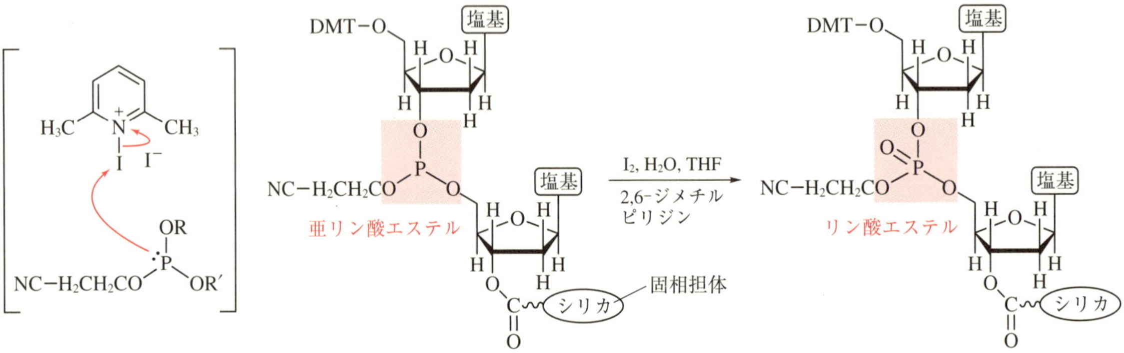

図 1・9　亜リン酸エステルのヨウ素酸化

さらに，ピリジンの窒素は酸無水物（R^{1}CO$_2$COR^2）や酸塩化物（RCOCl）などの求電子剤に対して求核攻撃を行い N-アシルピリジニウムイオンを生成する．この反応性を利用して，酸塩化物とアルコールやアミンから対応するエステルやアミドを合成する際に，ピリジンは触媒として用いられる．酸塩化物に対するピリジンの求核攻撃で生成するアシルピリジニウムイオン中間体とアルコールの反応は，酸塩化物とア

亜リン酸エステルからリン酸エステルへのヨウ素酸化

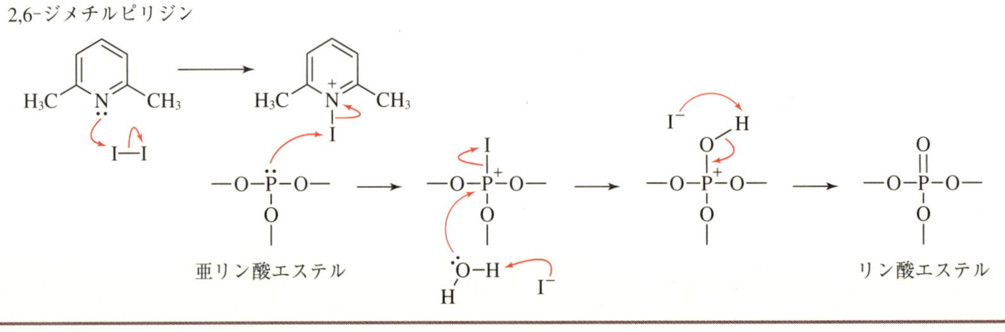

ルコールの直接の反応よりも速い．これはピリジニウムイオンが脱離基として優れているためである．

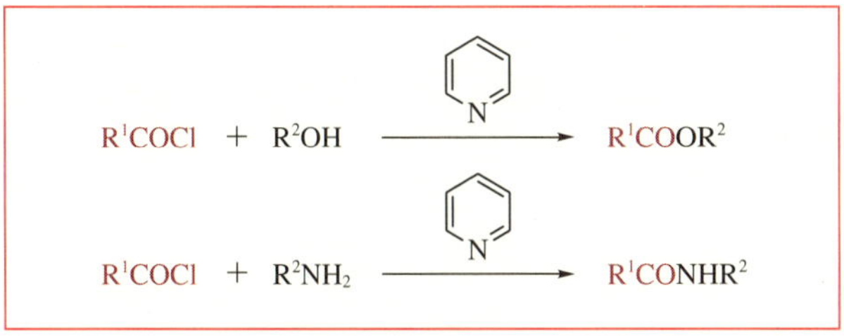

$$R^1COCl + R^2OH \xrightarrow{\text{ピリジン}} R^1COOR^2$$

$$R^1COCl + R^2NH_2 \xrightarrow{\text{ピリジン}} R^1CONHR^2$$

反応機構

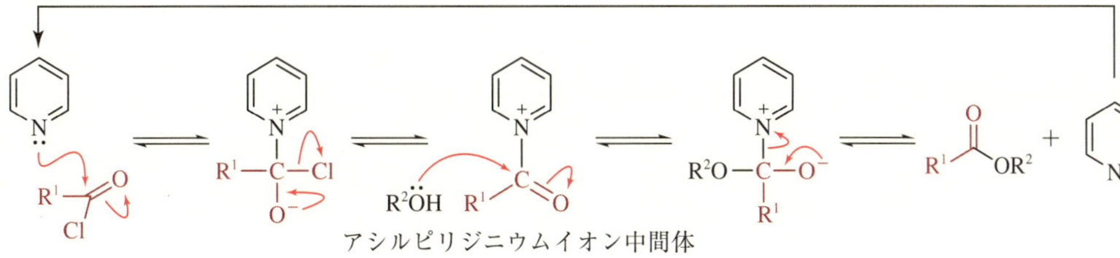

アシルピリジニウムイオン中間体

近年はピリジンよりも求核性とピリジニウムイオンの安定性に優れた **4-ジメチルアミノピリジン（DMAP）** がピリジンの代わりにしばしば用いられている．

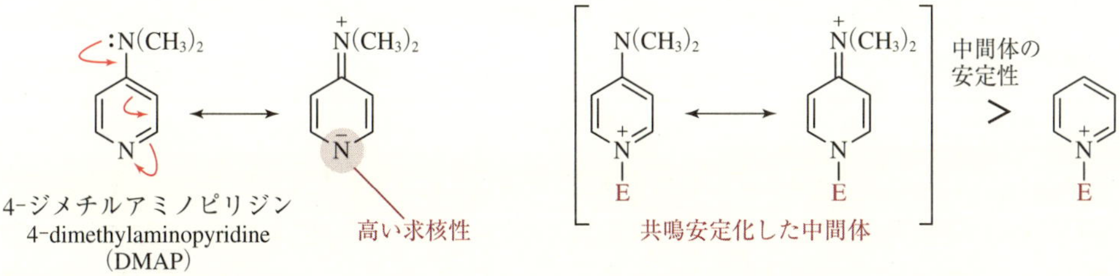

4-ジメチルアミノピリジン
4-dimethylaminopyridine
（DMAP）

高い求核性　　共鳴安定化した中間体　　中間体の安定性

b. N-アルキルピリジニウム塩　　ハロゲン化アルキルのような求電子剤に対しても非共有電子対は求核攻撃し N-アルキルピリジニウム塩を生成する．この第四級アンモニウム塩は安定であり，ピリジンに解離することはほとんどない．たとえば，ヨウ化メチルと反応するとヨウ化 N-メチルピリジニウムになる．同様に塩化セチルと反応すると殺菌，抗カビ作用をもつカチオン界面活性剤，塩化 N-セチルピリジニウム（医薬品名：セチルピリジニウム塩化物）になる．これはねり歯磨き（デンタルペースト）に含まれる歯周病菌の殺菌消毒薬である．

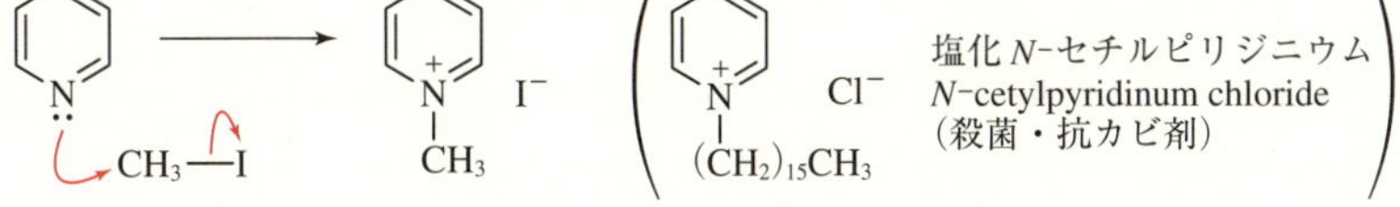

塩化 N-セチルピリジニウム
N-cetylpyridinum chloride
（殺菌・抗カビ剤）

また 4,4′-ジピリジルとヨウ化メチル CH_3Cl の反応からは除草剤パラコートが得られる．

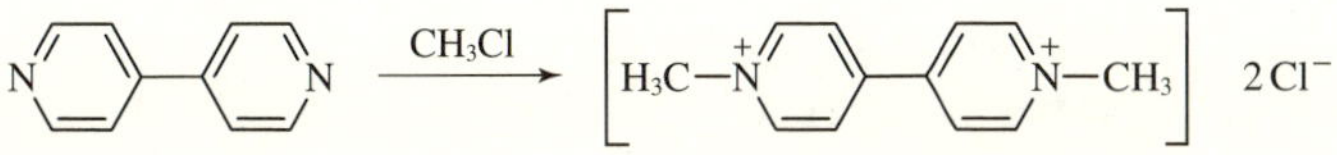

パラコート paraquat（除草剤）

サリン中毒の解毒薬 "ヨウ化プラリドキシム"

アセチルコリンエステラーゼは，酵素中のセリン残基のヒドロキシ基がサリンによって非可逆的にリン酸化されリン酸エステルになると酵素活性を失う．ヨウ化プラリドキシムのオキシムヒドロキシ基はリン酸エステルを攻撃してリン酸を切離することによって酵素を再活性化する．

脳内におけるアセチルコリンエステラーゼのサリンによる非可逆的不活性化とヨウ化プラリドキシムによる再活性化のメカニズム

　2-ピリジンアルドキシムをヨウ化メチルと反応させるとヨウ化プラリドキシム（2-PAM，医薬品名：プラリドキシムヨウ化物）が生成する．これはアセチルコリンエステラーゼ活性化薬として知られており，サリン（毒ガス）などの有機リン酸系化合物の中毒に対する解毒薬である．

ヨウ化プラリドキシム
pralidoxime iodide (PAM)

c. 金属錯体の形成　ピリジンの窒素は求核的な付加によって金属錯体を形成する能力もある．その一例として，ピリジンは CrO_3 と反応し錯体（**Collins 反応剤**）を形成する．これは発火しやすいが，塩酸 HCl で処理すると安定な**クロロクロム酸ピリジニウム**（**PCC**）になる．PCC は第一級アルコールからアルデヒドへの酸化剤として有用であり，カルボン酸までの酸化は進まない．このように，ピリジンは他の遷移金属の配位子としても広く利用されているヘテロ環である（第 11 章参照）．

クロロクロム酸ピリジニウム
pyridinium chlorochromate, PCC

$$R-CH_2OH \xrightarrow{PCC} R-CHO$$

Collins 反応剤　　クロロクロム酸ピリジニウム

d. ピリジン N-オキシド　　ピリジンを酢酸中過酸化水素 H_2O_2 で酸化するかまたは有機過酸で酸化すると，求電子剤の窒素への攻撃が起こり（図 1・7），N-ヒドロキシピリジニウム塩が生成し，続く脱プロトンによりピリジン N-オキシドになる．また 2,6-ジブロモピリジンのように塩基性が弱い場合には，トリフルオロ過酢酸 CF_3CO_3H のような強い有機過酸を用いると円滑に酸化が進行する．逆にピリジン N-オキシドはトリフェニルホスフィン Ph_3P，三塩化リン PCl_3，鉄-酢酸 $Fe-CH_3CO_2H$，接触水素化などによってピリジンに還元される．

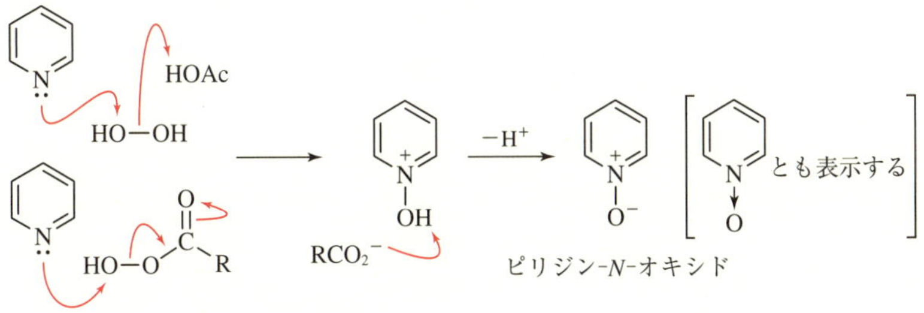

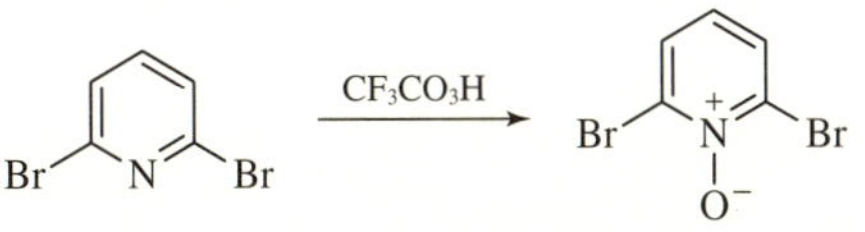

N-オキシド **11** の共鳴構造 **9, 10** でみられるように N-オキシドは環内に電子を供与する効果と **12, 13** でみられるように電子を求引する効果の相反する二つの効果をもっている．そのためにピリジン N-オキシドはピリジンよりも求核剤に対して 2 位と 4 位の反応性を高めている一方，求電子剤の攻撃も可能にしているのが特徴である．

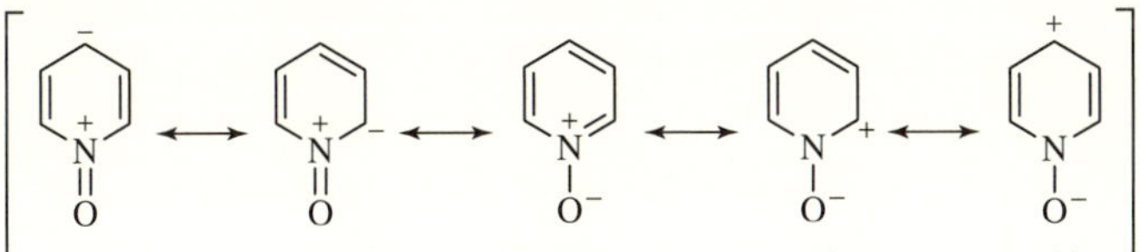

たとえば，ピリジン N-オキシドを濃硝酸と濃硫酸でニトロ化すると，4 位で反応し 4-ニトロピリジン N-オキシドが得られる．これを鉄-酢酸 $Fe-CH_3CO_2H$ で還元すると 4-アミノピリジンが得られ，PCl_3 で還元すれば，ピリジンの直接のニトロ化では得られない 4-ニトロピリジンが得られる．

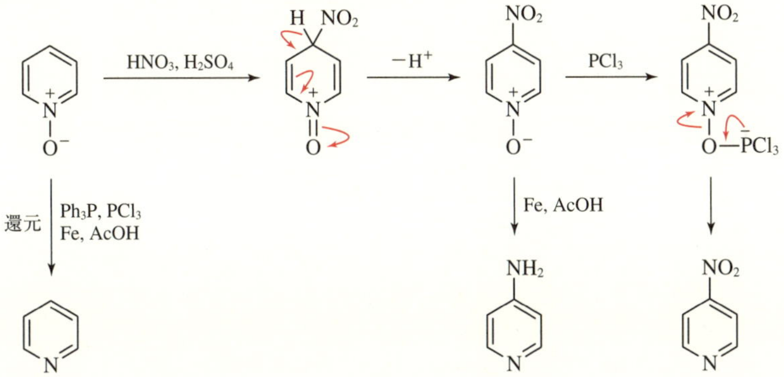

1・3 ピリジンと求核剤の反応

1・3・1 ピリジンの求核置換反応

ピリジンの求核置換反応は 2 位や 4 位のハロゲンが置換する場合（図 1・10a）と 2 位の水素が置換する場合（図 1・10b）とに大別される．

このような求核置換反応はハロベンゼンでは起こらない．しかし，ニトロ基（-NO$_2$）などの強力な電子求引基をもつハロベンゼンでは，ハロゲンの求核置換反応が進行する．

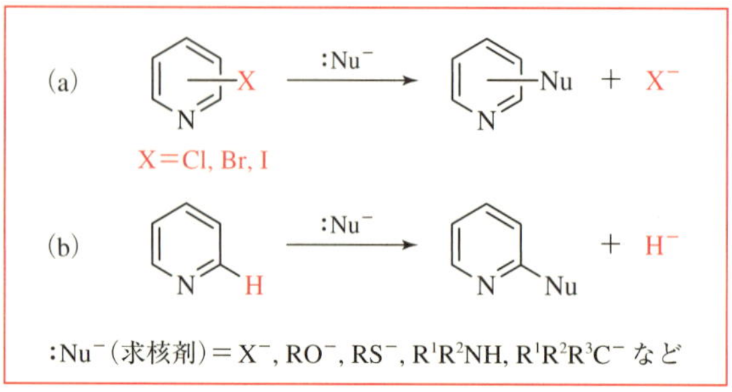

:Nu$^-$（求核剤）＝ X$^-$, RO$^-$, RS$^-$, R^{1}R^{2}NH, R^{1}R^{2}R^{3}C$^-$ など

図 1・10 ピリジンの求核置換反応

a. ハロピリジンの求核置換反応（図 1・10a）　求電子置換反応とは対照的に，窒素は電子求引性に基づく効果によりピリジンの 2 位および 4 位の求核置換反応に対する反応性を高めている．この効果により，2 位および 4 位にあるハロゲンは種々の求核剤 :Nu$^-$〔ハロゲン化物（X$^-$），アミン，チオラートアニオン（RS$^-$），アルコ

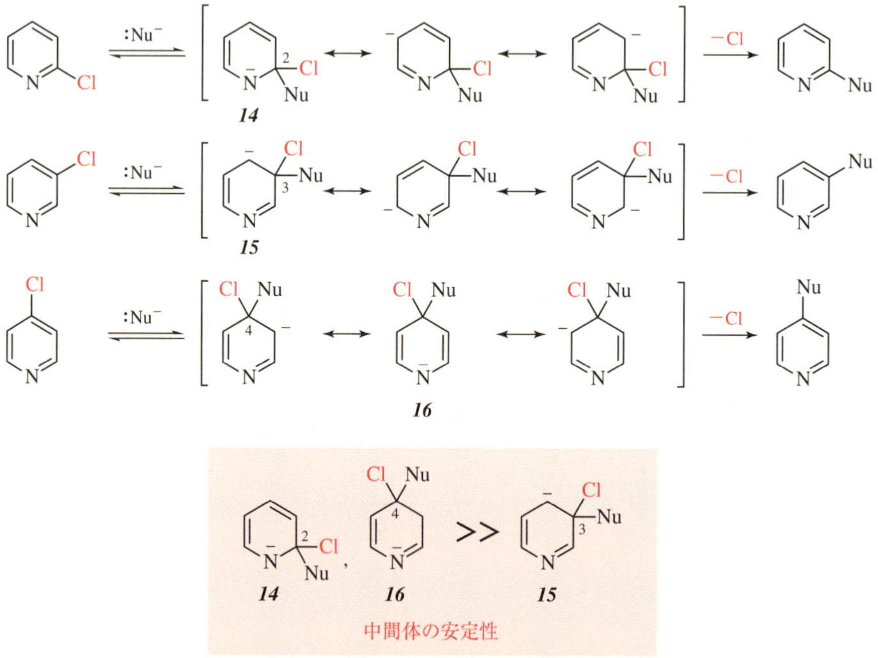

中間体の安定性

図 1・11 クロロピリジンの求核置換反応

キシアニオン（RO⁻），カルボアニオンなど）と置換する．これらの反応はニトロ基のような電子求引基をもつハロベンゼンと類似した芳香族求核置換反応である．まず求核剤が C=N 結合に付加し，ついでアニオン中間体からハロゲン化物イオンが脱離する．3 位置換体から生成するアニオン中間体 ***15*** に比べて，2 位置換体および 4 位置換体から生成するアニオン中間体 ***14*** および ***16*** は電気陰性度の大きい窒素上に負電荷があり，より共鳴安定化されている．したがって，2 位と 4 位の置換反応は 3 位に比べて速い（図 1・11）．

2-クロロピリジンと *N*-メチルエタノールアミンを加熱すると 2-アミノピリジンが生成する．これは第二級アミンによる典型的な求核置換反応の例であり，糖尿病治療薬ロシグリタゾン*合成の最初の工程である．

*　ロシグリタゾンは国内未承認薬．2007 年にロシグリタゾンの心血管リスクが公表されて以来，欧州では市場から回収されており，米国では厳しい制限下ながらも発売が継続されている（2014 年 2 月現在）．

ロシグリタゾン rosiglitazone（糖尿病治療薬）

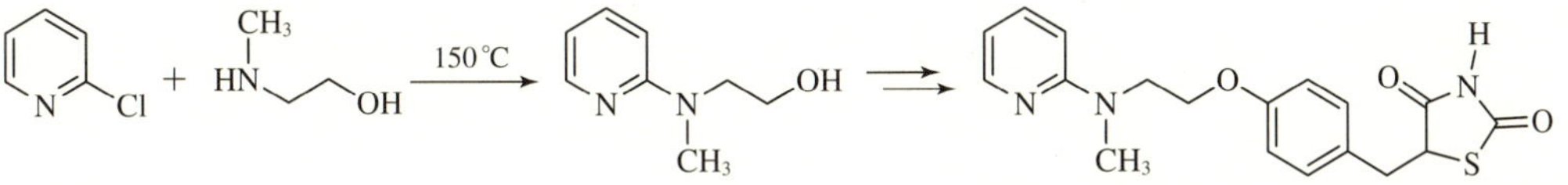

クロロピリジンの合成

合成化学上有用な 2-クロロピリジンは 2-ピリドンと塩化ホスホリル（オキシ塩化リン）$POCl_3$ から合成する．2 位のカルボニル酸素がリンを攻撃するとジクロロリン酸エステルとなり，Cl^- による求核置換反応によって 2-クロロピリジンが生成する（a）．4-クロロピリジンも同様にして 4-ピリドンから合成される（b）．3-クロロピリジンはピリジンの直接の塩素化によって得られる（c）．また 2-クロロピリジンはピリジン *N*-オキシドを $POCl_3$ と反応させても得られる（d）．

（a）

（b）

（c）

（d）

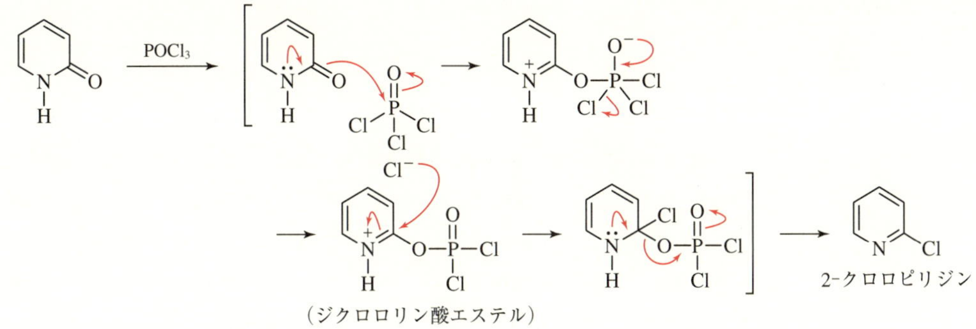

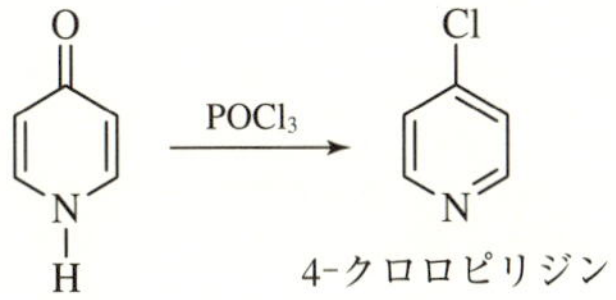

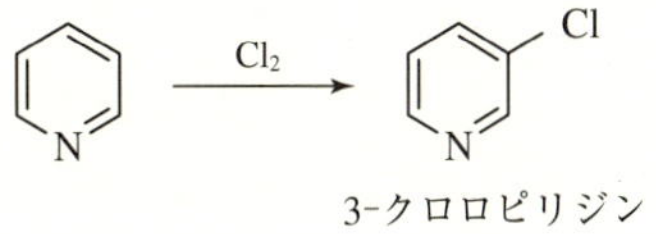

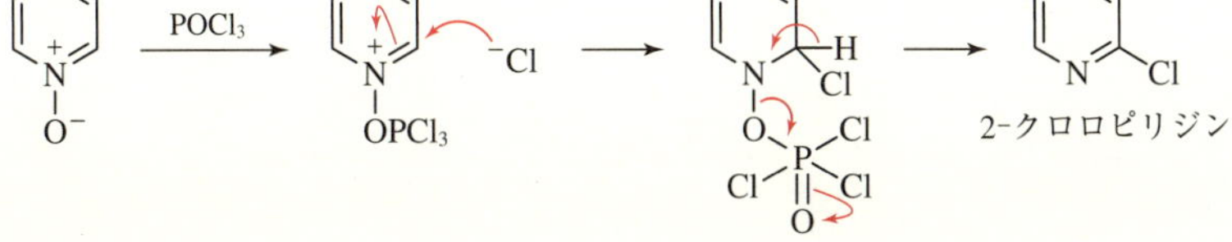

脂肪族アミンのみならず芳香族アミンによっても同様に求核攻撃を受ける．非ステロイド性抗炎症薬のニフルミン酸は 2-クロロニコチン酸への *m*-トリフルオロメチルアニリンの求核攻撃によって得られる．

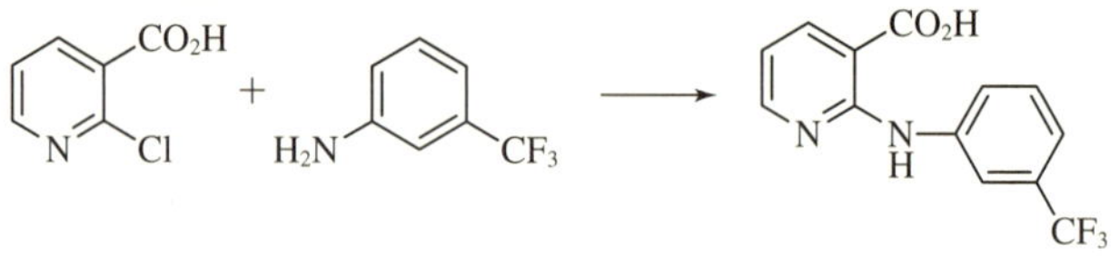

ニフルミン酸
niflumic acid
（抗炎症薬）

カルボアニオンによる求核置換反応は向精神薬メチルフェニデート*の合成でみられる．2-クロロピリジンはシアノベンジルアニオンの求核攻撃によって 2-シアノベンジルピリジンになる．シアノ基（-CN）をアミド（-CONH$_2$）に加水分解し，ついでメチルエステル（-CO$_2$CH$_3$）に変換する．メチルエステルを酢酸中で水素化するとベンゼン環に比べて電子不足のピリジン環が選択的に還元されてメチルフェニデートのラセミ体が得られる．

* 商品名：リタリン（Ritalin）はうつ病などの治療薬として承認されていた向精神薬であったが，2007 年にうつ病適応は撤回されている．現在の適応症はナルコレプシー（narcolepsy，居眠り病）である．

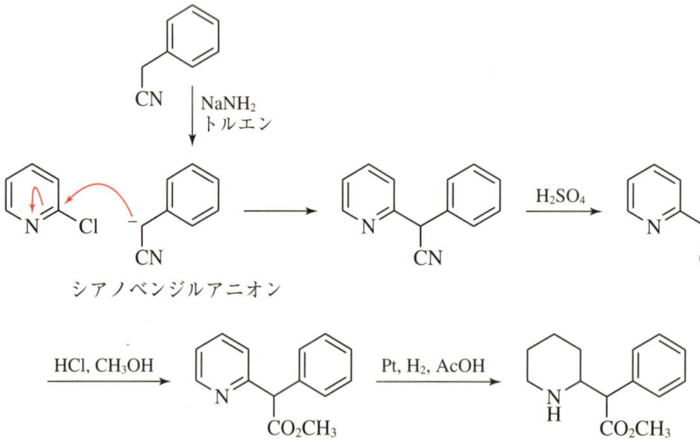

シアノベンジルアニオン

（±）-メチルフェニデート
（±）-methylphenidate
〔ナルコレプシー（居眠り病）治療薬〕

そのほか，2-クロロピリジン，4-クロロピリジン共に，ハロゲン化物イオン（X$^-$），チオラートアニオン（RS$^-$），アルコキシアニオン（RO$^-$），アミンなどの種々の求核剤と反応する．そのなかでも 4-クロロピリジンとベンジルオキシアニオン（PhCH$_2$O$^-$）の求核置換反応で得られる 4-ベンジルオキシピリジンの接触水素化は，4-ピリジノン合成の最も便利な方法の一つである．

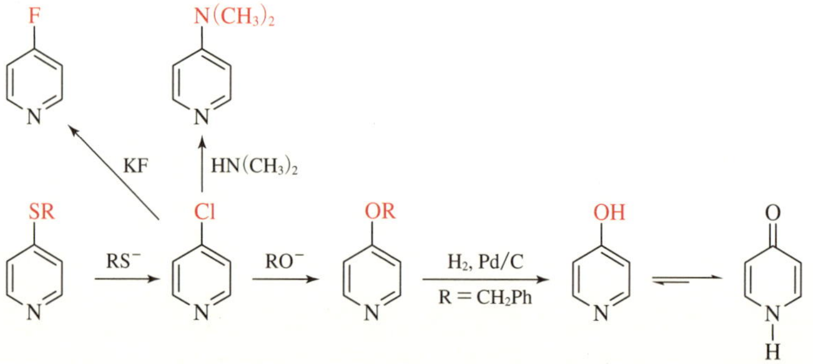

2-クロロピリジンと4-クロロピリジンの安定性の差

2-クロロピリジンはかなり長期間安定であるが，4-クロロピリジンは室温では防湿しても数日しか保存できない．これは上記のような強力な求核剤がないときには，4-クロロ体が分子間で求核置換を行い自己四級化によって重合するためである．いったん窒素の非共有電子対による4位の求核攻撃でピリジニウム塩が生成すると，窒素原子が正電荷を帯びるために，4位がより活性化され，加速度的に重合が進む．これに対して，2-クロロ体は窒素原子の塩基性が4-クロロ体よりも小さいうえに（誘起効果），2位のクロロ基(-Cl)による立体障害も加わるため，分子間反応は起こりにくい．

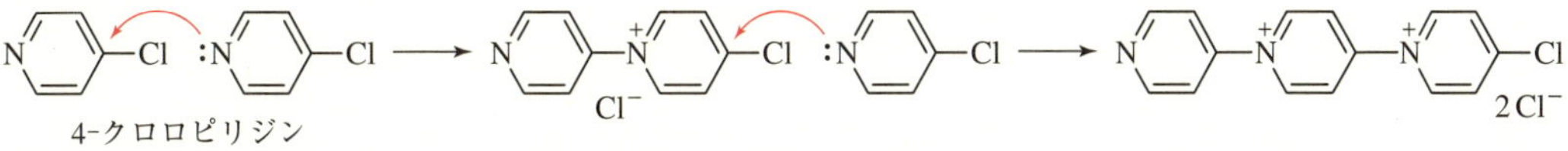

b. 2位水素の求核置換反応（図1・10b） ピリジンの特徴的な反応性は，ハロゲンのような脱離基がなくても2位の水素が**水素化物イオン**（H⁻）としてアミドイオン（⁻NH₂）や有機リチウム（RLi）などの求核剤と置換することである．いずれもC＝N二重結合への付加，続く水素化物イオンの脱離が起こっている（図1・12）．

水素化物イオン（hydride ion）：ヒドリドイオン，ヒドリドともいう．

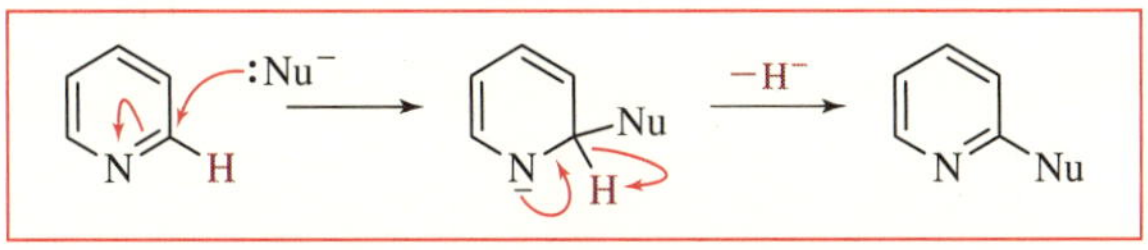

図1・12 2位水素の求核置換反応

Chichibabin 反応はその典型的な例である（図1・13）．ピリジンをジメチルアニリン中でナトリウムアミド NaNH₂ と加熱すると 2-アミノピリジンが生成する．この反応ではアミドイオン（⁻NH₂）がC＝N結合に求核付加しジヒドロ中間体が生成する．ついで水素化物イオン（H⁻）の脱離により 2-アミノピリジンと水素化ナトリウムが生成する．水素化ナトリウム NaH は強力な塩基であるため 2-アミノピリジンと直ちに酸塩基反応を起こし，2-アミノピリジンのナトリウム塩が生成すると同時に水素を発生する．このアミドイオンは水を加えることによって 2-アミノピリジンになる．NaNH₂ の代わりに KNH₂ を用いることもできる．また，KOH を用いると 2-ヒドロキ

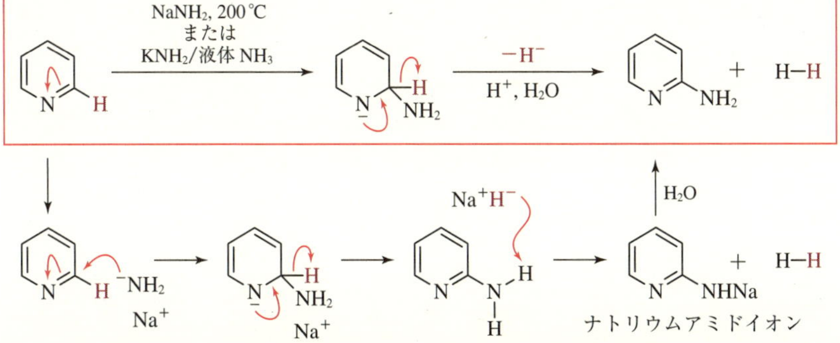

図1・13 Chichibabin 反応と反応機構

シピリジンが得られる．

　薬物分子のなかには 2-アミノピリジン部分構造をもつものが多数みられる．たとえば，2-アミノピリジンをアリールスルホニル化すると合成抗菌薬スルファピリジンになる．これは広い抗菌スペクトルをもつサルファ薬の一つである．また，2-アミノピリジンは非ステロイド性抗炎症薬ピロキシカムの合成や筋弛緩薬フェニラミドールの合成にも用いられている（図 1・14）．いずれも 2-アミノ基が求核的に反応している．

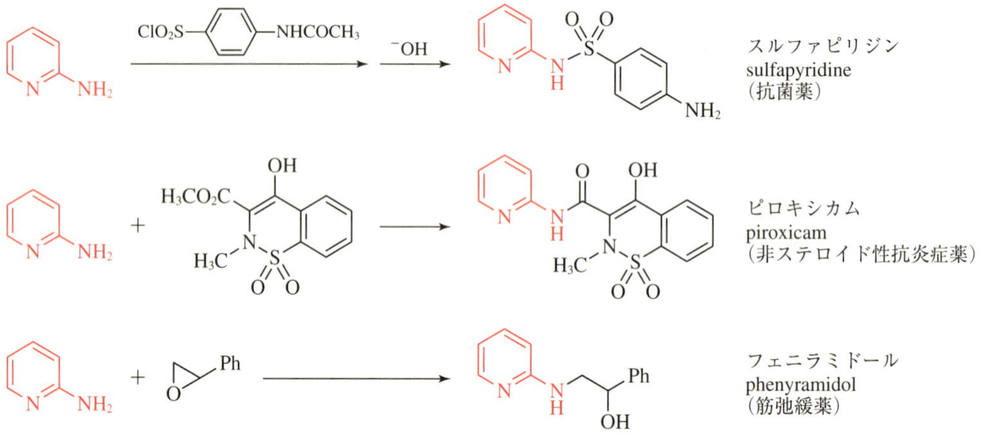

図 1・14　2-アミノピリジンを含む医薬品

　ピリジンは有機リチウム反応剤や Grignard 反応剤による求核攻撃も受ける．ピリジンをフェニルリチウム PhLi のような有機リチウムとトルエン中で加熱すると，付加体からの LiH の脱離を伴って 2-フェニルピリジンが生成する．これも Chichibabin 反応に類似した置換反応である．

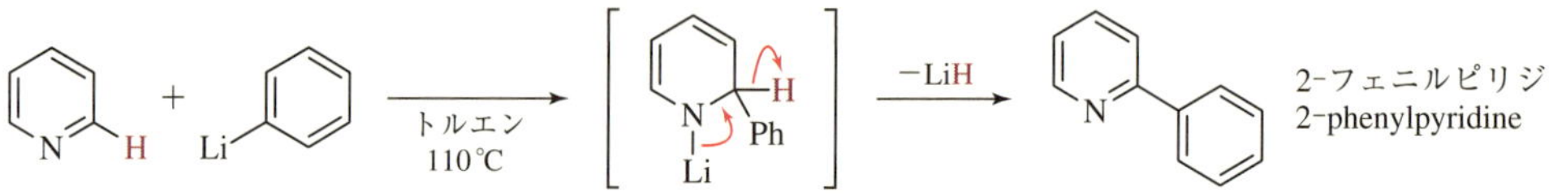

1・3・2　ピリジニウムイオンへの求核付加反応

　ピリジンの N-アルキル化や N-アシル化により生成するピリジニウムイオンは窒素上に正電荷(+)をもっているために，ピリジンよりも一段と求核剤に対して反応性が高くなっている．N-アルキルピリジニウムイオンでは主として 2 位への攻撃（図 1・

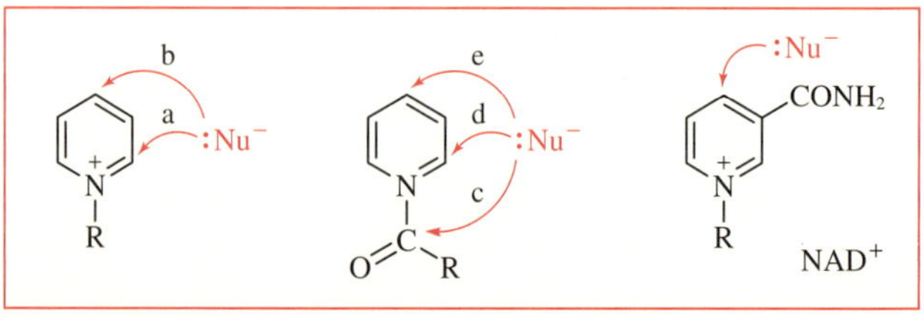

図 1・15　ピリジニウムイオンへの求核付加　　R＝アルキル基，アリール基．

15a) が起こるのに対して，N-アシルピリジニウムイオンへの求核攻撃は 2 位 (d) と 4 位 (e)，さらにカルボニル炭素上 (c) のいずれかで起こる．先の例でみたようにエステルやアミド合成では，もっぱらカルボニル炭素上へアルコールやアミンの攻撃 (c) が起こっている．一方，後に述べるように生体内での酸化還元に関与する補酵素 NAD$^+$ ではもっぱら選択的に 4 位 (e) への求核攻撃が起こっている．

N-メチルピリジニウム塩をヘキサシアノ鉄(III)酸カリウム（アルカリ性赤血塩）K$_3$Fe(CN)$_6$ で酸化すると N-メチルピリジノンが得られることは古くより知られている．この反応では $^-$OH の 2 位への求核付加とこれに続く酸化である．

a. Reissert 反応 N-アシル化または N-スルホン化によって得られる N-アシルピリジニウムイオンはシアン化物イオン（$^-$CN）のような弱い求核剤の攻撃も受け，キノリンでよく知られている **Reissert 反応**が起こる（§2・2・2c 参照）．シアン化物イオンは 2 位を位置選択的に攻撃して付加体を生成する．この反応では NaCN や KCN の代わりに TMSCN〔(CH$_3$)$_3$SiCN〕を用いる方法も開発されている．通常付加体はラセミ体であるが 2 位の**プロキラル炭素**へ立体選択的な付加反応（不斉 Reissert 反応）が起これば，キラルなピペリジン誘導体の合成につながる．実際，光学活性なピペリジン類は天然物や生物活性物質，さらに医薬品などの合成に重要な**ビルディングブロック**である．

プロキラル炭素 (prochiral carbon)：アキラルな分子であるが，1 箇所だけを変えるとキラルになる分子をプロキラルであるという．たとえばキラル中心でないが，そうなる可能性があるカルボニル基やイミンのような平面三方形炭素（sp^2 炭素）はプロキラルであるという．

ビルディングブロック (building block)：合成ユニットともいう．目的とする化合物を合成するうえで必要となる構成要素をもつ化合物．

近年，柴﨑正勝らは光学活性ビナフチル型触媒を用いる触媒的エナンチオ選択的 Reissert 型反応を開発し，ピリジン誘導体から直接重要なキラル生物活性物質を合成した．その代表的な反応例は強力なドーパミン D$_4$ 受容体拮抗作用をもつ CP-293,019 の不斉全合成である．

CP-293,019
$\begin{pmatrix}\text{ドーパミン D}_4\text{ 受容体アンタゴニスト}\\ \text{dopamine D}_4\text{ receptor-selective antagonist}\end{pmatrix}$

1・4 ピリジンの酸化と還元

ベンゼン環に比べて電子不足のピリジン環は酸化に強く，還元には弱い．しかし，ピリジン環を直接還元することは容易ではないが，酢酸または塩酸-エタノールなどの酸性溶媒中，白金触媒存在下で水素化するとピペリジンに還元される（図1・16a）．この条件下では酸によって生成するピリジニウムイオンが還元される．N-アルキルピリジニウム塩も同様な水素化によって，容易にN-アルキルピペリジンに還元される（図1・16b）．また，テトラヒドロアルミン酸リチウム（水素化アルミニウムリチウム）LiAlH$_4$，テトラヒドロホウ酸ナトリウム（水素化ホウ素ナトリウム）NaBH$_4$ などの還元剤によっても水素化されテトラヒドロ体になる．これはさらに接触水素化すると対応するピペリジンになる．ついでベンゼン環とピリジン環の酸化，還元に対する反応性の相違を 2-フェニルピリジンの酸化，還元で示す（図1・16c）．酸性条件下で接触水素化するとピリジン環の還元が選択的に起こるのに対して，過マンガン酸カリウム KMnO$_4$ で酸化するとベンゼン環が選択的に酸化されて 2-ニコチン酸になる．

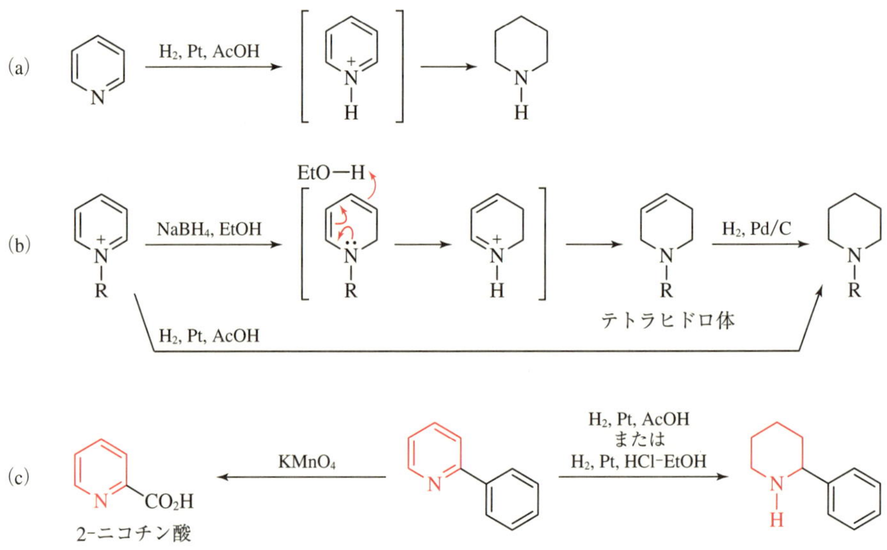

図1・16 ピリジンの還元・酸化

トルエンを KMnO$_4$ で酸化すると安息香酸になることはよく知られているが，アルキルピリジンも同様に KMnO$_4$ で酸化されて対応するピリジンカルボン酸になる．4-ピコリンの酸化からはイソニコチン酸が生成する．これはエステル化，ついでヒドラジンと反応させると合成抗結核薬イソニアジドに導かれる．

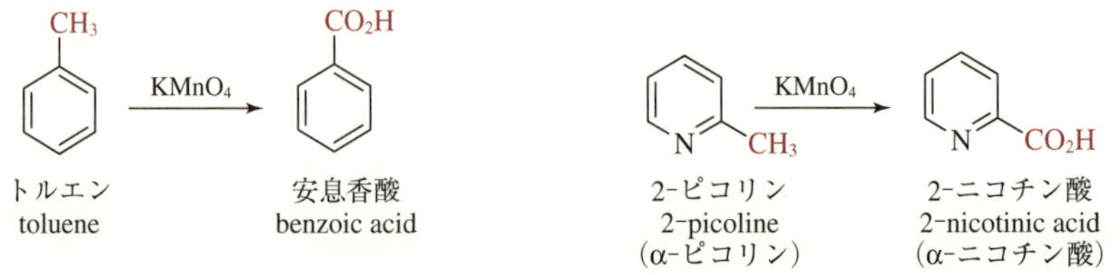

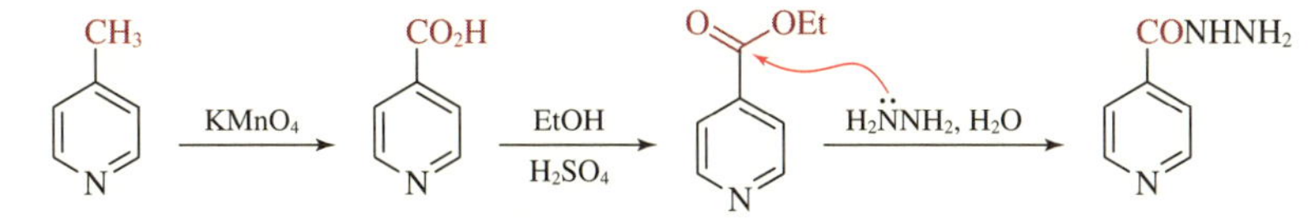

[反応スキーム: 4-ピコリン (γ-ピコリン) → (KMnO₄) → イソニコチン酸 (isonicotinc acid) → (EtOH, H₂SO₄) → エチルエステル → (H₂NNH₂, H₂O) → イソニアジド isoniazid (合成抗結核薬)]

1・5 ピリジンのリチオ化

ピリジンはアルキルリチウムのような求核性の低いリチウム化合物と低温で反応させると水素-金属交換により 2 位 (α 位) の **リチオ化** が起こる (図 1・17a). またアルキルリチウムとハロピリジンとの反応によってもリチオ体が生成する (図 1・17b).

リチオ化　lithiation

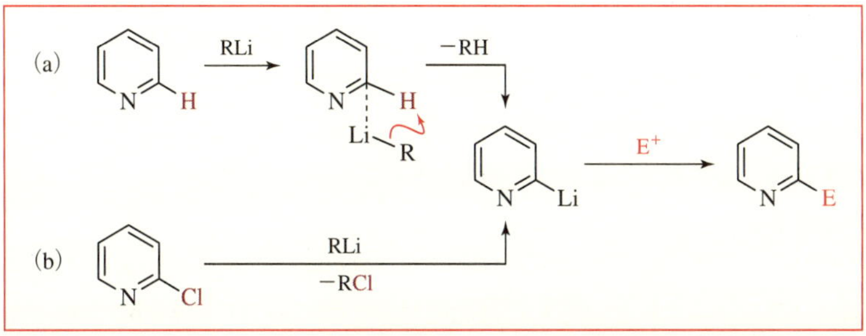

[図 1・17 の反応スキーム (a), (b)]

図 1・17 ピリジンの脱プロトンまたはハロゲン-金属交換によるリチオ化

リチオ体はアルデヒド, ケトン, シリル化剤など種々の求電子剤 E⁺ と反応して 2 位置換体を生成する 〔(1)式〕. 抗ヒスタミン薬のクロルフェニラミンは, 2-ピリジルリチウムのケトンへの求核付加と続く還元によって合成される 〔(2)式〕. 3-ブロモピリジンとブチルリチウム BuLi から得られる 3-ピリジルリチウムは二酸化炭素 CO_2 と反応するとニコチン酸になる 〔(3)式〕. 芳香族 Grignard 反応剤の調整において塩化リチウム LiCl を添加すると Grignard 反応剤の生成が大幅に加速される. 同様に芳香族ヘテロ環 Grignard 反応剤も塩化リチウムを加える手法により容易に得られる. この Grignard 反応剤に求電子剤の一つである N-フルオロベンゼンスルホンイミド $(PhSO_2)_2NF$ のようなフッ素化剤を作用させるとヘテロ環にフッ素を導入できる 〔(4)式〕.

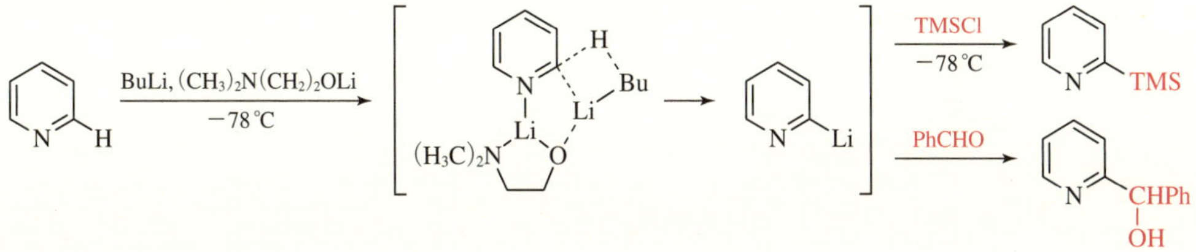

[(1)式: ピリジン → (BuLi, (CH₃)₂N(CH₂)₂OLi, −78℃) → [錯体中間体] → 2-ピリジルリチウム → (TMSCl, −78℃) → 2-TMS-ピリジン / (PhCHO) → 2-(CHPh(OH))-ピリジン]　(1)

(2) クロロフェニラミン
chlorophenylamine
(抗ヒスタミン薬)

(3) ニコチン酸
nicotinic acid

(4)

1・6 パラジウム触媒によるハロピリジンの反応

Ullmann 反応: 銅を用いてハロゲン化アリール ArX をカップリングさせる反応. ArX は X が I＞Br＞Cl の順で反応性が高い.

$$2\ \text{Ar}-\text{X} \xrightarrow[\text{加熱}]{\text{Cu}} \text{Ar}-\text{Ar}$$

反応機構

$$\text{Ar}-\text{X}+\text{Cu} \xrightarrow{-\text{CuX}} \text{Ar}\cdot$$
$$\text{Ar}-\text{Ar} \xleftarrow{\text{Ar}-\text{X}} \text{Ar}-\text{Cu}$$

パラジウム palladium

酸化的付加
oxidative addition

　sp² 炭素同士の結合でビアリール骨格を構築する手段として古くより **Ullmann 反応**(ウルマン)が知られてきた. しかし, パラジウム (Pd) などの**遷移金属触媒**によって新たなビアリール体の合成に画期的な反応が開発され進展を続けている. これらの新しい手法は六員環, 五員環を問わず芳香族ヘテロ環にも適用され, 従来のイオン反応とは異なった新しい合成戦略として重要な展開をみせている. その概略をベンゼンと比較しながら説明する.

　ハロピリジン(ピリジンハロゲン化物)もハロベンゼン(ベンゼンハロゲン化物)と同様にパラジウム(0)〔Pd(0)〕に**酸化的付加**が起こり Pd-炭素(sp²) σ 結合が生成し, パラジウム(Ⅱ)錯体〔Pd(Ⅱ)〕**17** となる. この錯体 **17** はハロベンゼンより得ら

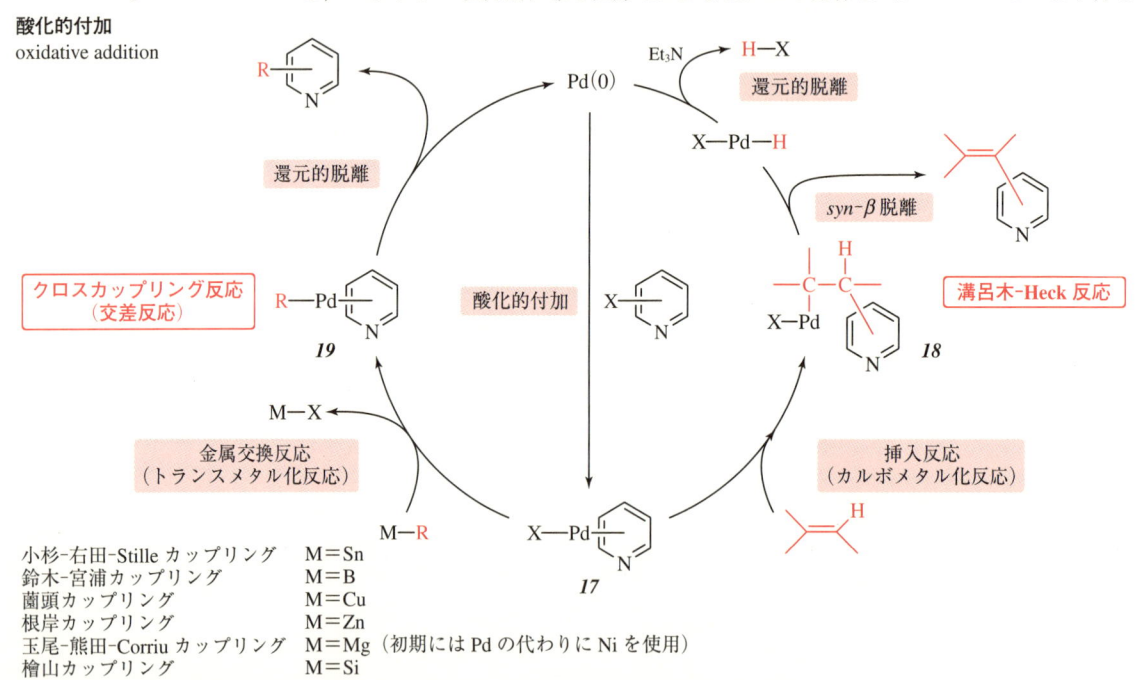

小杉-右田-Stille カップリング　M＝Sn
鈴木-宮浦カップリング　　　　　M＝B
薗頭カップリング　　　　　　　 M＝Cu
根岸カップリング　　　　　　　 M＝Zn
玉尾-熊田-Corriu カップリング　 M＝Mg (初期には Pd の代わりに Ni を使用)
檜山カップリング　　　　　　　 M＝Si

図 1・18　パラジウム触媒によるハロピリジンの反応

れる錯体と同様，アルケンに**挿入**（**カルボメタル化**）したり，有機典型金属反応剤との間に**金属交換反応**（**トランスメタル化**）を行う．アルケンに挿入して得られる有機パラジウム中間体 **18** は，**β水素脱離**によって新しいアルケンを生成すると同時に**還元的脱離**によって 0 価のパラジウムが再生する（溝呂木-Heck 反応）．一方，パラジウム(II)錯体 **17** は種々の有機典型金属反応剤と金属交換反応を行い，新しい有機基をもったパラジウム(II)錯体 **19** になる．これより還元的脱離が起これば新しい官能基をもったヘテロ環が生成する．同時に 0 価のパラジウムが再生され，**クロスカップリング反応**（**交差反応**）の**触媒サイクル**が新しく始まる．有機金属錯体触媒反応（図 1・18）の開発には多くの日本人化学者が貢献した*．

1・6・1 溝呂木-Heck 反応

溝呂木-Heck 反応では酸化的付加で生成したパラジウム(II)錯体 **17** に種々のアルケンが挿入し有機パラジウム中間体 **18** が得られる．これより syn-β 水素脱離が起こると新しいアルケンが生成する．同時に生成した X–Pd–H からの還元的脱離によって 0 価のパラジウムが再生される．X–Pd–H の還元的脱離を促進するために通常塩基や銀イオン（Ag^+）などが用いられる．このように溝呂木-Heck 反応は酸化的付加，カルボメタル化(Pd を用いるときは**カルボパラジウム化**)，β 水素脱離，還元的脱離の触媒サイクルによって新しいアルケンを生成する反応である．この反応はヘテロ環にアルケニル基を導入するのに有用な方法である．つぎにピリジンハロゲン化物（pyr-X）やトリフラート（pyr-OTf）の反応を示す（図 1・19）．典型的な例は 4-ブロモピリジンと α-アセトアミドメタクリル酸メチルエステルから 4-ピリジルデヒドロアミノ酸の合成である（図 1・19a）．また，7-アザビシクロ[2.2.1]ヘプテンと 5-ヨードピリジンの溝呂木-Heck 反応からは鎮痛作用をもつエピバチジンの基本骨格が一挙に構築される（図 1・19b）．この反応では通常トランスアルケンが生成する（図 1・19c）．

挿入	insertion
カルボメタル化	carbometalation
金属交換反応	transmetalation
β 水素脱離	β-hydrogen elimination
還元的脱離	reductive elimination
クロスカップリング反応（交差反応）	cross-coupling
触媒サイクル	catalytic cycle

* "有機合成におけるパラジウム触媒クロスカップリング反応"の創出に大きく貢献した理由により，R. F. Heck, 鈴木 章, 根岸英一の 3 教授に 2010 年ノーベル化学賞が授与された．

溝呂木-Heck 反応	Mizoroki-Heck reaction
カルボパラジウム化	carbopalladation

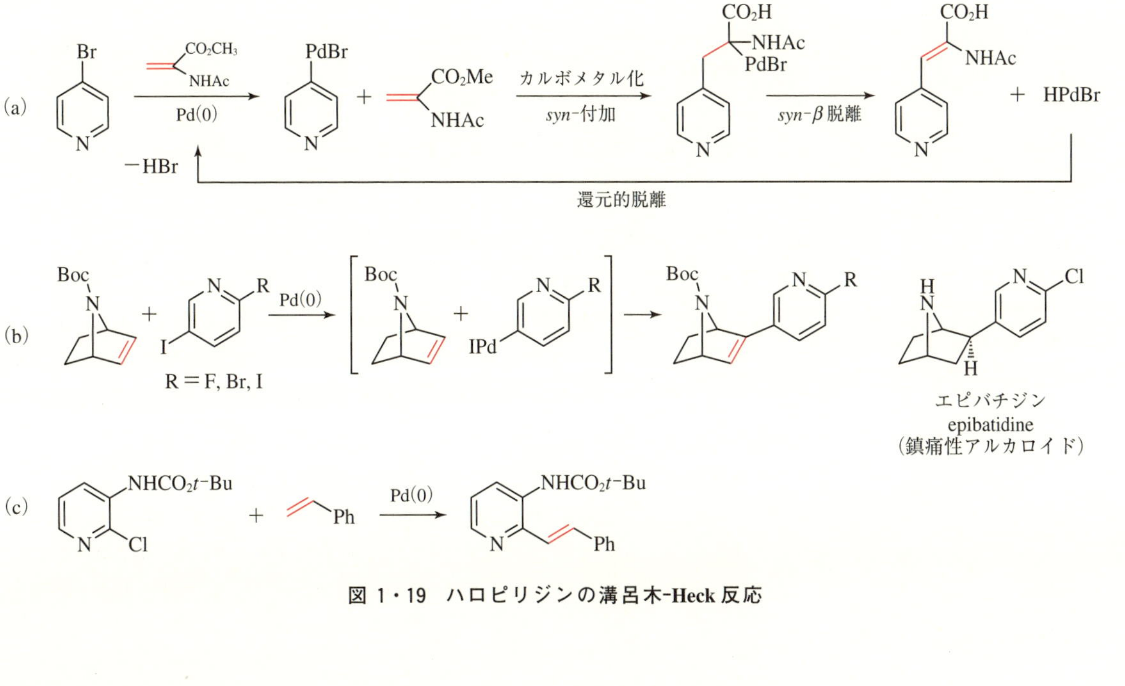

図 1・19 ハロピリジンの溝呂木-Heck 反応

1・6・2 小杉-右田-Stille カップリング反応

小杉-右田-Stille カップリング反応 Kosugi-Migita-Stille coupling

スズ tin

小杉-右田-Stille カップリング反応はパラジウム触媒によるクロスカップリング反応（以下カップリング反応と省略）のなかで最も一般的な反応の一つである．アリール，ベンジル，ビニル，アルキニルのハロゲン化物およびトリフラートとアリールやヘテロアリールスズ化合物とのカップリング反応である．有機スズ化合物は容易に合成・精製することができ，かつ保存できること，また，種々の官能基の存在にも耐えられること，さらに他のカップリング反応と比べて中性条件下で反応を行うことができることなど多くの利点があるが，スズ化合物には毒性があるために大スケールの反応には適当でない．図 1・20 において，ブロモピリジンの酸化的付加で生成するパラジウム錯体(Ⅱ) **17** はピリジルスタンナン（ピリジルスズ，スタンニルピリジン）と金属交換（トランスメタル化）をして二つのピリジンを配位子にもつ新たなパラジウム錯体(Ⅱ) **19** を生成する．これより還元的脱離が起こると 2,4′-ビピリジンが生成する（図 1・20a）．アルキニルスタンナンとハロピリジンのカップリングも同様に進行する．3-ヨードピリジンとトリブチル(エトキシエチニル)スタンナンのカップリングでは 3-エトキシエチニルピリジンが生成する（図 1・20b）．この反応の有用な点は加水分解によって 3-ピリジル酢酸エチルエステルが得られることである．

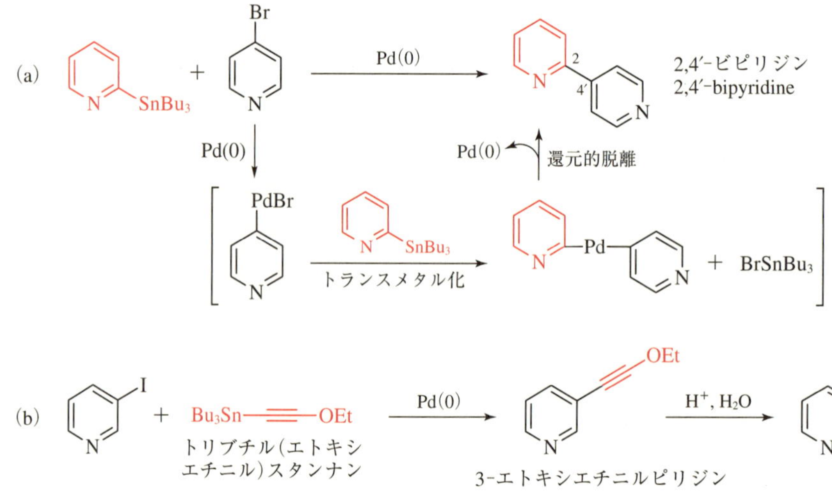

図 1・20　ハロピリジンの小杉-右田-Stille カップリング反応

1・6・3 鈴木-宮浦カップリング反応

鈴木-宮浦カップリング反応 Suzuki-Miyaura coupling

ボロン酸 boronic acid

ボラン borane

鈴木-宮浦カップリング反応は塩基性条件下における，アリール，ベンジル，ビニルのハロゲン化物と有機ホウ素化合物とのカップリング反応である（図 1・21）．

ボロン酸〔$RB(OH)_2$〕やボロン酸エステル〔$R^1B(OR^2)_2$〕またアルキルボラン，アルケニルボラン，アリールボラン（$R^1BR^2_2$）など有機ホウ素化合物は無毒であり，他の有機金属化合物と異なり，空気や水に対して安定である．また，さまざまな官能基があっても保護することなく進行し，電子求引基や電子供与基がいずれの基質にあっても円滑に反応する．さらに反応は位置および立体選択的に進み高収率で生成物が得られる．鈴木-宮浦カップリング反応では Na_2CO_3，NaOEt，NaOH，K_3PO_4，Bu_4NF などの塩基が必要である．塩基はホウ素化合物の求核的なアート錯体を形成し金属交

アート錯体 ate complex

換反応(トランスメタル化反応)を促進する.

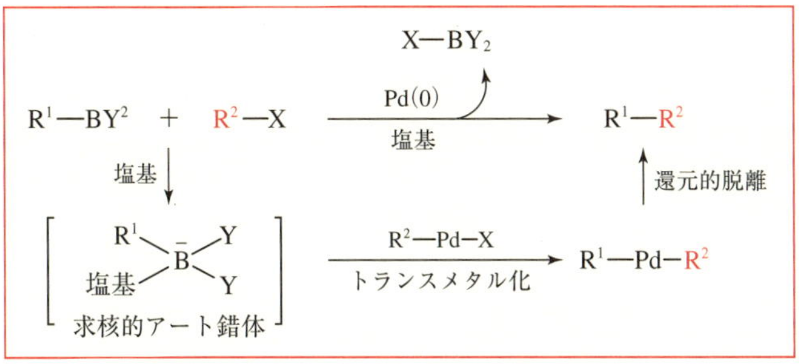

図1・21 鈴木-宮浦カップリング反応

次の例でみられるようにピリジンなどのヘテロアリールボランやボロン酸も鈴木-宮浦カップリングが効率よく進行し,新たなヘテロ環化合物合成の有力な手段となっている.最初の例では o-ブロモニトロベンゼンの酸化的付加によって生成したパラジウム(II)錯体とピリジルボランより生成した求核的アート錯体との間で金属交換が起こり,ついで還元的脱離によって生成物 3-(2′-ニトロフェニル)ピリジンが得られる(図1・22a).ピリジルボロン酸もクロロベンゼンのような活性化されていないアリールハロゲン化物と反応し,3-フェニルピリジン誘導体になる(図1・22b).この反応ではトリシクロヘキシルホスフィン PCy_3 を配位子とし,塩基として K_3PO_4 を用いると期待の反応が進行する.

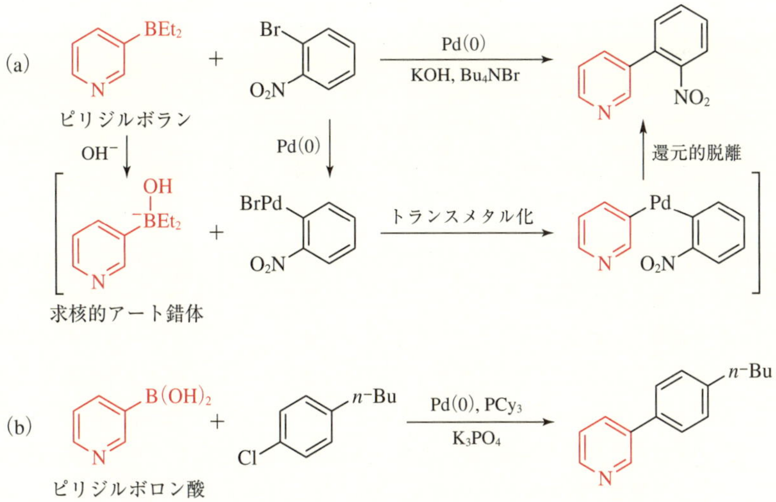

図1・22 ピリジルボランやボロン酸の鈴木-宮浦カップリング反応

逆の組合わせ,すなわち,ハロピリジンと種々のアリールボランやボロン酸とのカップリングも同様に進行する.2-クロロピリジンと2-メチルフェニルボロン酸とのカップリングからは2-(2′-メチルフェニル)ピリジンが生成する(図1・23a).

医薬品合成における鈴木-宮浦カップリングの貢献も非常に大きい.たとえば,骨粗鬆症治療に対する非ペプチド性 $α_Vβ_3$ 拮抗作用物質の合成における重要な**鍵中間体**,ピリドアゼピン環の側鎖構築に効果的に利用されている(図1・23b).2-クロロピリ

鍵中間体 key intermediate

ジンとトリアルキルボランカップリング反応は塩基として K_2CO_3 を用いるほかに，パラジウム錯体の安定化のために dppf のような配位子を加えると，ほぼ定量的に進行する．ついでアセタールの加水分解で得られるアルデヒドの Wittig 反応により，数工程でキログラム単位の $\alpha_V\beta_3$ 拮抗作用物質が得られる．

1-ブテニルボランと 2-ブロモピリジンの反応でみられるように，ビニル型ホウ素化合物と種々のハロピリジン誘導体のカップリングも高収率で進行する（図 1・23 c）．

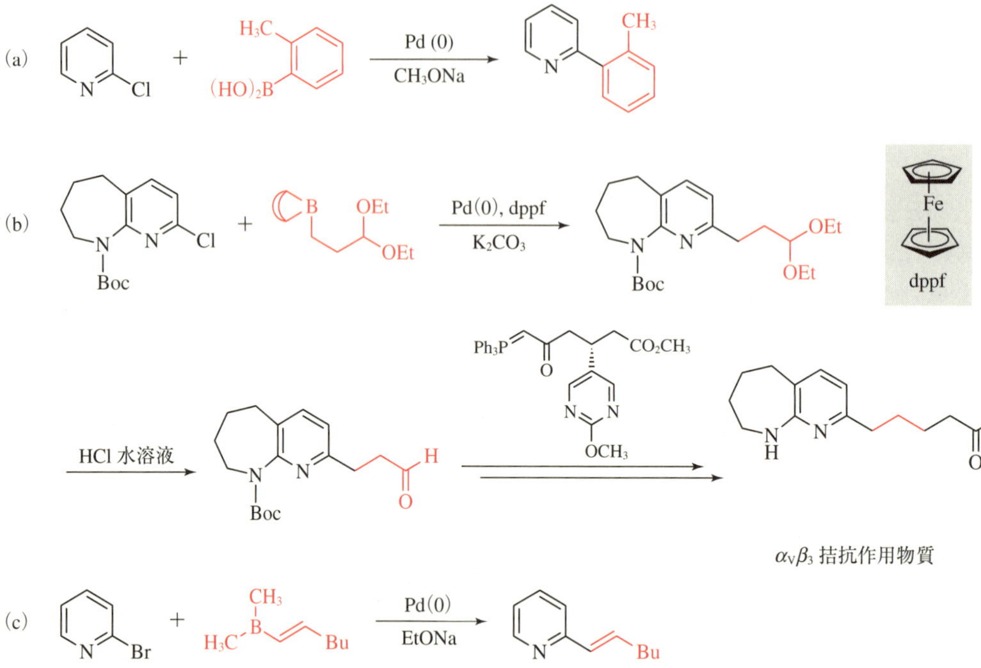

図 1・23　ハロピリジンの鈴木-宮浦カップリング反応

π 電子過剰　electronrich, π-excessive

鈴木-宮浦カップリングではピリジンのみならず，後に述べるキノリンなどの **π 電子不足**な（π 電子不足系）ヘテロ環やピロール，フラン，チオフェン，インドールなどの **π 電子過剰**な（π 電子過剰系）ヘテロ環にも適用できることが一層その利用価値を高めている．市販のヘテロアリールホウ素化合物やハロゲン化物はますます豊富になり，入手しやすくなっているので，このアプローチの汎用性は高い．鈴木-宮浦カップリングはさまざまな炭素(sp^2)-炭素(sp^2)結合生成，特にビアリール体の構築に有用であり，複雑な天然物や医薬品合成，有機 EL（有機エレクトロルミネッセンス）のような機能性物質の合成など応用例は膨大な数にのぼる．いまや数あるカップリング反応のうちで最も有用な反応の一つであり，企業においても最も盛んに利用されているカップリング反応である．

近年，Pd(0)/C のような不均一系触媒による鈴木-宮浦カップリング反応が開発され精密化学合成プロセス（ファインケミカル合成プロセス）で実用化されている．これらの反応ではテトラブチルアンモニウムブロミド（TBAB）$Bu_4N^+Br^-$ のような**相間移動触媒**の添加によって収率が向上する（図 1・24a）．また Pd 触媒の安定化に配位子（リガンド）として PPh_3 のようなリン化合物を使用する（図 1・24b）．

相関移動触媒（phase transfer catalyst, PTC）：二つの混ざらない相に溶けている化学種の間の反応を触媒する．

図 1·24 不均一系触媒 Pd(0)/C を用いた鈴木-宮浦カップリング反応

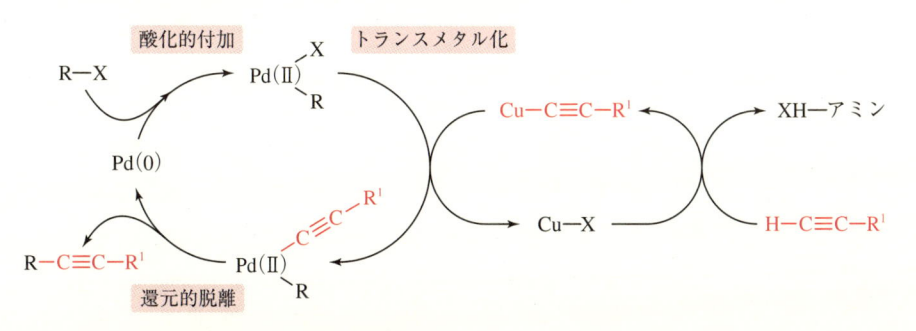

1·6·4 薗頭カップリング反応

薗頭カップリング反応は末端アルキンをハロゲン化アリールやハロゲン化ビニルとカップリングさせ新たなアルキンが生成する反応である（図 1·25）.

薗頭カップリング反応
Sonogashira coupling

図 1·25 薗頭カップリング反応

この触媒プロセスでは Pd(0) 錯体のほかに，一般にアミンのような塩基を共存させ共触媒としてヨウ化銅 CuI を用いる．基本的に反応機構は他のカップリング反応と同じであるが，銅アセチリドを単離する必要はない実用的なアセチレン合成法である．

銅 copper

1・6・5 根岸カップリング反応

根岸カップリング反応
Negishi coupling

亜鉛 zinc

根岸カップリング反応は，Pd(0)触媒または Ni(0)を触媒に用いる有機亜鉛化合物とアリル，アルケニル，アルキニルハロゲン化物とのカップリング反応である．有機亜鉛化合物は有機ハロゲン化物と亜鉛金属との直接の反応（Reformatsky 反応剤）や有機リチウムや Grignard 反応剤と塩化亜鉛とのトランスメタル化によって容易に合成される．このようにして得られる有機亜鉛化合物は $C(sp^3)$-Zn 化合物，$C(sp^2)$-Zn 化合物，$C(sp)$-Zn 化合物など多種にわたる．根岸カップリング反応はエステル，ケトン，ニトリルなどの存在にも耐えうる官能基選択性や立体選択性に優れていることなどから広く利用されている．図 1・26 にいくつかのヘテロ環の反応例を示した．2-ブロモピリジンから得られる 2-塩化ピリジル亜鉛と 4-メチル-2-ピリジルトリフラートを Pd(0)触媒存在下に反応させると，4-メチル-2,2′-ビピリジンが得られる（図 1・26 a）．この反応では，まず 2-ブロモピリジンが t-BuLi によってリチオ化した後，塩化亜鉛とのトランスメタル化によって 2-ピリジル塩化亜鉛になる．一方，4-メチル-2-ピリジルトリフラートは Pd(0)への酸化的付加によってパラジウム(II)錯体となる．つづいて，2-ピリジル塩化亜鉛とトランスメタル化，続く還元的脱離によって 4-メチル-2,2′-ビピリジンが得られる．根岸カップリング反応はカエルロマイシン C 全合成の鍵段階で立体障害のあるビピリジン環の構築にも用いられている（図 1・26 b）．

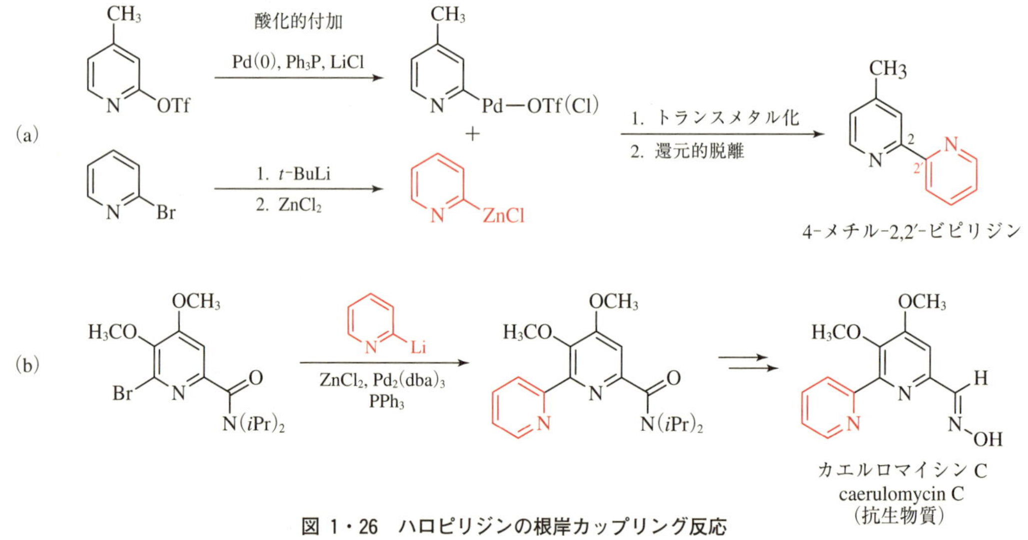

図 1・26 ハロピリジンの根岸カップリング反応

第 11 章で後述するようにビピリジンは配位子として有用な化合物である．ビピリジンとその関連化合物の合成はここまでの例に見られるように鈴木-宮浦，小杉-右田-Stille，根岸カップリングなどの開発によって今や格段の進展がみられる．これらの含窒素ヘテロ環は人工酵素の金属配位部位として，また，分子認識化学を基盤とした超分子金属錯体の創製など広い分野での応用が期待されている化合物群である．

1・6・6 Buchwald-Hartwig アミノ化反応

ハロベンゼン類の求核的なアミノ基置換反応による芳香族アミンの合成は困難で

あったが，Buchwald, Hartwig らはパラジウム触媒 Pd(0) を用いることにより脂肪族第一級および第二級アミンや芳香族アミンを塩化アリール，臭化アリールのようなハロベンゼンやアリールトリフラートと反応させ直接対応する芳香族アミンを得る**芳香族アミノ化反応**を開発した．この反応では反応条件下で安定な t-BuONa や NaN(TMS)$_2$ (NHMDS) のような強塩基を用いることが重要である．反応機構は今までに示したカップリング反応と基本的に同じ触媒プロセスである（図 1・27）．

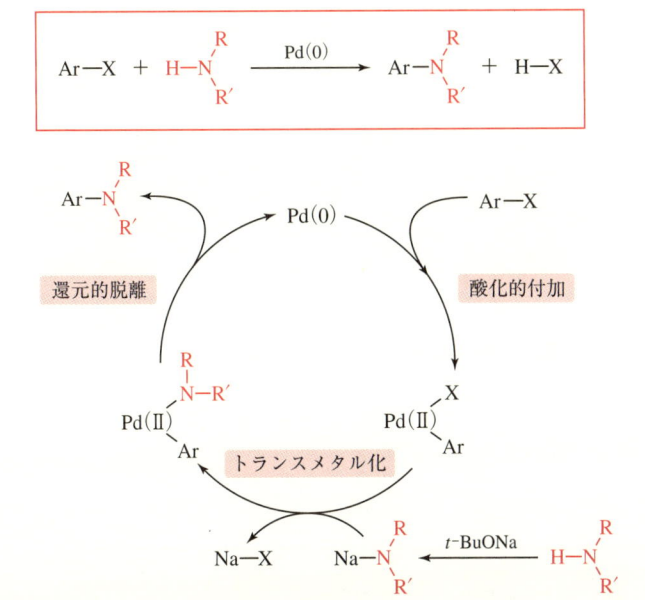

図 1・27 Buchwald-Hartwig アミノ化反応

ハロピリジンはアミンによる求核攻撃によってアミノ置換体に変化することを示したが，これはハロベンゼン（強力な電子求引基が置換されてない）にはみられない特徴であった（§1・3・1 参照）．

しかし，Pd(0) を触媒として用いるとハロベンゼン類はアミンと反応してアミノ化が起こりアニリン誘導体になる．同様にハロピリジンやハロキノリン（第 2 章参照）のような芳香族ヘテロ六員環ハロゲン化物も Pd(0) 触媒によるアミノ化が進行する（図 1・28 a, b）．この反応は **Buchwald-Hartwig アミノ化反応**とよばれ，今や求核置換反応に代わるヘテロ環のアミノ化反応として重要な手法である．メチルアミンやジメチルアミンのような揮発性の高いアミン類は封管中で反応させる．これらの反応では配位子の選択が重要である．特定の配位子を選択することによって，分子内 N-アリール化，N-アルケニル化にも適応することができ，含窒素ヘテロ環の新しい合成法として注目される．たとえば，(R)-CH$_3$O-MOP のような配位子を用いるとアミドの分子内アリール化によって七員環ラクタムが得られる（図 1・28 c）．さらに DPEPHOS のような配位子を用いると四員環ラクタムの分子内アルケニル化も進行して，1β-メチルカルバペネム骨格（第 9 章参照）が一挙に構築される（図 1・28 d）．Pd(0) 錯体は Pd(OAc)$_2$ のような安価な Pd(II) 錯体を反応系中で還元することにより得られる．

Buchwald-Hartwig アミノ化反応
Buchwald-Hartwig amination

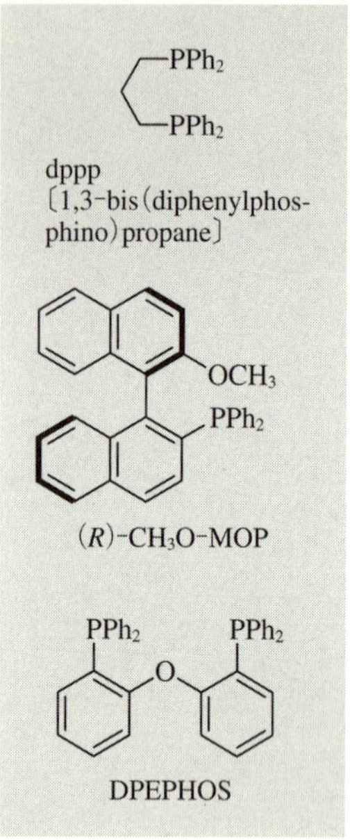

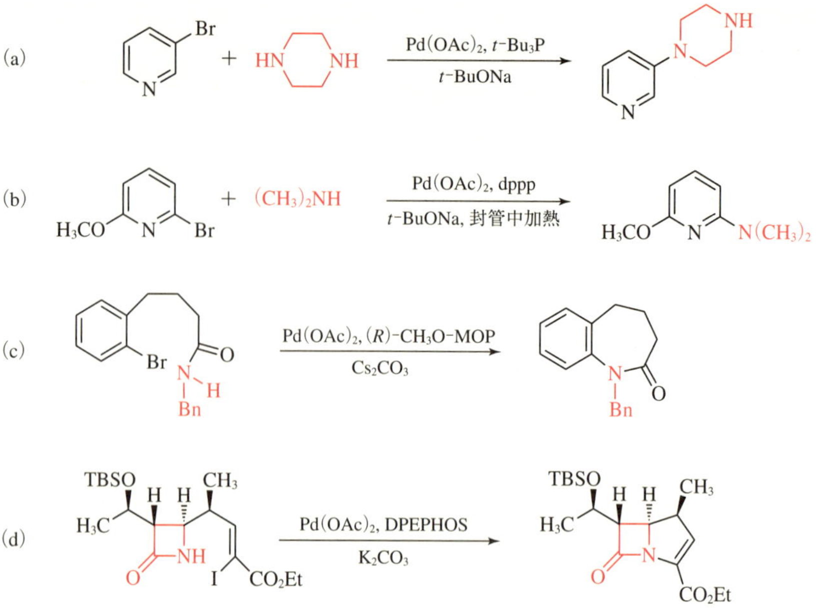

図 1・28 配位子を用いる Buchwald-Hartwig アミノ化反応

Pd(II) から Pd(0) への還元

Pd(0) を必要とする触媒反応では，Pd(OAc)$_2$ のような安価な Pd(II) 錯体を用いて反応系内で還元し活性な Pd(0) 錯体を発生させ，単離することなく使用することが多い．Pd(II) から Pd(0) への還元にはアミン (a)，ホスフィン (b)，アルケン (c) のほか，水素化ジイソブチルアルミニウム (DIBAL) やトリアルキルアルミニウムなどの有機金属が使われる．

(a) アミンによる Pd(OAc)$_2$ から Pd(0) への還元

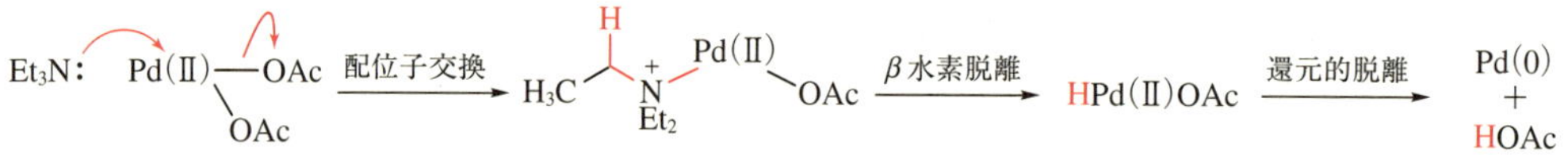

(b) ホスフィン (PPh$_3$, t-Bu$_3$P など) による Pd(II) から Pd(0) への還元

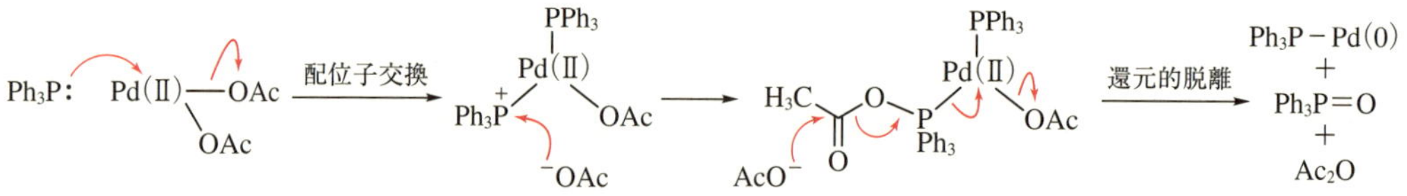

(c) アルケンによる Pd(II) から Pd(0) の還元

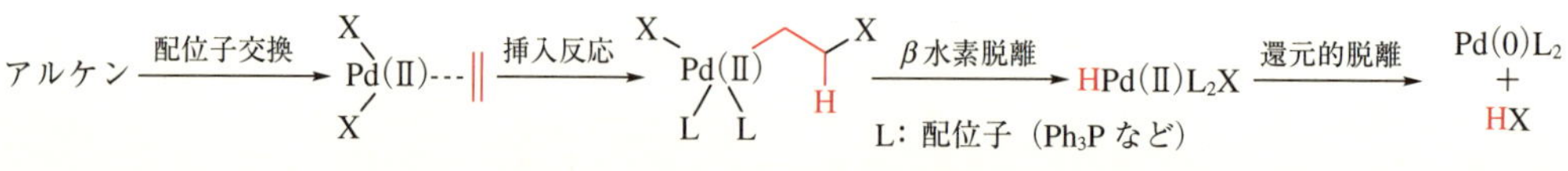

1・7 ピリジン環を含む天然物と医薬品

　天然に見いだされる生物学的に重要なピリジン誘導体は多数存在する．ニコチンはタバコの葉と煙に含まれる発がん性物質であり，その反応機構はしだいに明らかにされつつある．ナイアシン（ニコチン酸）はわれわれの体内で必須アミノ酸であるトリプトファンからつくられる．これが唯一の生合成ルートである．そのためにトリプトファンかナイアシンが不足すると皮膚炎や下痢，神経障害や死に至るペラグラ（胃腸障害，紅斑，神経障害などを来たす病気）の原因になる．ピリドキシン（ビタミンB$_6$）はヒドロキシ基だけでなく，水と水素結合を形成できるピリジンの窒素があるために水によく溶けるビタミン（水溶性ビタミン）の代表である．

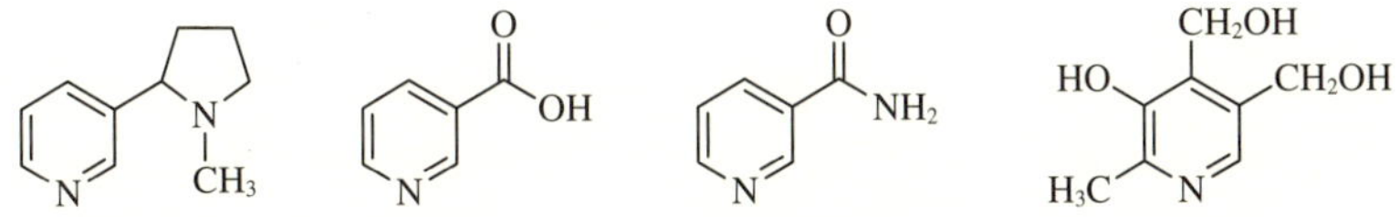

ニコチン
nicotine

ナイアシン
niacin
ニコチン酸
nicotinic acid

ナイアシンアミド
niacinamide
ニコチンアミド
nicotinamide
（ビタミンB$_3$）

ピリドキシン
pyridoxine
（ビタミンB$_6$）

　自然界に存在する複雑なピリジニウム誘導体の一つはニコチンアミドアデニンジヌクレオチド（NAD$^+$）とその還元型であるNADHであろう．NAD$^+$とその2′位にリン酸基をもつNADP$^+$は生体内の最も重要な酸化剤の一つである．一方，還元型ニコチンアミドアデニンジヌクレオチド（NADH）やNADPHは自然界における最も重要な還元剤の一つである．NADHはNaBH$_4$やLiAlH$_4$のように水素化物イオン（H$^-$）

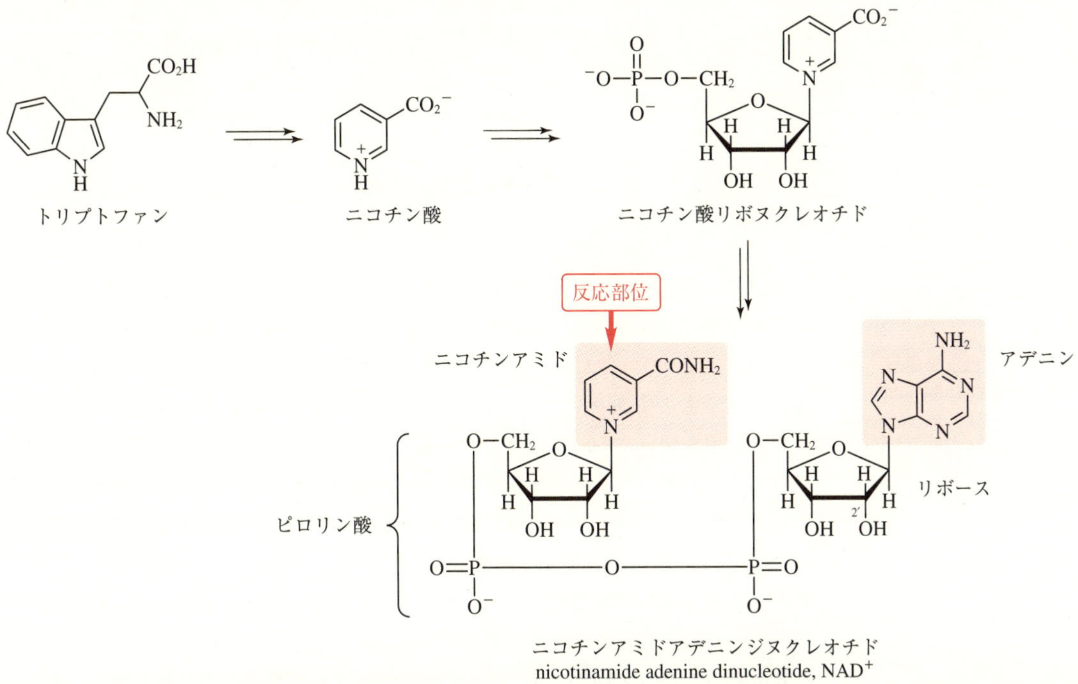

トリプトファン　　　ニコチン酸　　　ニコチン酸リボヌクレオチド

反応部位

ニコチンアミド　　　　　　　　　　　　　　　　　アデニン

ピロリン酸　　　　　　　　　　　　　　　　　　　リボース

ニコチンアミドアデニンジヌクレオチド
nicotinamide adenine dinucleotide, NAD$^+$

図 1・29　ニコチンアミドアデニンジヌクレオチドの生合成

がアルデヒドやケトンのカルボニル基を攻撃し、これらを還元する。

　NAD⁺ は必須アミノ酸であるトリプトファンから，ニコチン酸，ニコチン酸リボヌクレオチドを経由して生合成された大きな分子であるが，後述（第9章）するように生体内酸化・還元反応に直接関与する部分はピリジン環のみである（図1・29）．

　種々のピリジンアルカロイドが天然から単離されている（図1・30）．エクアドル毒ガエルの表皮から単離されたアルカロイドのエピバチジンは，モルヒネよりも200倍も強力な鎮痛作用を示し，習慣性がないことなどから注目を浴びたが，副作用が観測され薬としての開発には至っていない．沖縄産海綿からは一連のピリジンアルカロイドの一つとしてテオネラジン B が単離されている．シクロセテレタミン A も海綿から単離された一連のピリジンアルカロイドの一つである．抗菌作用や抗マイコバクテリウム作用が知られている．タバコ（*Nicotina tabacum*）には主アルカロイドのニコチンのほかにアナバシンのような構造上関連した多数のタバコアルカロイドが含まれている．抗菌性物質アトペニンはピリジンのすべての位置が置換されている．

エピバチジン
epibatidine
（鎮痛性アルカロイド）

テオネラジン B
theonelladine B
（抗新生物形成活性）

シクロセテレタミン A
cyclostellettamine A
（海洋天然物）

（−）-アナバシン
(−)-anabasine
（タバコアルカロイド）

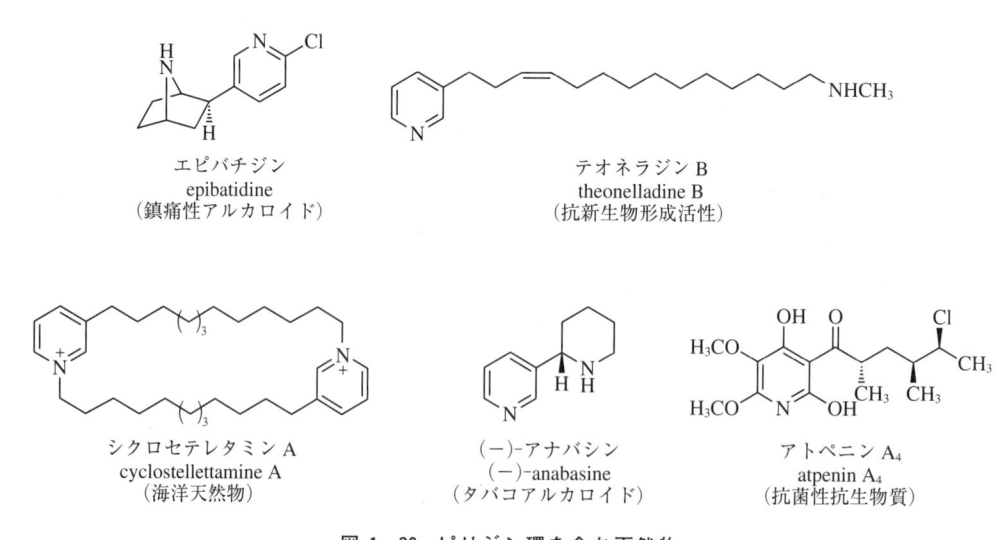

アトペニン A₄
atpenin A₄
（抗菌性抗生物質）

図 1・30　ピリジン環を含む天然物

非ステロイド性抗炎症薬
non steroidal anti-inflammatory drug, NSAID

プロスタグランジン
prostagranndin, PG

　また，これまでにピリジン環を含む代表的な医薬品を例示してきたが，そのほかにも膨大な数の合成ピリジン誘導体がある．つぎにわが国の医薬品からいくつかの例を示す（図1・31）．イブプロフェンピコノールは非ステロイド性抗炎症薬（NSAID）の代表的なものであり，プロスタグランジン（PG）の産生を抑制することによって抗炎症作用を発揮する．肺結核の治療薬エチオナミドは他の抗結核薬と併用して使用されることが多い．抗潰瘍薬のオメプラゾールはピリジン環のほかにもう一つの芳香族ヘテロ環，ベンズイミダゾールを含んでいる．胃潰瘍や十二指腸潰瘍などの治療薬として，1998年には世界中で最もよく売れた薬である．また，ネビラピンは世界初の非核酸系逆転写酵素阻害薬であり抗エイズ薬として使用されている．殺菌剤ボスカリドの二つの連結したベンゼン環は鈴木-宮浦カップリング反応によって合成された．抗ヒスタミン薬のクロルフェニラミンや骨粗鬆症治療薬のリセドロン酸ナトリウムも一置換ピリジン誘導体である．

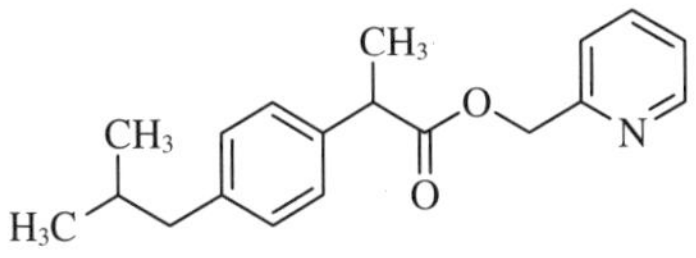

1・7 ピリジン環を含む天然物および医薬品

イブプロフェンピコノール
ibuprofen piconol
（抗炎症薬）

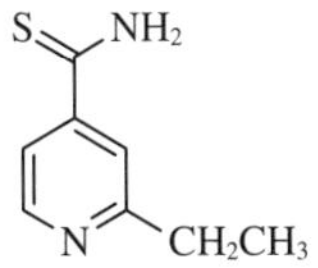

エチオナミド
ethionamide
（抗結核薬）

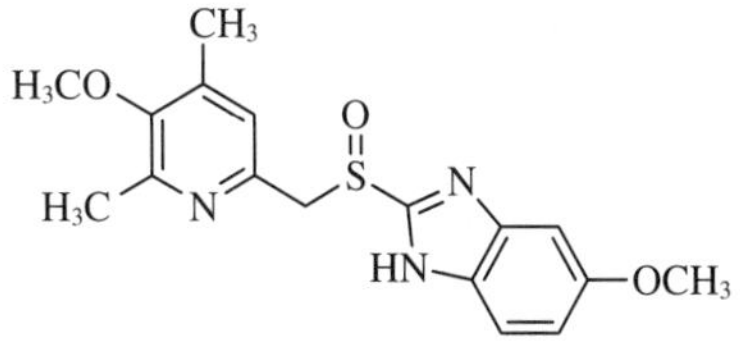

オメプラゾール
omeprazole
（抗潰瘍薬）

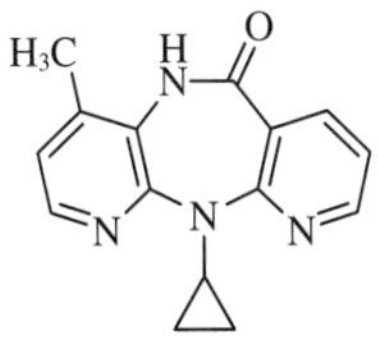

ネビラピン
nevirapine
（抗エイズ薬，世界初の非核酸系逆転写酵素阻害薬）

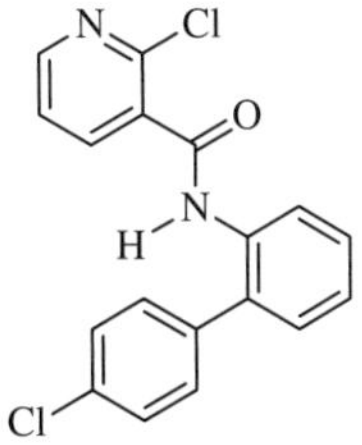

ボスカリド
boscalid
（殺菌剤）

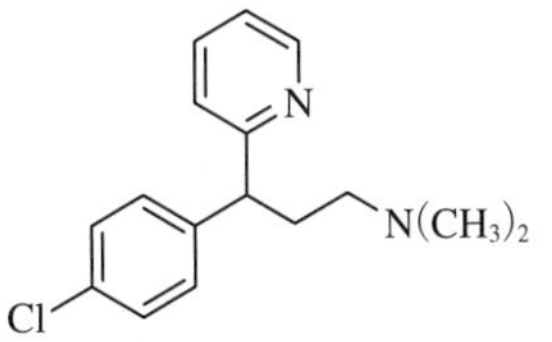

クロルフェニラミン
chlorpheniramine
（抗ヒスタミン薬）

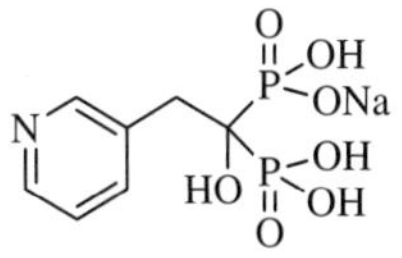

リセドロン酸ナトリウム
sodium risedronate
（骨粗鬆症治療薬）

図 1・31 ピリジン環を含む医薬品

2 キノリン，イソキノリン

ベンゼン環が縮合した芳香族ヘテロ六員環化合物

ベンゾピリジン
benzopyridine

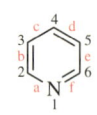

ナフタレンの一つの CH を N で置き換えるとキノリンとイソキノリンという 10π 電子系の芳香族ヘテロ環ができる．キノリンはピリジンの 2, 3 位（b 辺）に，イソキノリンはピリジンの 3, 4 位（c 辺）にベンゼン環が縮合したベンゾピリジンである．

ナフタレン naphthalene → CH → N → キノリン quinoline, イソキノリン isoquinoline

2・1 キノリン，イソキノリンと求電子剤の反応

キノリンとイソキノリンはピリジンと同様に，環と同一平面上にある sp^2 混成軌道に非共有電子対をもっており，これらは 10π 電子系には関与しないために塩基性を示すと共に求核性を示す．キノリンとイソキノリンの塩基性はベンゼン環の縮合による影響は少なく，ピリジンとほぼ同程度である（図 2・1）．

ピリジン pK_{aH} 5.2　キノリン pK_{aH} 4.9　イソキノリン pK_{aH} 5.4

図 2・1　キノリン，イソキノリンの塩基性

キノリン，イソキノリンは種々の酸と反応してそれぞれ**キノリニウムイオン**，**イソキノリニウムイオン**を生成する．一方，ハロゲン化アルキルやハロゲン化アシルなど

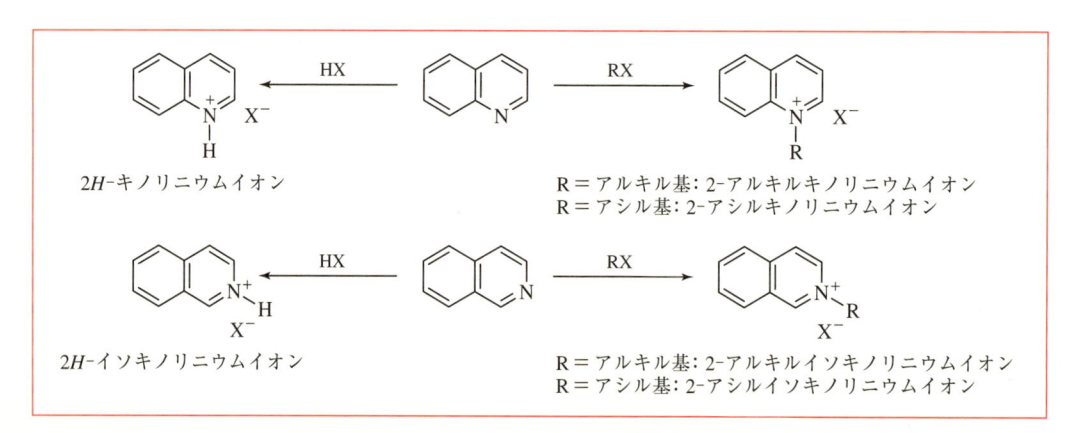

2H-キノリニウムイオン ← HX ― キノリン ― RX →
R＝アルキル基: 2-アルキルキノリニウムイオン
R＝アシル基: 2-アシルキノリニウムイオン

2H-イソキノリニウムイオン ← HX ― イソキノリン ― RX →
R＝アルキル基: 2-アルキルイソキノリニウムイオン
R＝アシル基: 2-アシルイソキノリニウムイオン

図 2・2　キノリン，イソキノリンの求電子置換反応

の求電子剤に対しては，求核的に反応しキノリニウムイオンやイソキノリニウムイオンが生成する（図2・2）．

　ベンゼン環に及ぼすピリジン環の窒素の電子求引効果は弱いため，キノリンとイソキノリンは予想されるようにピリジンとベンゼンの両方の反応性を示す．したがって求電子置換反応は，もっぱらピリジン環よりもより電子豊富なベンゼン環上で優先的に起こる．反応位置は通常5位と8位である（図2・3）．

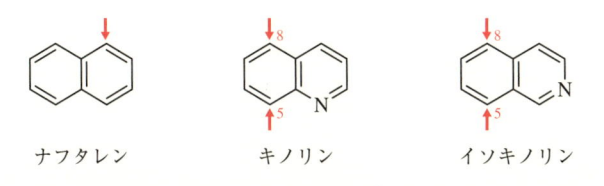

図 2・3　求電子置換反応における反応位置　↑で示した位置が反応点．

　ナフタレンの求電子置換反応と同様に5位または8位攻撃で生成する中間体 *1*, *4* は，6位または7位攻撃で生成する中間体 *2*, *3* よりも共鳴安定化を受けているため，このような位置選択性となる（図2・4）．

中間体の安定性： *1*, *4* ≫ *2*, *3*

図 2・4　キノリン，イソキノリンの求電子置換反応の反応位置

　典型的な求電子置換反応がニトロ化，臭素化でみられる．通常，生成物は5位と8位置換体の混合物である．キノリンやイソキノリンの求電子置換反応はピリジンよりも穏和な条件で進行するのが特徴である．

ニトロ化

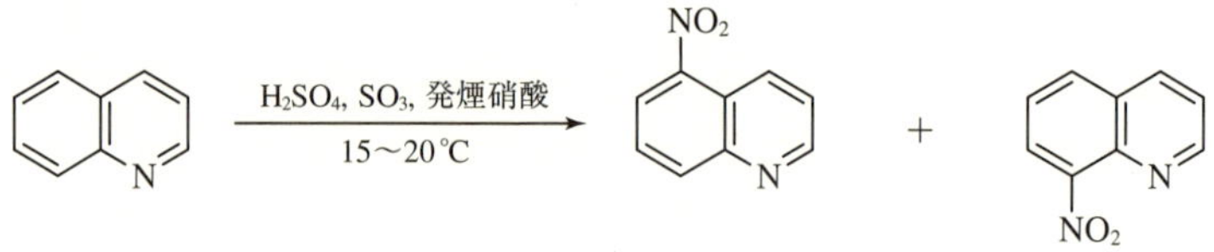

キノリン → 5-ニトロキノリン (35%) + 8-ニトロキノリン (43%)
条件: H$_2$SO$_4$, SO$_3$, 発煙硝酸, 15～20℃

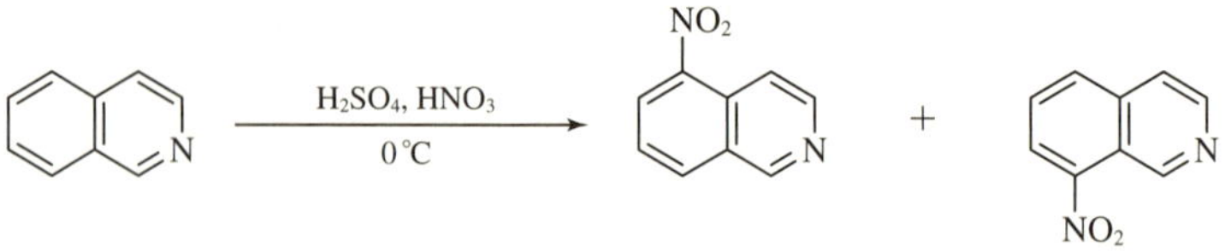

イソキノリン → 5-ニトロイソキノリン (72%) + 8-ニトロイソキノリン (8%)
条件: H$_2$SO$_4$, HNO$_3$, 0℃

臭素化

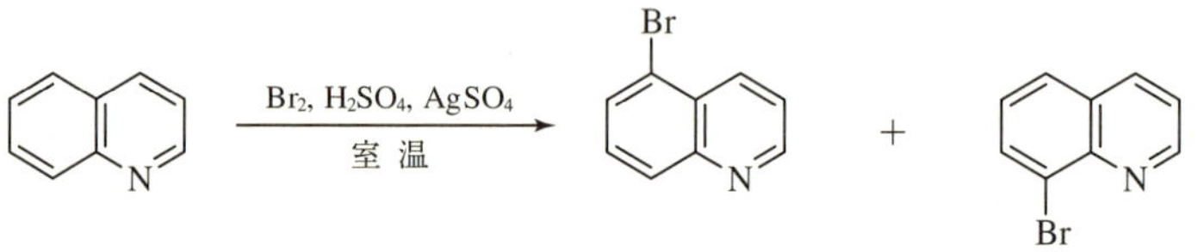

キノリン → 5-ブロモキノリン + 8-ブロモキノリン ＞80% (51:49)
条件: Br$_2$, H$_2$SO$_4$, AgSO$_4$, 室温

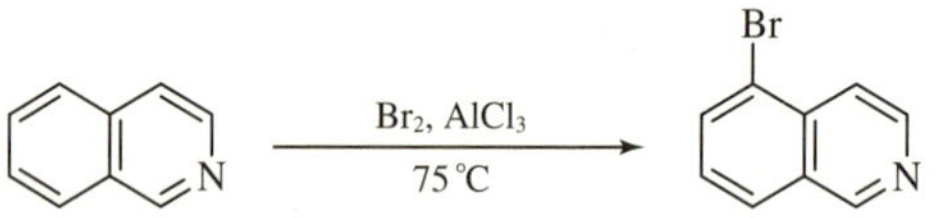

イソキノリン → 5-ブロモイソキノリン (78%)
条件: Br$_2$, AlCl$_3$, 75℃

2・2 キノリン，イソキノリンの求核置換反応

キノリン，イソキノリンの求核置換反応はもっぱらピリジン環上で起こる（図2・5）．ピリジンの場合（図1・10 参照）と同様に，ハロゲンが置換する場合 (a), (b) と窒素の α 位の水素が置換する場合 (c), (d) がある．

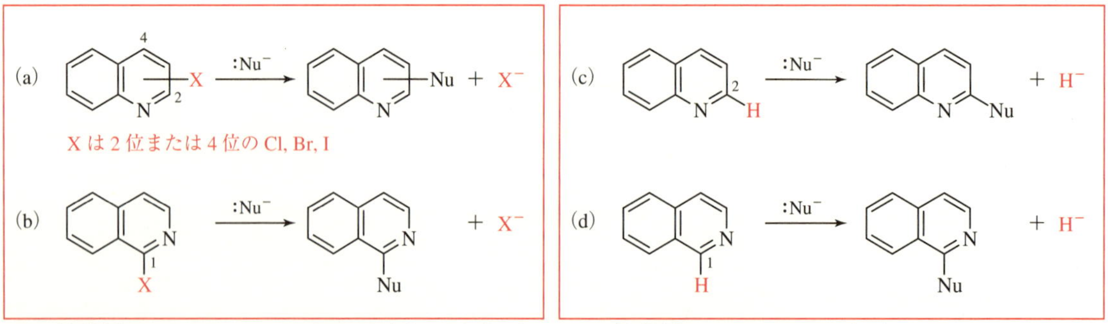

(a) キノリン-X（Xは2位または4位の Cl, Br, I）+ :Nu$^-$ → キノリン-Nu + X$^-$

(b) 1-ハロイソキノリン + :Nu$^-$ → 1-Nu-イソキノリン + X$^-$

(c) 2-H-キノリン + :Nu$^-$ → 2-Nu-キノリン + H$^-$

(d) 1-H-イソキノリン + :Nu$^-$ → 1-Nu-イソキノリン + H$^-$

:Nu$^-$（求核剤）= X$^-$, RO$^-$, RS$^-$, R^{1}R^{2}NH, R^{1}R^{2}R^{3}C$^-$ など (a, b)

:Nu$^-$（求核剤）= $^-$OH, $^-$NH$_2$ など (c, d)

図 2・5 （ハロ）キノリン，（ハロ）イソキノリンの求核置換反応

ハロキノリンの求核置換反応では 2 位または 4 位のハロゲンが置換される（a）が，イソキノリンは 1 位ハロゲンが置換される（b）．求核付加を受けた後，水素が水素化物イオン（H^-）として脱離する求核置換反応は，キノリンは 2 位で（c），イソキノリンは 1 位で（d）起こる．これらの反応は基本的にピリジンの場合と類似している．

2・2・1　ハロキノリン，ハロイソキノリンの求核置換反応

キノリンの 2 位，4 位に結合しているハロゲンはアミン，アルコール，チオール，さらにはカルボアニオンなどの求核剤と置換する．1,3-ジクロロイソキノリンは中間体の安定性の比較から予想されるように，選択的に 1 位で求核的攻撃を受ける．

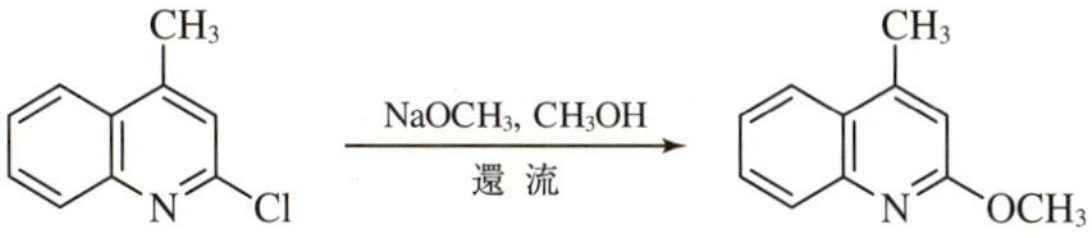

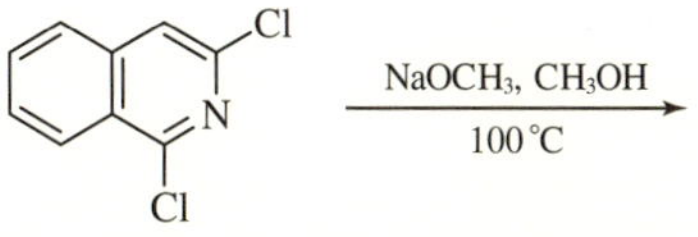

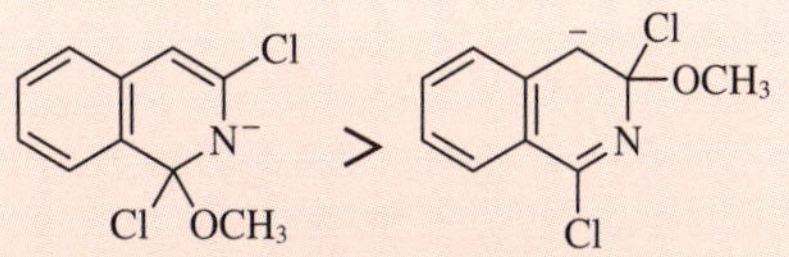

中間体の安定性

2・2・2　キノリン，イソキノリンの α 位水素の求核置換反応

キノリン，イソキノリンの窒素に隣接する水素（α 位の水素）はピリジンの場合（図 1・10b 参照）と同様，求核剤の付加を受けた後，水素化物イオン（H^-）として脱離する（図 2・5c, d）．

a. 水酸化物イオンによる置換反応　求核剤との反応は電子不足のピリジン環上で優先的に起こる．キノリンを水酸化カリウム KOH と 220〜250℃ で加熱すると 2-キノロンが生成する．反応機構は後述の Chichibabin（チチバビン）アミノ化反応と同様，水酸化物イオン（^-OH）の求核付加とそれに続く水素化物イオン（H^-）の脱離（空気酸化が促進）である．イソキノリンも同様に水酸化カリウムと加熱すると，1-イソキノロンになる．

これらヒドロキシキノリン，ヒドロキシイソキノリンはヒドロキシピリジン同様，平衡はキノロン側に偏っている．

2-ヒドロキシキノリン　2-キノロン

1-ヒドロキシイソキノリン　1-イソキノロン

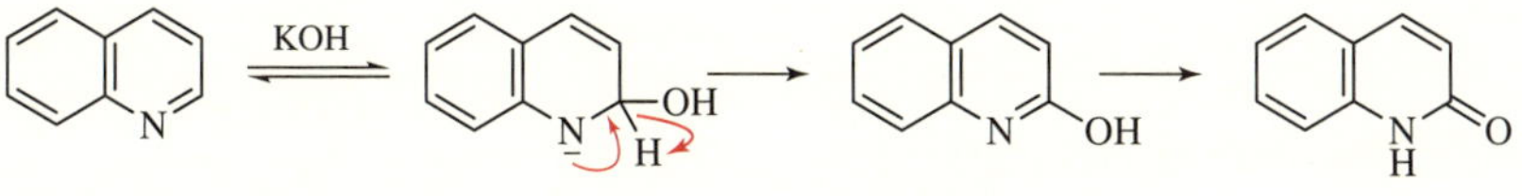

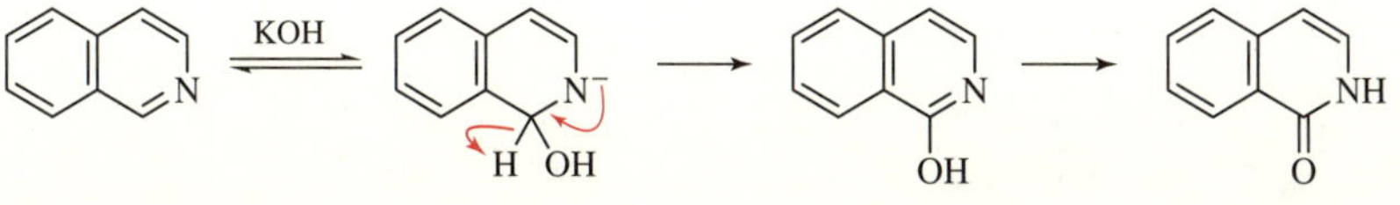

b. Chichibabin アミノ化反応　キノリンやイソキノリンの Chichibabin 反応は，アミドイオン（⁻NH₂）の攻撃によって生成する中間体がベンゼン環の存在によって共鳴安定化を受けているため，加熱を必要とするピリジンの Chichibabin 反応（ジメチルアニリンやキシレン中で加熱，§1・3・1b 参照）と比べてより穏和な条件（－65℃～室温）で進行する．イソキノリンの場合は1位と3位で求核攻撃を受ける可能性があるが，1位にアミドイオンの攻撃を受けて生成する中間体は3位攻撃によって生成する中間体より安定であるため，反応は1位で進行する．

中間体の共鳴安定性

c. キノリン，イソキノリンの求核的付加 ── Reissert 反応　有機金属反応剤のような反応性の高い求核剤ではなく，シアン化物イオン（⁻CN）のような反応性の低い求核剤を用いる場合でも，窒素のアシル化などによって，C=N 結合を活性化させれば，付加が起こる．Reissert 反応はピリジンの場合で述べたように（1・3・2 参照），PhSO₂Cl や PhCOCl などのアシル化剤の共存下で生成した N-アシルキノリニウム（またはイソキノリニウム）中間体にシアン化物イオンが求核付加する反応である．NaCN や KCN の代わりに**トリメチルシリルシアニド**（CH₃）₃SiCN（TMSCN）を用いる変法も開発されている．

Reissert 付加体の N-スルホニル基やアシル基は容易に除去でき，生成したジヒドロ体も容易に芳香化してシアノキノリンやシアノイソキノリンになる．

トリメチルシリルシアニド
trimethyl silyl cyanide

* DBU: 1,8-ジアザビシクロ[5.4.0]-7-ウンデセン（1,8-diazabicyclo[5.4.0]-7-undecene）の略号．塩基．

このようにして得られる Reissert 付加体はいずれもラセミ体であるが，近年，柴﨑正勝らは光学活性ビナフチル型キラル触媒を用い，KCN の代わりに TMSCN を用いる触媒的エナンチオ選択的 Reissert 型反応を開発し，キノリンおよびイソキノリンからそれぞれキラルな Reissert 付加体を選択的に得た．これら光学活性な付加体は強力かつ選択的な非競合的 NMDA*受容体アンタゴニストであるジゾシルピン（MK801，抗痙攣薬）や NMDA 受容体 L-689,560 などの重要なキラル生物活性化合物の合成における鍵中間体である（図 2・6）.

* *N*-メチル-D-アスパルテート（*N*-methyl-D-aspartate）の略号.

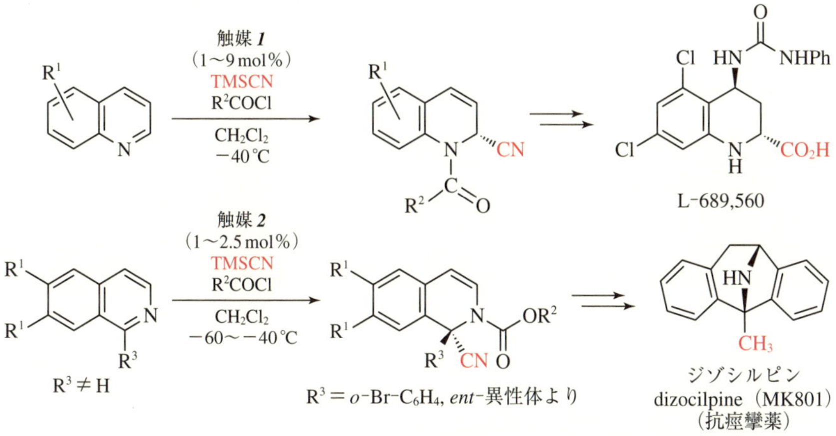

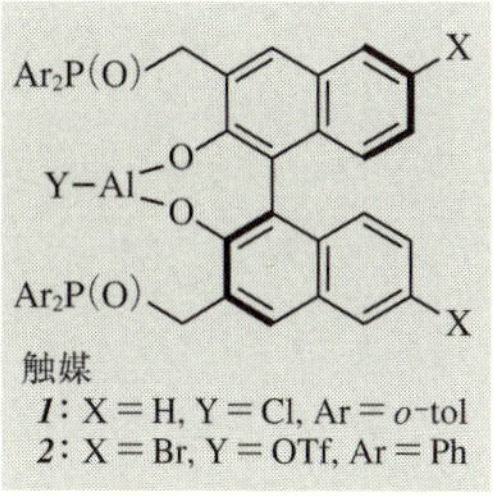

図 2・6 触媒的エナンチオ選択的 Reissert 型反応

2・3 キノリン，イソキノリンの酸化と還元

キノリンやイソキノリンは，酸化に対してはベンゼン環が選択的に酸化されて対応するカルボン酸誘導体になるのに対して，還元条件下ではヘテロ環が選択的に還元されてテトラヒドロ体になる．

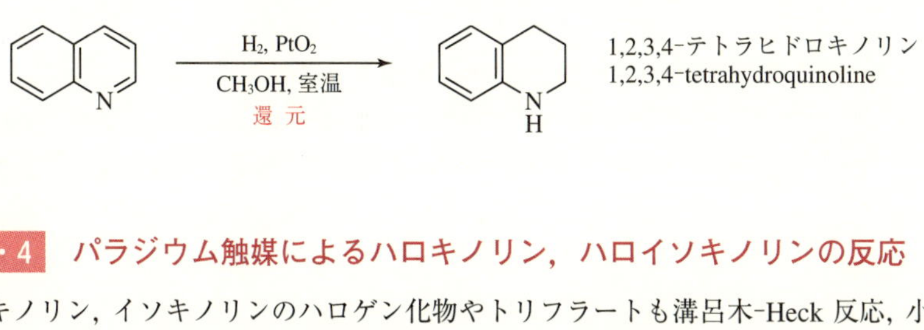

2・4 パラジウム触媒によるハロキノリン，ハロイソキノリンの反応

キノリン，イソキノリンのハロゲン化物やトリフラートも溝呂木-Heck 反応，小杉-右田-Stille カップリング，鈴木-宮浦カップリング，薗頭カップリングが進行する．さまざまな天然物の全合成や有用な化合物の合成に利用されている．

2・4・1 溝呂木-Heck 反応

典型的な溝呂木-Heck 反応が 2-キノリントリフラートとスチレンの反応でみられ，トランスアルケンが生成する．

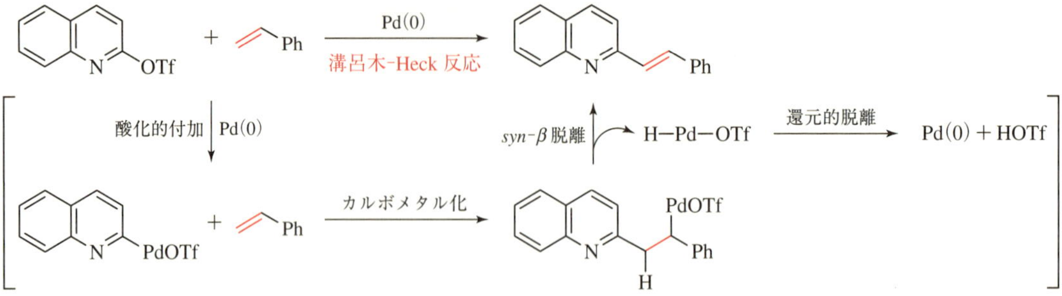

ホヤから単離されたトラベクテジン（別名：エクチナサイジン 743）は複雑な構造をもち強力な抗腫瘍活性を示すイソキノリンアルカロイドである．福山透らはトラベクテジンの合成において複雑なイソキノリン環構築に溝呂木-Heck 反応を利用した．

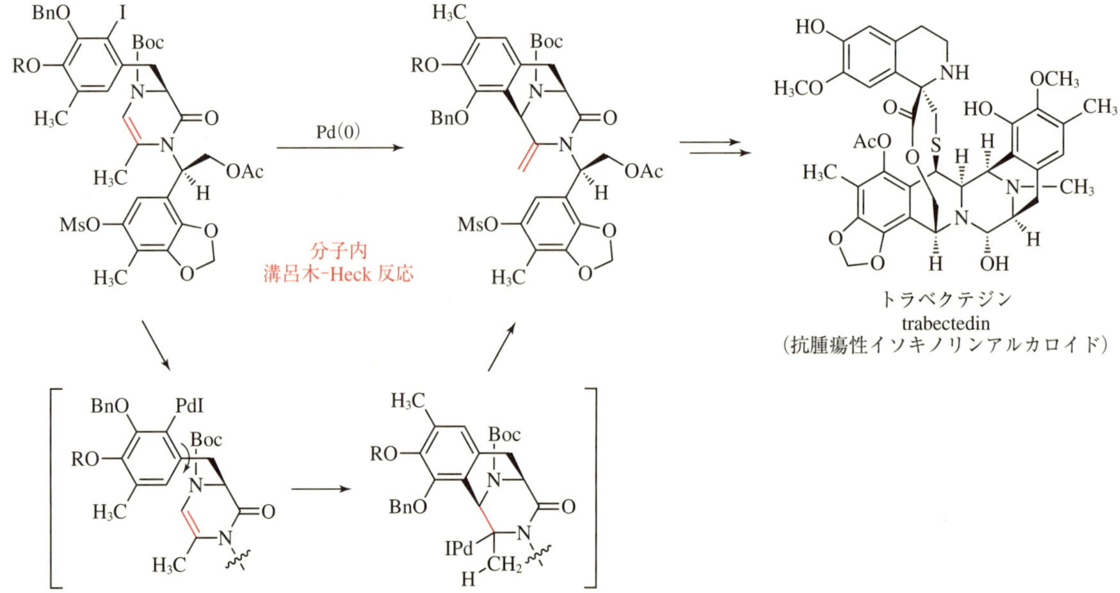

トラベクテジン
trabectedin
（抗腫瘍性イソキノリンアルカロイド）

2・4・2 小杉-右田-Stille カップリングと薗頭カップリング

トリブチルビニルスタンナンとハロキノリンの小杉-右田-Stille カップリング反応は円滑に進行する．インドロピリジンアルカロイドの一つであるアングスチンのエチニル基（ビニル基）はブロモイソキノリン誘導体の小杉-右田-Stille カップリングで導入された．一方，インドールアルカロイドのマッピシンの合成では，アセチレンユニットの導入に 2-クロロ-3-ヒドロキシメチルキノリンとトリメチルシリルアセチレンの薗頭カップリングを利用している．この反応は 3 位のヒドロキシ基を保護することなく高収率で進行する．

[反応式: ブロモ体 + トリブチルビニルスタンナン → Pd(0) 小杉-右田-Stille カップリング → アングスチン angustine]

[反応式: 2-クロロキノリン-3-メタノール + エチニルトリメチルシラン → Pd(0), CuI, Et₃N 薗頭カップリング → シリル化生成物 → マッピシン mappicine]

2・4・3 鈴木-宮浦カップリングと根岸カップリング

鈴木-宮浦カップリング反応はキノリン誘導体においても利用例が多い．基質に対応した塩基，溶媒，配位子など反応条件を選ぶことによって良好な結果が得られる．

[反応式: 2-ブロモ-8-メチルキノリン + 2-ピリジルボロン酸 → Pd(0), Et₄NBr, KOH → 2-(2-ピリジル)-8-メチルキノリン]

[反応式: 3-クロロキノリン + フェニルボロン酸 → Pd(0)/C, PPh₃, Na₂CO₃ → 3-フェニルキノリン]

[反応式: 6-トシルオキシキノリン + 3-アセチルフェニルボロン酸 → Pd(0), XPhos, K₃PO₄ → 生成物]

[XPhos 配位子の構造図]

第三世代の脂質異常症（高脂血症）治療薬といわれるピタバスタチンは，多置換キノリン誘導体であり，HMG-CoA レダクターゼを阻害するスタチン系合成医薬品である．ピタバスタチンの合成においてはトランスアルケニルホウ素化合物と 3-ヨードキノリンの鈴木-宮浦カップリングで側鎖を導入した．カップリングに関する二重結合の立体配置は生成物において保持されており，鈴木-宮浦カップリングの重要な特徴を如実に示している．

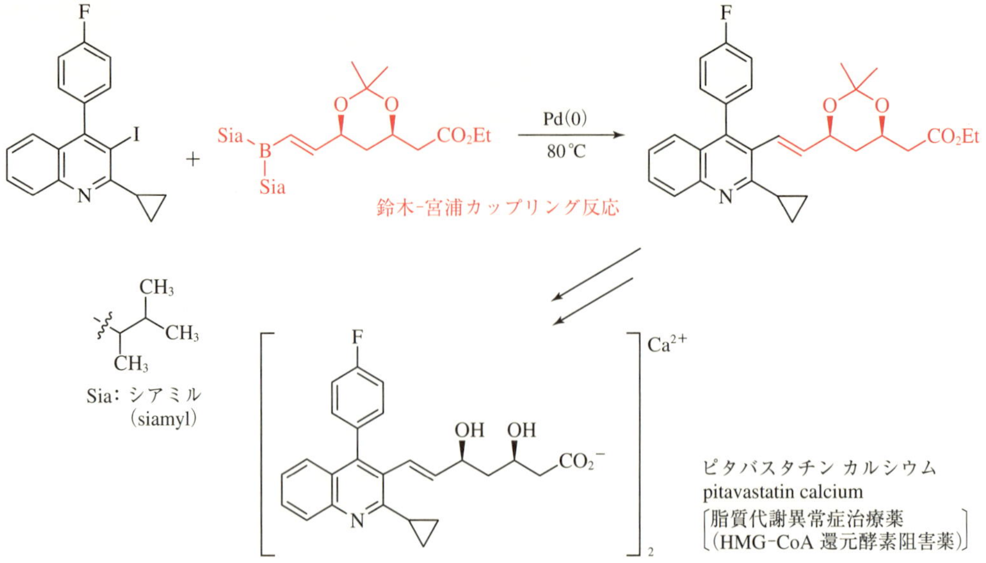

第2章 キノリン，イソキノリン

鈴木-宮浦カップリング反応

Sia：シアミル（siamyl）

ピタバスタチン カルシウム
pitavastatin calcium
[脂質代謝異常症治療薬
（HMG-CoA 還元酵素阻害薬）]

HMG-CoA 還元酵素阻害薬（スタチン系医薬品）

　コレステロール生合成系の全工程の中で反応速度が最も遅い段階，すなわち，律速段階は HMG-CoA（β-ヒドロキシ-β-メチルグルタリル CoA）がメバロン酸に還元される段階である．HMG-CoA 還元酵素阻害薬は，この鍵段階を触媒する律速酵素 HMG-CoA レダクターゼ（HMG-CoA 還元酵素）を特異的に阻害することによって，コレステロールの生合成を阻害する．

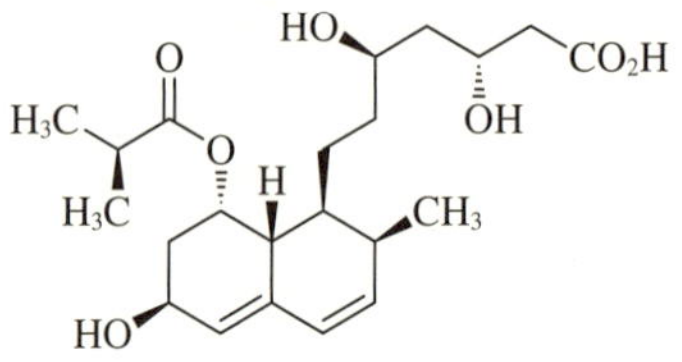

　スタチン系医薬品の HMG-CoA 還元酵素阻害薬は，脂質代謝異常症（高脂血症）治療薬として開発された．プラバスタチン（商品名：メバロチン）で代表される第一世代のスタチン類はデカリン骨格を共有しているのに対して，第二世代のスタチン類はピタバスタチンで示されるように，デカリン骨格の代わりに，アジンやアゾールのようなヘテロ環をもつ合成医薬品である．

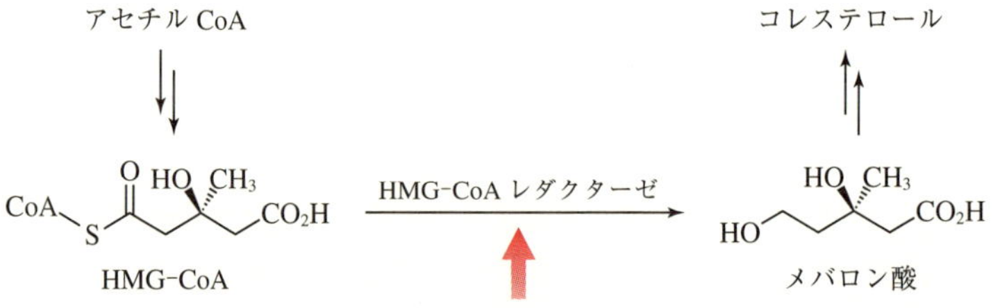

プラバスタチン
pravastatin

アセチル CoA → HMG-CoA → （HMG-CoA レダクターゼ）→ メバロン酸 → コレステロール

HMG-CoA 還元酵素阻害薬

コレステロールの生合成経路と HMG-CoA 還元酵素阻害薬の作用部位

次の例は 4-キノリールトリフラートとイミダゾール塩化亜鉛反応剤との根岸カップリングである．

2・5 キノリン，イソキノリン環を含む天然物と医薬品

　キノリンおよびイソキノリンはそれぞれキノリンアルカロイド，イソキノリンアルカロイドの母核として多くの天然物に広く分布している．顕著な生物活性を示すものが多く，医薬品にもキノリン，イソキノリン誘導体が多数知られている．キノリン-2-メタノールは微生物の産出する簡単なキノリンアルカロイドである．パパベリンは代表的なベンジルイソキノリンアルカロイドである．そのテトラヒドロ体であるレチクリンは膨大なイソキノリンアルカロイド生合成の重要中間体であり，モルヒネ系アルカロイドの生合成の出発物質となっている．

　キニーネは南米産キナの木の幹から得られるキノリンアルカロイドで，長い間寄生原虫によるマラリアの唯一の予防・治療薬であった．以来キニーネに代わる合成抗マラリア薬が探索されてきた．キニーネを**リード化合物**として化学修飾，活性評価を行い，最適化しつつ開発されたものが，クロロキンなどの類似構造をもったキノリン系

リード化合物（lead compound）：目的とする生物活性を示す基本となる化学構造をもつ化合物．リード化合物は，薬の基本骨格をさす場合が多く，薬への最適化への発展途上と位置づけられる．このため，薬の構造と比較して小さい構造単位をさす．

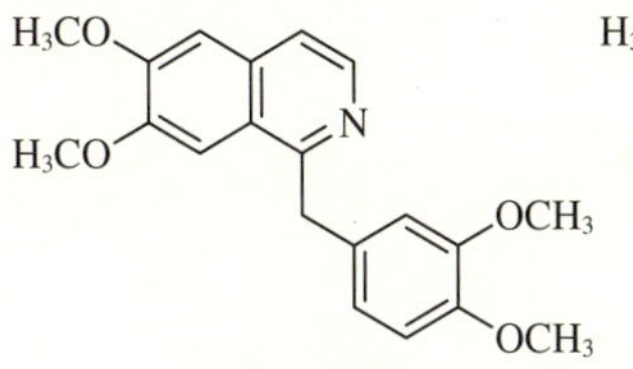

パパベリン
papaberine
（平滑筋弛緩薬）

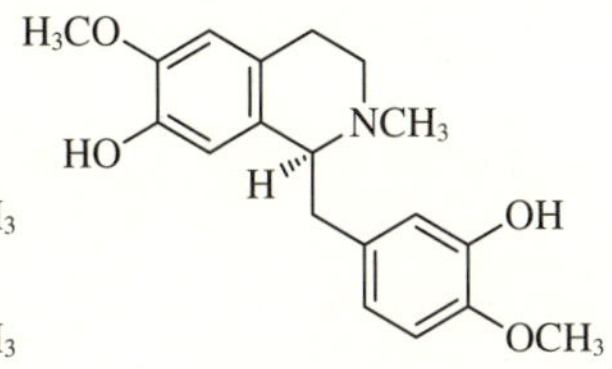

(S)-レチクリン
(S)-reticurine
（イソキノリンアルカロイド）

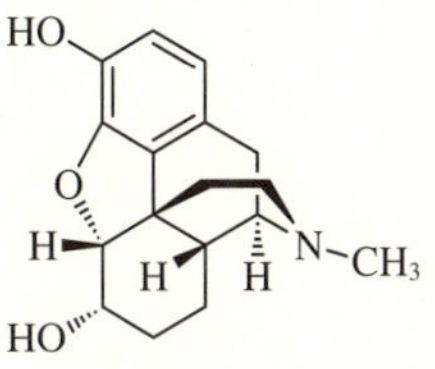

モルヒネ
morphine
（麻薬性鎮痛薬）

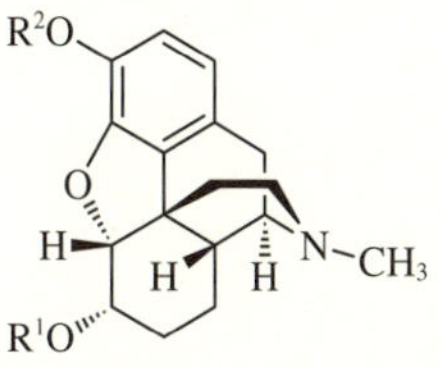

R¹ = H, R² = CH₃： ヘロイン heroine
（麻薬性鎮痛薬）
R¹ = R² = Ac： コデイン codeine
（麻薬性鎮咳薬）

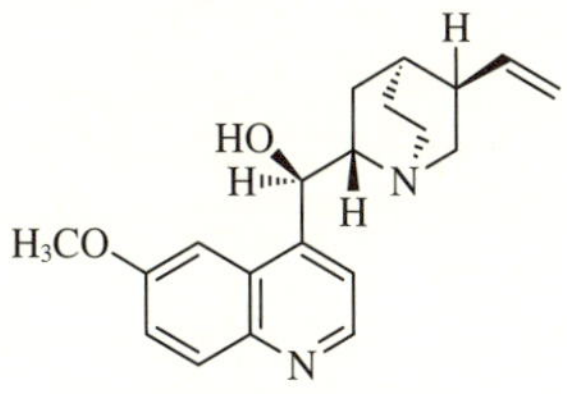

キニーネ
quinine
（解熱薬，抗マラリア薬）

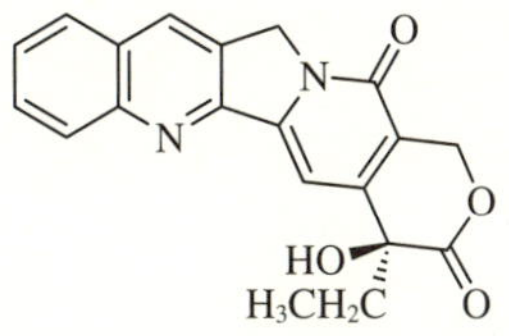

カンプトテシン
camptothecin
（抗腫瘍薬，植物アルカロイド）

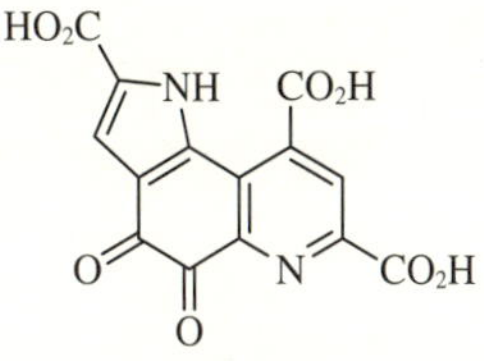

メトキサチン
methoxatin
（細菌の補酵素）

図 2・7　キノリン，イソキノリン環を含む天然物

抗マラリア薬である．キニーネやクロロキンの抗マラリア作用の一部はキノリンの平面なヘテロ環がDNAの二重らせん構造に**インターカレーション**（挿入）してDNA転写を阻止するためと考えられている．

キニーネ quinine
（キナアルカロイド，解熱薬，抗マラリア薬）

クロロキン
chloroquine

パマキン
pamaquine

アモジアキン
amodiaquine

———— キニーネから開発された抗マラリア薬 ————

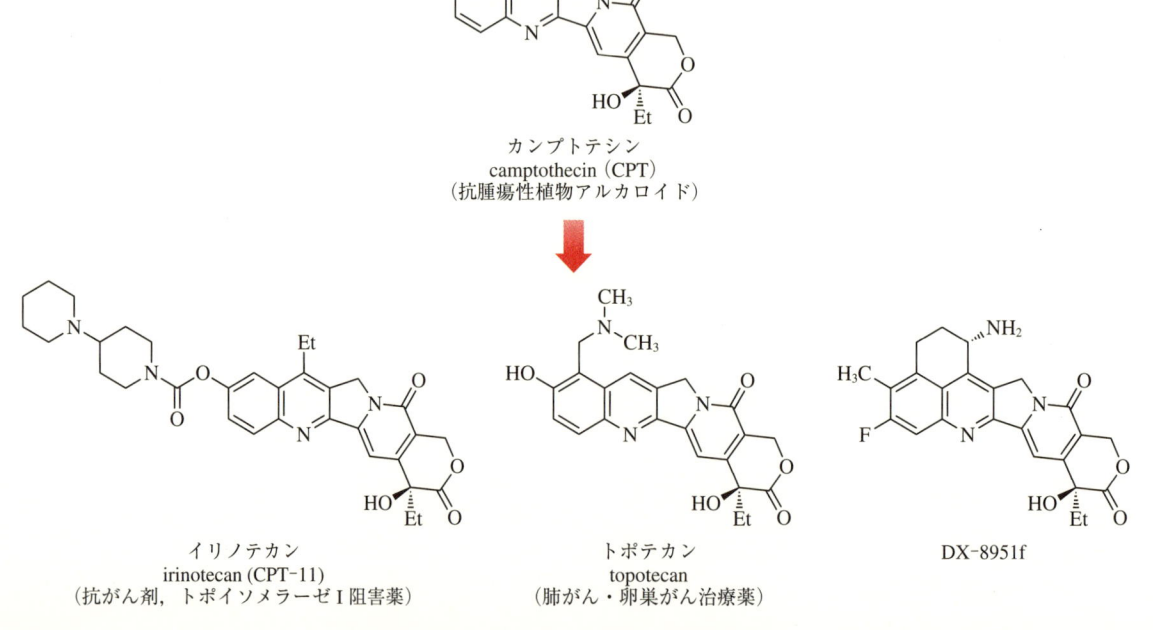

中国原産ヌマミズキ科植物の喜樹などから発見されたカンプトテシンは強い抗腫瘍活性を示すキノリンアルカロイドである．トポイソメラーゼⅠ阻害作用を示す．抗が

カンプトテシン
camptothecin（CPT）
（抗腫瘍性植物アルカロイド）

イリノテカン
irinotecan（CPT-11）
（抗がん剤，トポイソメラーゼⅠ阻害薬）

トポテカン
topotecan
（肺がん・卵巣がん治療薬）

DX-8951f

———— 天然物から開発された抗がん作用物質 ————

2・5 キノリン, イソキノリン環を含む天然物と医薬品

ん剤開発の視点からカンプトテシン作用に興味がもたれ, カンプトテシンをリード化合物とした多くの誘導体が合成されてきた. そのなかの一つ, 水溶性誘導体であり, 副作用の軽減したイリノテカン (CPY-11) は母核を修飾した半合成品であるが, トポイソメラーゼⅠ阻害性抗がん剤として結腸や直腸がんの治療に用いられている. トポイソメラーゼはDNAのスーパーコイル構造を弛緩する (二重らせんをほどく) 酵素でDNA複製に必須な酵素の一つである. トポテカンも臨床的に使用されている半合成品である. これらは水溶性を増大するためにヒドロキシ基 (-OH) やアミノ基 (-NH$_2$) のような官能基が導入されている. イリノテカンのウレタン部分は体内 (主として肝臓) でカルボキシエステラーゼによって加水分解され, 活性なヒドロキシ基を発生させるための**プロドラッグ**の役割を果たしている. DX-8951fは新規カンプトテシン誘導体であり, 今後の臨床研究に興味がもたれている.

メトキシサチン〔別名: ピロロキノリンキノン (PQQ), 図2・7参照〕は, 細菌がメタンをエネルギー源としてメタノールに酸化する反応の補酵素である.

医薬品にみるキノリン誘導体としてジブカインがある. これは合成局所麻酔薬である. 2-(1H)-キノリンアラニン誘導体から開発されたレバミピドは1990年に胃潰瘍治療薬として承認された. 最近国内で開発され承認された抗精神病薬であるアリピプラゾールは, 7位に複雑な置換基をもつキノロン系化合物であり, 統合失調症の治療薬として用いられている (図2・8).

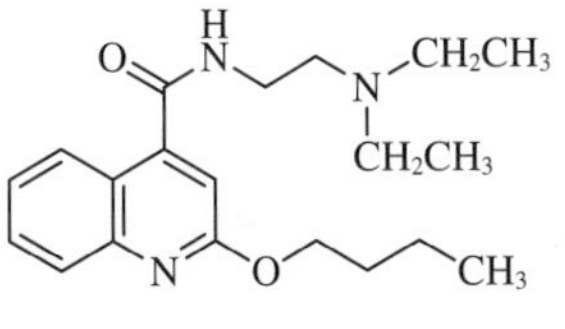

プロドラッグ (prodrug): 体内での吸収性や体内分布の改善, 水溶性, 安定性の向上, 標的組織での活性化, 毒性や副作用の軽減, 作用の持続性などの目的で化学修飾した化合物である. 体内に吸収されてから消化管内または肝臓中で本来の活性化合物に変化して効果を発揮する.

ジブカイン
dibucaine
(脊椎麻酔薬)

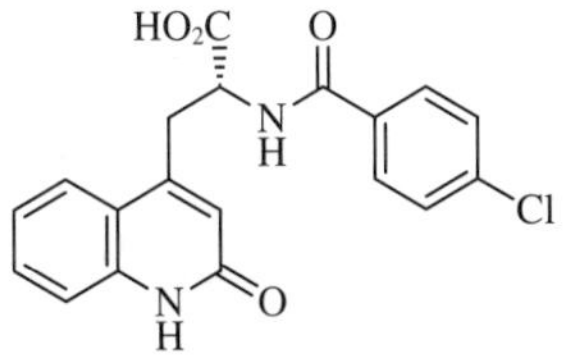

レバミピド
rebamipide
(胃潰瘍治療薬)

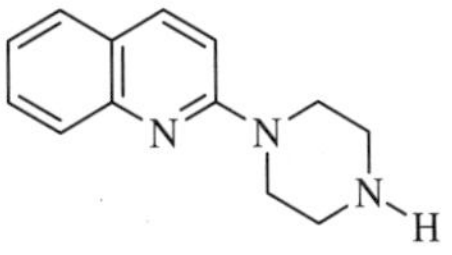

キパジン
quipazine
(セロトニン神経系活性化物質)

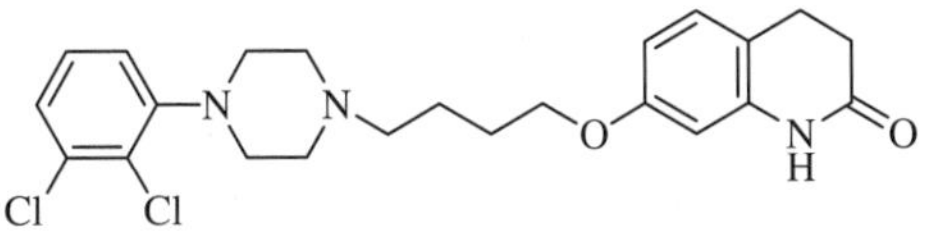

アリピプラゾール
aripiprazole
(統合失調症治療薬)

図2・8 キノリンを含む医薬品

1962年にキノロン系抗菌薬の原型化合物となるナリジクス酸が合成され, 抗菌作用が見いだされた. 以来ピリドンカルボン酸を基本骨格としたものより幅広い抗菌スペクトルをもつ化合物群の探索が行われ, ニューキノロン系とよばれるより優れた抗菌作用を示す化合物群が開発された. これらはキノリン, シンノリン, ナフチリジン, ピリドピリミジンなどのヘテロ環に, ピペラジン環やフッ素原子が導入されたキノロン誘導体である. これらは第二世代キノロンといわれ, グラム陰性菌のみならず

* Ⅱ型トポイソメラーゼともいう．DNA二本鎖に働いて一方の鎖を切断し，鎖を回転させた後，切れ目を再結合させる酵素．ニューキノロン系抗菌薬はジャイレースのサブユニットに結合してDNAの複製を阻害する．

グラム陽性菌に対しても有効であり，ペニシリンやセファロスポリンなどの β-ラクタム系抗生物質に勝るとも劣らぬ抗菌作用を示す．β-ラクタム系抗生物質は細菌の細胞壁の生合成を阻害することによって，抗菌作用を示すが（§9・2参照），ニューキノロン系抗菌薬は細菌のDNA複製に必要なDNAジャイレース*に結合してDNA複製を阻害する．

● キノロン系抗菌薬

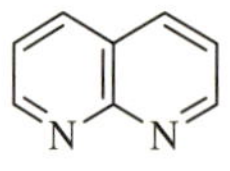

ナフチリジン
naphtyridine

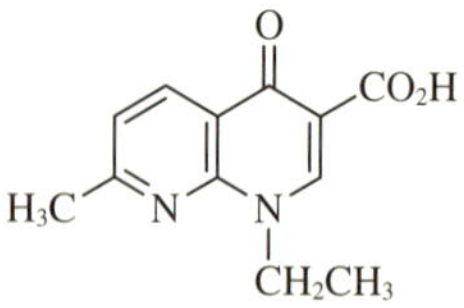

ナリジクス酸
nalidixic acid

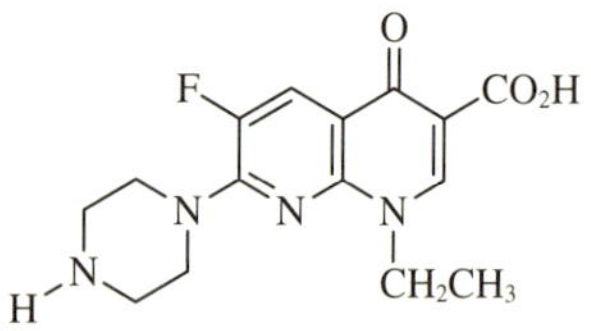

エノキサシン
enoxacin

● ニューキノロン系抗菌薬

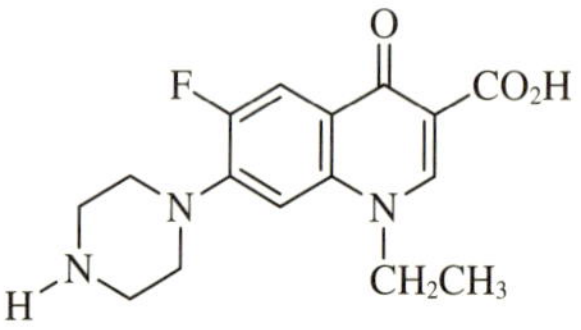

ノルフロキサシン
norfloxacin

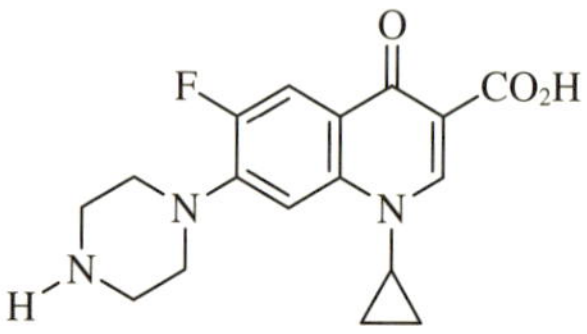

シプロフロキサシン
ciprofloxacin

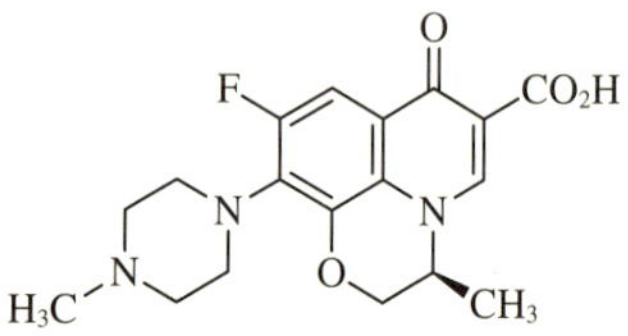

レボフロキサシン
levofloxacin

3

ピリジン，キノリン，イソキノリンの合成

3・1 ピリジンの合成

　ピリジン環の合成は今日まで数多くの方法が開発されてきた．代表的な合成法を図3・1に示す．このうち，特に医薬品製造プロセスに利用されている Hantzsch ピリジン合成について詳しく説明し，その他の合成法については簡単に述べる．近年，アジン類の合成として広く利用されている Boger 反応についてはアジンの合成（§4・3・3 参照）でまとめて解説する．

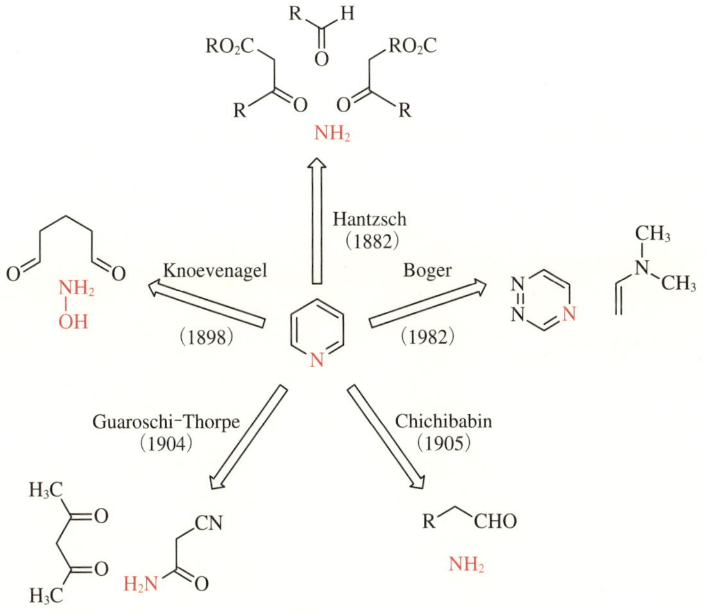

図 3・1 代表的なピリジン合成法

3・1・1 Hantzsch ピリジン合成

　a. 対称多置換ピリジンの合成　　1882 年，A. Hantzsch(ハンチュ)によって見いだされたピリジン合成法は，現在でもなお有用な反応である．はじめに 2 分子の β-ケトエステルをアルデヒド，窒素源としてのアンモニアまたは第一級アミンと反応させると，縮合，環化が起こり，対応する 1,4-ジヒドロピリジンが生成する．つぎにこの 1,4-ジヒドロピリジンを HNO_3, Ce(IV), p-ベンゾキノン〔2,3-ジクロロ-5,6-ジシアノ-1,4-ベンゾキノン（DDQ）など〕などの酸化剤でピリジンに酸化する．この一連の合成法を **Hantzsch ピリジン合成**とよぶ．得られた 3,5-ジエステルは加水分解後，脱炭酸

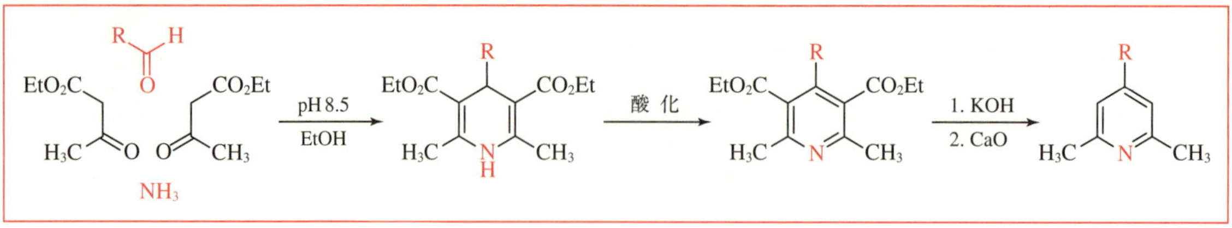

図 3・2 Hantzsch ピリジン合成

すると 2,4,6-三置換ピリジンになる（図3・2）．

　Hantzsch 合成で用いるアミンは反応系を塩基性に保つために必要な塩基としても働き，アルデヒドと β-ケトエステルの間でのアルドール反応や，生成するエノンに対する共役付加反応（Michael 反応）を触媒している．つづいて，アンモニア（またはアミン）との環化が起こりジヒドロピリジンが生成する．アルデヒドは，脂肪族，芳香族いずれのアルデヒドも用いることができる．生成するジヒドロピリジンは結晶として得られることも多い．

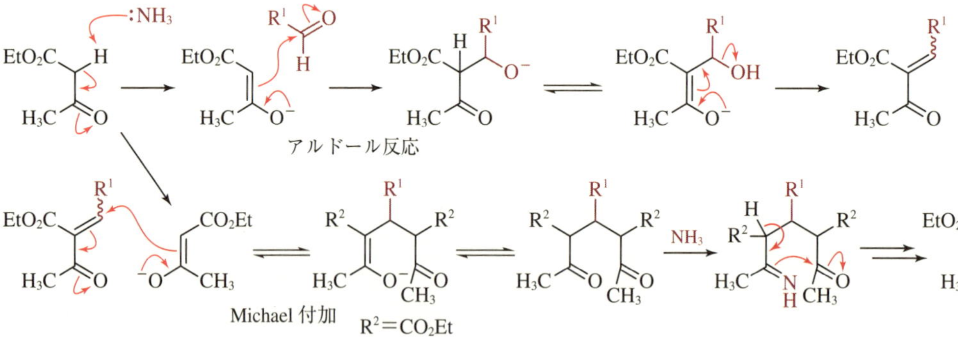

b. 非対称多置換ピリジンの合成　Hantzsch 合成は基本的には左右対称の多置換ピリジンの合成法であったため，その利用は限られていたが，1970 年代になるとにわかに注目されるようになった．それは，o-ニトロベンズアルデヒドとアセト酢酸エチルから合成された 1,4-ジヒドロピリジン（ニフェジピン）をはじめとする，芳香族アルデヒドから合成された 1,4-ジヒドロピリジン類がカルシウムチャネル遮断（心冠血管拡張）作用を示すことが発見され，高血圧(症)や狭心症に対し優れた効果を示す新しいタイプの心臓病薬として供されるようになったからである．

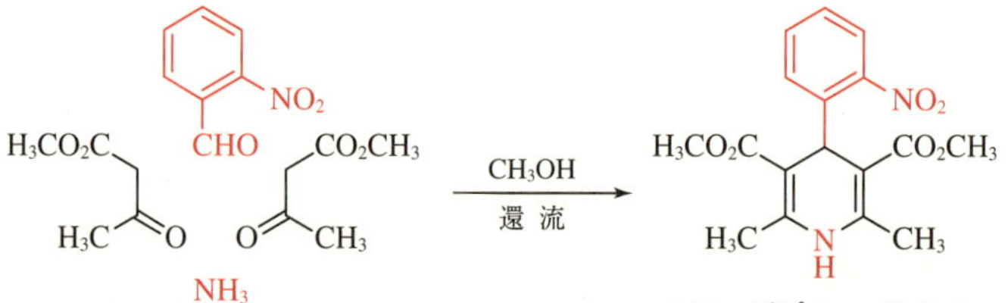

ニフェジピン　nifedipine
〔カルシウムチャネル遮断薬（降圧薬）〕

これに伴い Hantzsch 合成を用いる周辺化合物の探索研究が行われるようになり，

3・1 ピリジンの合成

非対称構造をもつ 1,4-ジヒドロピリジンの合成法が新たに開発された．これは，目的の構造の半分に対応するエノンに対して，残り半分は別途に合成したアミノクロトン酸型のエナミンを反応させる改良法である．

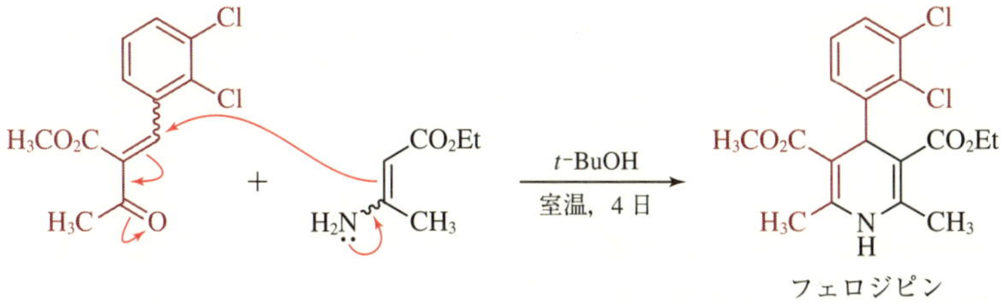

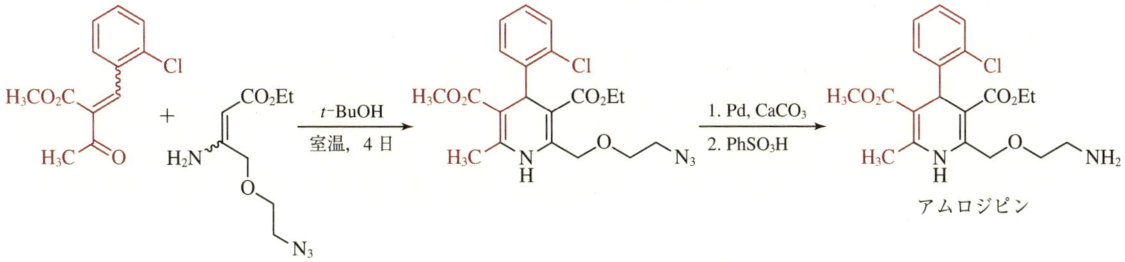

この改良法の開発によって，非対称ジヒドロピリジンが選択的に合成できるようになり，第二世代といわれるアムロジピンやニトレンジピン，さらに第三世代のアゼルニジピンなどのより優れたカルシウムチャネル遮断薬（カルシウム拮抗薬）が実用化された（図 3・3）．

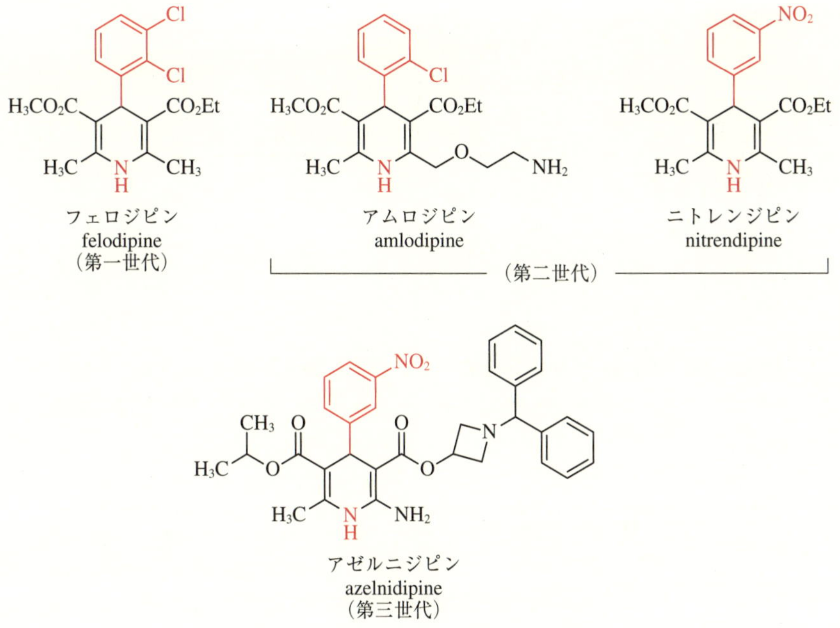

図 3・3 カルシウムチャネル遮断薬

Hantzsch 合成でははじめに 1,4-ジヒドロ体が生成するが，アンモニアの代わりに酸化段階の一つ高いヒドロキシルアミン NH₂OH を用いる方法は **Knoevenagel 合成**（クネベナーゲル）とよばれ，直接ピリジンが得られる（図 3・4）．

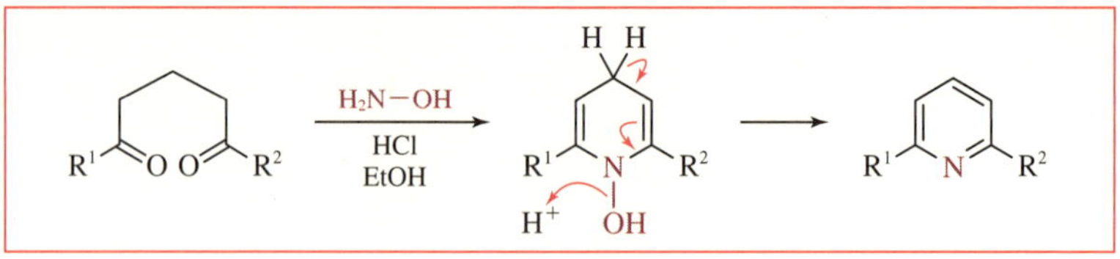

図 3・4　Knoevenagel ピリジン合成

3・1・2　その他のピリジン合成
a. Chichibabin ピリジン合成（図 3・5）

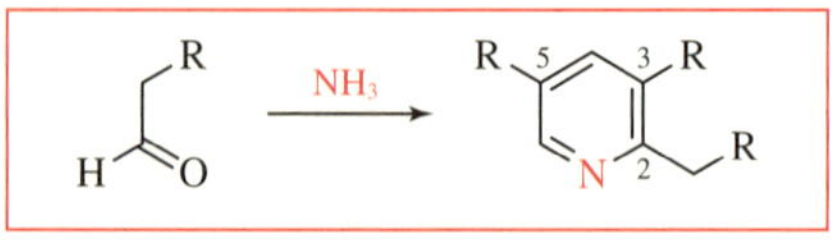

図 3・5　Chichibabin ピリジン合成

アルデヒドとアンモニアから 2,3,5-三置換ピリジンを合成する方法．反応は次のような数段階を経て進行する．

1) アルデヒドのアンモニア触媒によるアルドール反応でエナールが生成．
2) もう 1 mol のアルデヒドとアンモニアからエナミンが生成．
3) エナールに対するエナミンの共役付加（Michael 反応）と続く環化反応．

反応機構

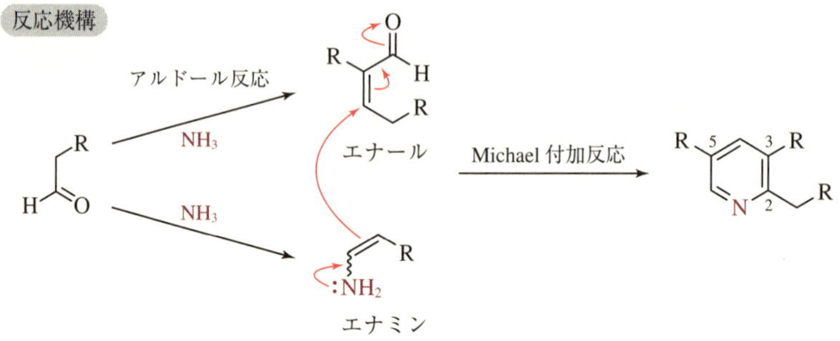

b. Guareschi-Thorpe ピリジン合成（グアレスキ ソープ）
アセト酢酸エステルまたは 1,3-ジケトンをアンモニア存在下，シアノ酢酸エステルと反応させて 2-ピリドンを得る方法である（図 3・6）．

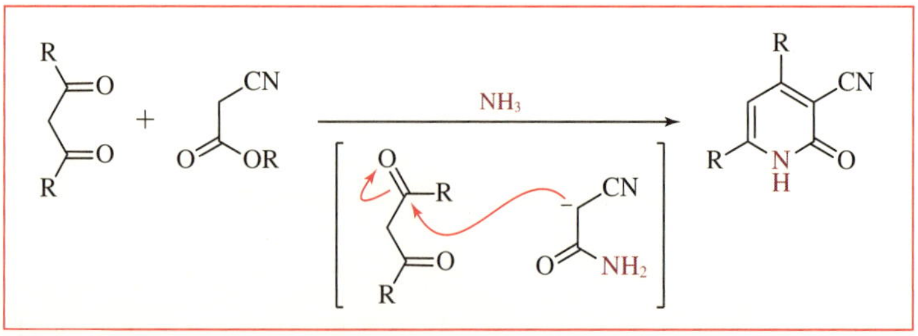

図 3・6　Guareschi-Thorpe ピリジン合成

3・2 キノリンの合成

キノリン環の合成法は図 3・7 に示すように古くより数多くの方法が開発されているが，現在でもなお有用なものが多い．そのほとんどは N-置換アニリンのオルト位への環化反応である．これらのなかで，特に医薬品開発や天然物の全合成においてしばしば使用されている Gould-Jacobs 合成や Friedlander 合成を中心に説明する．

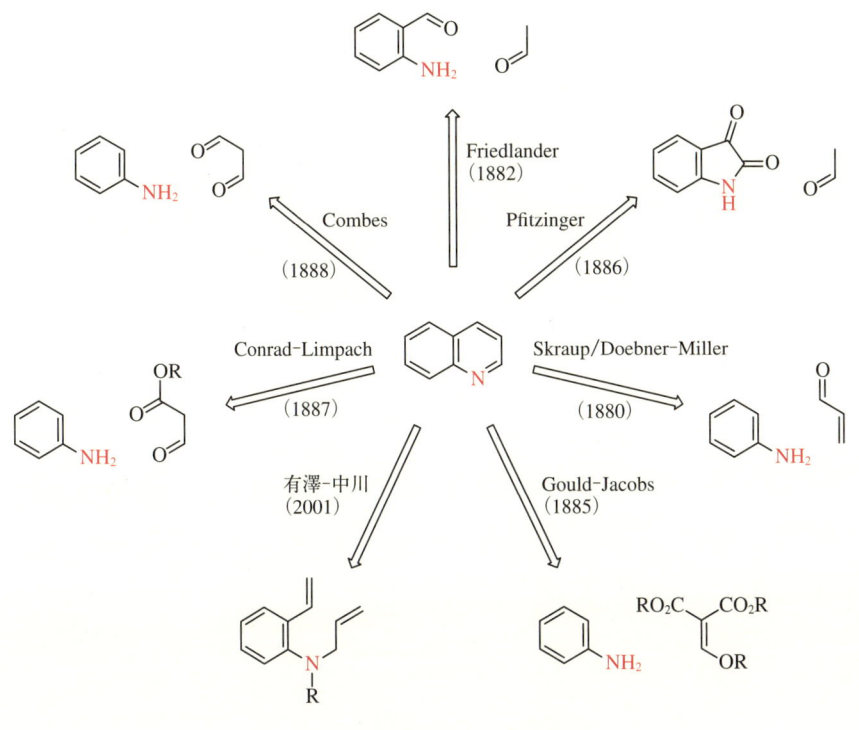

図 3・7 代表的なキノリン合成法

まずキノリン環構築のために逆合成*を考える．図 3・8 の逆合成 (a) に示すように，1,2 位の切断についてベンゼン環と 4 位炭素の C—C 結合を切断すると，アニリンと 1,3-ジカルボニル化合物が出発物となることがわかる．また，逆合成 (b) からも出発物質として同じくアニリンと 1,3-ジカルボニル化合物が想定される．合成はまずカルボニル基とアミノ基の脱水縮合によりイミンが形成される．ベンゼン環と 4 位の C—C 結合はアニリンのオルト位へのカルボニル基の求電子攻撃 (Friedel-Crafts 型反応) で形成され，キノリン環が構築される．この機構で進行するものに，Combes 合成や Conrad-Limpach 合成などがある．

これらの反応では非対称 1,3-ジカルボニル化合物を用いたときに環化の方向が異なる 2 種類の異性体が生成する可能性があり，どの異性体が生成するか予想が困難であることが問題点である．

1,3-ジカルボニル化合物はさらに α,β-不飽和カルボニル化合物 (エノン) に逆合成されるので，アニリンと α,β-不飽和カルボニル化合物が出発物質となることが考えられる．この場合の合成は α,β-不飽和カルボニル化合物へのアニリンの共役付加

---

* **逆合成解析** (retrosynthetic analysis)：目的とする化合物 (標的化合物, target molecule, TM) を合成したい場合に，その化合物の適当な位置での炭素-炭素結合を順次切断 (disconnection) するか，またはある一つの官能基を効率的な化学反応によって変換する (**官能基変換**, functional group interconversion, **FGI**) ことによって切断し最終的に容易に得られる (市販されている) 出発物質 (starting material, SM) にまで切断する過程．

逆合成 (retrosynthesis)：逆合成解析によって標的化合物中の結合の切断操作を系統的に，かつ合理的に行い，最終的に入手容易な原料から合成経路を決定する手法．合成反応 (⟶) とは逆方向の操作を示すので白抜き矢印 (⟹) を用いる．

シントン (synthon)：結合切断の結果生じる分子単位．実際の合成ではシントンを対応する反応剤 (合成等価体) に置き換える必要がある．

（Michael 反応）と続く環化であるので，反応は位置選択的に進行する．これに沿ったキノリン環合成は Skraup/Doebner–Miller 合成や Gould–Jacobs 合成などである．

図 3・8 の逆合成（c）の出発物質は *o*–アミノベンズアルデヒドや *o*–アミノアシロフェノンとエノール化可能なカルボニル化合物である．Friedlander 合成や Pfitzinger（フィツインガー）合成はこの合成経路に分類される．逆合成（d）で示される方法では C3，C4 位の二重結合はアルケンメタセシス（§11・2 参照）によって構築される．

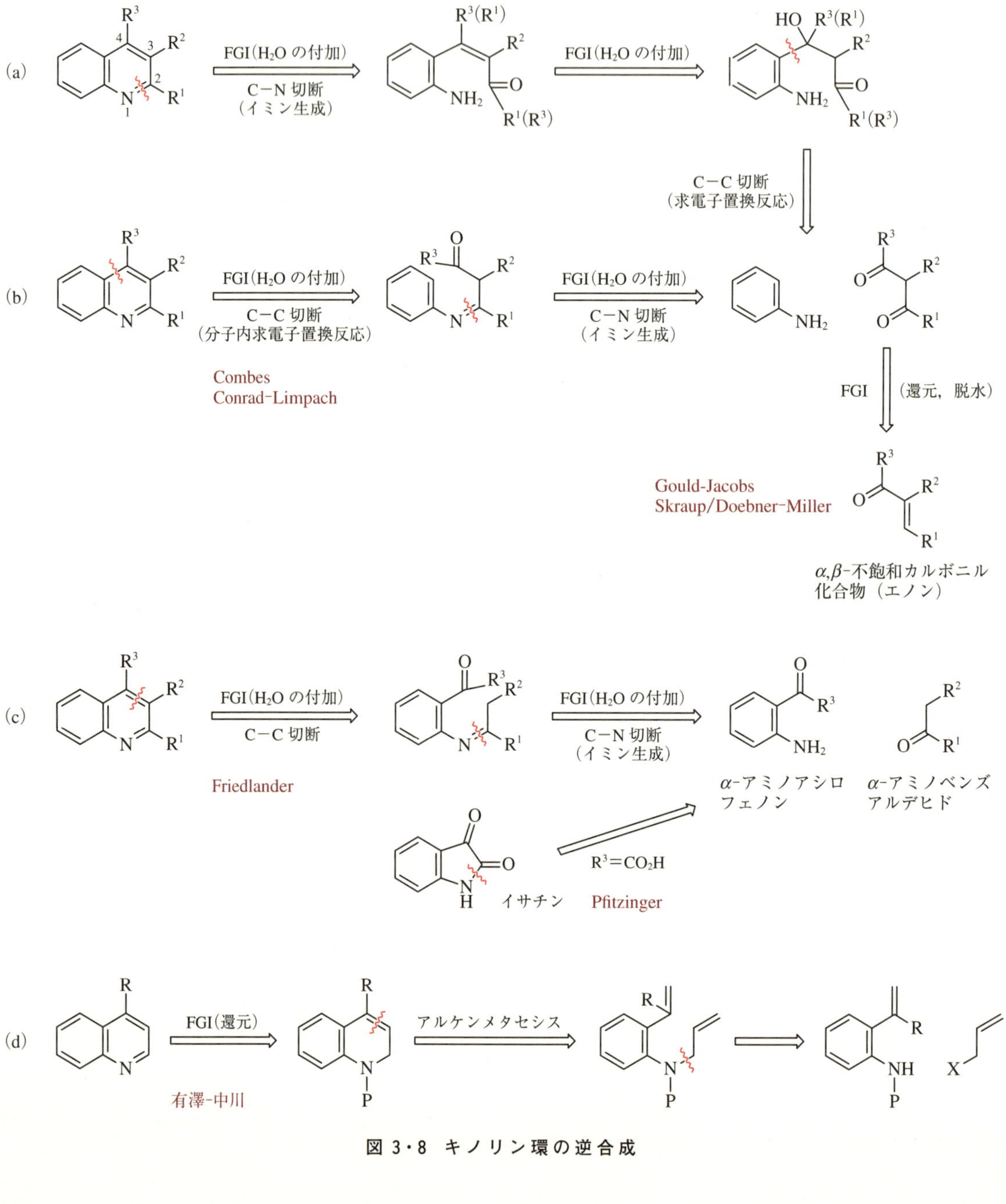

図 3・8 キノリン環の逆合成

3・2・1 Gould-Jacobs キノロン合成

Gould-Jacobs 合成は芳香族アミンとアルコキシメチレンマロン酸エステルまたはアシルマロン酸から 4-キノロン-3-カルボン酸を得る反応である（図 3・9）．

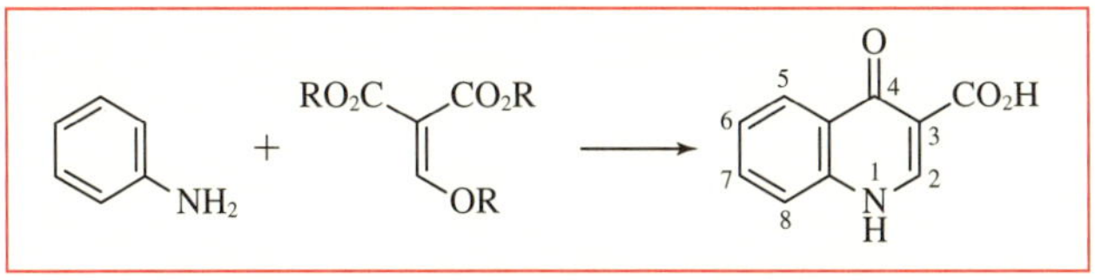

図 3・9 Gould-Jacobs キノロン合成

マロン酸ジエチルとオルトギ酸エチル HC(OEt)$_3$ から容易に得られるエトキシメチレンマロン酸ジエチルをアニリンと加熱すると，共役付加-アルコールの脱離によって共役エナミド中間体が生成する．つづいて，分子内求電子置換反応（Friedel-Crafts 型反応）による環化が起こり，4-キノロン-3-カルボン酸エステルが得られる．これを加水分解して 4-キノロン-3-カルボン酸にした後，加熱すると脱炭酸して 4-キノロンとなる．

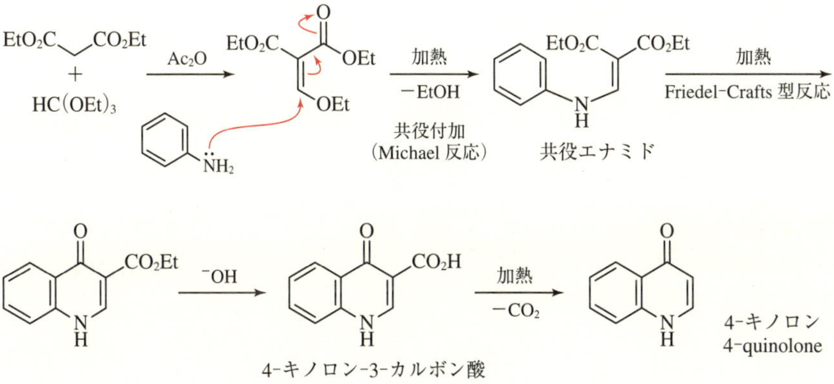

キノロンカルボン酸に高い抗菌活性が見いだされて以来，この合成法はキノロンカルボン酸の重要な合成法として再評価された．エトキシメチレンマロン酸ジエチルの

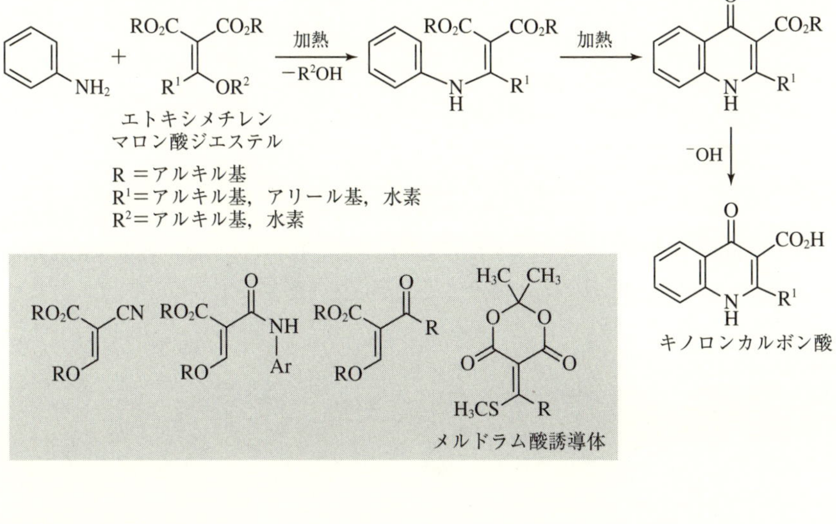

R ＝アルキル基
R^1 ＝アルキル基，アリール基，水素
R^2 ＝アルキル基，水素

メルドラム酸誘導体

代わりに，マロンニトリル，マロンアミド，β-ケトエステル，メルドラム酸誘導体なども用いられる．

つぎに Gould-Jacobs 合成によるニューキノロンの一つ (±)-オフロキサシン*の合成例を示す．7 位の *N*-メチルピペラジンは 7 位のフッ素に対する *N*-メチルピペラジンの選択的な求核置換により最終段階で導入する．

* ラセミ体のオフロキサシンは光学異性体 (*S*)-(−)-体と (*R*)-(+)-体の等量混合物であるが，光学分割やエナンチオ選択的合成（不斉合成）によって，それぞれの光学異性体が合成され，おのおのの抗菌作用が評価・検討された．その結果，(*S*)-(−)-体のレボフロキサシン（構造は次ページのコラム参照）が抗菌作用を示すのに対して，(*R*)-(+)-体にはまったく抗菌作用がないことが明らかとなった．

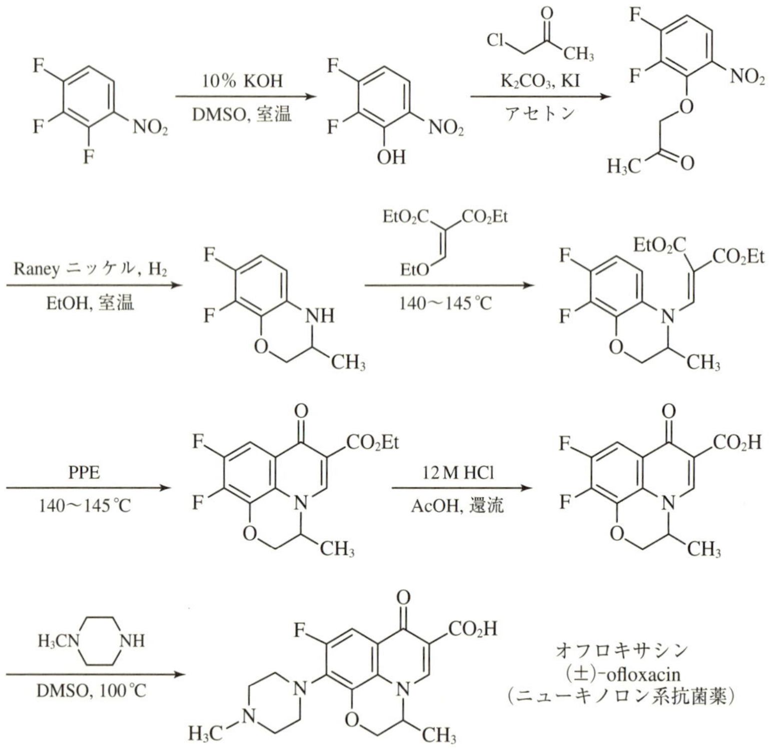

オフロキサシン
(±)-ofloxacin
（ニューキノロン系抗菌薬）

3・2・2 Friedlander キノリン合成

2-アミノベンズアルデヒドまたはケトンをアルデヒドやエノール化可能なケトンと酸，塩基，加熱などによって縮合し，置換キノリンを合成する方法である．

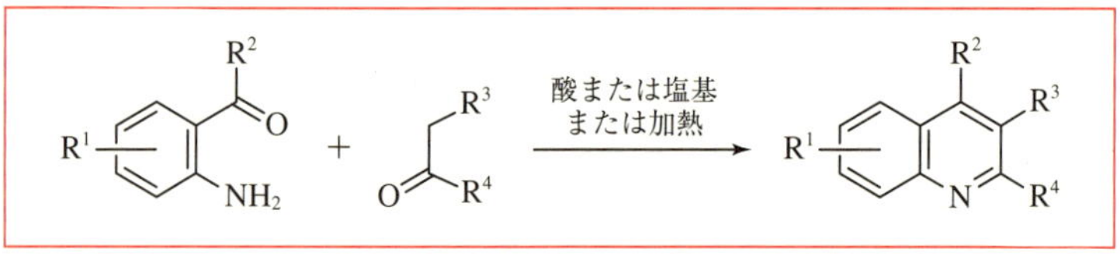

図 3・10 Freidlander キノリン合成

Friedlander 合成は 2-アミノベンズアルデヒドとアセトアルデヒドとを NaOH 水溶液中で反応させるとキノリンが生成することから見いだされた．

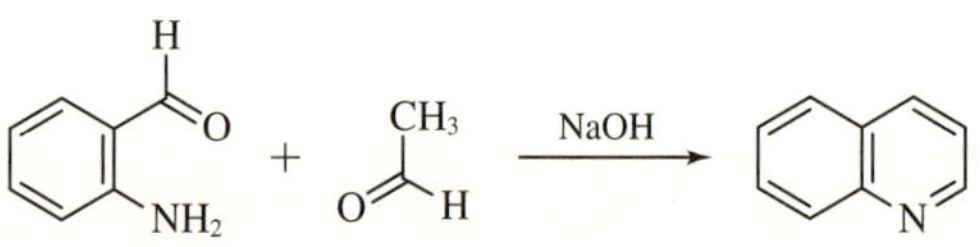

この反応機構は逆合成でみたように,はじめにイミンを形成し,続く分子内アルドール型縮合によってキノリン環が生成するか,または逆の経路が考えられるがどちらの中間体を経るかは反応条件などの影響を受ける.

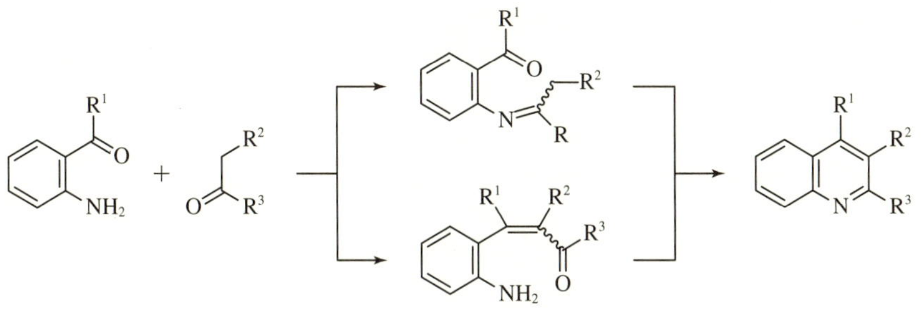

ニューキノロン系抗菌薬

今日使用されている化学療法薬のなかで,キノロン系抗菌薬はβ-ラクタム系抗生物質(第9章参照)をしのぐ勢いで開発されている.キノロン系抗菌薬はナリジクス酸に抗菌作用が見いだされて以来,ピリドンカルボン酸を中心とした関連化合物の開発が続けられてきた.初期のこれら合成抗菌薬は,ナフタレン骨格の異なる位置に窒素原子をもつヘテロ環を含み,グラム陰性菌に対して抗菌活性を示すことが特徴であり,適応症はほぼ尿路疾患に限定されていた.このようなオールドキノロンに対して,1980年前後を境にニューキノロンが開発された.ニューキノロンの構造的な特徴は6位にフッ素(F)をもち,7位にピペラジン基またはアミノピロリジニル基をもっていることである.6位にフッ素を導入したことにより,グラム陰性菌のみならずグラム陽性菌にまで広い範囲の抗菌スペクトルを示すようになり,適応疾患も各種の感染症へと拡大され,現在では各種感染症治療に対する有効な新規経口抗菌薬として用いられている.

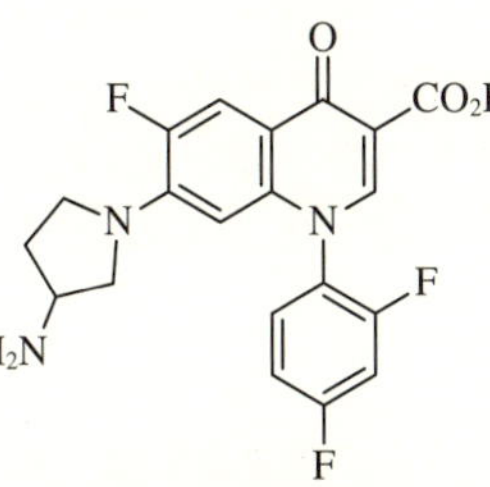

ナリジクス酸
nalidixic acid
(オールドキノロン)

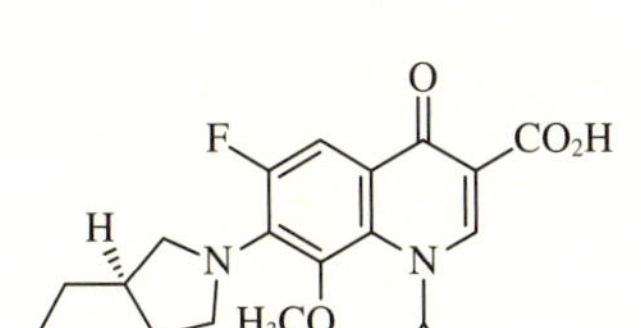

オフロキサシン
(±)-ofloxacin

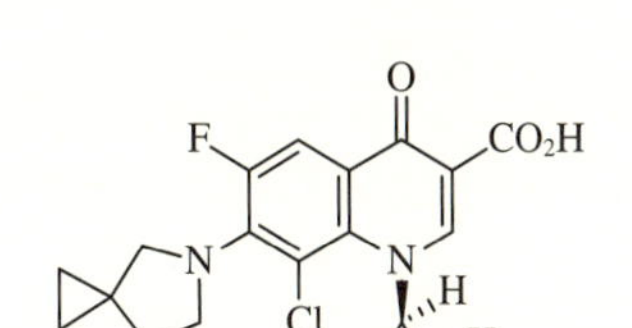

(S)-(−)-レボフロキサシン
(S)-(−)-levofloxacin

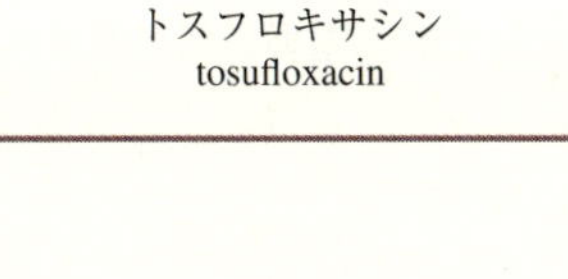

トスフロキサシン
tosufloxacin

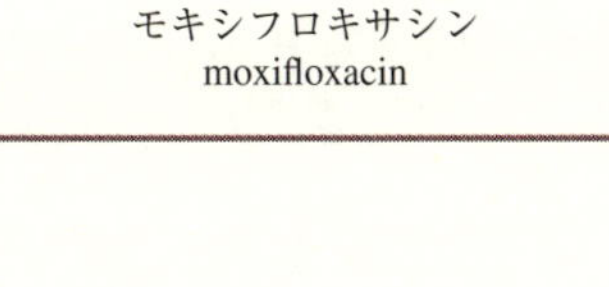

モキシフロキサシン
moxifloxacin

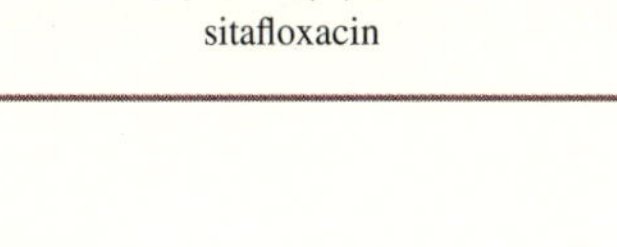

シタフロキサシン
sitafloxacin

その後，Friedlander の改良法として，不安定な 2-アミノベンズアルデヒドの代わりに N-Boc アミノベンズアルデヒドを用いる方法が見いだされる．酢酸中で反応を行うと系内で Boc 基の除去も同時に進行し，生成した 2-アミノベンズアルデヒドが直ちに共存するケトンと反応してキノリン環となる．アルカロイドの一つ，マッピシンの合成はこの方法の巧みな応用例である．

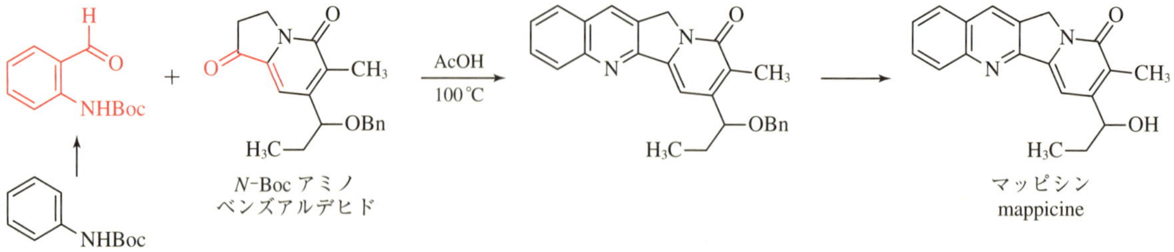

そのほか，Friedlander 改良法の一つとして，不安定な 2-アミノベンズアルデヒドの代わりにイサチンを用いる Pfitzinger 合成がある（図 3・11）．

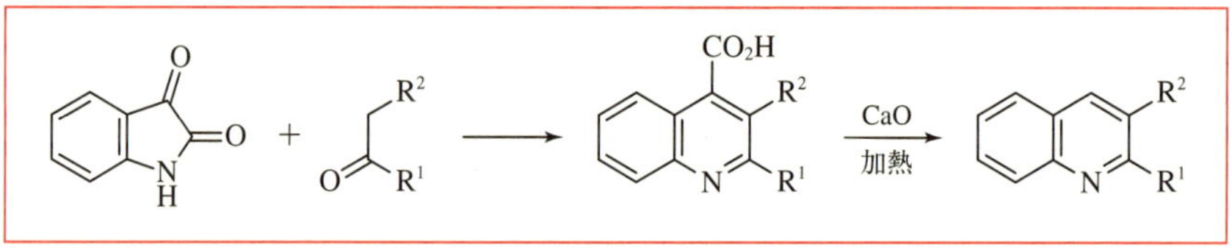

図 3・11 Pfitzinger キノリン合成

Pfitzinger 合成ではイサチンの加水分解で生成した o-アミノフェニルグリオキサリル酸がケトンと反応してキノリン-4-カルボン酸になる．カルボキシ基は酸化カルシウム CaO と加熱することによって容易に脱炭酸除去できる．

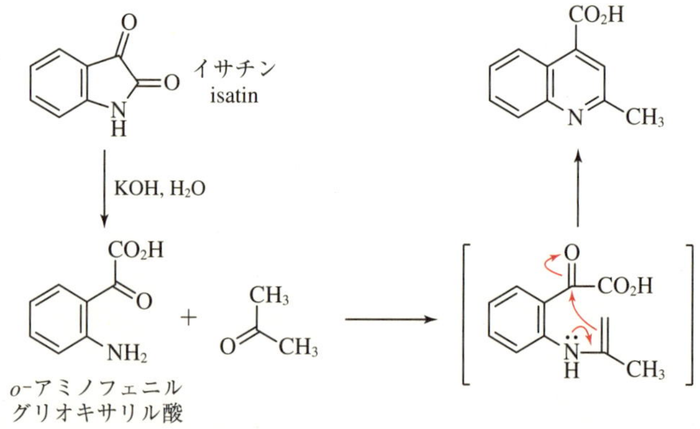

Friedlander 合成は多置換キノリンの合成にも適用できる．脂質異常症（高脂血症）治療薬として使用されている第二世代の HMG-CoA 還元酵素阻害薬ピタバスタチン（p. 45, 46 参照）のキノリン環構築もその一例である．

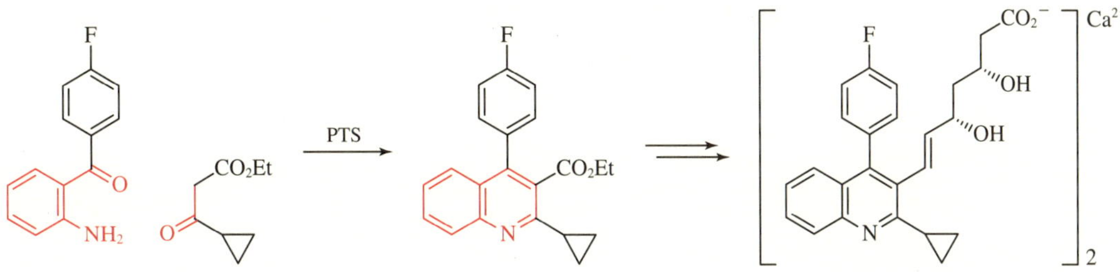
F
PTS
CO2Et
O
NH2
N
Ca2+
CO2−
OH
2

ピタバスタチンカルシウム
pitavastatin calcium
〔HMG-CoA 還元酵素阻害薬
脂質異常症（高脂血症）治療薬〕

3・2・3 その他のキノリン合成

a. Combes キノリン合成（図 3・12）

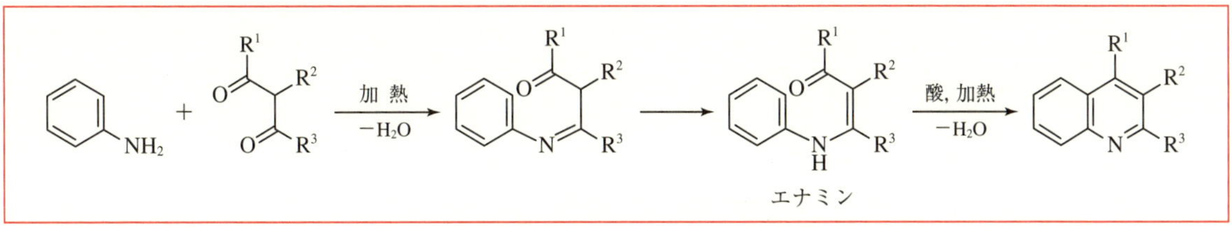
R1
R2
R3
NH2
加 熱
−H2O
酸, 加熱
−H2O
N
H
エナミン

図 3・12 Combes キノリン合成

Combes キノリン合成は，図 3・3b（p. 56）の逆合成から示されるように，芳香族アミンと 1,3-ジケトンか 1,3-ケトアルデヒドまたは 1,3-ジアルデヒドからキノリン環を構築する方法である．反応はエナミンの生成と続くエナミンの酸触媒による環化脱水反応で進行する．

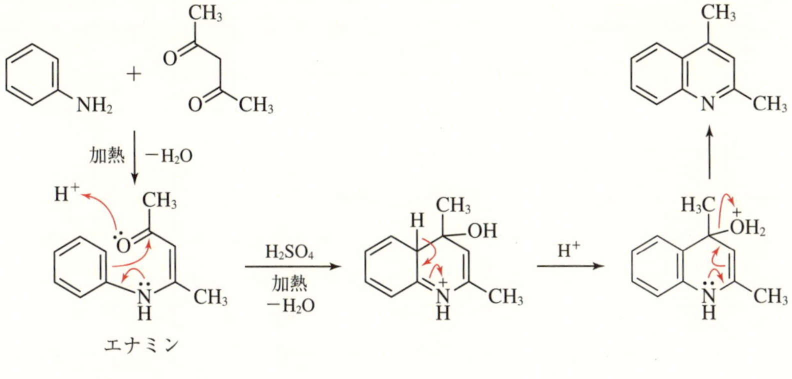
CH3
NH2
加熱
−H2O
H+
H2SO4
加熱
−H2O
OH
OH2
エナミン

b. Conrad-Limpach キノロン合成（図 3・13）

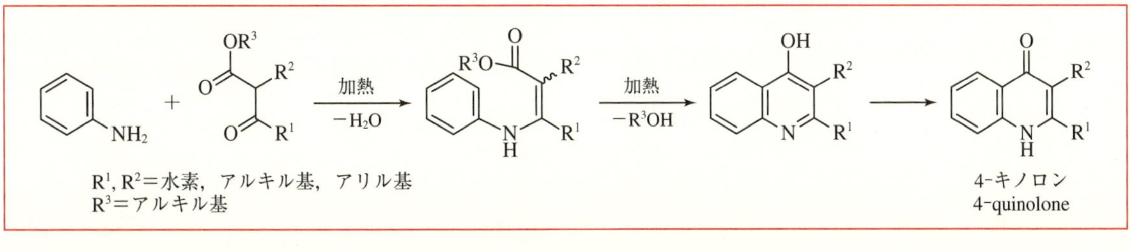
OR3
R2
R1
NH2
加熱
−H2O
加熱
−R3OH
OH
R1, R2＝水素，アルキル基，アリル基
R3＝アルキル基
4-キノロン
4-quinolone

図 3・13 Conrad-Limpach キノロン合成

この合成法は本質的に Combes 合成と類似した機構で進行する．Combes 合成で用いる 1,3-ジカルボニル化合物の代わりに β-ケトエステルを用いる．芳香族アミンとの縮合から得られるエナミンの環化で 4-キノロンが生成する．

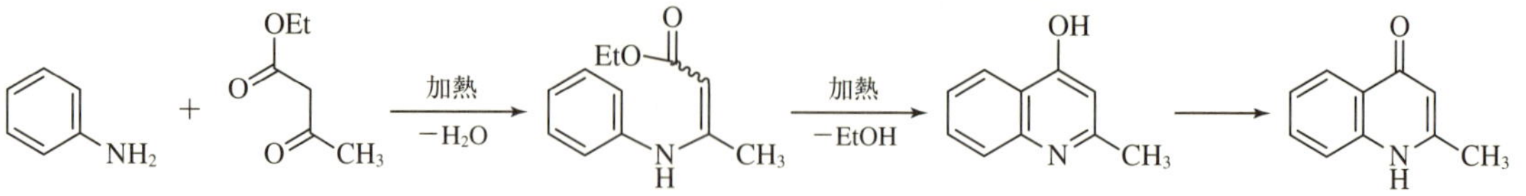

c. Skraup/Debner-Miller キノリン合成

Z. H. Skraup (スクラウプ) は芳香族アミン，濃硫酸，グリセリン（グリセロール）とニトロベンゼン混合物を 100℃ 以上で加熱するとキノリンが生成することを見いだした．この反応ではグリセリンは脱水してアクロレイン $CH_2=CHCHO$ になり，ニトロベンゼンは酸化剤として役立っている．しかし，この反応の制御がより容易な改良法が O. Debner（デーブナー），W. Miller（ミラー）らによって見いだされた．すなわち，グリセリンの代わりに α,β-不飽和カルボニル化合物を用いることによってキノリン誘導体が位置選択的に生成する（図 3・14）．

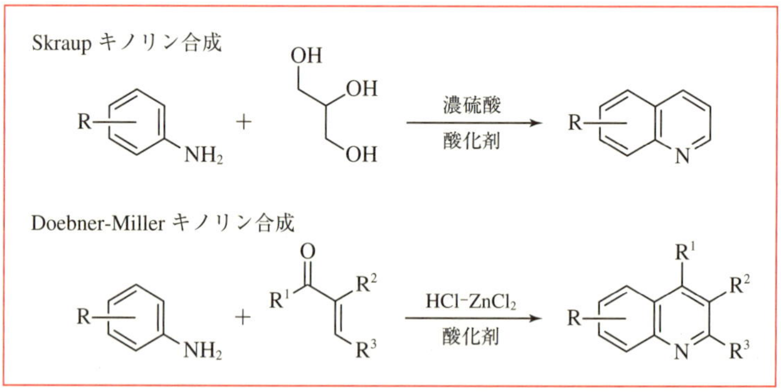

図 3・14 Skraup/Debner-Miller キノリン合成

Skraup/Debner-Miller キノリン合成の反応機構は，まだ完全には明らかとなっていないが，o-アミノフェノールから 8-キノリノール（オキシン）の合成例でみられるように，反応はまずアニリンによるエノンへの共役付加（Michael 反応），続く分子内求電子攻撃による環化で 1,2-ジヒドロキノリンが生成する．1,2-ジヒドロキノリンからキノリンへの酸化はニトロベンゼン，DDQ，五酸化二ヒ素 As_2O_5 など種々の酸化剤によって達成される．オキシンの銅錯体は銅の腐食防止剤として用いられているが，Mg(II) や Al(III) のような他の金属イオンとも安定な金属錯体を形成する．

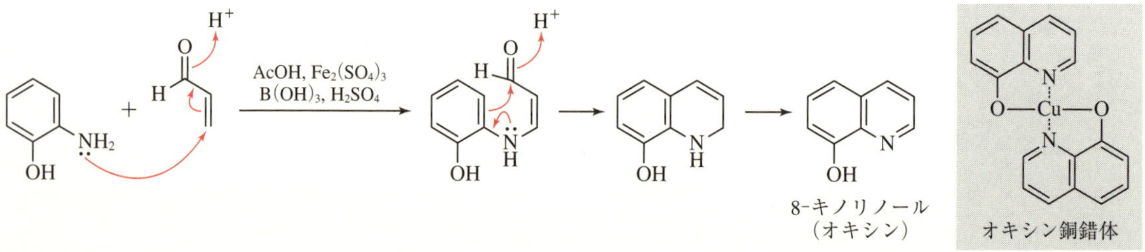

d. 閉環メタセシスによるキノリン合成　2-(N-アリル-N-トシルアミノ)スチレン誘導体を Grubbs の第一世代触媒 *1* または第二世代触媒 *2* を用いて閉環メタセシス（§11・2 参照）を行うと対応する 1,2-ジヒドロキノリンが高収率で得られ，保護基を除去すると空気酸化あるいは酸化剤によってキノリンになる（図3・15）．

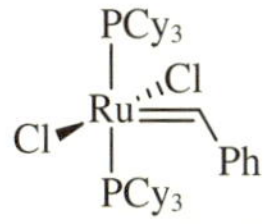

第一世代 Grubbs 触媒 (*1*)

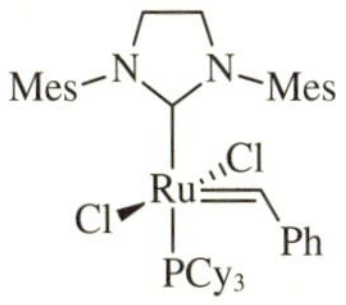

第二世代 Grubbs 触媒 (*2*)

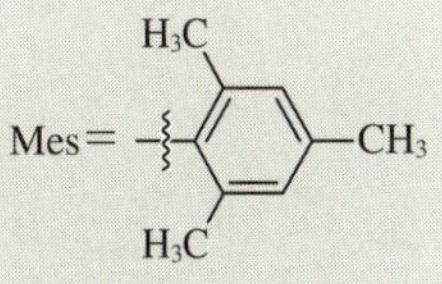

Mes = メシチル基
Cy = シクロヘキシル基

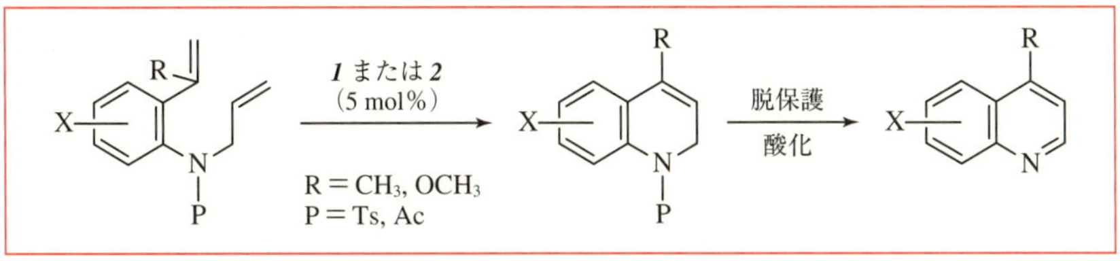

図 3・15　閉環メタセシスによる 1,2-ジヒドロキノリンの合成とキノリンへの酸化

3・3　イソキノリンの合成

イソキノリンアルカロイドの合成などに関連して多くのイソキノリン環構築法が開発されてきた．そのなかで代表的な合成法を図3・16に示した．これらはN-アシル-2-フェニルエチルアミンのオルト位への分子内求電子攻撃による環化か，2-フェニルエチルアミンとアルデヒドから生成するイミンの分子内求電子置換反応である．したがって，反応はベンゼン環の置換基の影響を受け，電子供与基が存在すると反応はより容易に進行する．まずイソキノリン環の逆合成を考えた後に，天然物合成や医薬品合成で最もしばしば用いられる Bischler–Napieralski 反応と Pictet–Spengler 反応を中心に解説する．

イソキノリン環を 3,4-ジヒドロ体，1,2,3,4-テトラヒドロ体に変換後それぞれを逆合成してみると，3,4-ジヒドロ体からは図3・17a の逆合成で示されるように，2-アリールエチルアミンと酸塩化物や酸無水物から生成するアミドが出発物質となる．これに対応する合成法が，**Bischler–Napieralski イソキノリン合成**である．また，図3・

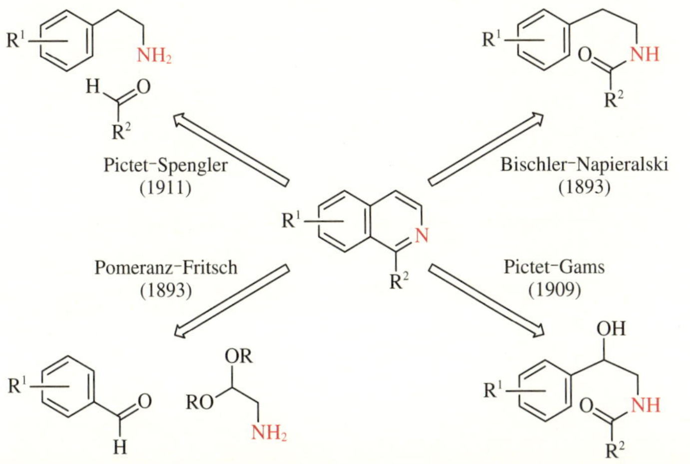

図 3・16　代表的なイソキノリン合成法

17b の逆合成でみられるように 1,2,3,4-テトラヒドロ体からは 2-アリールエチルアミンとアルデヒドが出発物質になることがわかる．これは **Pictet-Spengler イソキノリン合成**である．これらはいずれも脱水素によってイソキノリンに芳香化することができる．一方，イソキノリン環を直接逆合成していくと図 3・17c の逆合成で示されるようにベンズアルデヒドとアミノアセトアルデヒドになる．これは **Pomeranz-Fritsch**（ポメランツ　フリッツ）**イソキノリン合成**とよばれる．

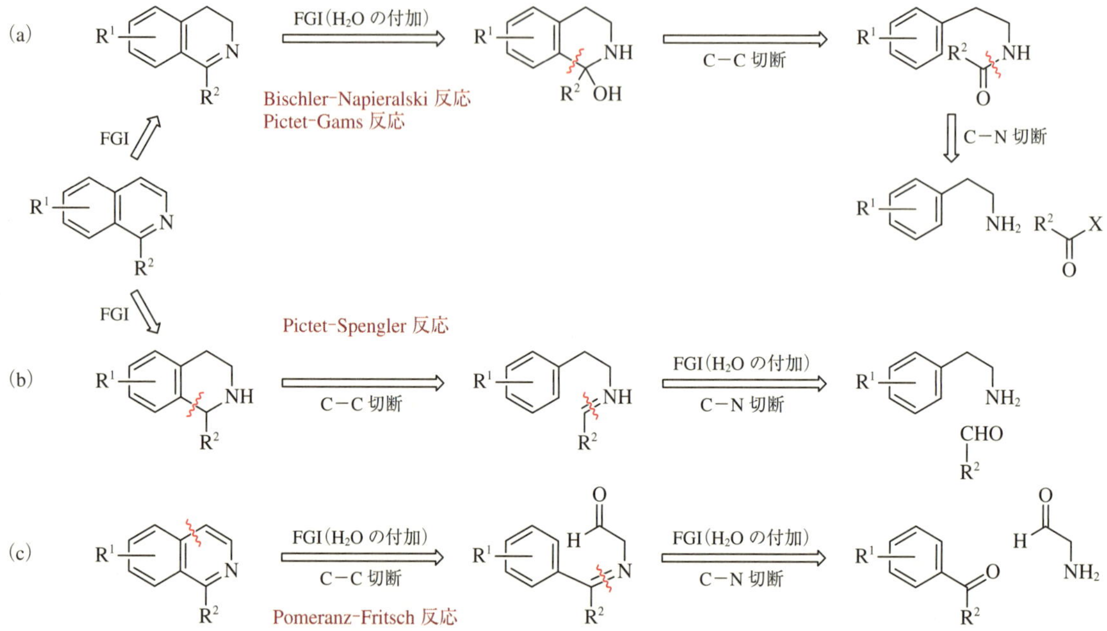

図 3・17　イソキノリン環の逆合成

3・3・1　Bischler-Napieralski 反応

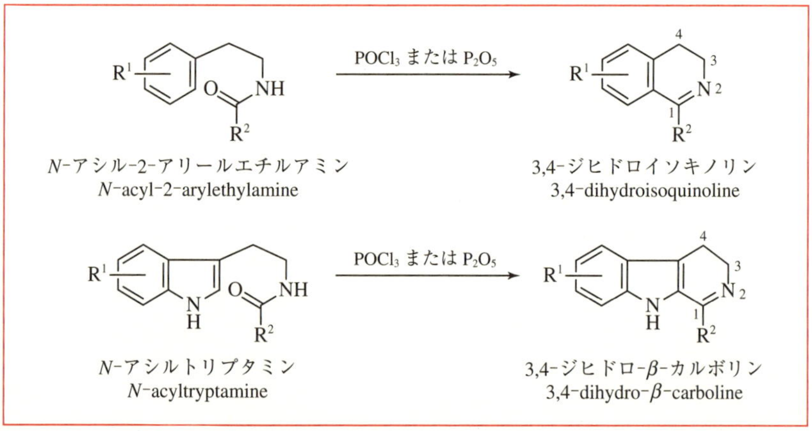

図 3・18　Bischler-Napieralski 反応

3・3 イソキノリンの合成

2-アリールエチルアミンと酸塩化物から得られるアミド（N-アシルアリールエチルアミン）を五酸化二リン P_2O_5 またはオキシ塩化リン $POCl_3$ などと反応させると脱水環化し 3,4-ジヒドロイソキノリンが得られる．この反応を **Bischler-Napieralski 反応**という（図 3・18）．この反応はイソキノリン環構築で最も一般的な方法の一つであり，天然物のイソキノリンアルカロイドなどの合成に広く利用されてきた．またアリール基がインドールの場合には N-アシルトリプタミンの Bischler-Napieralski 反応であるが，後述するように β-カルボリンの合成反応（§7・3 参照）としてもしばしば利用される有用な反応である．

反応は以下に示されるように，イミニウムイオン中間体の分子内求電子置換反応であるので，ベンゼン環上の置換基の影響を受ける．電子供与基が反応点のパラ位にあると環化を促進するがニトロ基やシアノ基のような電子求引基があると反応は困難になる．この反応は古くより知られているが，現在でもイソキノリン合成の最も主要な手段の一つとして利用されている．

> **反応機構**

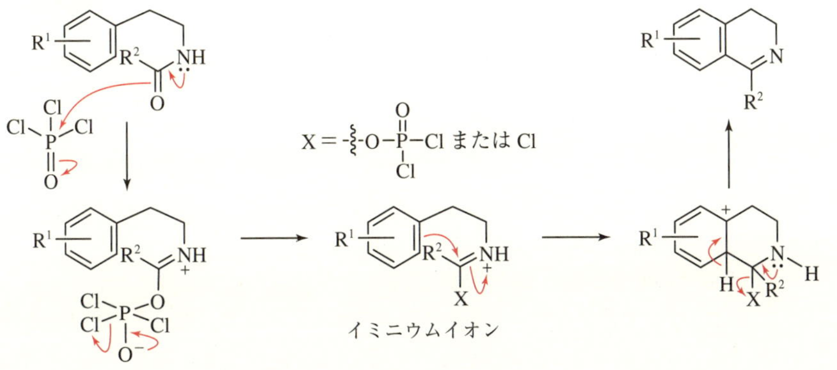

次ページに示した実例のように無置換ベンゼン誘導体では環化は起こらないが，メトキシ基やメチレンオキシド基のような電子供与基があると反応は円滑に進行する．

Bischler-Napieralski 反応のもう一つの提唱メカニズム

下図のように，イミニウム塩からニトリリウム塩が生成し，その分子内芳香族求電子置換反応でジヒドロイソキノリン環が生成する機構も提案されている．

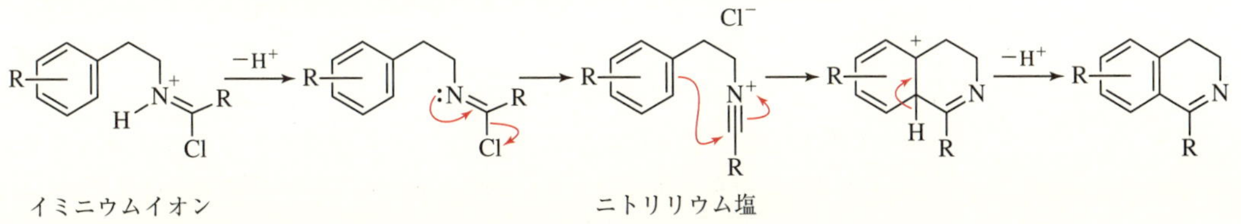

イミニウムイオン　　　　　　　　　　　ニトリリウム塩

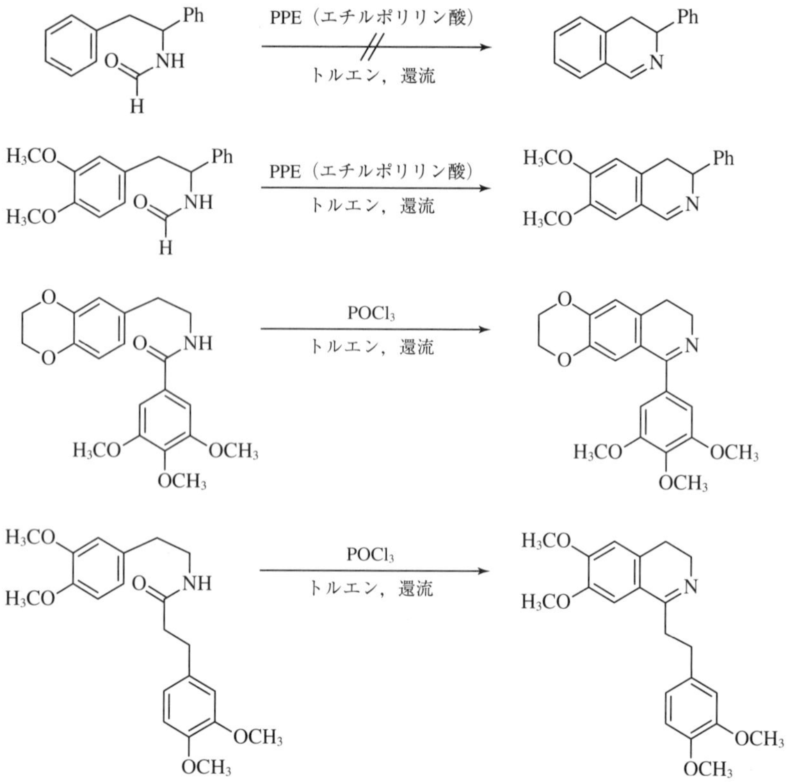

いくつかの反応例を示したが，生成したジヒドロイソキノリンはパラジウム炭素（Pd/C）やDDQなどによってキノリンに芳香化する．一方で，還元するとテトラヒドロ体になる．テトラヒドロ体はつぎに示すPictet-Spengler反応によっても直接合成される．

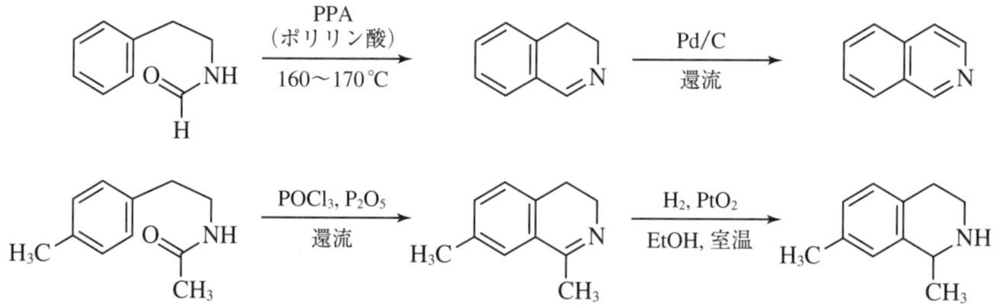

3・3・2 Pictet-Spengler 反応

2-アリールエチルアミンとアルデヒドの脱水により得られるイミンは酸触媒によって環化して1,2,3,4-テトラヒドロイソキノリンになる．この反応を**Pictet-Spengler反応**という（図3・19）．後述（§7・3参照）するように，この反応もフェニルエチルアミンの代わりにトリプタミンやトリプトファンを用いると1,2,3,4-テトラヒドロ-β-カルボリンが得られるので，多くのインドールアルカロイドの合成に用いられている反応である．

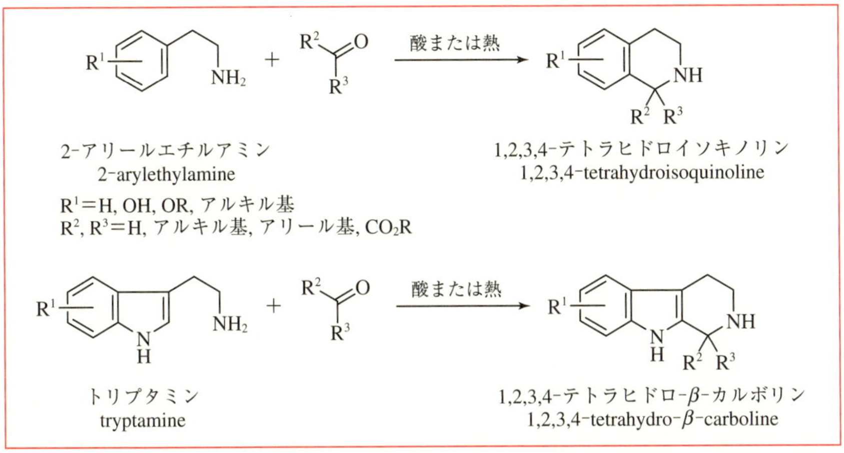

3・3 イソキノリンの合成

図 3・19 Pictet-Spengler 反応

反応機構は Bischler-Napieralski 反応と同じく分子内求電子置換反応であるので，ベンゼン環に電子供与基があると反応は促進される．特にパラ位にヒドロキシ基（-OH）やアルコキシ基（-OR）などが存在すると環化は容易に進行する．このように活性化されている場合にはケトンとも反応するが，一般にはアルデヒドが用いられる．

反応機構

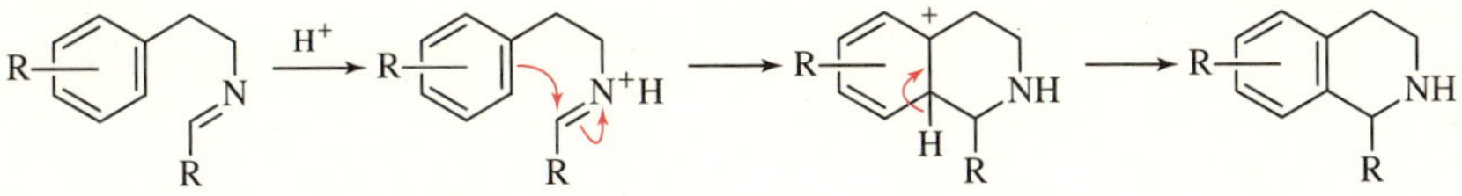

この反応ではホルムアルデヒド HCHO をはじめ芳香族，脂肪族アルデヒドやケトンも用いられる．生成物である 1,2,3,4-テトラヒドロイソキノリンは酸化によってイソキノリンに芳香化される．

ホルムアルデヒドはジオキソラン（1,3-ジオキソラン）のようなアセタール形で用いることもできる．酸によって反応系内で発生したホルムアルデヒドが，共存するフェニルエチルアミンと Pictet-Spenger 反応を行うと 1,2,3,4-テトラヒドロイソキノリンが生成する．これは Fremy 塩（フレミー）(KSO$_3$)$_2$NO によってイソキノリンに酸化される．

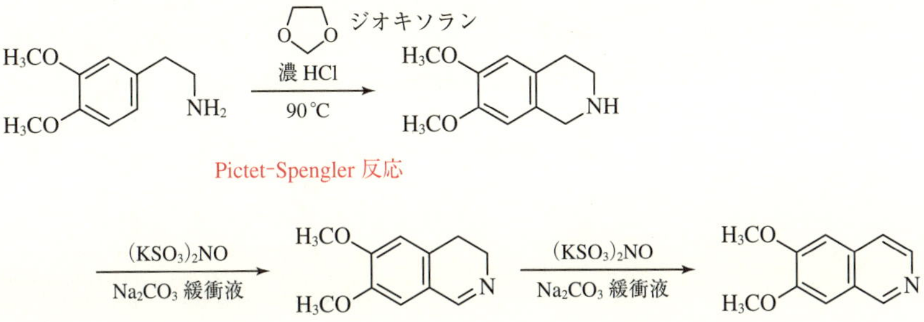

第3章 ピリジン，キノリン，イソキノリンの合成

L-フェニルアラニンとホルムアルデヒドからは光学活性なテトラヒドロイソキノリンが得られる．これを L-アラニン誘導体とカップリングさせジペプチドにした後に，脱保護を行うと光学活性なキナプリル〔アンギオテンシン変換酵素（ACE）阻害薬〕が得られる．

ホヤから単離されたエクチナサイジン 743 は強力な抗腫瘍活性を示すイソキノリンアルカロイドである．すでに溝呂木-Heck 反応を利用したトラベクテジン（エクチナサイジン 743）合成をみてきたが（p.44 参照），E. J. Corey* らによるこの化合物の合成ではイソキノリン骨格の構築に分子内および分子間 Pictet-Spengler 反応が巧妙に使われている．

* E. J. Corey 博士（ハーバード大学教授）は，1990年，"有機合成理論および方法論の開発"，特に逆合成解析における功績で，ノーベル化学賞を受賞した．

3・3・3 その他のイソキノリン合成

a. Pictet-Gams 合成（図 3・20）

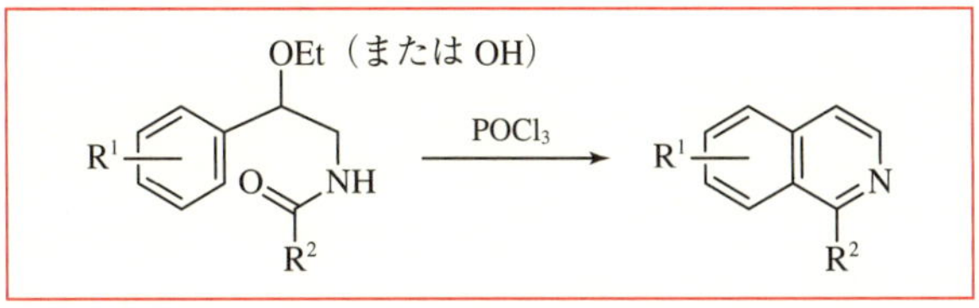

図 3・20 Pictet-Gams 合成

Bischler-Napieralski 反応で用いる 2-アリールエチルアミンの代わりに，酸化段階の高い 2-メトキシ-2-アリールエチルアミンまたは 2-ヒドロキシ-2-アリールエチルアミンを用いると直接イソキノリンが得られる．

b. Pomeranz-Fritsch 合成（図 3・21）

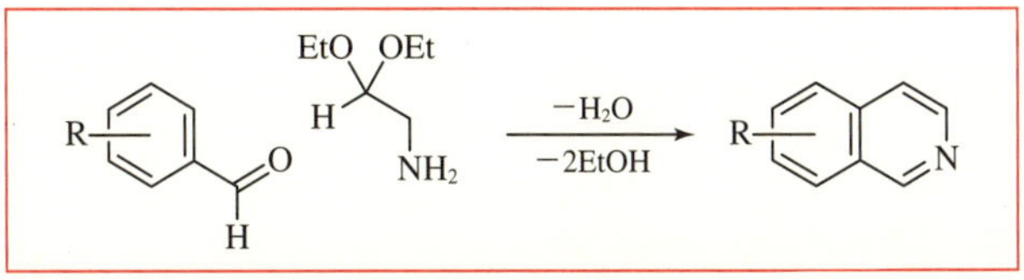

図 3・21 Pomeranz-Fritsch 合成

芳香族アルデヒドとアミノアセタール（2,2-ジエトキシエチルアミン）から生成するイミンの酸触媒による分子内求電子置換反応によるイソキノリンの合成法である．

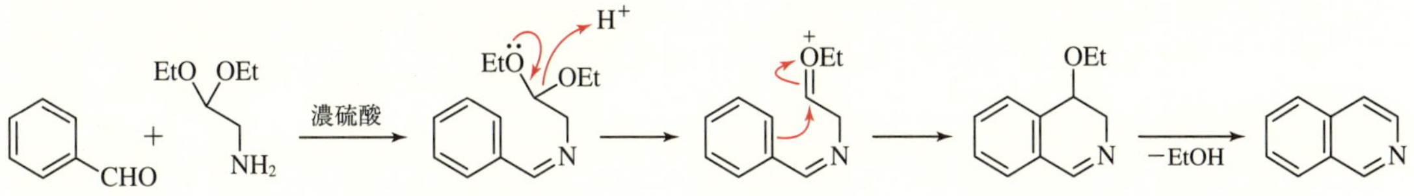

4

複数の環内窒素をもつ芳香族ヘテロ六員環化合物

アジン

4・1 アジンの構造と化学的特徴

アジン（azine）：環内に窒素を複数もつ場合は，窒素数に応じた数詞の接頭語をつけて，**ジアジン**（diazine），**トリアジン**（triazine），**テトラジン**（tetrazine）などとよぶ．

ピリジンのような芳香族ヘテロ六員環で環内に一つまたはそれ以上の窒素原子を含む環を総称し**アジン**とよぶ．ピリジンの CH をさらに N で置き換えると，位置に応じて 1,2-ジアジン，1,3-ジアジン，1,4-ジアジンという三つの新しい芳香族ヘテロ環が生成する．これらはそれぞれピリダジン，ピリミジン，ピラジンという慣用名でよぶことが多い．

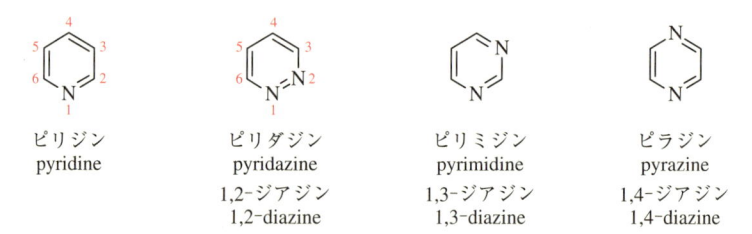

ピリジン   ピリダジン   ピリミジン   ピラジン
pyridine   pyridazine   pyrimidine   pyrazine
            1,2-ジアジン 1,3-ジアジン 1,4-ジアジン
            1,2-diazine   1,3-diazine   1,4-diazine

ピリジンの CH を二つの N で置換した 1,2,3-トリアジン，1,2,4-トリアジン，1,3,5-トリアジンや三つの N で置換した 1,2,4,5-テトラジンなども知られているが慣用名はない．

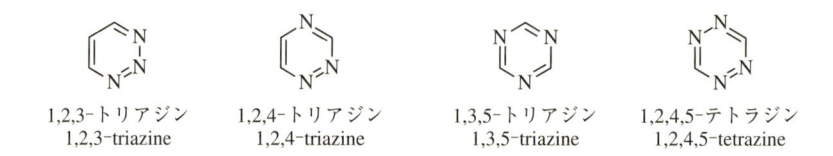

1,2,3-トリアジン   1,2,4-トリアジン   1,3,5-トリアジン   1,2,4,5-テトラジン
1,2,3-triazine   1,2,4-triazine   1,3,5-triazine   1,2,4,5-tetrazine

これらの化合物はいずれもピリジンと同じく 6π 電子系で芳香族化合物であるが，芳香族性は環内の窒素が多くなるに従って減少する．これは分極した C=N 結合が多くなるため共鳴エネルギーが減少することによる．したがって，窒素の数が多くなるほど環の安定性は減少し，求核剤による攻撃を受けやすくなる．とりわけ窒素がメタ位に分布するピリミジンや 1,3,5-トリアジンにおいてはその傾向が強い（表 4・1）．

無置換の 1,3,5-トリアジンは冷水中，速やかに水による求核攻撃を受けて 3 分子のギ酸アミドに開裂してしまう．

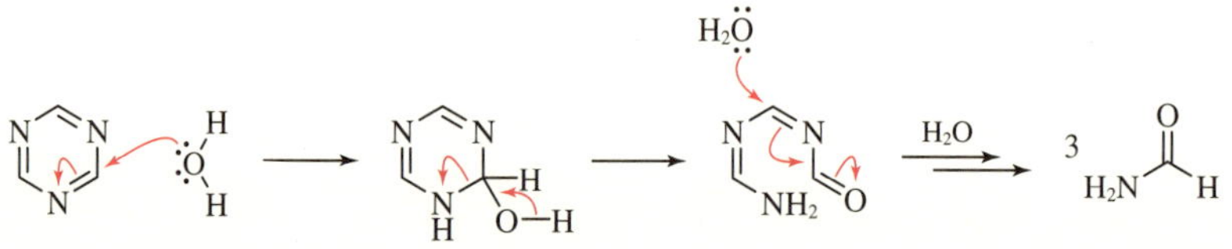

4・1 アジンの構造と化学的特徴

表 4・1 アジンの共鳴エネルギーと安定性

芳香環	共鳴エネルギー [kcal mol⁻¹ (kJ mol⁻¹)]	安 定 性
 ベンゼン	36〜39 (151.2〜163.8)	強力な酸化条件または光分解によってのみ分解する
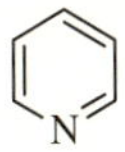 ピリジン	32 (134.4)	300 ℃で酸または塩基に安定 (特に厳しい塩基性条件で分解する)
 ピリミジン	26 (109.2)	強い塩基に不安定 還元条件下で開裂する
 1,3,5-トリアジン	20 (84)	冷水で分解する

キノリンやイソキノリンの CH をさらに N と置き換えるとシンノリン，フタラジン，キナゾリン，キノキサリンの 10π 電子系芳香族ヘテロ環になる．

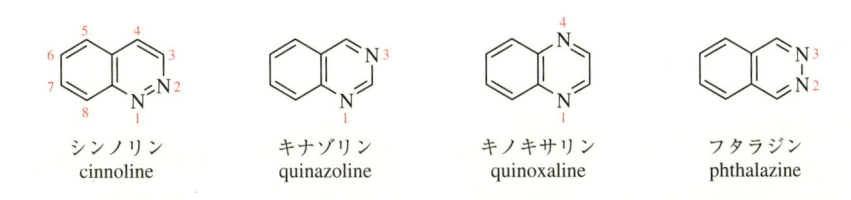

シンノリン cinnoline　キナゾリン quinazoline　キノキサリン quinoxaline　フタラジン phthalazine

これら窒素を複数もつ化合物はピリジンの窒素と同じく sp² 混成軌道に非共有電子対が局在化しており，弱いながら塩基性を示す．第 1 章で述べたように，ピリジンの塩基性（pK_{aH} 5.2）は脂肪族アミン（pK_{aH} 〜10）よりもかなり弱く，アニリンの塩基

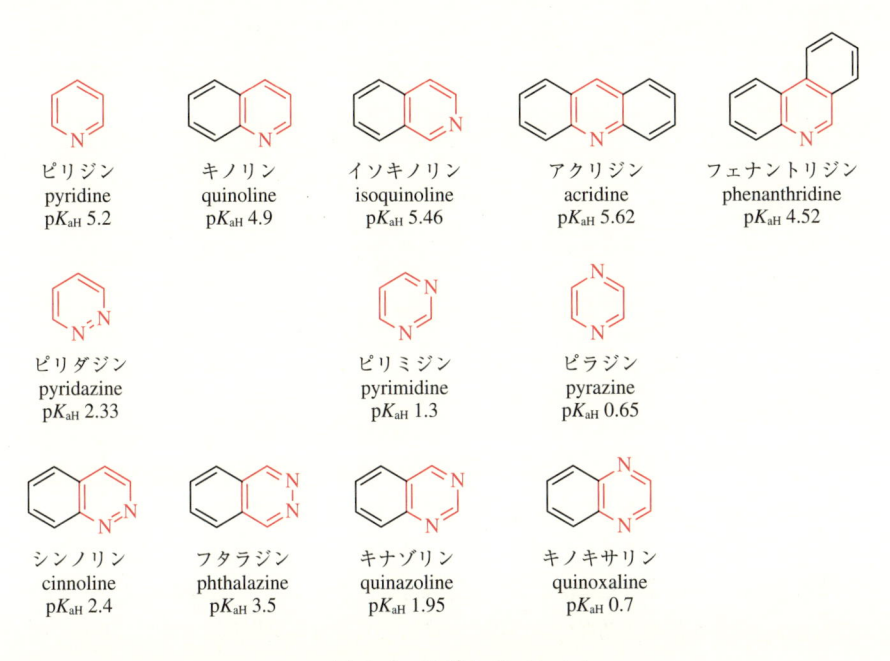

ピリジン pyridine pK_{aH} 5.2　キノリン quinoline pK_{aH} 4.9　イソキノリン isoquinoline pK_{aH} 5.46　アクリジン acridine pK_{aH} 5.62　フェナントリジン phenanthridine pK_{aH} 4.52

ピリダジン pyridazine pK_{aH} 2.33　ピリミジン pyrimidine pK_{aH} 1.3　ピラジン pyrazine pK_{aH} 0.65

シンノリン cinnoline pK_{aH} 2.4　フタラジン phthalazine pK_{aH} 3.5　キナゾリン quinazoline pK_{aH} 1.95　キノキサリン quinoxaline pK_{aH} 0.7

図 4・1 アジンの pK_{aH}

性（pK_{aH} 4.6）に近い．ピリダジン（pK_{aH} 2.33），ピリミジン（pK_{aH} 1.3），ピラジン（pK_{aH} 0.65）はピリジンに比べて塩基性はかなり減少している．これは環内の窒素が互いに電子を求引し合うためである．キノリン（pK_{aH} 4.9），イソキノリン（pK_{aH} 5.46）はピリジンと同程度の塩基性である．さらに二つのベンゼン環が縮合したアクリジンやフェナントリジンもピリジンと同程度の塩基性をもっており，ピリジンにベンゼン環が縮合しても塩基性に大きな影響を及ぼしていない．同じような傾向はシンノリン，キナゾリン，キノキサリンの塩基性にもみられ，対応する単環ピリダジン，ピリミジン，ピラジンとほぼ同程度のpK_{aH}である（図4・1）．

ジアジンの塩基性は弱くても，なお水に対して水素結合を形成することができる．したがって，単環ジアジンは水によく溶ける．たとえば，ピリミジンをその水溶液から抽出することは容易でない．また，ベンゼン環と縮合したシンノリン，フタラジン，キナゾリン，キノキサリンなどもキノリンやイソキノリンと同程度の水溶性を示す．

しかし，ピリジンでみられたようにキノリン，イソキノリンおよびジアジン類もヒドロキシ基（-OH）やアミノ基（-NH$_2$）のような親水基で置換されると水に溶けにくくなる．たとえば，ピリミジンは任意の割合で水と混ざるが，4-ピリミジノンは50％程度が限度であり，2,4-ピリミジンジオン（ウラシル）に至ってはほとんど水に溶けない．その理由はピリジンで述べたように，分子間水素結合が強固に形成されるためである．同様の現象はアミノ基置換体についても認められる．プリンは任意の割合で水に溶けるのに対して，6-アミノ体であるアデニン1gを溶かすには1000 mL（1 L）の水が必要である．

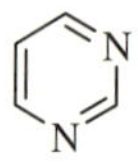

ピリミジン
どんな割合でも水に溶ける

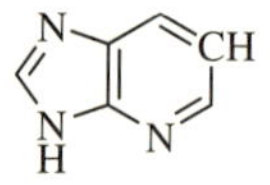

プリン
どんな割合でも水に溶ける

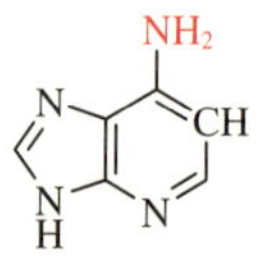

アデニン
1gを溶かすには1Lの水が必要

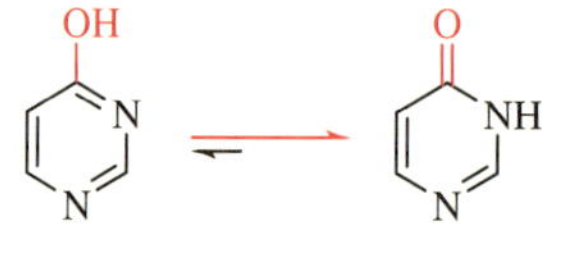

（4-ヒドロキシピリミジン）　4-ピリミジノン
50％で飽和する

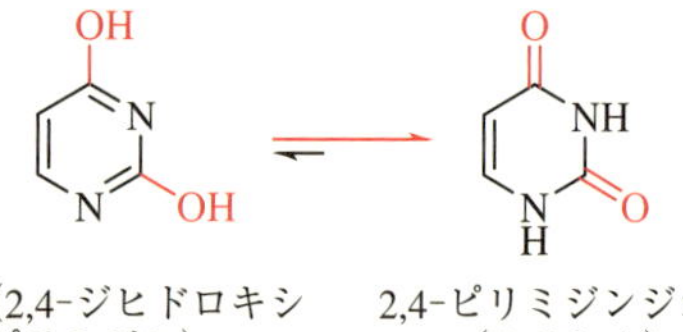

（2,4-ジヒドロキシピリミジン）　2,4-ピリミジンジオン（ウラシル）
ほとんど水に溶けない

キノリン，イソキノリンおよびジアジンにヒドロキシ基（-OH）が導入されるとピリジンの場合と同様にケト互変異性体に偏る．したがって，2,4-ジヒドロキシピリミジンは2,4-ピリミジンジオンに偏っており，慣用名ウラシルである．しかし，アミノ基は対照的に，シトシンやアデニンでみられるようにアミノ型互変異性体として存在する．この性質が核酸塩基間におけるアミノ基とカルボニル基の水素結合に重要な役割を果たしている（§4・4参照）．

4・2 アジンの反応性

ピリジンが求電子置換反応に抵抗することは，第1章で説明した．ジアジン類には電子求引基として働く窒素がピリジンよりも一つ多いので，ピリジンよりもさらに炭素上での求電子攻撃を受けにくく，実用的な求電子置換反応は期待できない．

しかし，アジン類は塩基性も求核性もあるので，窒素上での求電子剤の攻撃を受ける．ハロゲン化アルキルと反応して第四級アンモニウム塩を，過酸と反応して N-オキシドを生成する．

4・2・1 アジンの求核置換反応

ジアジンの求核置換反応は起こりやすい．ハロジアジンと求核剤との反応をみるとハロピリジンよりも容易に起こる．たとえば，2-クロロ-4-メチルピリジンとナトリウムメトキシド NaOCH₃ との反応はメタノール中で加熱する必要があるが，4-クロロ-6-メチルピリミジンは室温で反応する．このようにハロジアジンはその他アミンやチオラートイオン，カルボアニオンのようなソフト*な求核剤と容易に反応する．これは炭素上の電子密度が低下していることと，中間体が環内の窒素によってより共鳴安定化を受けているためである．

単環アジンの求核的置換反応の容易さはおおよそ下記の順である．

---

* R. Pearson は酸および塩基の相性についてかたさ，やわらかさの原理（Principles of Hard and Soft Acid and Bases, HSAB 則）を提案した．分極されやすい塩基を"やわらかい"（ソフトな，soft）塩基といい，分極されにくい塩基を"かたい"（ハードな，hard）塩基とよび，同様に，分極されやすい酸を"やわらかい"酸，分極されにくい酸を"かたい"酸という．一般にやわらかい酸とやわらかい塩基は反応しやすく強い結合を形成する，一方，かたい酸とかたい塩基は反応しやすく強い結合を形成する傾向があるという定性的には便利な経験則である．
例）やわらかい塩基: H⁻, R⁻
　　やわらかい酸: OH⁺, Br⁺

一方，2-クロロピリミジンと 2-クロロキナゾリンのナトリウムエトキシド NaOEt による置換反応はほぼ同程度であり，ジアジンにベンゼン環が縮合しても反応性に大きな変化はみられない．また，シンノリン，キナゾリン，キノキサリンなどの二環性ジアジンの反応性はほぼ同程度でありキノリン，イソキノリンに比べて速い．

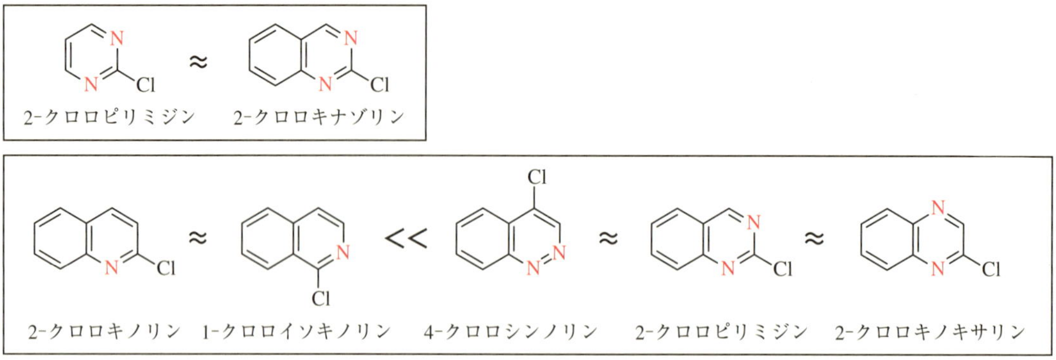

図 4・2 クロロジアジンとエトキシドアニオンの置換反応の容易さ

3,6-ジクロロピリダジンの二つの Cl は窒素や酸素求核剤で順次置換することができる．これは 3,6-ジクロロ体に比べて Cl の一つを NH_3 のような窒素求核剤と置換して得られる 3-アミノ-6-クロロピリダジンは電子供与性のアミノ基によって 3,6-ジクロロピリダジンよりも求核剤の攻撃を受けにくくなっているからである．しかし，3-アミノ-6-クロロピリダジンに，さらに第二の求核剤，アルコキシドイオン（RO⁻）を反応させると 6-アルコキシ置換体が得られる．ついでブロモ酢酸塩化物と反応させると，イミンの生成，分子内 N-アルキル化が起こり，一挙にイミダゾ[1,2-b]ピリダジンが生成する．このヘテロ環はヒトの抗がん剤や動物の駆虫薬など有用な医薬品の母核である．

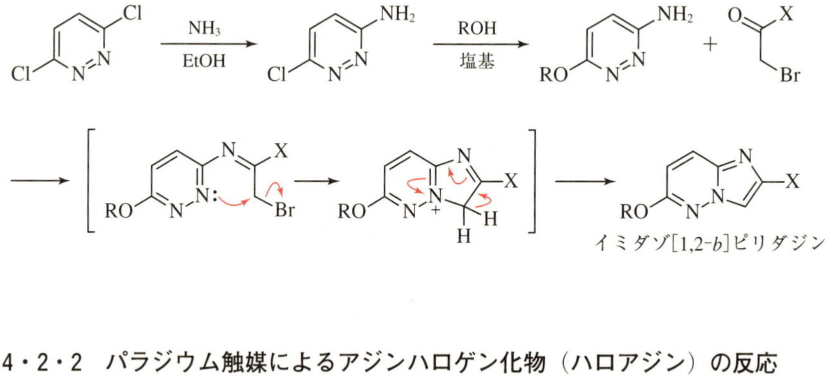

4・2・2 パラジウム触媒によるアジンハロゲン化物（ハロアジン）の反応

アジンと有機金属反応剤との溝呂木-Heck 反応やクロスカップリング反応も重要不可欠な反応である．反応例も膨大な数にのぼり，求核置換反応からは単純には得られない新たなアジン誘導体が合成される．5-ブロモ-2,4-ジメチルピリミジンや 2-クロロ-3,6-ジメチルピラジンの溝呂木-Heck 反応もハロピリジンなどと同じように進行しトランスアルケニル誘導体を与える．

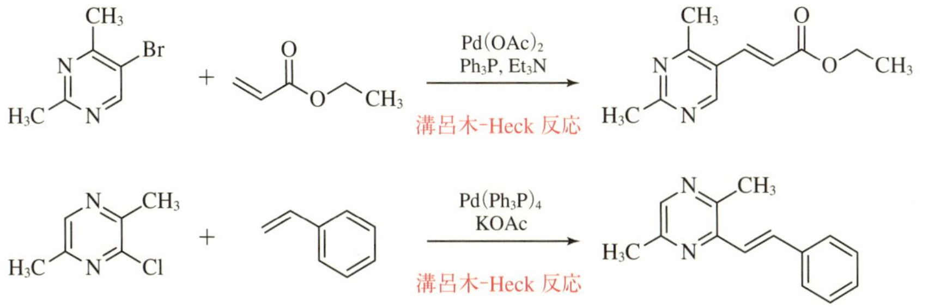

4・3 アジンの合成

図 4・3 に示すアジンのカップリングも良好な収率で進行し，種々の誘導体が合成される．鈴木-宮浦カップリングでは特定の配位子を加えると収率が向上する．

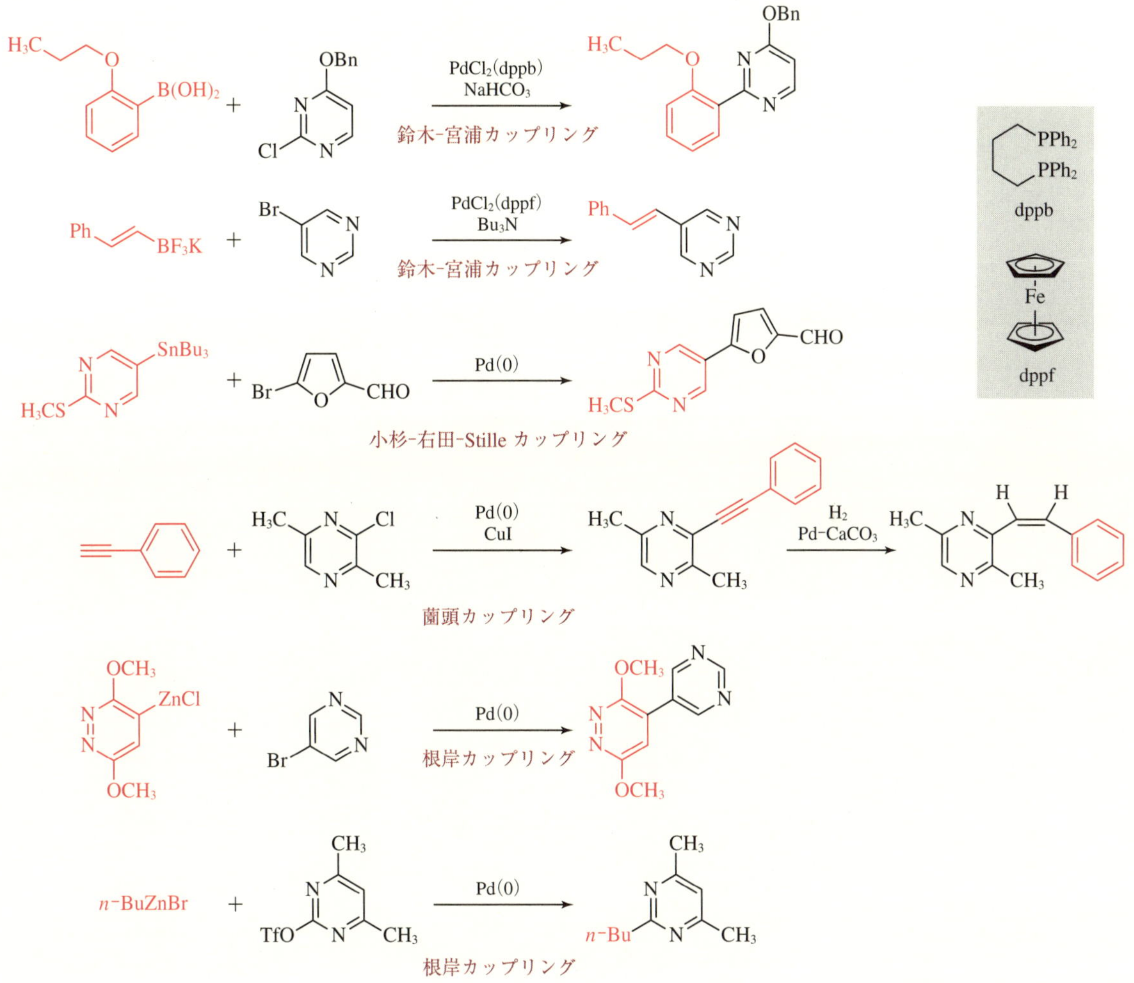

図 4・3 アジンのカップリング反応

4・3 アジンの合成

4・3・1 ピリダジンの合成

ピリダジンの合成はその逆合成から予想されるように cis-2-ブテン-1,4-ジオンま

* フタラジンという母核名はこの合成法に由来している.

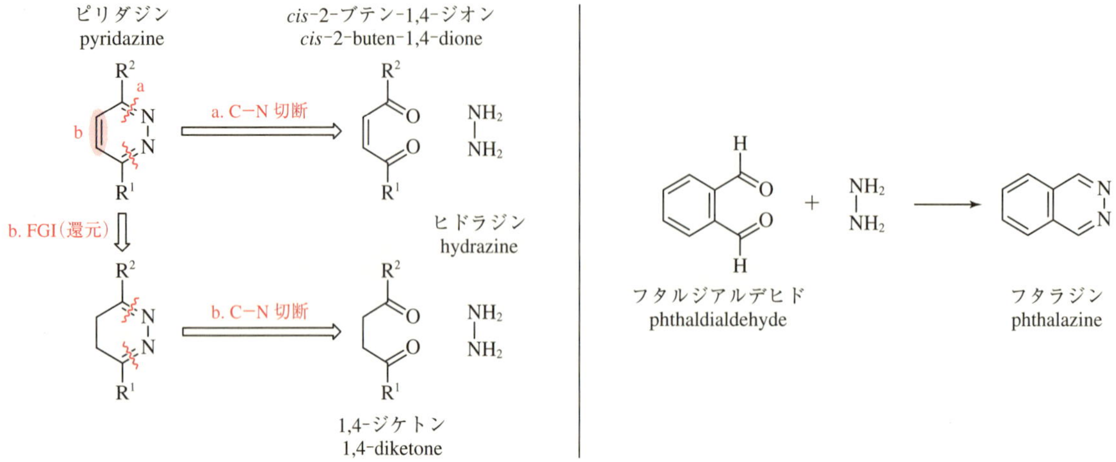

たはその等価体とヒドラジン H₂NNH₂ を反応させる方法がある（経路 a）. しかし, より入手しやすい 1,4-ジケトンを用いてジヒドロピリダジンを得た後に酸化するのが一般的である（経路 b）. なお, フタルジアルデヒドを用いれば無置換体が得られる*.

ワタの栽培のための除草剤 **1** はピリダジン誘導体であるが, ピリダジン骨格は β-ケトエステルとヒドラジンの脱水縮合によって構築されている. なお, cis-2-ブテン-1,4-ジオンは後述するフランの酸化的加水分解（§5・5・2 参照）によっても得られる.

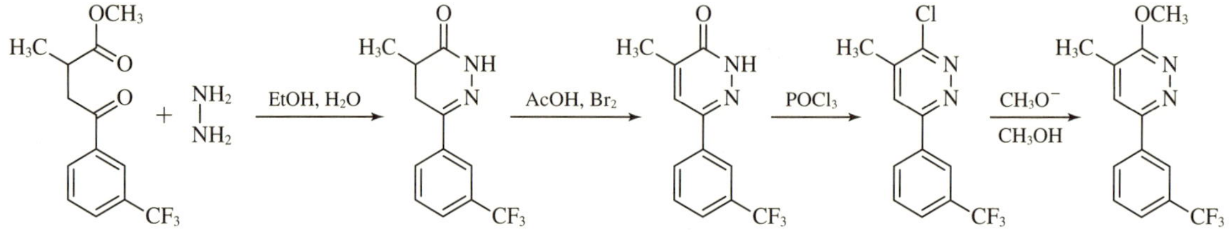

フタル酸ジエステルと H₂NNH₂ を反応させるとフタラジンジオンが得られる.

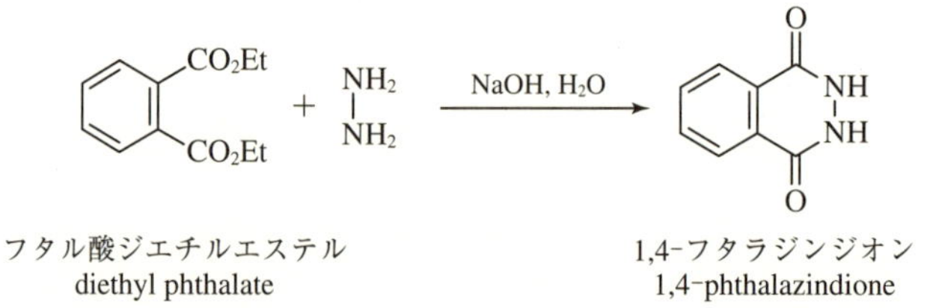

* **ルミノール反応**: ルミノールは, 塩基性水溶液中で過酸化水素 H₂O₂ と反応すると, 3-アミノフタル酸になる. その際, 強い青色の蛍光を発する. この反応は鉄などの金属イオンや錯体が触媒となる. 血液中のヘモグロビン色素成分 "ヘム" に含まれる鉄によっても触媒される非常に鋭敏な反応であるので, 古くから血痕鑑識の科学捜査で用いられている.

血痕の検出で有名なルミノールは, この方法で 3-ニトロフタル酸から合成されたものである. 弱い酸化剤に触れると発光（青色の蛍光）する性質を利用して血痕を検出する試薬である*（図 4・4）.

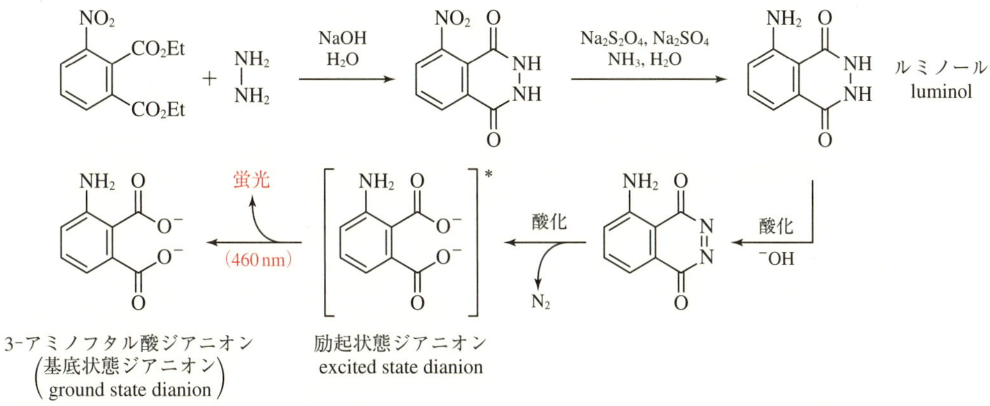

図 4・4 ルミノール合成と発光メカニズム

4・3・2 ピリミジンの合成 (Pinner 合成)

　ピリミジンの合成は古くより多くの合成法が知られているが，1,3-ジカルボニル化合物と尿素，チオ尿素，アミジン，グアニジンなどのような N—C—N 構造を含む鎖状化合物との脱水縮合による **Pinner 合成**(ピナー)が一般的である．シトシン，ウラシル，チミンなどの核酸塩基として知られているピリミジン誘導体の多くは Pinner 法で合成されている．

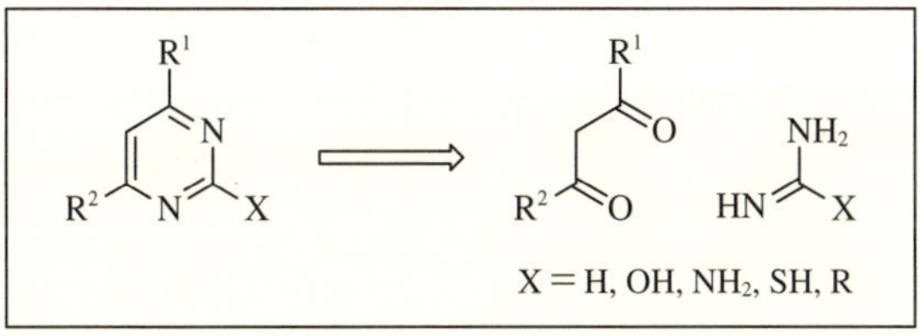

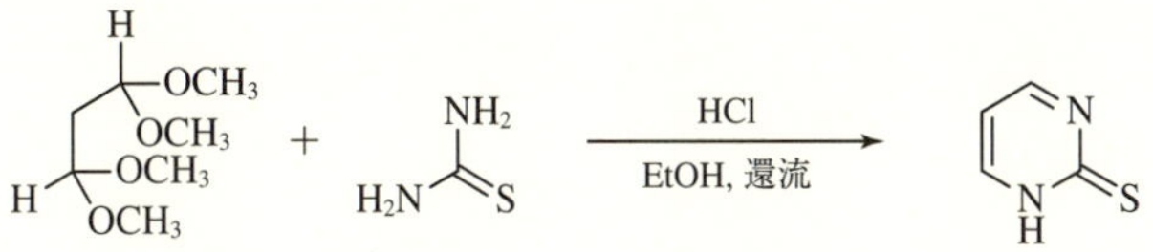

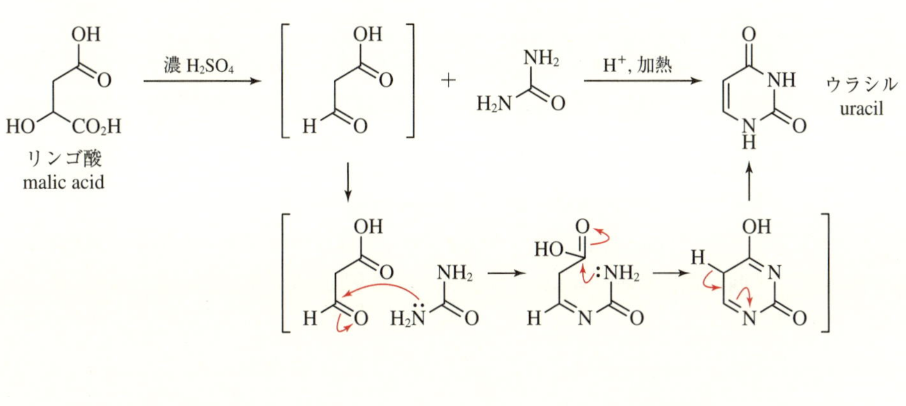

X = H, OH, NH₂, SH, R

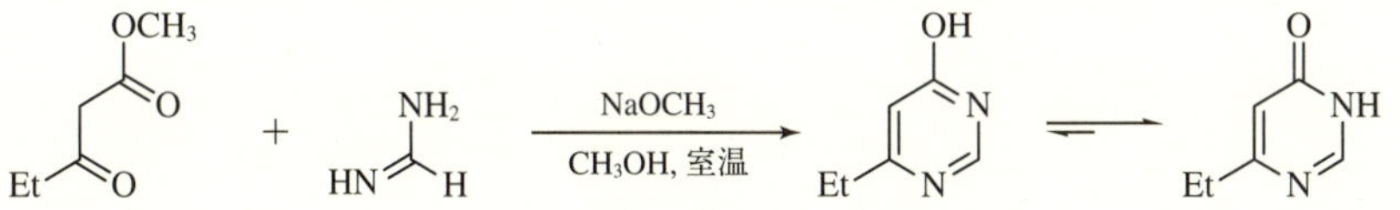

つぎに複雑な系への応用として Pinner 法によるトリメトプリム（抗菌薬）の合成を示す．トリメトプリムの逆合成を行うと，出発物として 1,3-ジカルボニル化合物とグアニジンが容易に浮かびあがる．これは Pinner 合成の典型的な組合わせである．1,3-ジカルボニル化合物はさらに逆合成するとマロン酸ジエステルとハロゲン化ベンジル誘導体になる．

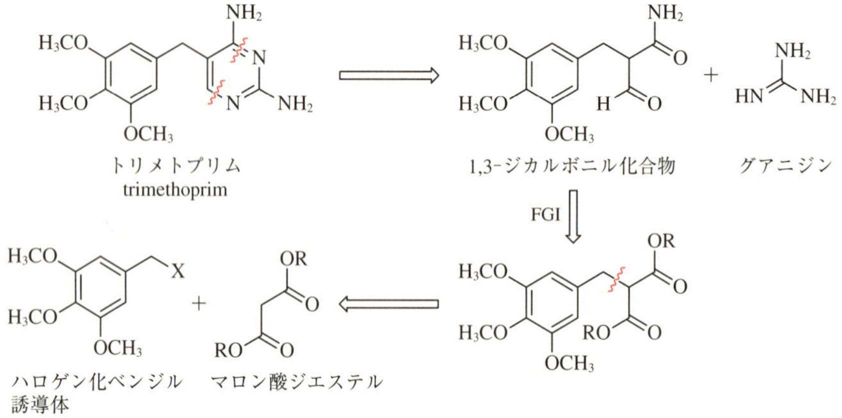

トリメトプリム
trimethoprim

1,3-ジカルボニル化合物

グアニジン

ハロゲン化ベンジル誘導体

マロン酸ジエステル

実際の合成では，マロン酸ジエチルを臭化ベンジル誘導体でアルキル化した後に NaCl, $(CH_3)_2SO$ で脱炭酸を行い，生成したエステルをホルミル化する．ついで，グアニジンと環化させピリミジノンに導き，最後に $POCl_3$ で 4-クロロ体に変換，NH_3 による求核置換反応によって目的のトリメトプリムを得る．

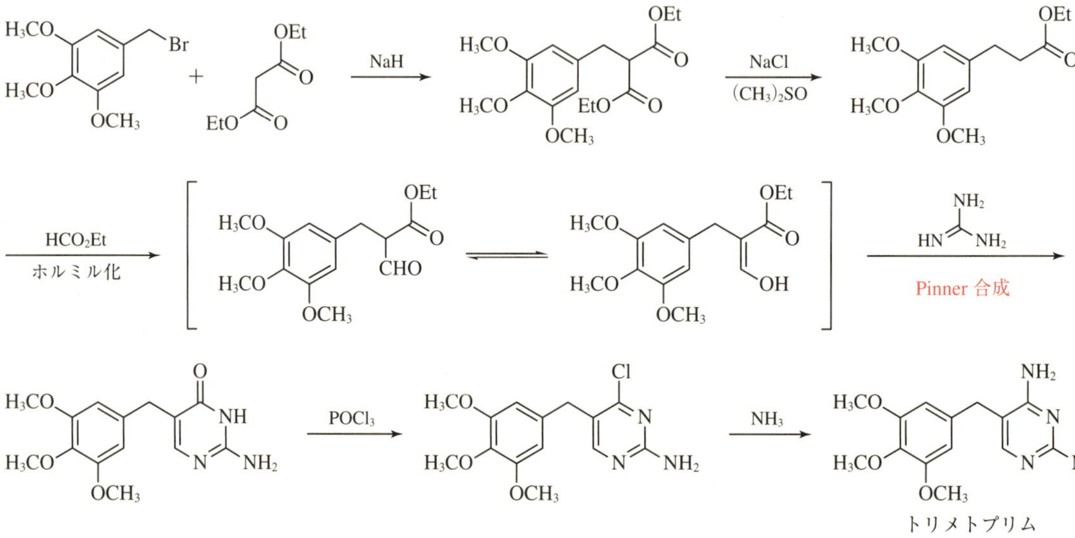

4・3・3 ヘテロ Diels-Alder 反応（Boger 反応）

通常の Diels-Alder 反応は電子豊富な**ジエン**と電子不足の**求ジエン体（ジエノフィル）** との**付加環化反応**であるが，ジアジンは芳香族性が低下しているために，電子欠損型の**環状アザジエン**としての反応性を示すようになる．したがって電子豊富な求ジ

ジエン diene
求ジエン体（ジエノフィル） dienophile
付加環化反応 cycloaddition

エン体があると**逆電子要請型の Diels-Alder 反応**が起こる*. この付加環化反応は**ヘテロ Diels-Alder 反応**または **Boger 反応**とよばれ, 高度に置換されたピリジンやジアジンを一段階で合成する方法である (図4・4).

環状アザジエン系に強力な電子求引基を加えるとヘテロ Diels-Alder 反応はより容易に進行する. アジン環のどの部位がジエンとして反応するのか, また, 位置選択性は置換基や溶媒によって, さらにどのような求ジエン体を用いるかなどによって影響を受ける. ジエチルアミノプロピンのような電子豊富な求ジエン体とピリミジンやピラジンとを反応させると, それぞれ対応するアミノピリジンが得られる (図4・5a, b). ピリダジンから生成する付加環化体は窒素 N_2 を放出してベンゼン誘導体になる (図4・5c).

* Diels-Alder 反応は通常 π 電子豊富な 1,3-ジエンが π 電子不足の求ジエン体との [4+2]型付加環化による六員環形成反応である. 一方, 逆電子要請型の Diels-Alder 反応は逆に π 電子が不足の 1,3-ジエンと π 電子過剰の求ジエン体の組合わせによる付加環化反応である.

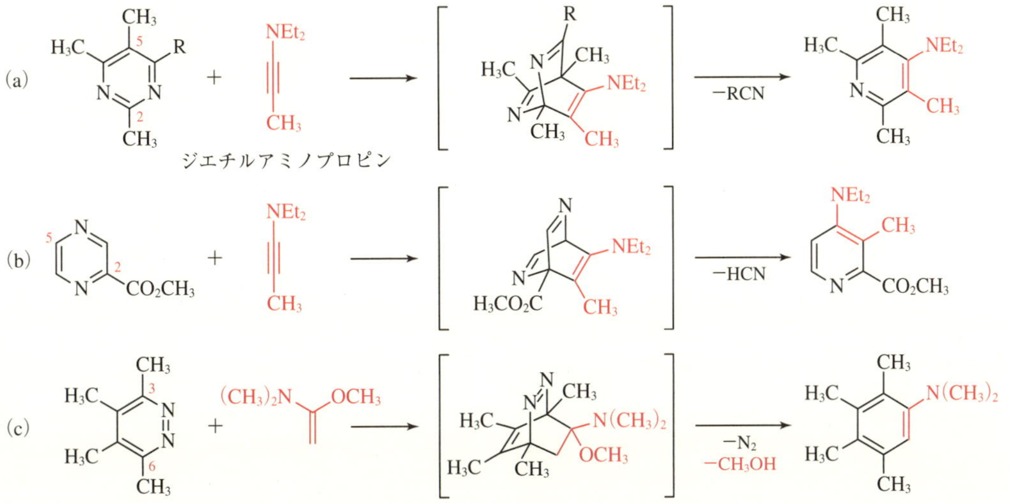

図 4・5 ジアジンのヘテロ Diels-Alder 反応

一方, 1,3,5-トリアジンも電子豊富な求ジエン体と C3/C6 位で反応し 1,3-ジアジンであるピリミジンとなる (図4・6a). 1,2,4-トリアジンももっぱら C3/C6 位で反応し, 窒素 N_2 を放出してピリジン環が生成する (図4・6b). 1,2,4,5-テトラジンの反

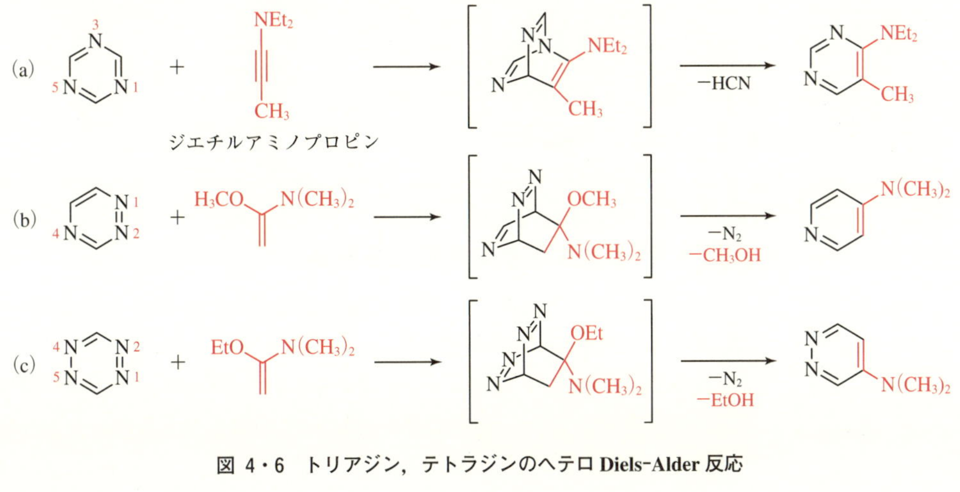

図 4・6 トリアジン, テトラジンのヘテロ Diels-Alder 反応

応性は高く，電子豊富な求ジエン体とのヘテロ Diels-Alder 反応は通常室温で起こりピリダジンが得られる（図 4・6c）．

これらの反応は簡単なピリジンや，ジアジン，トリアジンなどのほかに，複雑な構造をもつ天然物の合成などにも広く利用されている．cAMP ホスホジエステラーゼⅡ（PDE-Ⅱ）阻害薬やストレプトニグリンの合成はその代表例である．これらの合成過程ではヘテロ Diels-Alder 反応がそれぞれ 2 回組込まれている（図 4・7）．

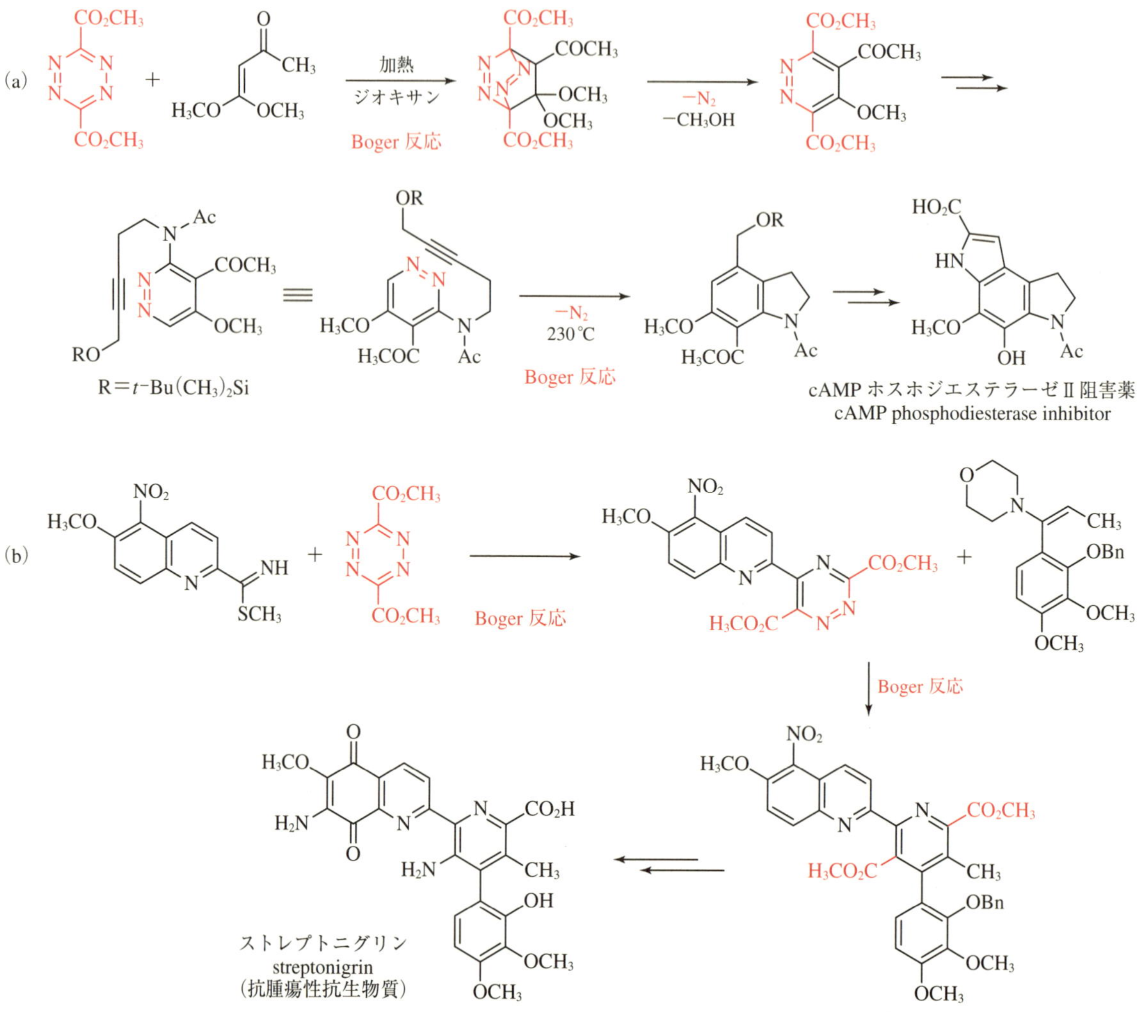

図 4・7 ヘテロ Diels-Alder 反応（Boger 反応）を利用した天然物合成

4・4 アジンを含む天然物と医薬品

ジアジンのなかで，DNA や RNA の**核酸塩基**の基本構造の一つである**ピリミジン**は特に重要である．DNA の核酸塩基の一つであるチミンは 5-メチルウラシルであり，シトシンは 4-アミノ-2-ピリミジノンであり，いずれもピリミジンの誘導体である．また，アデニンやグアニンの共通骨格である**プリン**はピリミジンとイミダゾール（第 8 章参照）が縮合している（図 4・8）．

DNA　デオキシリボ核酸（deoxyribonucleic acid）の略号．
RNA　リボ核酸（ribonucleic acid）の略号．

4・4 アジンを含む天然物と医薬品　　81

図 4・8 核酸塩基を構成するヘテロ環アミン

　地球上に実現する想像を絶する超巨大分子であり，そして，約 40 億年をつなぐ鍵分子である DNA は遺伝子の本体であるが，たった 4 種類のヘテロ環アミンを核酸塩基 (A, G, C, T) とするデオキシリボヌクレオチドからつくり出された生体高分子である．この 4 種類のヘテロ環アミンが遺伝情報の文字としての重要な役割を担っている．DNA は 4 種類のヘテロ環アミンのうち，二つは置換プリン(**アデニン**と**グアニン**)であり，ほかの二つは置換ピリミジン(**シトシン**と**チミン**)である．一方，RNA 中ではチミンは**ウラシル**という別のピリミジン塩基と置き換わっている．DNA と RNA は化学的に似ているが，分子の大きさは劇的に異なる．DNA の分子量は非常に大きく数十億であるのに対して，RNA 分子はずっと小さく 60 ヌクレオチドぐらいで，分子量は 22,000 程度である．

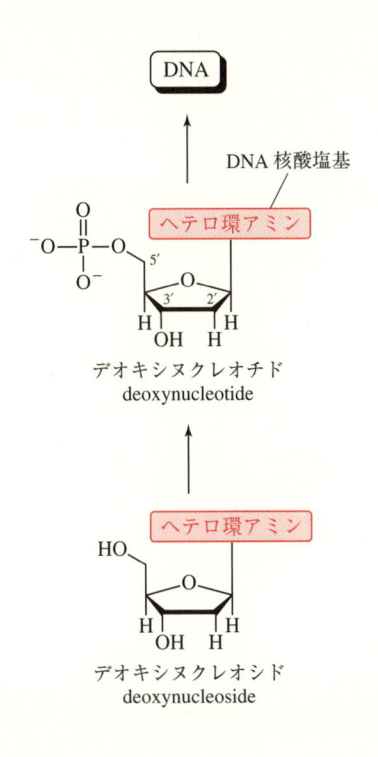

第4章 アジン

　DNAの基本構造は"塩基-糖-リン酸エステル"である．DNA中またはRNA中で，ヌクレオチドはヌクレオシドの5′-ヒドロキシ基ともう一つのヌクレオシドの3′-ヒドロキシ基との間でリン酸エステル結合を形成することにより互いに結合している．ヘテロ環のプリン塩基またはピリミジン塩基は糖（アルドペントース）のアノマー炭素（C1′位）に結合している．

　DNAは，逆向きの関係にある2本のポリヌクレオチド鎖がらせん状によじれ，二重らせんを構成している．この二本鎖は相補的になっており，特定の塩基対，AとTおよびCとGとの間で水素結合によって特異的に結合する．その結果，二重らせんの二本鎖は2種類の溝，主溝と副溝ができるようにらせんを巻いている（図4・9）．

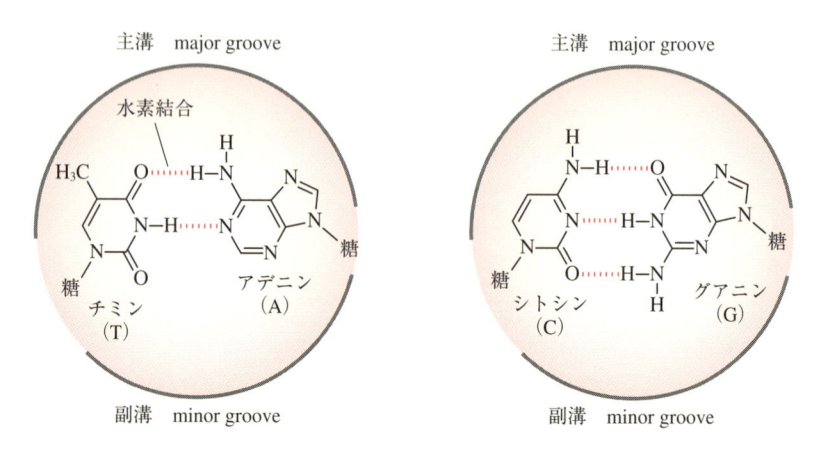

図 4・9　DNA の塩基対

　このようにプリン環は核酸塩基の重要な構成成分であり，さらに，サイトカイニンのような植物ホルモンや尿酸の骨格でもあり天然に広くみられる．そのほか，単純なプリン誘導体も私たちの生活に密接なつながりをもっているものが多い．コーヒーやお茶などに含まれる刺激物質として知られているカフェイン（興奮作用，利尿作用をもつ）はトリメチルプリン誘導体である．また，紅茶やココア，チョコレートに含ま

れているテオフィリンとテオブロミンはジメチルプリン誘導体で互いに構造異性体である．

鰹節に含まれるうま味成分である 5′-イノシン酸（5′-IMP）は，ヌクレオチド構造をもつ核酸系調味料である．また，構造的に非常に類似した 5′-グアニル酸（5′-GMP）も呈味性核酸の一つであり，シイタケの旨味成分である．一方，天然にはピラジンやキノキサリン環をもつ化合物も多数知られており，多くの食品の強い風味の素となるものがある．2,5-ジアルキルピラジンはコーヒーの香りの成分であり，ピーマンの香りの主成分は簡単な二置換ピラジンである．また，縮合環の一種は焼いた肉の香りの主要な成分である．

5′-イノシン酸
イノシン 5′-一リン酸
inosine 5′-monophosphate, 5′-IMP
（鰹節の旨味成分）

5′-グアニル酸
グアノシン 5′-一リン酸
guanosine 5′-monophosphate, 5′-GMP
（シイタケの旨味成分）

コーヒーの香りの成分

ピーマンの香りの主成分

焼いた肉の香りの成分

ピラジン環を含む天然物にはDNAインターカレーターとして知られるキノキサリン系抗生物質，エキノマイシンやフェナジノマイシンなど複雑な構造をもつものが多数知られている．オワンクラゲの生物発光物質であるセレンテラジンの発光は，イミダゾピラジノン構造の酸素酸化に由来している*．

* オワンクラゲの発光物質の研究過程で緑色蛍光タンパク質（GFP）を発見した下村脩博士，ボストン大学名誉教授は，2008年にノーベル化学賞を受賞した．発光機構は§9・2・2で述べる．

エキノマイシン
echinomycin
（抗腫瘍性抗生物質）

フェナジノマイシン
phenazinomycin
（抗腫瘍性抗生物質）

イミダゾピラジノン骨格

セレンテラジン
coelenterazine
（オワンクラゲ発光物質）

第4章 アジン

がん細胞は正常細胞に比べて DNA の複製や mRNA の転写を盛んに行い異常に増殖する．そこで DNA の生合成に必須のピリミジン塩基やプリン塩基と類似した擬似構造をもつ，種々の核酸塩基やヌクレオシドが抗がん剤として合成された．これらはあたかも必須核酸ヌクレオシドであるかように振舞うことによって生合成に組込まれて代謝を阻害する．この過程を触媒する酵素である DNA ポリメラーゼは，だまされてこれら人工的に修飾された分子をいったん取込むと，もはや生体高分子である核酸合成を継続できなくなる．臨床的に用いられている代表的な抗がん剤としてはテガフール，シタラビンなどがある．

5-フルオロウラシル
5-fluorouracil（5-FU）
（抗がん剤）

テガフール
tegafur
（抗がん剤）

シタラビン
cytarabine
（抗がん剤）

また，抗 HIV 薬（抗エイズ薬）のジドブジン（ZDV）はデオキシチミジンの 3′-OH 基をアジド基（-N₃）で置換したものであり，ラミブジンはデオキシシトシンの 3′ 位の炭素（C）を硫黄（S）で置換した修飾ヌクレオシドである．いずれも HIV ウイルスの RNA 生合成を阻害する核酸系抗エイズ薬である．また，アシクロビルはデオキシグアノシンのデオキシリボースを開環した誘導体であり，抗ヘルペス薬として広く用いられている．

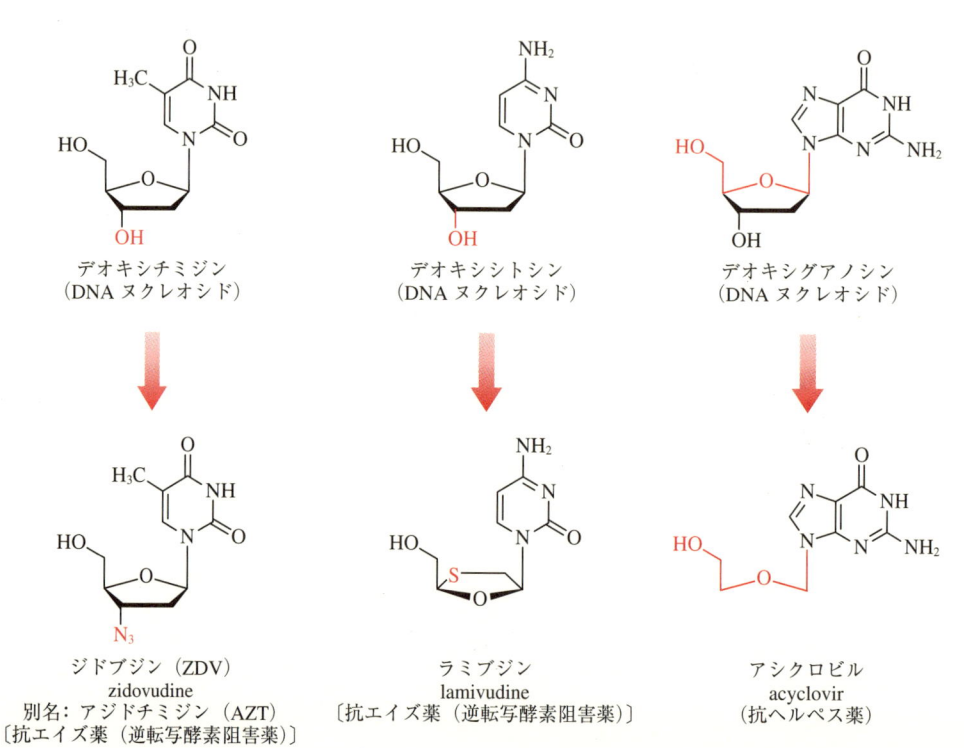

デオキシチミジン
（DNA ヌクレオシド）

デオキシシトシン
（DNA ヌクレオシド）

デオキシグアノシン
（DNA ヌクレオシド）

ジドブジン（ZDV）
zidovudine
別名：アジドチミジン（AZT）
〔抗エイズ薬（逆転写酵素阻害薬）〕

ラミブジン
lamivudine
〔抗エイズ薬（逆転写酵素阻害薬）〕

アシクロビル
acyclovir
（抗ヘルペス薬）

2′-デオキシウリジン 5′—リン酸のウラシルはチミジル酸シンターゼ（チミジル酸合成酵素）の触媒下，メチレンテトラヒドロ葉酸によってメチル化されてチミンになる．ウラシルによく似た構造の 5-フルオロウラシル（5-FU）はウラシルと同じようにチミジル酸シンターゼに取込まれメチレンテトラヒドロ葉酸と反応する．しかし，5 位にあるフッ素（F）は水素（H）のように酵素中の塩基で引抜くことができず，この段階で酵素反応は止まる．その結果，DNA の生合成は停止してしまう（図 4・10）．

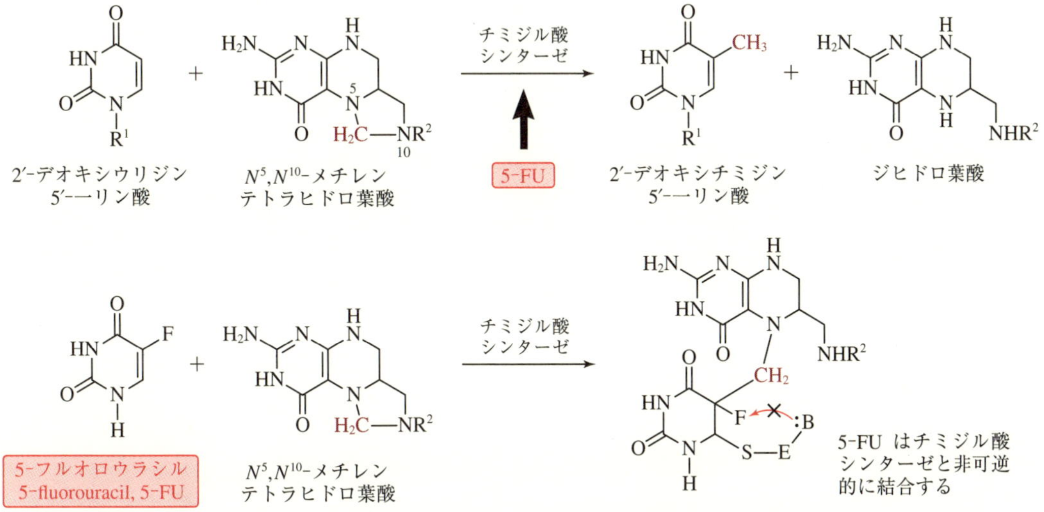

図 4・10　5-フルオロウラシルによる DNA 生合成阻害のメカニズム

葉酸（ビタミン M）はすべての生物の代謝にかかわっている重要なビタミンの一つである．ピリジンとピラジンの縮合したプテリジン環が重要な役割を担っている．ジヒドロ葉酸からテトラヒドロ葉酸への還元はジヒドロ葉酸レダクターゼによってのみ触媒されるが，トリメトプリムはこの酵素を阻害することによって，細菌の成育を阻害する抗菌薬である．感染症の治療では，トリメトプリムとスルファメトキシピリダジンやスルファメトキサゾールのような p-アミノ安息香酸と類似の構造をもつサルファ薬の組合わせがよく用いられる．これらのサルファ薬のスルホンアミド部分には，ピリダジンや後に述べるイソオキサゾールなどのヘテロ環が組込まれている．p-アミノ安息香酸の代わりにこれらのサルファ薬が反応したものは，もはやグルタミン酸と反応できず葉酸の生合成が阻害される．ジヒドロ葉酸に類似したメトトレキサートもジヒドロ葉酸レダクターゼの拮抗薬である．これは急性白血病や絨毛がんなど増殖の盛んな腫瘍の治療に有効な化学療法薬である（図 4・11）．

1998 年に発売されて以来，初めの 3 年間の売上げが 10 億ドルを超え，化学分野では異例の大ニュースとなった勃起不全治療薬シルデナフィル（商品名：バイアグラ）は，ピリミジンとピラゾール（後述）が縮合した二環性芳香族ヘテロ環とスルホンアミドとベンゼン環が連結している．シルデナフィルの特異的な作用は，ヒト海綿組織で重要な cGMP（サイクリックグアノシン—リン酸エステル）から 5′-GMP（5′-グアノシン—リン酸エステル）への加水分解を触媒する酵素 cGMP ホスホジエステラーゼ V（PDE-V）を選択的に阻害することである．

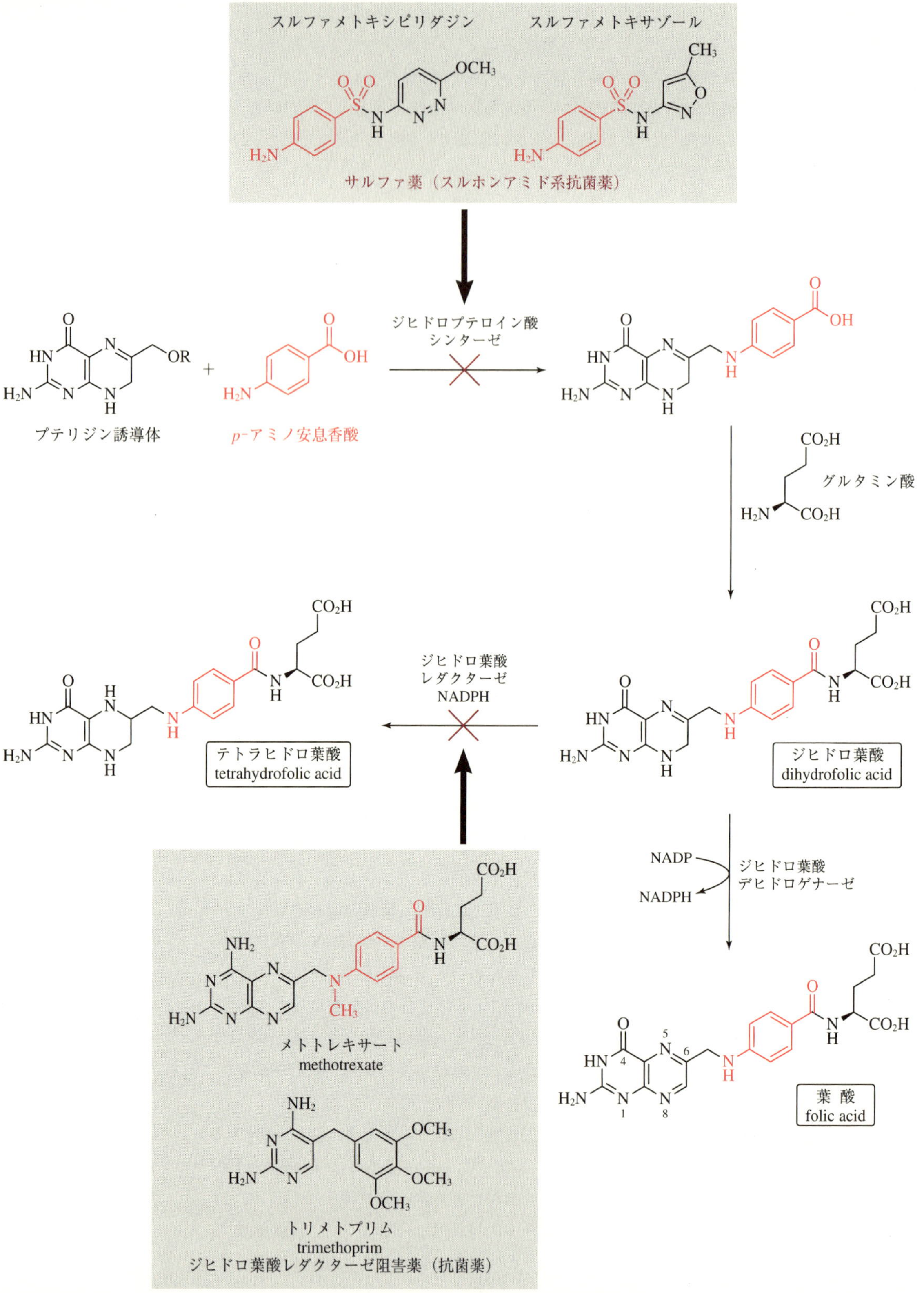

図 4・11 葉酸の生合成と阻害薬

4・4 アジンを含む天然物と医薬品

サイクリックGMP
(cGMP)

cGMPホスホジエステラーゼV
(PDE-V)

5′-グアノシン一リン酸エステル
(5′-GMP)

シルデナフィル sildenafil
商品名：バイアグラ viagra
(勃起不全治療薬)

　抗悪性腫瘍薬(骨髄腫治療薬)のボルテゾミブは，プロテアソーム阻害という新しい作用機序をもつ新規抗がん剤であり，2008年には10億ドル以上の売上げを達成した．ペプチドを模した構造の両末端にボロン酸とピラジンをもっている．ボロン酸がプロテアソーム(折りたたみの崩れたタンパク質を分解する機能をもつ大型タンパク質集合体)の活性中心にあるヒドロキシ基に結合してしまうことによって，その機能を阻害する仕組みである．ファビピラビル(T-705)はピラジン骨格をもつ簡単な化合物であるが，インフルエンザウイルスのRNAポリメラーゼを阻害する．次世代の抗インフルエンザ薬として期待を集めている化合物である．バレニクリンは，わが国では2008年に医療用医薬品として使用が認められ，医療機関の禁煙外来で医師の指導のもとに使用されており，画期的な禁煙補助薬といわれている．その構造にはキノキサリンとピペリジン環が含まれている．バレニクリンはニコチン性アセチルコリン受容体に結合してニコチンを遮断する．ドーパミンを少量遊離させる作用も併せもつため禁断症状を緩和することができる．ニコチンガムやニコチンパッチよりも禁煙成功率は高いといわれている．

ボルテゾミブ
bortezomib
(抗がん剤)

ファビピラビル(T-705)
favipiravir
〔RNAポリメラーゼ阻害薬
(抗インフルエンザ作用)〕

バレニクリン
varenicline
(禁煙補助薬)

＊ 分子標的薬とは，がん細胞のもつ特異的な性質を分子レベルで捉え，解析し，その結果，その特異的な分子の機能を阻害することによって，がんの増殖を抑制する医薬品である．正常細胞にはない，がん細胞に特異的に発現している，または発現が亢進している分子を標的としているため，従来の抗がん剤よりも副作用は少ないと期待されている．

　近年の分子生物学の進歩に伴い，病態を分子レベルで解析できるようになってきた．その結果，分子標的薬＊とよばれる抗がん剤が開発され，医療に大きな進歩をもたらし始めている．2001年に承認・発売されたイマチニブ(商品名：グリベック)はピリミジン，ピリジン，ピペラジンの3種類のヘテロ環を含む分子標的薬の最初の

*1 アニリノキナゾリン骨格はアデニンを模倣することが知られており，キナーゼ（リン酸基転移酵素）などのATP（アデノシン 5'-三リン酸）結合タンパク質阻害薬として働く．チロシンのヒドロキシ基に反応するものをチロシンキナーゼとよぶ．

*2 肺がんは組織学的に "小細胞肺がん" と "非小細胞肺がん" の二つに大別される．肺がんの約 80% は非小細胞肺がんである．

抗がん剤である．作用はチロシンキナーゼを阻害する新しいタイプの抗がん剤であり，血液のがんといわれる慢性骨髄性白血病や消化管間質腫瘍に対して用いられる．ゲフィチニブ（商品名：イレッサ）は 2002 年に承認・発売されたチロシンキナーゼ阻害活性をもつ 4-アニリノキナゾリン誘導体である*1．手術が不可能な，再発した非小細胞肺がん*2 の画期的な新薬として期待され臨床に用いられているが，重篤な副作用も報告されている．ついで，2007 年に発売されたエルロチニブ（商品名：タルセバ）はイレッサと同様に分子標的薬として開発された．4-アニリノキナゾリン骨格をもち，進行肺がん治療に使用されるが毒性は低いとされている．カペシタビン（商品名：ゼローダ）はフロロピリミジンカルバメート誘導体で，5-フルオロウラシル（5-FU）のプロドラッグである．

イマチニブ imatinib
商品名：グリベック glivec
（慢性骨髄性白血病治療薬）

ゲフィチニブ gefitinib
商品名：イレッサ iressa
（肺がん治療薬）

エルロチニブ erlotinib
商品名：タルセバ tarceva
（肺がん治療薬）

カペシタビン capecitabine
商品名：ゼローダ xeloda
（肺がん治療薬）

5-フルオロウラシル
5-fluorouracil, 5-FU
（肺がん治療薬）

プロドラッグ（prodrug）：生体内で代謝を受けることによって目的とする活性をもった化合物が生成するように，化学的な構造修飾を施した薬物のこと．

睡眠薬のバルビツール酸やフェノバルビタールは 2,4,6-トリヒドロキシピリミジンのケト互変異性体である．アモバルビタール（商品名：アミタール）のようなバルビツール酸誘導体は電子伝達系での電子の流れを遮断し，ATP 合成を阻害する作用をもっている．

バルビツール酸
barbituric acid
（催眠薬）

フェノバルビタール
phenobarbital
（催眠薬）

アモバルビタール
amobarbital
（鎮静剤）

またジアジン，トリアジンなどのアジン骨格は農薬にも多数含まれている．

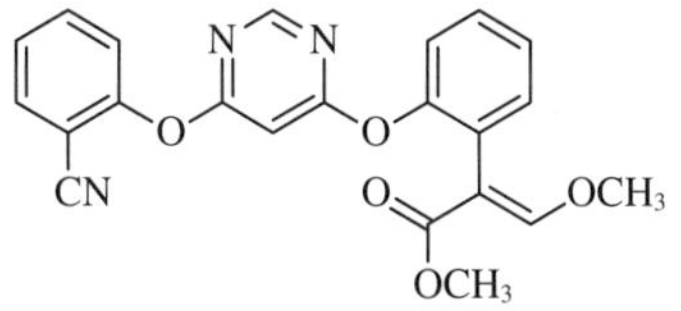

4・4 アジンを含む天然物と医薬品

アゾキシストロビン
azoxystrobin
（農薬・殺菌剤）

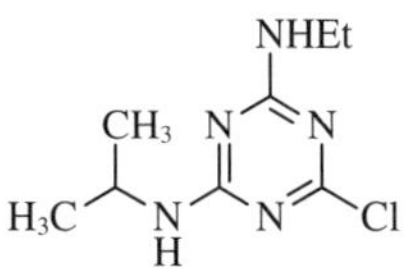

アトラジン
atrazine
（除草剤）

　すでに述べたように，無置換の 1,3,5-トリアジンは冷水中でも速やかに加水分解されてしまうが，アミノ基のような電子供与性の強い置換基が導入されると，環の電子不足状態が緩和されて安定になる．三つのアミノ基が導入された 2,4,6-トリアミノトリアジン（慣用名：メラミン）はきわめて安定な化合物である．メラミンとホルムアルデヒドが高度に橋かけした熱硬化性ポリマーは，硬く耐熱性に優れたことで知られているメラミン樹脂（Melmac®）である．軽量皿やカウンターなどの表面として広く利用されている．

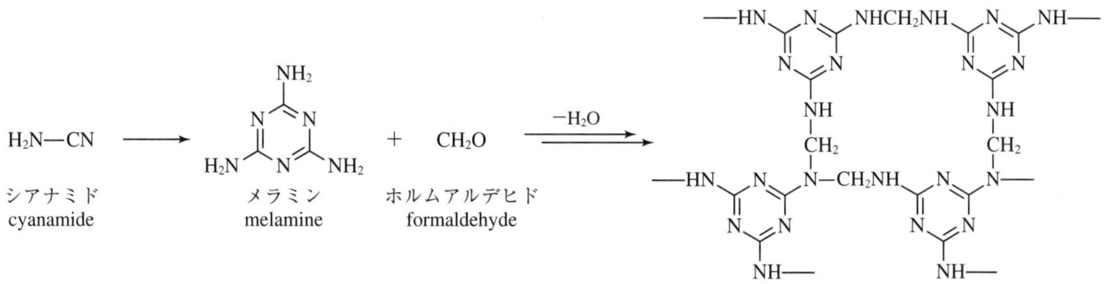

H_2N-CN
シアナミド
cyanamide

メラミン
melamine

CH_2O
ホルムアルデヒド
formaldehyde

$-H_2O$

メルマック
Melmac®
（メラミン樹脂）

芳香族ヘテロ五員環化合物

5 ピロール，フラン，チオフェン

5・1 ピロール，フラン，チオフェンの構造と化学的特徴

5・1・1 ピロール，フラン，チオフェンの構造

ピロール，フラン，およびチオフェンは最も代表的な芳香族ヘテロ五員環化合物（五員環ヘテロアリール）である．これら五員環化合物の化学はピリジンなどの六員環化合物と比べて，まったくといってよいほど異なる．

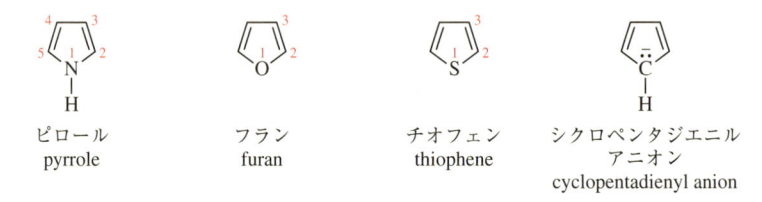

ピロール
pyrrole

フラン
furan

チオフェン
thiophene

シクロペンタジエニル
アニオン
cyclopentadienyl anion

ピロール，フラン，チオフェンの構造をみると 1-ヘテロ-2,4-シクロペンタジエンであり，いずれも，非共有電子対をもつヘテロ原子によって橋かけされたブタジエン部分をもっており，シクロペンタジエニルアニオンの電子構造と似ている（図 5・1）．

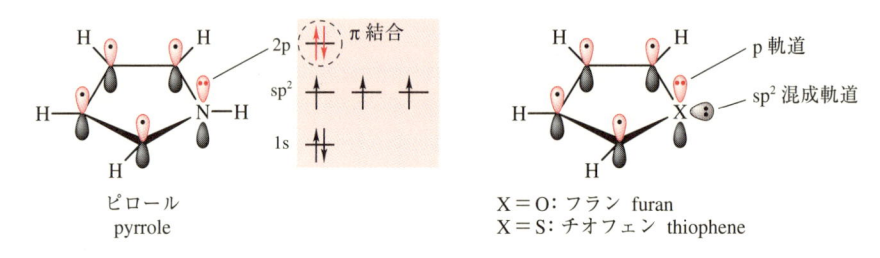

X＝O: フラン furan
X＝S: チオフェン thiophene

図 5・1 芳香族ヘテロ五員環の分子軌道

ピロールの四つの sp² 混成炭素原子はそれぞれの p 軌道に 1 個ずつの π 電子があり，同じく sp² 混成の窒素原子は p 軌道に 2 個の π 電子（窒素の非共有電子対）がある．分子は平面であり 6 個の π 電子は環の上面と下面に広がっており，ベンゼンやピリジンと同じような芳香族分子軌道を形成している．このようにピロールの窒素の非共有電子対は環に供給されており 6π 系の一部であるため，窒素原子に対してプロトン化や求電子剤との反応が起こると環の芳香族性が崩れてしまう．このためピロールの窒素は塩基性も求核性も弱い．しかし，ピリジンとはまったく逆にピロール環の各炭素上の電子密度はベンゼン環の炭素原子に比べて高く，また求核性も強い．したがって求電子剤に対して反応性が高く，アニリンやフェノールのような活性化されたベン

5・1 ピロール,フラン,チオフェンの構造と化学的特徴

ゼンあるいはそれ以上の反応性を示す.一方,フランとチオフェンもピロールほどではないが,非常に容易に求電子剤の攻撃を受ける.このような性質からこれらヘテロ五員環は**π電子過剰**なヘテロ環とよばれる.

三つのヘテロ原子のうち窒素(N)が最も強力な電子供与体であり,その次が酸素(O)で,硫黄(S)の電子供与能は最も低い.これを反映してピロールは求電子剤に対して最も反応性が高く,ついでフランが高い.チオフェンはこれら3種の化合物のなかで最も反応性は低いが,それでもなおベンゼンに比べると求電子剤に対する反応性は高い.

ピロール > フラン > チオフェン > ベンゼン ── 求電子置換反応の容易さ ──

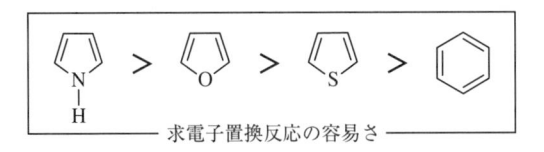

図5・2の**共鳴構造**はヘテロ原子から環の中に電子を送り出し非極在化した姿を示している.非極在化の程度はヘテロ原子の**電気陰性度**と**分極率**に依存している.ヘテロ原子の電気陰性度が大きければ大きいほど電荷分離した構造は不安定となり,貢献度は小さくなる.三つのヘテロ環のなかでフランの電荷分離型極限構造の寄与は最も小さく,したがって芳香族性が最も小さい.これは主として酸素がほかのヘテロ原子に比べて最も電気陰性度が大きいためである.チオフェンの場合には特別な状況が加わる.硫黄原子(S)はそのd軌道を利用することによってさらに三つの**極限構造**が加わる.さらに硫黄の分極率は窒素や酸素に比べて大きい.これらがチオフェンの芳香環としての安定性に寄与している.

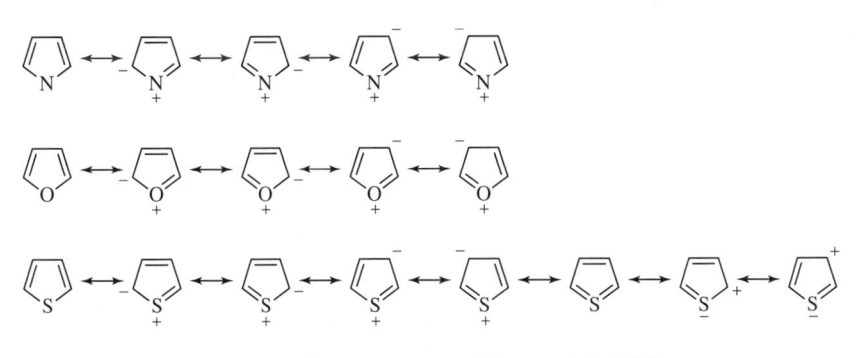

図5・2 ピロール,フラン,チオフェンの共鳴構造

実際にこれらヘテロ五員環の共鳴エネルギーはヘテロ原子の種類によりかなり異なっている.チオフェンが最もベンゼンに近い共鳴エネルギーをもっており,フランの共鳴エネルギーは最も低くベンゼンの約半分ほどである(図5・3).

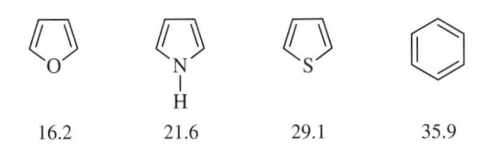

フラン 16.2   ピロール 21.6   チオフェン 29.1   ベンゼン 35.9

図5・3 芳香族ヘテロ五員環の共鳴エネルギー　燃焼熱から計算した実測値 (kcal mol^{-1}).

共鳴構造 resonance form

電気陰性度 (electronegativity):共有結合中の電子を引きつける原子の固有の能力である.周期表の左側の金属原子は電子をあまり引きつけず,小さな電気陰性度しかもたないが,周期表の右側のハロゲンやほかの反応性に富んだ非金属原子は電子を強く引きつけるので大きな電気陰性度をもつ.

分極率 (polarizability):溶媒や極性試剤とある原子との相互作用が変化するとその原子の周りの電場が変化し,それに応じてその原子の周りの電子分布も変化する.外の影響に対するこの応答の尺度が原子の分極率である.原子核があまり強く電子を引きつけていない大きな原子は,強く引きつけられている電子をもつ小さな原子に比べて,より分極率が大きい.したがって,硫黄は酸素より分極率が大きく,ヨウ素は塩素より分極率が大きい.

極限構造 canonical structure

¹H NMR においてもチオフェンの 2 種類の水素はベンゼンの水素に最も近い値を示し，ピロールやフランの水素はベンゼンの水素より高磁場で共鳴し，環上の電子密度がベンゼン環より豊富なことを示している（図 5・4）．

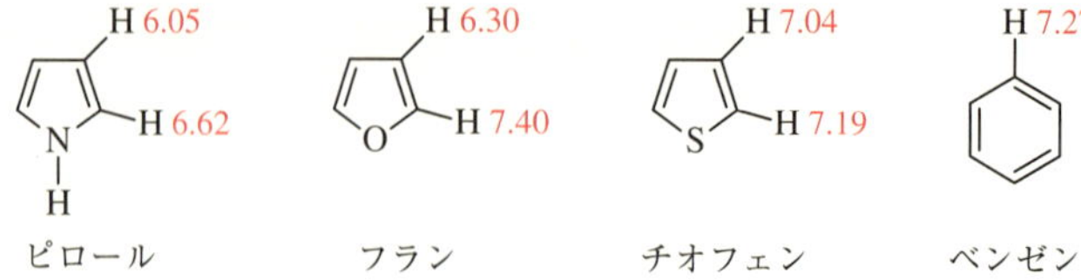

図 5・4 ピロール，フラン，チオフェンの ¹H NMR の化学シフト（ppm）

5・1・2 ピロール，フラン，チオフェンの反応性

これら 3 種の化合物の双極子モーメントをみると，ピロールの双極子モーメントの向きはフランとチオフェンの向きと正反対である．ピロールでは窒素による環内の電子密度を増大するような非共有電子対の共役効果が電気陰性度による電子求引効果を大きく凌駕しており，これがピロールの求電子剤に対する反応性の高さを示している（図 5・5）．

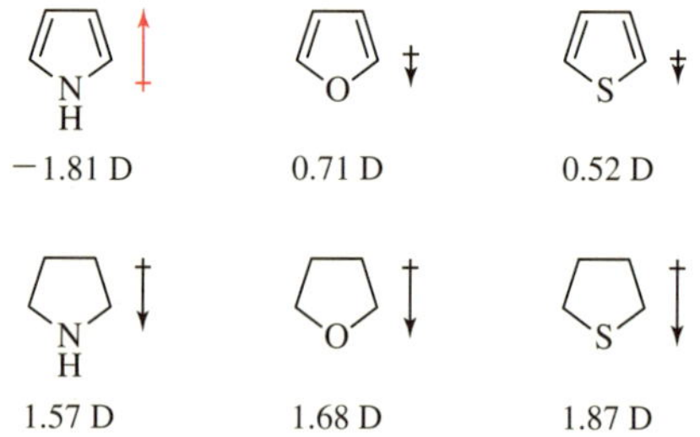

図 5・5 ピロール，フラン，チオフェンの双極子モーメント

これらヘテロ五員環は，求電子置換反応のほかに，ベンゼンに比べて芳香族性が低い分だけ 1,3-ブタジエン（s-cis 型に固定されているが）のような反応性を示すようになる．特にフランにおいてはその傾向が強い．すなわち求電子剤の攻撃で生成した中間体は，反応系に適当な求核剤（:Nu）が存在すれば脱プロトンして芳香化するよりも早く，求核剤の付加を受けて 2,5-付加体を生成する．さらにこれらのヘテロ環はジエンに特徴的な Diels-Alder 反応を行う（図 5・6）．

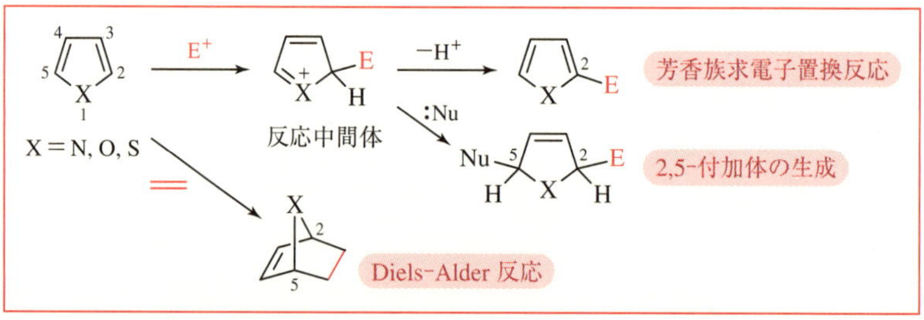

図 5・6 ピロール，フラン，チオフェンの反応

これらの基本的な反応に加えて，芳香族ヘテロ五員環化合物またはそのハロゲン化物をリチオ体に導き，これに求電子剤を反応させると対応する2位置換体が得られる．近年はハロゲン化物やトリフラートをアルケン，アリール，アルキンなどと遷移金属触媒のもとでカップリングさせる金属触媒プロセスが重要な役割を担っている．ハロピリジンやハロキノリン類と同様の反応機構（p.26, 図1・18）で芳香族ヘテロ五員環のハロゲン化物も反応する．これによって従来の反応では得られなかった種々の置換基をもつものや医薬品，さらには機能性材料など広範囲のヘテロ環化合物の合成が可能になった．

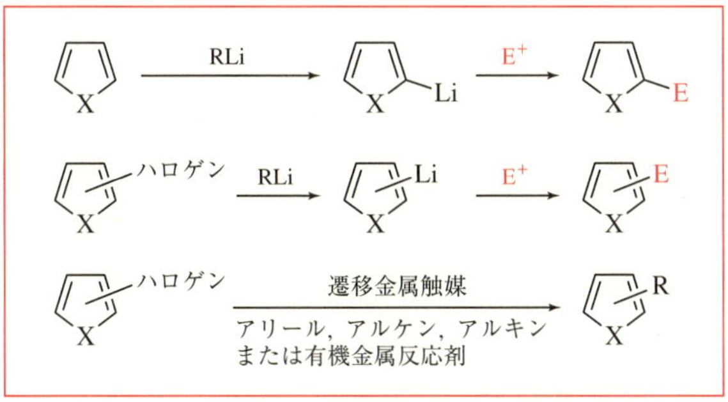

5・2 ピロール，フラン，チオフェンの求電子置換反応

ピロール，フラン，チオフェンはベンゼンよりも求電子剤に対して反応性が高いので，ベンゼンと同じような条件を用いると激しい反応が起こり，重合・樹脂化してしまう．反応温度やより穏和な反応剤を用いるなど反応条件を制御する必要がある．ハロゲン化，ニトロ化，スルホン化，Friedel–Crafts アシル化はすべて反応条件を適切に選べば行うことができる．

つぎに示されるように求電子剤の攻撃可能な位置は C2 位，C3 位の 2 箇所がある．どちらの位置への攻撃も，共鳴に寄与するヘテロ原子が存在することは有利な要素となるが，C2 攻撃によって得られる中間体は C3 攻撃によって得られる中間体よりもより共鳴安定化しているので，2 位が優先的に攻撃されると予想される．実際に，そのような選択性が一般的に観測される．

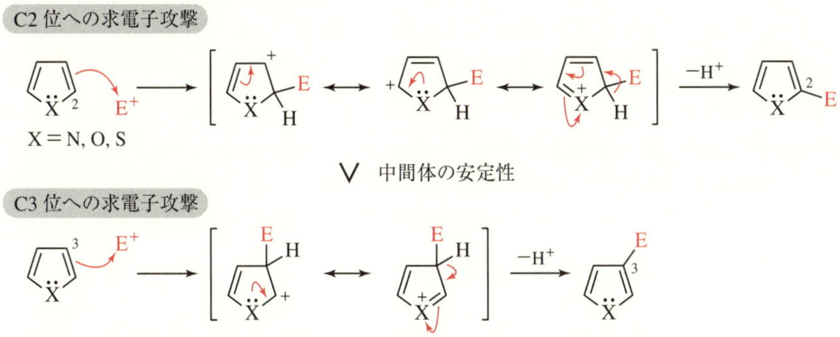

しかしながら，3 位もベンゼンよりは活性化されているので，2 位置換体とともに 3 位置換体がしばしば副生する．

5・2・1 ピロールの求電子置換反応

ベンゼンの代表的な求電子置換反応として混酸（硫酸-硝酸）によるニトロ化反応があげられる．ピロールをベンゼンのニトロ化で用いるような混酸でニトロ化しようとすると激しい反応が起こり，樹脂化してしまう．しかし，低温で硝酸アセチル*を用いると2-ニトロ体が主生成物として得られ，3-ニトロ体が少量副生する．

* 硝酸アセチル（acetyl nitrate, acetylnitric anhydride）は系内で発生させるが，爆発性があるので取扱いを十分に注意する必要がある．

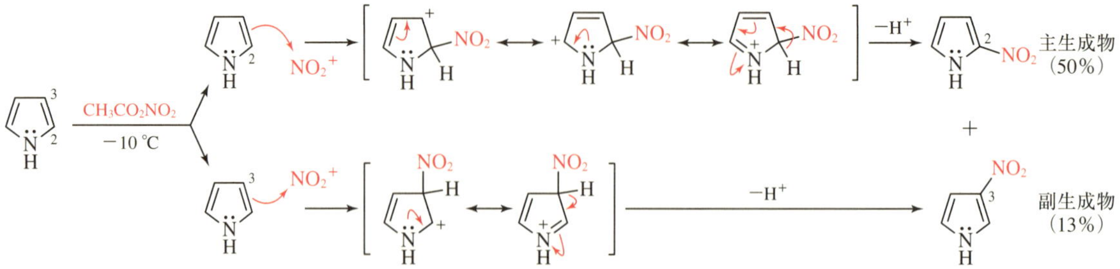

イプソ置換（ipso substitution）：芳香族求電子置換において置換基が結合している炭素が求電子置換を受ける反応様式．イプソ（ipso）はラテン語で同じという意味．置換基がついている同じ場所で置換反応が起こることを意味している．置換基の誘起効果によるオルト，メタ，パラ配向性に基づかない芳香族置換反応である．

ピロールと臭素の反応は激しく進行する．Lewis 酸触媒は必要なく，4 箇所すべてにおいて臭素との置換反応が連続的に進行し，一挙にテトラブロモピロールになってしまう（経路 a）．ヨウ素とすら反応して四置換体が生成する（経路 b）．さらにしばしば既存の置換基が入替わる**イプソ置換**が起こる．たとえば，ピロール-2-カルボン酸を臭素化すると脱炭酸を伴ってテトラブロモ体になる（経路 c）．しかし，窒素が Boc 基のような電子求引基で置換されているとピロールの反応性は抑制されジブロモ体が選択的に得られる（経路 d）．

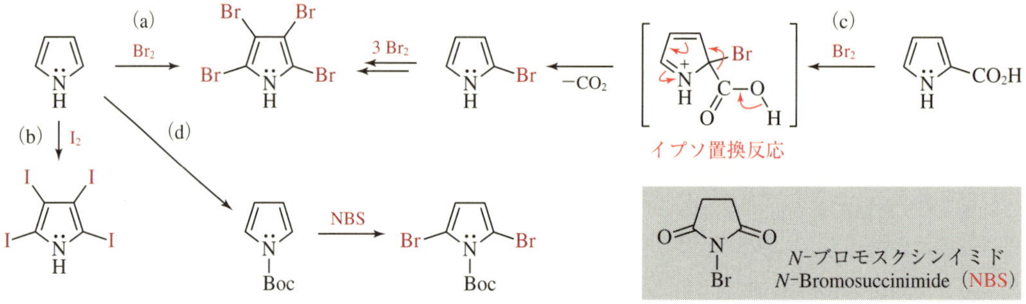

トリイソプロピルシリル
triisopropylsilyl

一方，窒素上にトリイソプロピルシリル基（iPr₃Si-, TIPS）のようなかさ高い置換基が導入されると，2 位は立体障害により反応できず 3 位置換体のみが得られる．TIPS は容易に除去することができるので直接の反応では得られない 3 位置換体を選択的に得るために有用な保護基である．*p*-トルエンスルホニル基（Ts）も TIPS と同様に 3 位置換体を生成する（図 5・7）．

5・2・2 チオフェンの求電子置換反応

チオフェンは低温で臭素化すると 2-ブロモ体（一置換体）を得ることができるが，反応温度が少し高くなると連続して臭素化が起こり，2,5-ジブロモ体（二置換体），2,3,5-トリブロモ体（三置換体）やテトラブロモ体（四置換体）が生成する．得られたトリブロモ体，テトラブロモ体はそれぞれ酢酸中，亜鉛（Zn）で還元すると，直

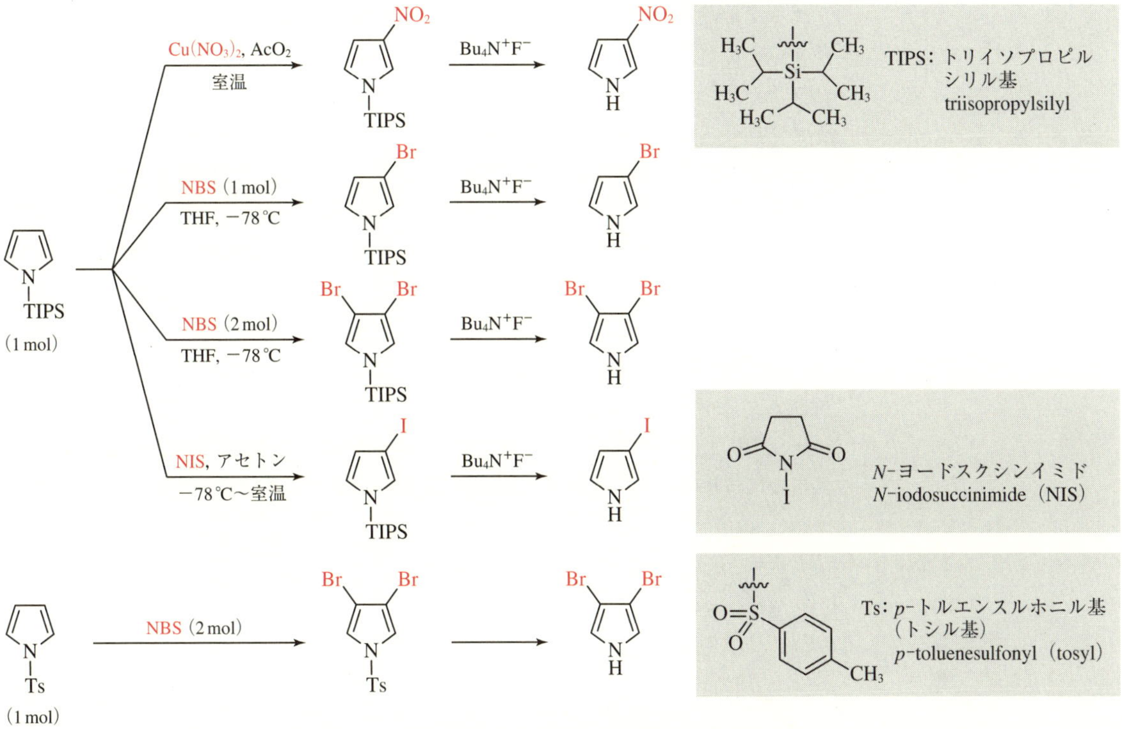

図 5・7 N-置換ピロールのニトロ化およびハロゲン化

接の臭素化では得ることのできない 3-ブロモチオフェン（一置換体）や 3,4-ジブロモチオフェン（二置換体）が得られる．

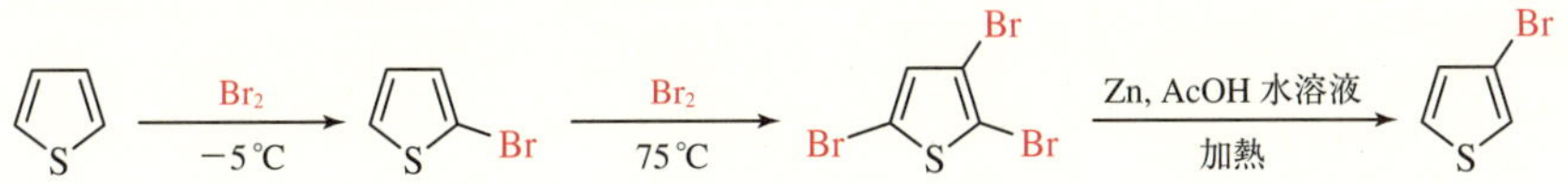

これらヘテロ五員環のハロゲン置換体は後に述べるように Grignard 反応剤や有機リチウム反応剤に変えることができるばかりではなく，また，ハロピリジンの場合と同様，有機金属反応剤を用いたカップリング反応も可能であるので，広範囲にわたって種々の置換基を導入するために有用である．

5・2・3 フランの求電子置換反応

フランのニトロ化からも 2-ニトロフランが得られるが，主として直接の置換反応生成物ではない．ニトロニウムイオンと酢酸イオンの 1,4-付加によって生成する 2-

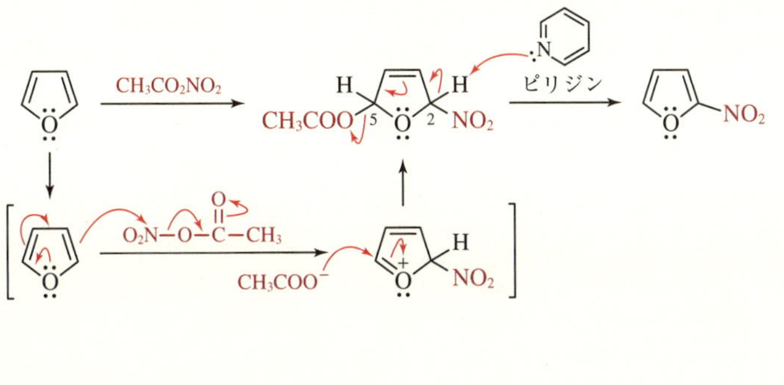

アセトキシ-5-ニトロ-2,5-ジヒドロフランを中間体として進行する．この中間体は単離することができ，つづいてピリジンで処理すると 2-ニトロフランに変換される．

　フランをジオキサンのような非プロトン性の溶媒中低温で臭素 Br_2 と反応させるとモノブロモフランが得られるが，ピロールやチオフェンと同様に多重臭素化が進行しテトラブロモフランが副生する．しかし，メタノールのようなプロトン性溶媒を用いて臭素化するとまったくブロモ基を含まない化合物，2,5-ジメトキシ-2,5-ジヒドロフランが生成する．これもフランの芳香族性があまり高くないために，置換反応よりも付加反応が優先した結果であり，ジエンとしての反応性が表れている例である．臭素はまずフランの 2 位を攻撃するが，生じた中間体に溶媒のメタノールが求核的に付加し，ついで臭素原子が脱離すると，比較的安定なオキソニウムイオンになる，これに再びメタノールが付加するとジメトキシ体が生成する．全体の反応の過程はフラン（1 mol）の 2 位と 5 位へ 2 mol のメタノールが酸化的に付加したことを示している．臭素の代わりにメタノール中で電解酸化を行っても同様な結果が得られる．

　2,5-ジメトキシ-2,5-ジヒドロフランは環状アセタールであるので酸加水分解によって cis-ブテンジアールになる．cis-ブテンジアールは非常に不安定であるが，有用な 1,4-ジアールシントンである．ただちにヒドラジン H_2NNH_2 と反応させるとピ

リダジンが得られる．この 1,4-ジアールはフランを穏和な酸化剤であるジメチルジオキシラン（p. 171 参照）で直接酸化することによっても得られる．

2,5-ジメトキシ-2,5-ジヒドロフランの二重結合をあらかじめ還元した後，加水分解するとブタンジアール（スクシンジアルデヒド）が得られる．これをアセトンジカルボン酸，メチルアミン CH_3NH_2 と反応させると一挙にトロピノンが生成する．この反応は R. Robinson* によるトロピノン合成として知られており，トロピノンアルカロイドの生合成仮説を支持する結果となっている．このようにフランは合成中間体として，また，1,4-ジカルボニル化合物の潜在的な前駆物質として利用することができる．次の 2-アミノメチルフランから 3-ヒドロキシピリジンの合成もこの原理に基づく優れた例である．アミノ基をアセチル化によって保護した後に，メタノール中で臭素化または電解酸化するとジヒドロフランが得られる．アセチル基を塩基性加水分解により除去した後，酸で加水分解するとアミノジカルボニル体が生成するが，これはただちに環化して 3-ヒドロキシピリジンになる．

* R. Robinson（1886〜1975）はアルカロイドの研究により 1947 年にノーベル化学賞を受賞した．

一方，2,5-アルコキシ-2,5-ジヒドロフランの二重結合を酸化すると新たな官能基を導入できる．ジメチルフランから天然香料成分フラネオールの合成ではオスミウム酸化でジオール体とした後に再環化している．

フラネオール
furaneol

5・2・4 ピロールのプロトン化

ピロールは最も小さな求電子剤であるプロトンと窒素，C2 炭素，C3 炭素上で反応する．このなかで窒素上へのプロトン化が最も速く，速度論的に優利な反応であるが，$1H$-ピロリウムカチオンは熱力学的に非常に不安定であり，酸平衡状態では微量

2H-ピロリウムカチオン
2H-pyrrolium cation
（pK_{aH} −3.8）

3H-ピロリウムカチオン
3H-pyrrolium cation
（pK_{aH} −5.9）

1H-ピロリウムカチオン
1H-pyrrolium cation
（pK_{aH} −10）

しか存在しない．これに対して，ピロールのプロトン化で得られる最も安定なカチオンは 2H-ピロリウムカチオンである．ピロールの塩基性（pK_{aH} −3.8）は 2H-体に由来している．これに対して 3H-ピロリウムカチオンの生成は最も遅い．しかしなお，かなりの量が酸性溶液中に存在し，ピロールのプロトン化体のなかで最も反応性に富む化学種であり，ピロールの酸性溶液中の多くの反応は 3H-ピロリウムカチオンから始まっている．

ピロールは pK_{aH} −3.8 よりも強い酸，硫酸や塩酸などと激しく反応し重合する．しかし，たとえば 6 M HCl，0 ℃，30 秒のような制御された条件下ではピロール三量体が生成する．

5・2・5 フランの酸加水分解——1,4-ジケトンの生成

フラン環は環状のジエノールエーテルとみなすこともできる．実際にフランは酸性水溶液中で加水分解され 1,4-ジケトンになる．まずプロトン（H^+）はフランの 2 位より攻撃を受けるが，生じたカチオンに水分子が付加し開環すると 1,4-ジケトンになる．

したがって，フランは潜在的な 1,4-ジケトンの**シントン**（p.55 欄外参照）として有用である．この反応は可逆反応であり，後に述べるように 1,4-ジケトンの酸触媒によるフランへの環化は代表的なフランの合成法である．

フランが 1,4-ジケトンとしての能力を発揮した一例がジャスミンの香り主成分 cis-ジャスモンの合成である．2-メチルフランとアクロレインの Michael 反応で 2,5-二置換フランが生成する．つづいて Wittig 反応を行った後に，フラン環を酸加水分解すると 1,4-ジケトンが生成する．これを塩基で処理すると分子内アルドール反応が進行

して cis-ジャスモンが得られる.

5・2・6 ピロール,フラン,チオフェンの一置換体合成

　求電子剤に対して反応性の高いピロール,フラン,チオフェンの一置換体を収率よく得られるよう制御できる反応がいくつかある. たとえば,ピロールやフランのスルホン化に対する穏和なスルホン化剤であるピリジン-三酸化硫黄を用いると,選択的にピロール-2-スルホン酸やフラン-2-スルホン酸のみが得られる. 2位に電子求引基がいったん導入されるとピロール環の不活性化につながり,さらなる求電子剤の攻撃を阻止する. 同様な傾向はホルミル化,アシル化でもみられる.

　ピロール,フラン,チオフェンはイミニウムカチオンやアルデヒド,ケトン,酸塩化物,酸無水物などのカルボニル化合物のような求電子剤と,多くの場合,酸触媒の存在下で容易に反応する.

　Vilsmeier 反応による 2-ホルミルピロールの合成もその一例である. N,N-ジメチルホルムアミド(DMF)と塩化ホスホリル $POCl_3$ から生成する Vilsmeier 反応剤は強力なしかし非酸性な炭素求電子剤である. この反応では,まずアミドが $POCl_3$ を求核攻撃し生成したイミニウムカチオン,または塩素に置き換わったクロルイミニウムカチオン(Vilsmeier 反応剤,*1*)が生成する. この求電子剤はピロールの2位を攻撃してイミニウムカチオン *2* になり,ついで Na_2CO_3 水溶液で加水分解されてホルミル基に変

換する．この反応でほかのアミド RCON(CH$_3$)$_2$ を用いると 2-アシルピロールが得られる．このようにいったん電子求引基が導入されるとピロールやフラン環は不活性化されて，さらなる求電子剤の攻撃を受けにくくなくなり，一置換体が収率よく得られる．

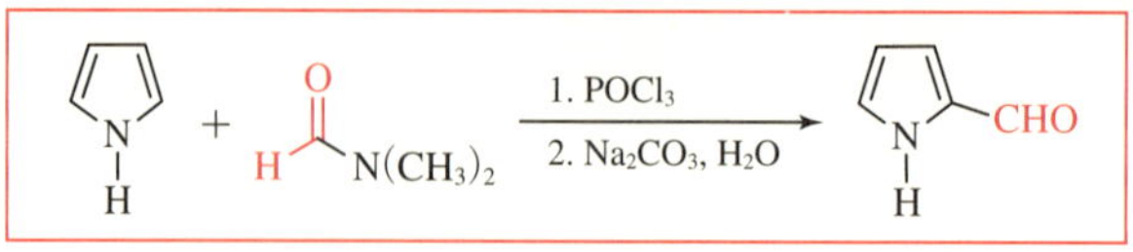

反応機構

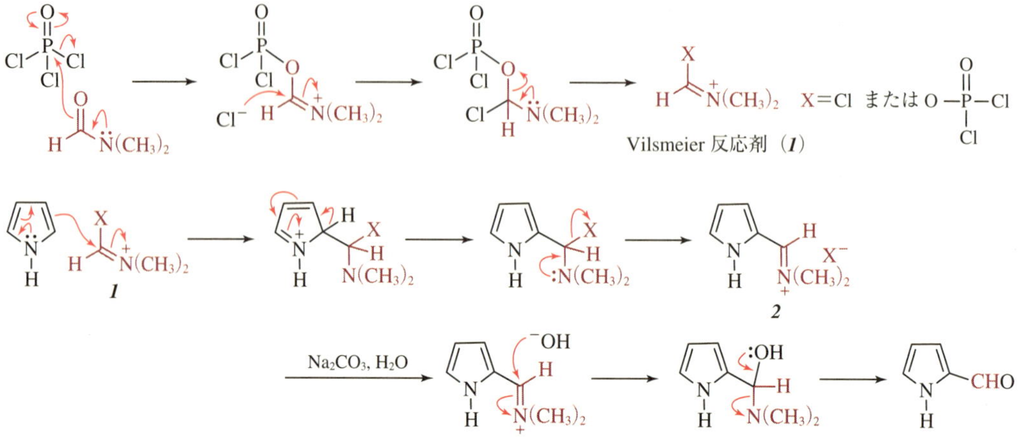

Mannich 反応(Mannich reaction)：第一級アミンまたは第二級アミンとエノール化しないアルデヒドまたはケトンを酸性条件下で反応させると，イミニウム塩が生成し，系内に共存するエノール化可能なカルボニル化合物に付加するアミノメチル化反応．

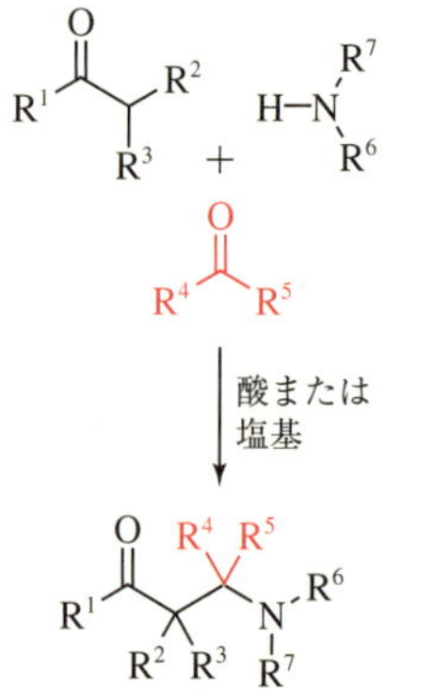

同様なイミニウムカチオンとの反応は **Mannich 反応**によるジメチルアミノ化である．ジメチルアミン (CH$_3$)$_2$NH とホルムアルデヒド HCHO から得られるイミニウム塩も Vilsmeier 反応剤同様に強力な求電子剤である．これらは五員環の 2 位で反応する．生成したアミンは **Mannich 塩基**とよばれる．

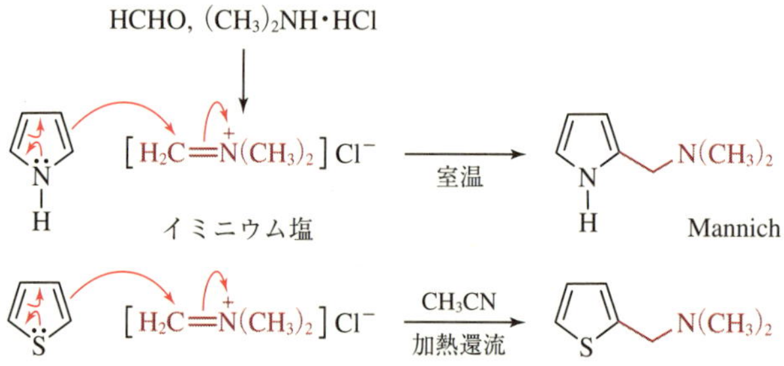

一般にすでに 2 位に置換基（電子求引基を除く）をもつピロール，フラン，チオフェンの 2 番目の求電子置換反応は 5 位で起こる．2 位と 5 位が置換されている場合には，求電子剤は 3 位（または 4 位）を攻撃する（図 5・8）．

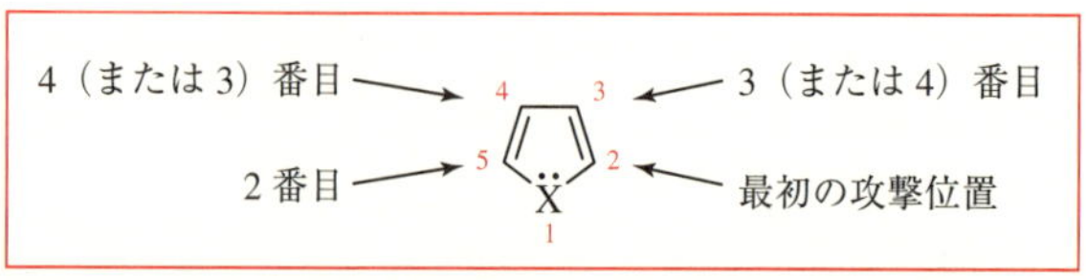

図 5・8　ピロール，フラン，チオフェンの求電子置換反応における反応位置

図 5・9 に示した Mannich 反応はそのよい例であり, 2-メチルフラン (a) や非ステロイド性抗炎症薬トルメチン (b) やクロピラック (c) の製造過程で利用されている.

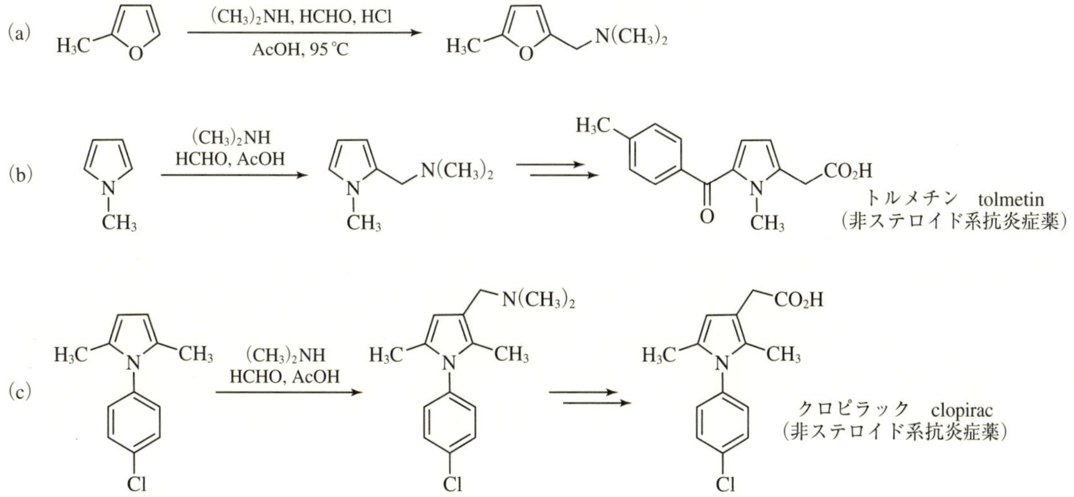

図 5・9 Mannich 反応の利用例

カルボニル化合物との反応の典型例がピロールとホルムアルデヒドとの反応にみられる. ピロールは酸触媒存在下制御された条件下で縮合して四量化する. つづいてクロラニルによる脱水素を行うとポルフィリン骨格が生成する.

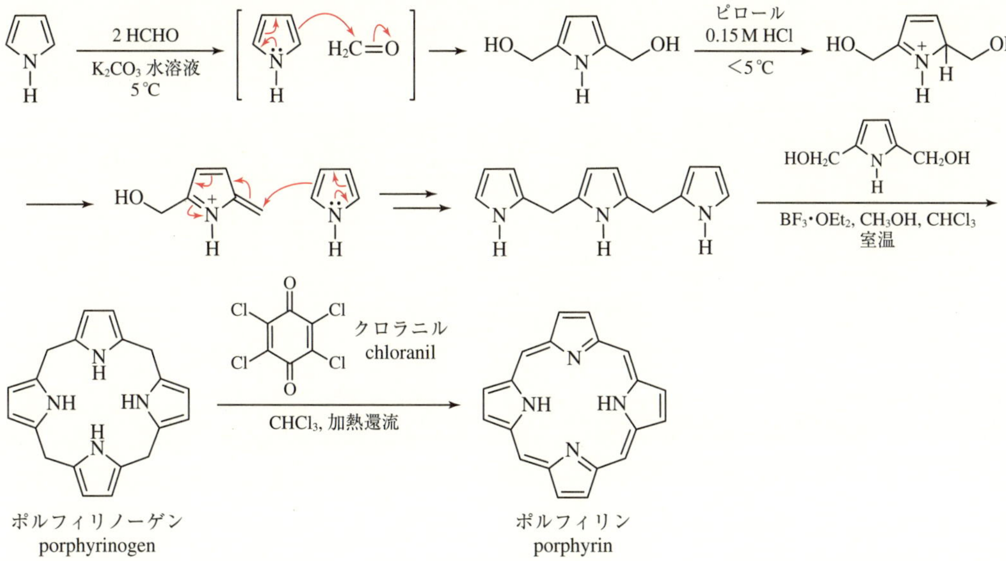

ポルフィリノーゲン
porphyrinogen

ポルフィリン
porphyrin

ホルムアルデヒドの代わりにアセトンを用いても同様の反応が起こり, 対応する環状四量体になる.

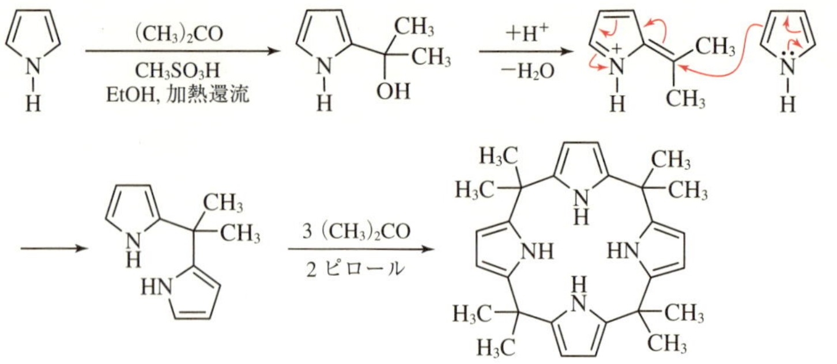

フランやチオフェンの Friedel–Crafts 反応は酸塩化物の代わりに反応性がもっと低い酸無水物や三塩化アルミニウム AlCl₃ よりも塩化亜鉛 ZnCl₂ のような弱い Lewis 酸を使うとうまく進行する（図 5・10 a）．チオフェンの Friedel–Crafts アシル化はベンゼンのアシル化と同様に酸塩化物を用いることが可能である（b）．しかし，触媒として 100% 硫酸，フッ化水素 HF や AlCl₃ のような強い Lewis 酸を用いるとチオフェンの重合化が起こるため，より穏和な四塩化スズ SnCl₄ が用いられる（c）．また，チオフェンの特徴的な反応は脂肪族カルボン酸と五酸化二リン P₂O₅ を用いると直接アシル化できることである（d）．アシル基やニトロ基のような電子求引基をもつフランの求電子置換反応は 5 位で起こるのに対して，2-アシルチオフェンの求電子置換反応は通常 4 位で起こる．アシルベンゼンはさらに Friedel–Crafts 反応を行うほど十分な反応性はないが，アシルチオフェンは 2 回目の Friedel–Crafts 反応が進行し 2,4-ジアシル体が生成する．2-アシルピロールからは 4 位置換体と 5 位置換体の混合物が生成する（e）．両者の比はアシル基や求電子剤の種類，さらに反応条件によって変動する．

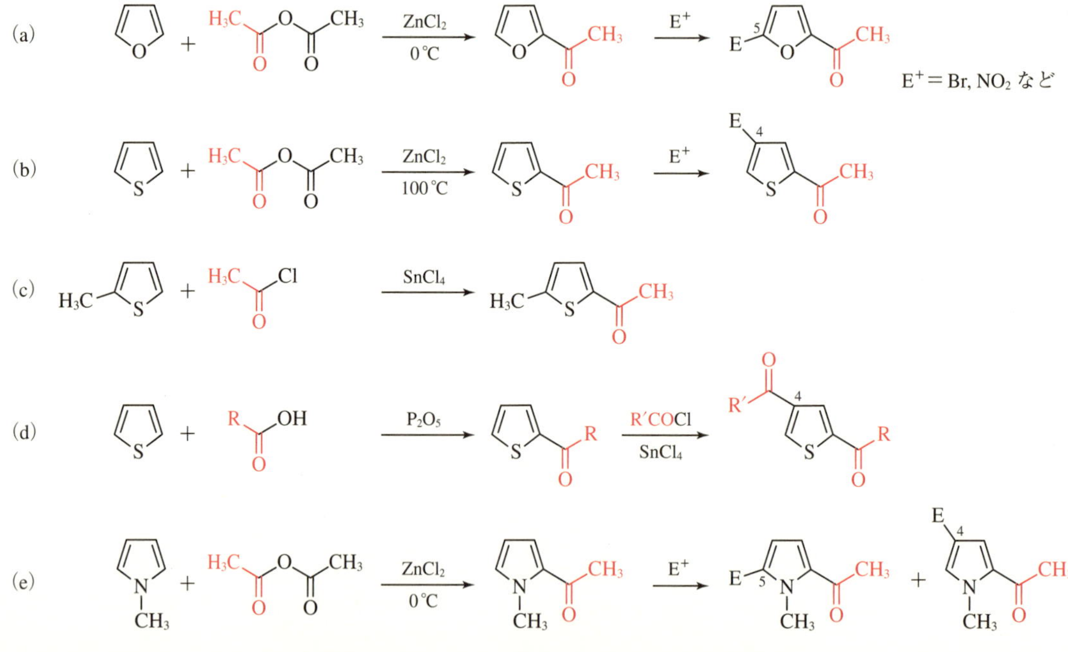

図 5・10　フラン，チオフェン，ピロールのアシル化

5・3 チオフェンの脱硫反応

チオフェンもフランと同様に開環することができるが，反応の様子はかなり異なる．Raney ニッケル触媒で還元すると，C−S 結合のみならず，環の二重結合も還元されて最終的には飽和アルキル鎖（−CH$_2$CH$_2$CH$_2$CH$_2$−）が生成する．

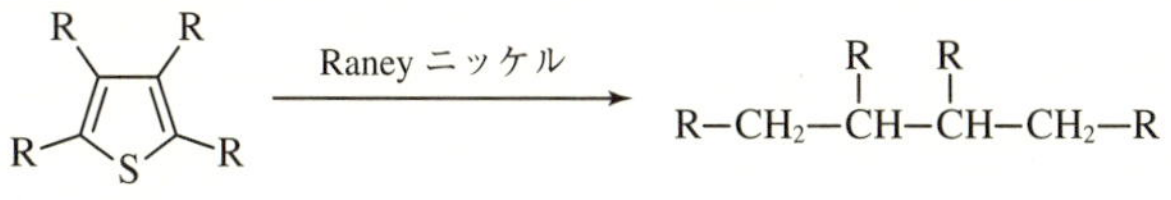

この還元的脱硫を利用すれば，チオフェンの Friedel-Crafts アシル化で得られる 2-アシルチオフェンのカルボニル基をケタールで保護した後，Raney ニッケル触媒で還元しケタールを加水分解すると n-ブチルケトンが得られる（図 5・11a）．このように脱硫に先駆けてチオフェン核に効果的に置換基を導入するための反応剤を正しく選択すれば生成物のサイズと構造の複雑さを変えることができる．図 5・11b の例は，アミノ基がカルボン酸から任意の長さのメチレン鎖によって隔たれたアミノ酸の合成である．オキシム部分もチオフェン環と同時に還元されてアミノ基になる．

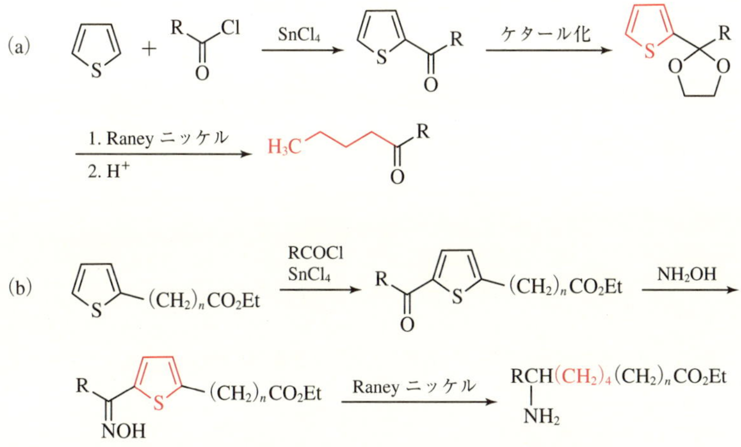

図 5・11 還元的脱硫反応を利用したアミノ酸の合成

5・4 ピロール，フラン，チオフェンのリチオ化

芳香族ヘテロ六員環でみたように，ヘテロ原子に隣接する C−H のリチオ化はフラ

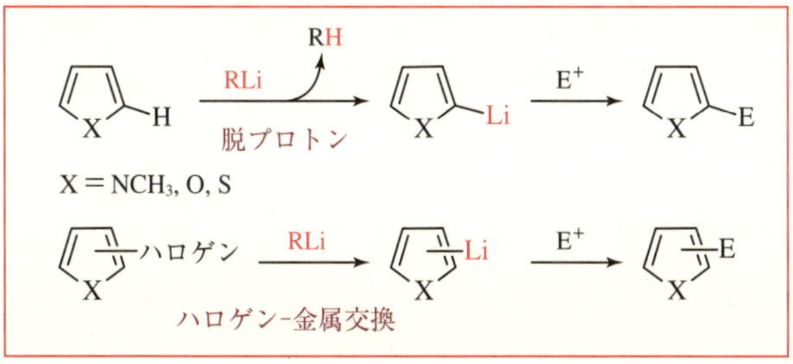

ン，チオフェン，N-置換ピロールなどのヘテロ五員環にも共通してみられる反応である．またフラン，チオフェン，N-置換ピロールのハロゲン化物はハロゲン-金属交換によってもリチオ体を生成する．この過程によって2位以外のリチオ体も合成できるので，求電子剤との反応で多様な誘導体が得られる．

ピロール自体に過剰のブチルリチウムを反応させても，N-リチウム塩を生成するのみであるが（図5・12a），N-メチルピロールは2-リチオ体になる（b）．ブチルリチウム BuLi を用いたリチオ化反応では，まずヘテロ原子がリチウムに配位することによってブチル基の塩基性が増大し，隣接するプロトンを引抜き，ブタンを発生しながら進行する（c, d）．2-リチオ体の C2-Li 結合は σ 結合であり，かつ Li に溶媒が配位しているので，有機溶媒に可溶な錯体となっている．これらのリチウム化合物の反応性は非常に高く，ほとんどの求電子剤と反応する．

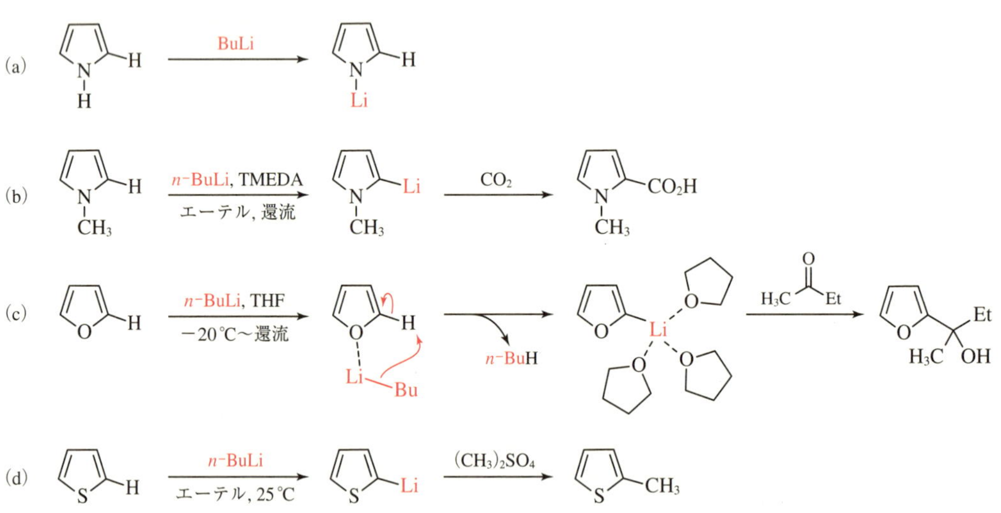

図 5・12 ピロール，フラン，チオフェンのリチオ化と反応

たとえば，N-TIPS-3-ブロモピロールのハロゲン-リチウム交換によって生成したリチオ体を，DMF でホルミル化し脱保護するとピロールの直接のホルミル化では得られない 3-ホルミルピロールが得られる．

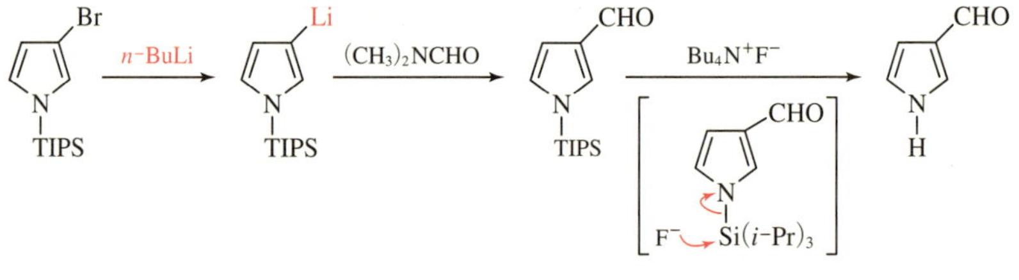

2-メチルフランのリチオ化で生成する 5-リチオフランを臭化ベンジルのような求電子剤と反応させると 5 位でベンジル化が起こる．得られたフランは先に述べたように酸性水溶液で処理すると加水分解されて，1,4-ジケトンになる．このジケトンを塩基で処理すると分子内アルドール反応が進行し，シクロペンテノンが得られる．

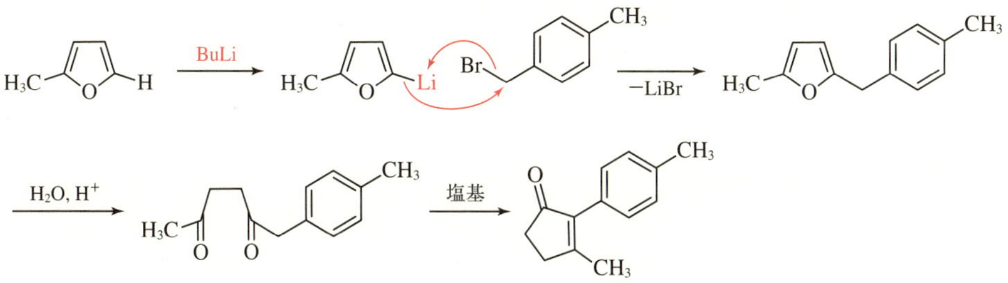

ピロールは脂肪族第二級アミンに比べて酸性度がかなり高い．ピロリジンの pK_a は約 35 であるが，ピロールの pK_a は 17.5 であるので，$10^{17.5}$ 倍酸性が強くなっている．ピロールの酸性はエタノール（pK_a 15.9）に近いので，前述のように BuLi や強い塩基を作用させるとアニオンになる．

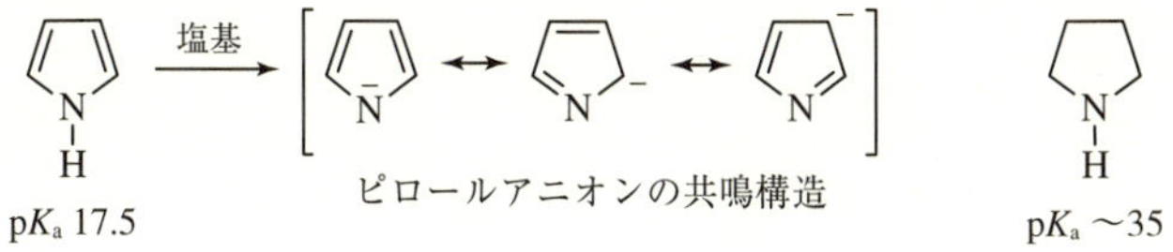

ピロールアニオンが有用なのは，求電子剤が窒素上で反応するため N-置換体が得られるからである．N-アルキル体，N-シリル体，N-アシル体，N-トシル体は一般にこの方法で合成される．通常，塩基は BuLi のほかに NaH のような塩基を用いる．一方，N-Boc ピロールは 4-ジメチルアミノピリジン（DMAP）存在下に二炭酸ジ t-ブチルと反応させることによっても得られる．この反応はピリジン（§1・2・2 参照）でみたようにピロールとアシルピリジニウムイオンとの反応である（図 5・13）．

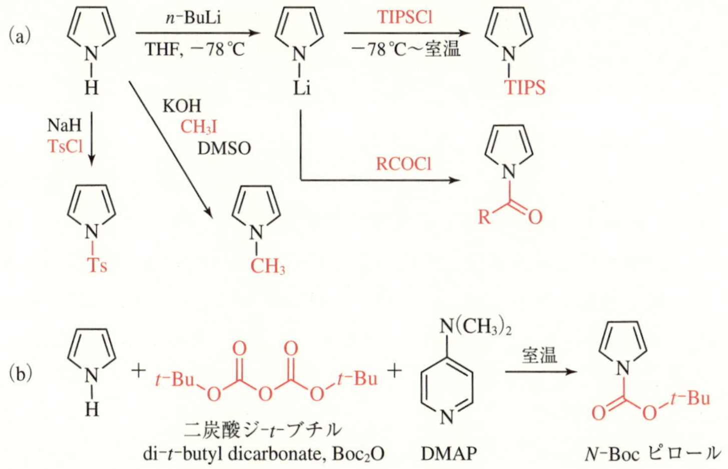

図 5・13 ピロールの酸性度とピロールアニオンの反応——N-置換ピロールの合成

5・5 芳香族ヘテロ五員環の Diels-Alder 反応

5・5・1 フランの Diels-Alder 反応

芳香族ヘテロ五員環は Diels-Alder 反応のジエンとして反応する．特に芳香族性の

最も低いフランでは Diels-Alder 反応が容易に進行する．求ジエン体（ジエノフィル），無水マレイン酸との反応は室温で起こる．この反応は可逆的なので Diels-Alder 付加体は熱力学的により安定なエキソ付加体に収束する．

速度支配のエンド付加体　　　　　　　　　　　　　熱力学支配のエキソ付加体

しかし，この求ジエン体に二つのメチル基を導入するともはや反応は進行しない．

一方，アセチレンジカルボン酸のような求ジエン体と加熱すると[4+2]付加体が生成する．ついで非共役二重結合を選択的に水素化し，ブタジエンと再度 Diels-Alder 反応を行い，メチルエステルを還元した後，数工程を経るとカンタリジンが得られる．

5・5・2 ピロールの Diels-Alder 反応

ピロール自身は求電子剤と激しく反応するが，Diels-Alder 反応は起こらない．しかし，Boc 基で窒素をアシル化し，ピロールの求核性を低下させれば，Diels-Alder 反応が進行するようになる．たとえば，アルキニルエステルやアルキニルスルホンとの Diels-Alder 反応は円滑に進行する．

エピバチジンはエクアドル毒カエルの表皮から単離されたピリジンアルカロイドである．モルヒネよりも 200 倍強力な鎮痛作用をもち，習慣性がないことから注目されているアルカロイドであるが，N-Boc-ピロールとエチニル p-トリルスルホンの環

化付加により生成したビシクロ体から数段階で合成される．ヘテロ環の反応性をうまく利用した合成である．

5・5・3 チオフェンの Diels-Alder 反応

チオフェンはその芳香族性が高いためにジエンとしての反応性は低く Diels-Alder 反応は起こりにくい．無水マレイン酸との環化付加反応は高温，高圧を要する．しかし，ジメチルジオキシラン（p.171 参照）でスルホンに酸化すると，非共有電子対が両方とも酸素との結合に使われてしまい，芳香族性は消失するのでジエンとして求ジエン体と容易に反応する．アルキンとの反応では，生成物は不安定であり，自発的に**キレトロピー反応**が起こり SO$_2$ を放出してベンゼン誘導体になる．

キレトロピー反応（cheletropic reaction）：一つの原子または原子団に結合している二つの σ 結合が協奏的に開裂して，π 電子系が生成する反応（開裂反応）またはその逆反応である．

5・6 ピロール，フラン，チオフェンの求核置換反応

ピロール，フラン，チオフェンそれ自体は π 電子過剰な系であるので求核剤と反応しない．ジニトロ誘導体や強い電子求引基と共役したハロゲン化物は求核置換が起こるが利用例は少ない．

求核置換反応が有効に利用された例は，手術後などに使用される鎮痛薬ケトロラックの合成においてみられる．この鍵段階は 5 位のカルボニル基と共役したメタンスルホニル基をもつ炭素へのカルボアニオンの分子内求核置換である．エノラートが求核剤となり，スルフィナートアニオンが脱離基となって 2 位での置換が進行し環化体が得られる．

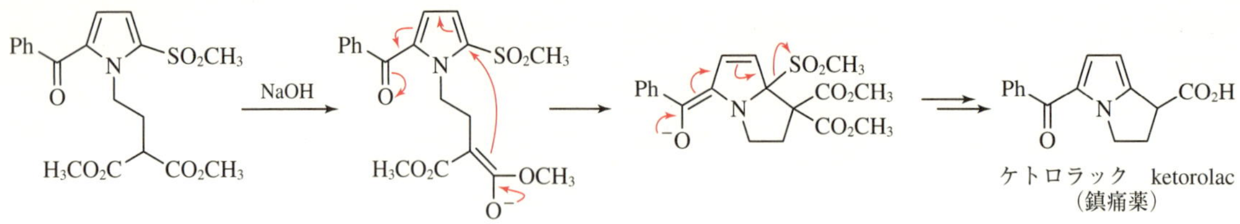

5・7 パラジウム触媒によるピロール，フラン，チオフェンの反応

ピロール，フラン，チオフェンなどの芳香族ヘテロ五員環化合物の求電子置換反応やリチオ体と求電子剤との反応によって種々の誘導体が得られることをみてきた．しかし，近年はピリジンなどと同じように遷移金属，主としてパラジウム(0)〔Pd(0)〕触媒を用いる芳香族ヘテロ五員環化合物のハロゲン化物やトリフラートと種々の典型金属反応剤とのカップリング反応やアルケンとの溝呂木-Heck 反応によって，多様かつ複雑なそして有用な芳香族ヘテロ五員環化合物の合成が可能になった．

5・7・1 溝呂木-Heck 反応

溝呂木-Heck 反応は芳香族ヘテロ五員環にアルケニル基を導入するための有用な反応である．ハロゲン化物やトリフラートとアルケンを Pd(0) 触媒下カップリングさせると新しいアルケンが生成する．はじめの例は 2-ブロモチオフェンと 4-ビニルピリジンの反応でありトランス体が得られる．フランの溝呂木-Heck 反応ではより電子豊富な 2 位で反応する（図 5・14）．

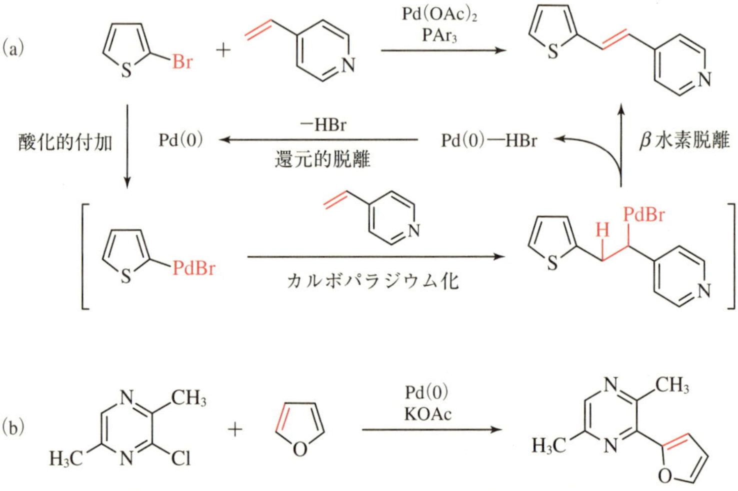

図 5・14 芳香族ヘテロ五員環化合物の溝呂木-Heck 反応

5・7・2 小杉-右田-Stille カップリング

小杉-右田-Stille カップリングも芳香族ヘテロ五員環と有機金属反応剤のパラジウム触媒カップリングの一つとして幅広く利用されている．N-メチルピロールのリチオ化と，続くクロロトリメチルスタンナンとの反応で得られる N-メチル-2-トリメチ

5・7 パラジウム触媒によるピロール，フラン，チオフェンの反応   109

ルスタンニルピロールは，Pd(0) 触媒下，ヨードベンゼンとカップリングして 2-フェニルピロールとなる（図 5・15 a）．フランやチオフェンも同様の反応を行う．2,3-ジブロモフランとアリルスタンナンの反応では 2 位が選択的に反応する（b）．生成した 3-ブロモ体はテトラメチルスタンナンと再度小杉-右田-Stille カップリングを行うと 3-メチル体になる．ハロゲン化アリルとの反応例はクロロメチルセフェムと 2-トリブチルスタンニルチオフェンの小杉-右田-Stille カップリングにみられ (c)，抗菌薬セファロスポリンのチオフェンアナログが生成する．

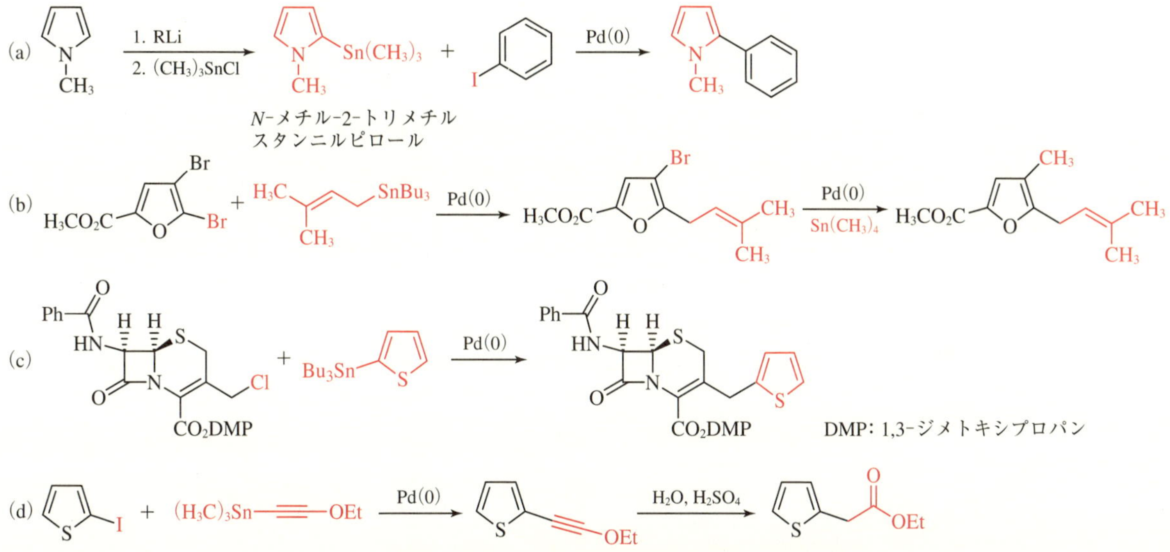

図 5・15 芳香族ヘテロ五員環化合物の小杉-右田-Stille カップリング

また，小杉-右田-Stille カップリングは天然物などさまざまな複雑な化合物の全合成過程で用いられており，目覚ましい成果をあげている．ほかの合成法では困難と思

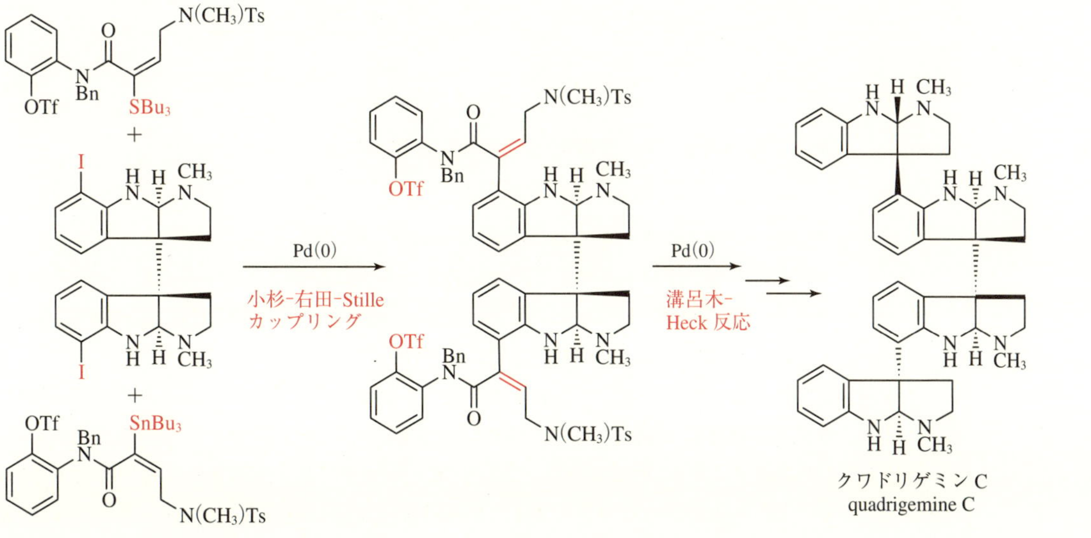

クワドリゲミン C
quadrigemine C

われるトリプタミン四量体天然物，クワドリゲミン C の合成もその一例である．二つの有機金属を用いる反応，すなわち小杉-右田-Stille カップリングと続く溝呂木-Heck 反応を利用している．

5・7・3 鈴木-宮浦カップリング

有機ボロン酸のような反応剤を用いる鈴木-宮浦カップリングはアリール基を導入する最も重要なカップリング反応の一つになっており，六員環の場合と同様，企業で最も盛んに利用されている反応である．

典型的な反応例は N-Boc-2-ブロモピロールから 2-フェニルピロールの合成でみられる．Pd(0) による酸化的付加で生成するパラジウム中間体はフェニルボロン酸と金属交換反応（トランスメタル化）を行い，続く還元的脱離によって N-Boc-2-フェニルピロールが生成する（図 5・16a）．N-Boc 体はメタノール中メトキシドイオン（$^-$OCH$_3$）によって容易に Boc 基が除去され 2-フェニルピロールになる．このように C(sp^2)−Br 結合から新たな sp^2−sp^2 炭素結合が生成する．一方，逆の組合わせとなる 2-ピロールボロン酸は N-Boc-ピロールの直接のリチオ化で生成する 2-リチオ体とトリメトキシボラン (CH$_3$O)$_3$B から得られる．これを 4-ブロモトルエンとカップリングさせると 2-アリールピロールになる（図 5・16b）．

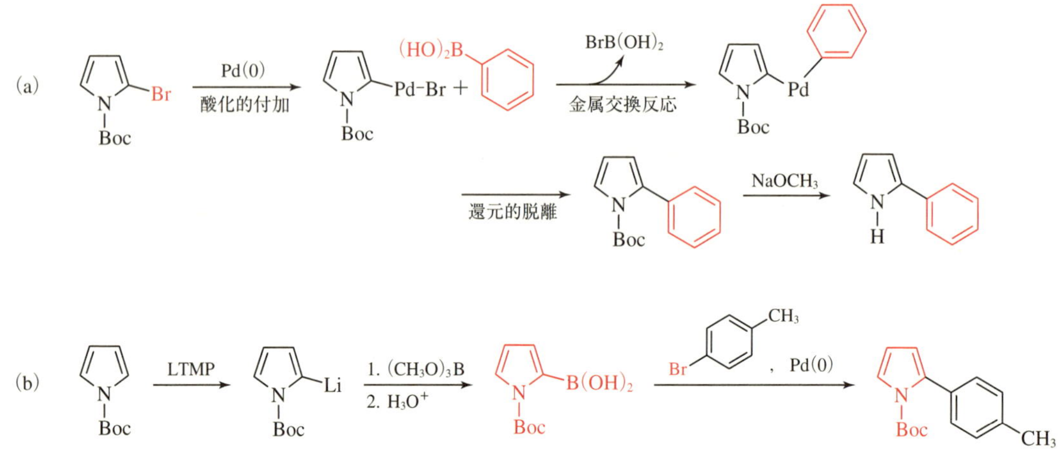

図 5・16 芳香族ヘテロ五員環化合物の小杉-右田-Stille カップリング

ピロールやインドールのみならず，一般にヘテロアリールボロン酸とアリールハロゲン化物のカップリングか，または逆の組合わせのヘテロアリールハロゲン化物と有機ボロン酸のカップリングのいずれの組合わせでも反応は進行する．3-メチル-2-チオフェンボロン酸と 5-ブロモ-2,4-ジ t-ブトキシピリミジンの鈴木-宮浦カップリングではチエニルピリミジン誘導体が生成し，加水分解すると抗ウイルス作用をもつウラシル誘導体になる．5-チエニルピリミジンは逆に 2-ブロモ-3-メチルチオフェンと 2,4-ジ t-ブトキシ-5-ピリミジンボロン酸とのカップリングによっても別途合成される．どちらの組合わせがより望ましいかは常に検討を要する．

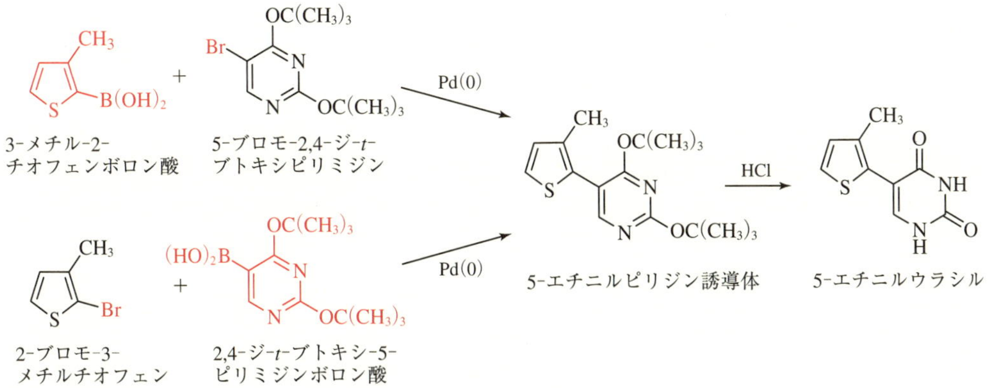

5・7 パラジウム触媒によるピロール，フラン，チオフェンの反応

鈴木-宮浦カップリングは小杉-右田-Stille カップリングと同様に両不飽和化合物の立体配置が高度に保持される．次の例ではボロン酸の代わりにボレートが用いられており TMC-95A やナカドマリン A など複雑な天然物合成に利用された（図 5・17）．

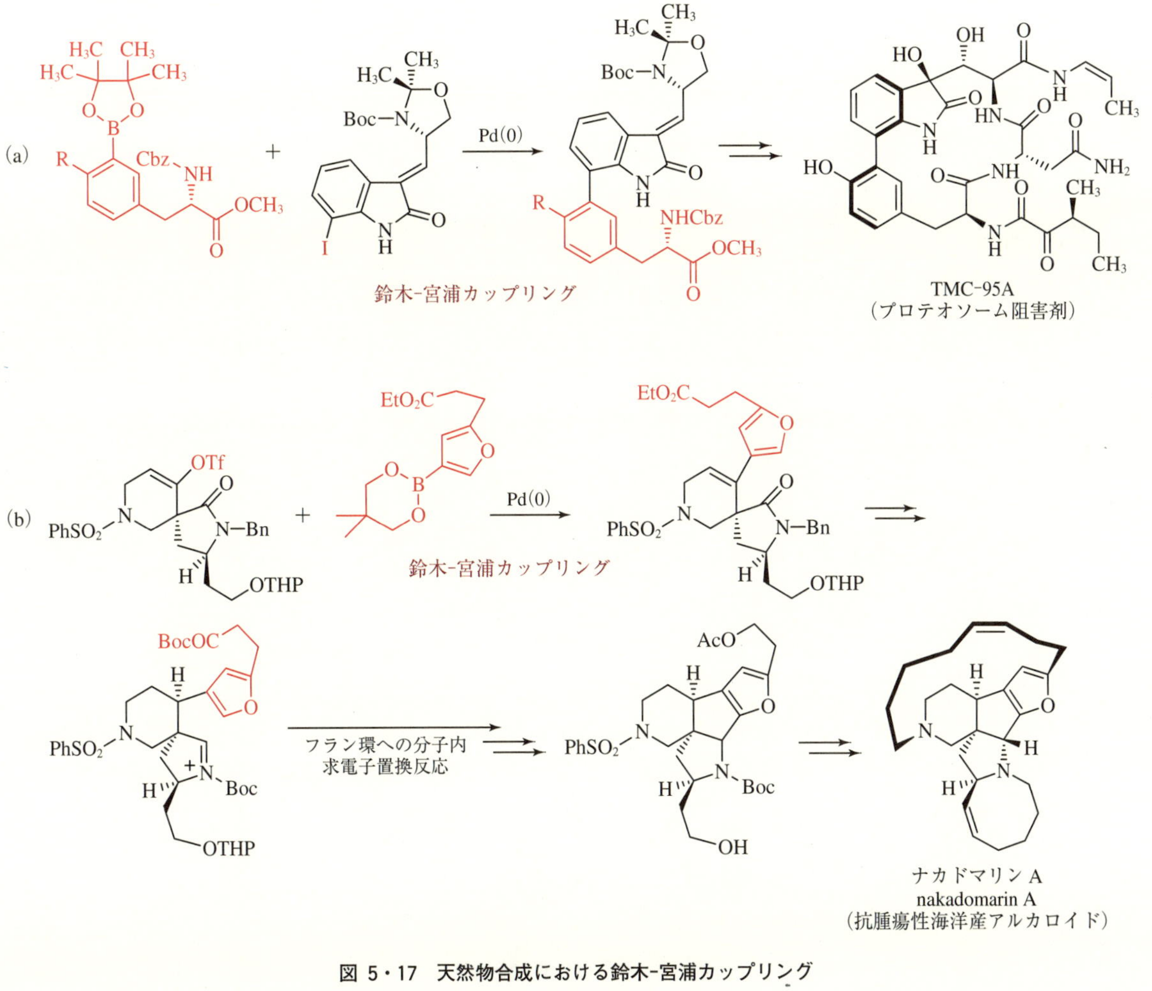

図 5・17　天然物合成における鈴木-宮浦カップリング

エレクトロニクス分野では将来を担う導電性ポリマー（導電性高分子）の一つとして有機導電性ポリマーが注目を集めている．新しい導電性ポリマーを開発するためにπ共役性高分子の開発が進められている．なかでもベンゼンと同じように安定な環状の6π電子系としてピロールやチオフェンのようなヘテロ環コポリマーが未来の有機導電体として多数合成されてきた．有機トランジスター材料として注目されているオリゴチオフェンは，以下に示されるような鈴木-宮浦カップリングによって合成される．

ポリピロールやポリチオフェンなどはすでに私たちの生活の身近なところで利用されている．また近年，チオフェンとフランを交互に結合したオリゴマー **3** など，その他種々のヘテロ環ポリマーが合成されており，それらの性質と機能に期待がもたれている（図5・18）．

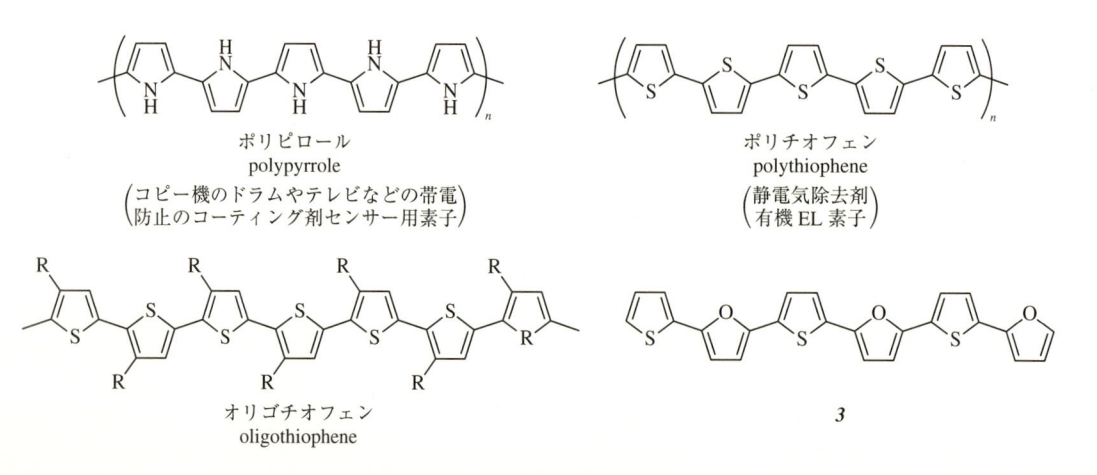

図 5・18　ヘテロ五員環コポリマー

5・7・4 薗頭カップリング

　芳香ヘテロ五員環化合物のハロゲン化物やトリフラートと末端アルキンとの薗頭カップリングも容易に進行する．§1・6・4でみたように，この触媒プロセスではPd(0) 錯体のほかに一般に塩基を共存させて共触媒としてヨウ化銅 CuI を用いる．1-プロピニル-2,2′-ビチエニル体はゴボウ（*Arctiumlappa*）の根より単離された天然物である（図5・19）．

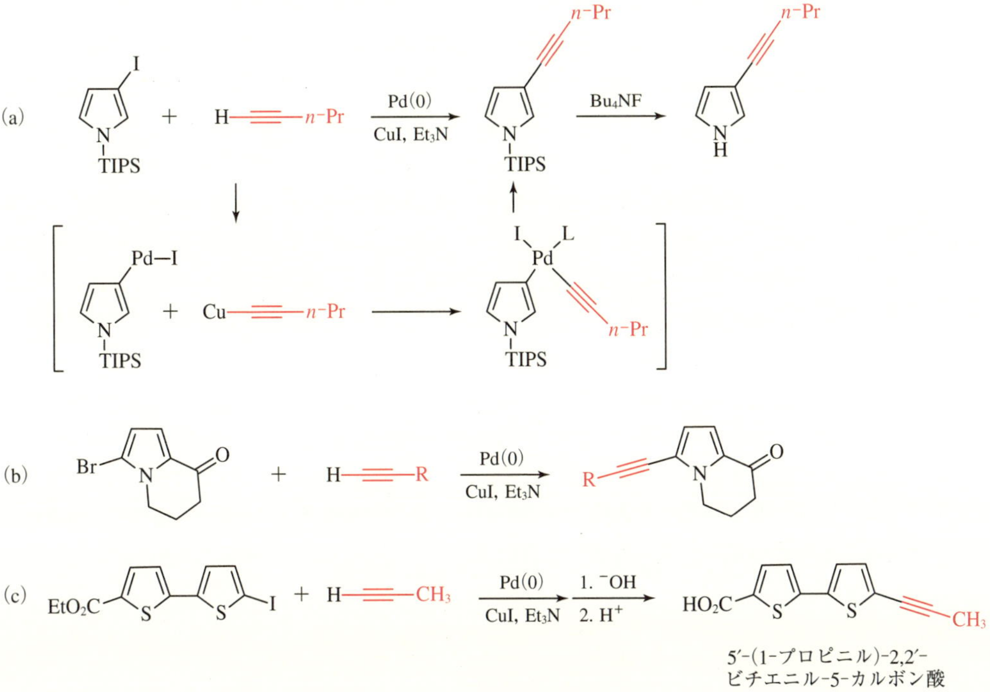

図 5・19 芳香族ヘテロ五員環化合物の薗頭カップリング

5・7・5 根岸カップリング

　根岸カップリングに必要な有機亜鉛化合物は，通常有機リチウムと塩化亜鉛 $ZnCl_2$ との反応によって容易に合成できる．ピロール，フラン，チオフェンの塩化亜鉛化合

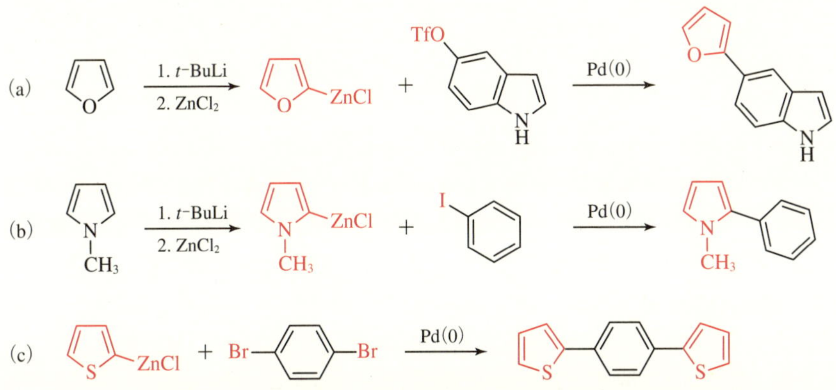

図 5・20 芳香族ヘテロ五員環化合物の根岸カップリング

物はリチオ体と ZnCl₂ の反応から得られる．これらの塩化亜鉛化合物は図5・20に示すように種々のアリールハロゲン化物と反応して対応するカップリング生成物を与える．

5・8 ピロール，フラン，チオフェンを含む天然物と医薬品

　天然にみられるピロール誘導体は血液呼吸色素であるヘモグロビンや植物の光合成に必要な緑の色素であるクロロフィルのような生命維持に重要な色素の構成成分である．ヘモグロビンは主として疎水基の相互作用によって集合した四つのポリペプチド鎖と4個のヘム基からなる四次構造をもつ複合型タンパク質である．ヘム分子は四つのポリペプチド鎖にそれぞれ1個ずつ含まれており，おのおののヘムはヘモグロビンの機能に不可欠な1原子の鉄（Fe^{2+}）を含んでいる．この鉄はポルフィリン骨格の4個の置換ピロールの窒素に配位して錯体を形成し，酸素輸送に不可欠な役割を担っている．脊椎動物ではヘモグロビンのほかにミオグロビンも類似のヘム基と鉄の錯体を利用して酸素輸送体として働いている．一方，植物は光合成によって太陽エネルギーを利用し CO_2 と水から酸素とグルコースを合成しているが，この低エネルギーの CO_2 から高エネルギーの炭水化物の合成を可能にしているのは緑色色素クロロフィルの太陽エネルギー取込み能力である．クロロフィルの構造はヘムに似ており，4分子の置換ピロールを含み鉄イオンの代わりにマグネシウムイオン（Mg^{2+}）との錯体になっている．

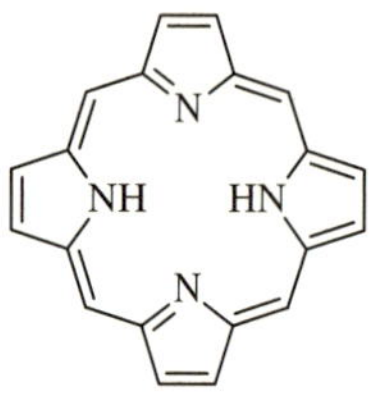

ポルフィリン
porphyrin

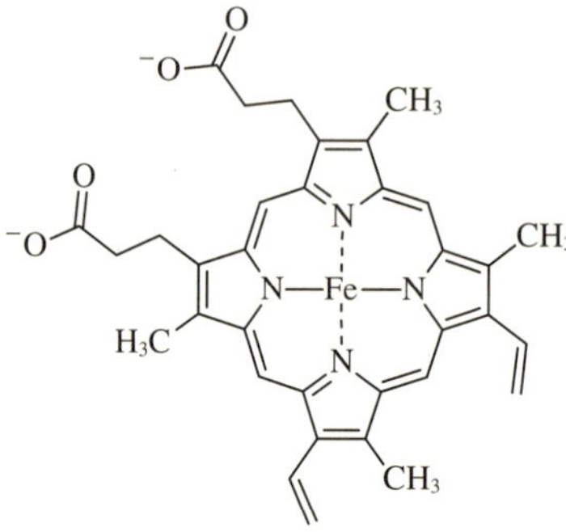

ヘム
heme

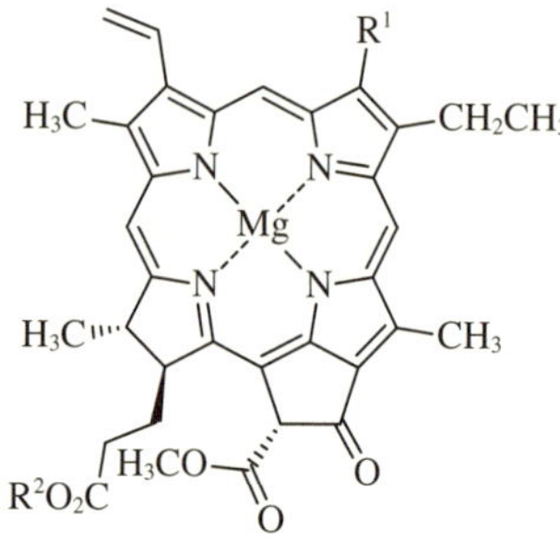

クロロフィル
chlorophyll

　4-メチルピロールカルボン酸メチルエステルはアリの足跡フェロモンとして知られているが，このような簡単な構造をもつものから複雑な誘導体までピロールを含む天然物は多い．フラン環は植物の二次代謝産物，特にペリレンのようなテルペン類に多く見られる．アスコルビン酸（ビタミン C）は高度に酸化されたフラン誘導体であり，重要な抗酸化剤である．近年，国産の味噌や醤油中の重要な香気成分として，酵母によって生産されるフラン誘導体 HEMF 成分が見いだされた．HEMF はアスコルビン酸に似たフラン環構造をもつが抗酸化力はアスコルビン酸を上回り，かつ抗腫瘍活性も認められている（図5・21）．

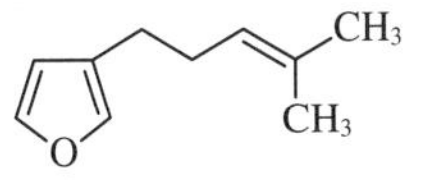

5・8 ピロール, フラン, チオフェンを含む天然物と医薬品

ペリレン
perillene

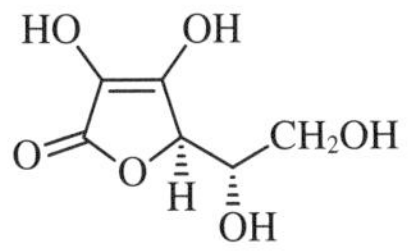

アスコルビン酸（ビタミン C）
ascorbic acid（vitamin C）

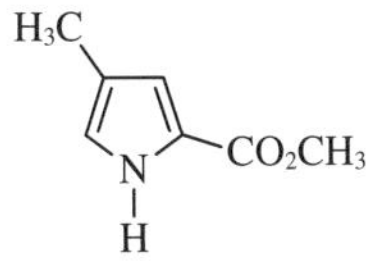

アリの足跡フェロモン
ant trail pheromone

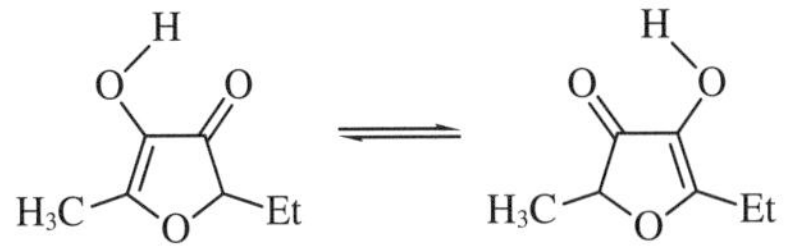

4-ヒドロキシ-2(or 5)-エチル-5(or 2)-メチル-3(2H)-フラノン
4-hydroxy-2(or 5)-ethyl-5(or 2)-methyl-3(2H)-furanone（HEMF）
（抗酸化性，抗腫瘍性物質）

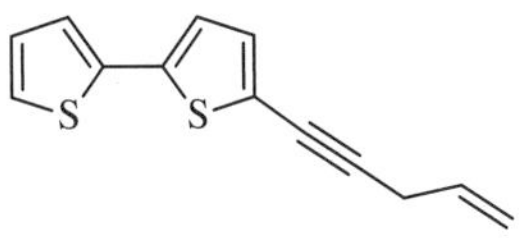

ビチオフェン誘導体
bithiophene derivative
（抗線虫活性物質）

図 5・21 ピロール，フラン，チオフェンを含む天然物

合成医薬品にもピロール，フラン，チオフェンを含むものが多く知られている（図 5・22）．
　アトルバスタチンは基本骨格にピロール環をもっており，コレステロール生合成経路で HMG-CoA レダクターゼを選択的に阻害する脂質異常症（高脂血症）治療薬（スタチン系，p.46 のコラム参照）である．全合成過程が工業化されている合成医薬品の一つである．
　エプロサルタンは国内未承認（2014 年 2 月現在）であるが，高血圧の治療に用いられるアンギオテンシンⅡ受容体拮抗薬*（ARB）の一つであり，分子中にピロールとチオフェンの二つのヘテロ環を含んでいる．さらにチオフェンを含む医薬品も多い．チオフェン誘導体のクロピドグレルは血液凝固を阻止する経口抗血小板薬である．
　エレクトロニクス分野ではポリピロールやポリチオフェンなどの有用な有機導電性ポリマーが多数合成され利用されている（第 6 章でより詳しく述べる）．

* アンギオテンシンⅡ受容体拮抗薬（angiotensin receptor blocker, ARB）は有用な降圧薬（高血圧治療薬）である．アンギオテンシンⅠはアンギオテンシン変換酵素（ACE）によって強力な血管収縮物質であるアンギオテンシンⅡ（AⅡ）に変換される．そこで AⅡ 受容体を直接阻害する目的で開発されたのがアンギオテンシンⅡ受容体拮抗薬である．

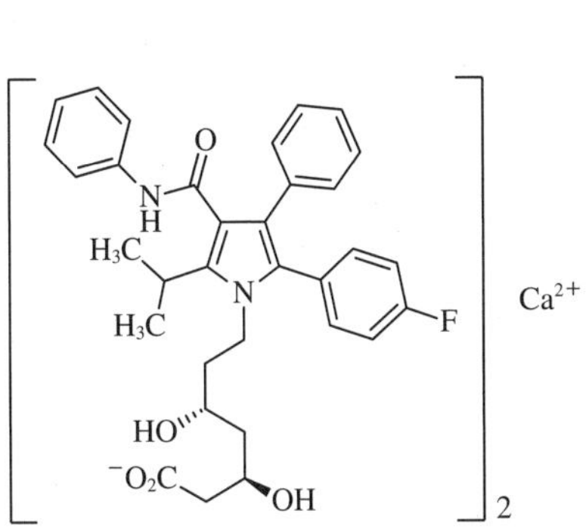

アトルバスタチンカルシウム
atorvastatin calcium
〔脂質異常症（高脂血症）治療薬〕

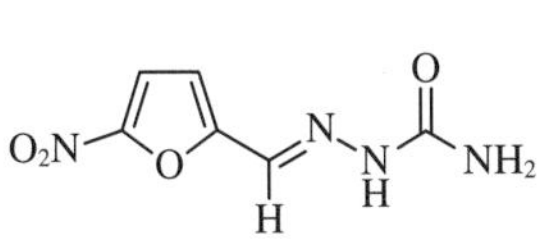

ニトロフラゾン
nitrofurazone
（殺菌剤）

クロピドグレル
clopidogrel
（抗血小板薬）

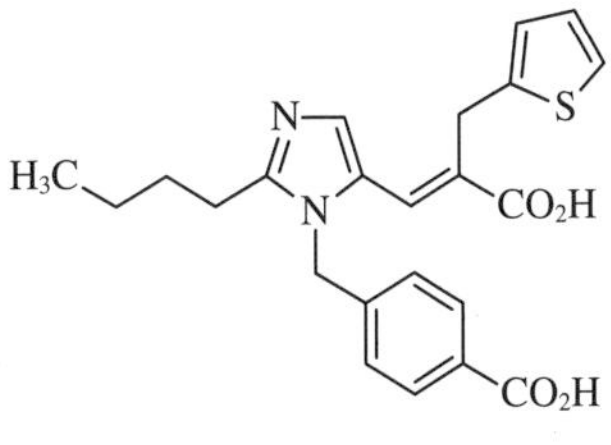

エプロサルタン
eprosartan
（降圧薬）

図 5・22 ピロール，フラン，チオフェンを含む医薬品

6 インドール，ベンゾフラン，ベンゾチオフェン

ベンゼン環が縮合した芳香族ヘテロ五員環化合物

6・1 インドール，ベンゾフラン，ベンゾチオフェンの化学的特徴と反応性

ベンゼン環と縮合したピロール，フラン，チオフェンをそれぞれインドール，ベンゾフラン，ベンゾチオフェンという．これらのヘテロ環では四つの C=C 結合の 8 電子と窒素の非共有電子対の 2 電子を合わせて 10π 電子系となり，Hückel 則〔$4n+2$ ($n=2$)〕をみたす芳香族化合物である．

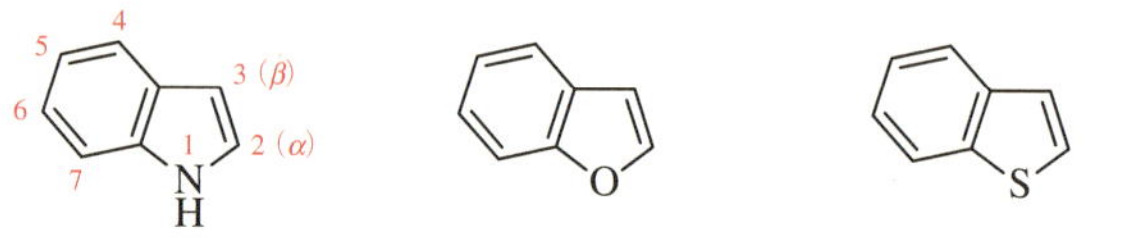

> **Hückel 則**（Hückel rule）：分子がすべて共役できるような平面構造の単環の系で，全部で $4n+2$ 個の π 電子をもつと，すべての電子が結合性軌道に入って閉殻構造をとり，きわめて安定になる．このような系を**芳香族**（aromatic）とよぶ．

インドール indole / ベンゾフラン benzofuran / ベンゾチオフェン benzothiofen

これらのなかで，天然に最も広く分布しているヘテロ環化合物の一つはインドールであるが，なかでも顕著な生物活性をもつインドールアルカロイドは古くより数多く見いだされている．また，インドールは必須アミノ酸の一つであるトリプトファンの母核である．医薬品にもインドール誘導体が多い．

インドールはピロールと同様に窒素の非共有電子対は塩基性を示さない．インドールの多くの反応はベンゼン部よりも電子密度のより高いピロール部で起こり，ピロールの化学と類似している．同じように，ベンゾチオフェンもチオフェンと類似した反応性を示す．

6・1・1 インドール，ベンゾフラン，ベンゾチオフェンの求電子置換反応

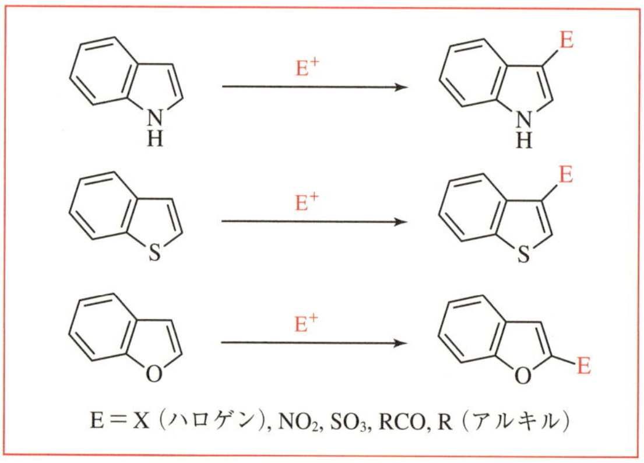

E ＝ X（ハロゲン），NO_2，SO_3，RCO，R（アルキル）

図 6・1　インドール，ベンゾチオフェン，ベンゾフランの求電子置換反応

6・1 インドール，ベンゾフラン，ベンゾチオフェンの化学的特徴と反応性

ピロール，フラン，チオフェンの求電子置換はどの位置でも起こるが，特に2位と5位が優先する．対照的に，インドールやベンゾチオフェンへの求電子剤の攻撃は多くの場合は圧倒的に3位（β位）優先である．ハロゲン化，ニトロ化，スルホン化，Friedel-Crafts アシル化などはすべて選択的に3位で起こる．これに対しベンゾフランへの求電子剤の攻撃は主として2位になることが多い．しかし，用いる求電子剤によっては3位置換体と2位置換体の混合物が得られる．

a. 反応機構 3位（β位）が攻撃される理由はインドールを例にとると，3位で反応して得られる中間体 *1* は，五員環のエナミン部だけが関与しベンゼン環の芳香族性を壊さない．この中間体 *1* における正電荷はもちろんベンゼン環に沿っても非局在化するが，窒素による共鳴安定化の寄与が最も大きい．一方，直接2位（α位）で反応して得られる中間体 *2* の共鳴構造はいずれもベンゼン環の芳香族性を失っている．

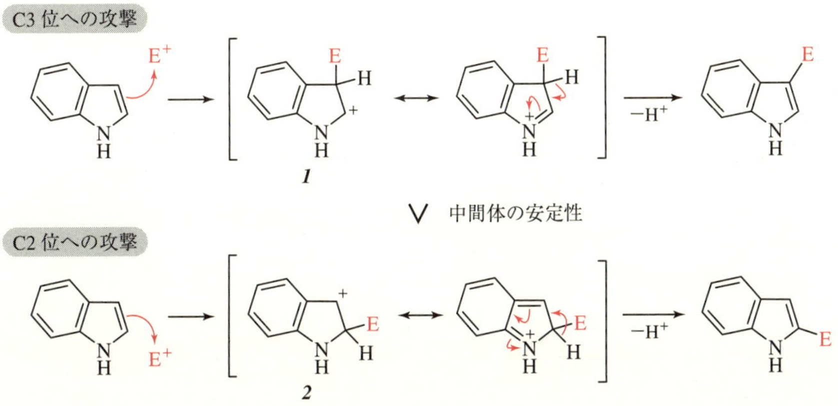

C3 位への攻撃

C2 位への攻撃

中間体の安定性

つぎに典型的な求電子置換反応例を示す（図 6・2）．インドールを硝酸ベンゾイル PhCO₂NO₂ でニトロ化すると 3-ニトロインドールが生成する（図 6・2b）．チオフェンも硝酸アセチル CH₃CO₂NO₂ でニトロ化すると 3 位置換体が得られるが（図 6・

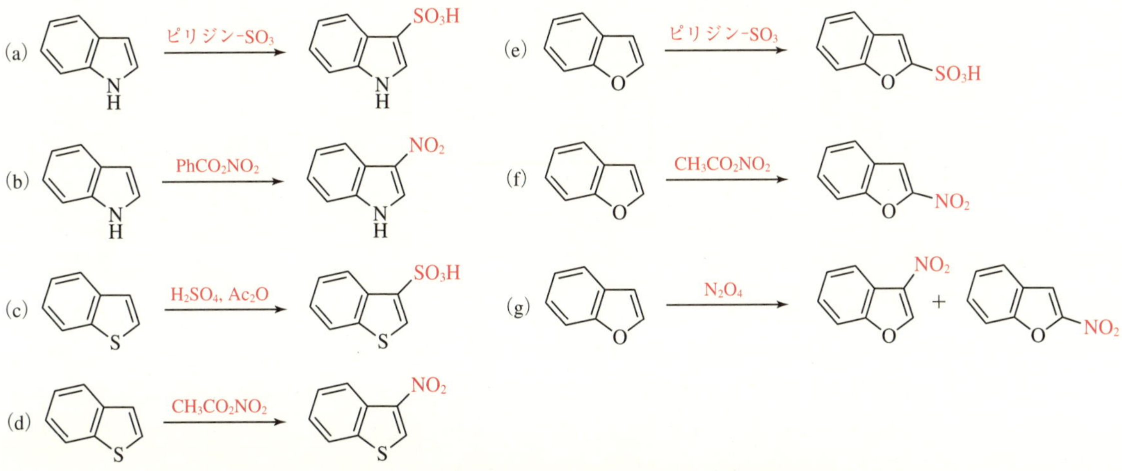

図 6・2 インドール，ベンゾチオフェン，ベンゾフランの求電子置換反応の例

2d),ベンゾフランからは 2-ニトロ体が生成する(図 6・2f).しかし,ベンゾフランを四酸化二窒素 N₂O₄ でニトロ化すると 2- および 3-ニトロ体の混合物が得られ,3-ニトロ体が主生成物となる(図 6・2g).

インドールから 3-ホルミルインドールを得る効率のよい合成経路は N,N-ジメチルホルムアミド(DMF)と塩化ホスホリル POCl₃ による **Vilsmeier 反応**(p.99, 100 参照)である.ベンゾチオフェンの Vilsmeier 反応からも 3-ホルミルベンゾチオフェンが得られる.反応は DMF と POCl₃ から生成したイミニウムイオンに対してインドールの 3 位が攻撃することから始まる.

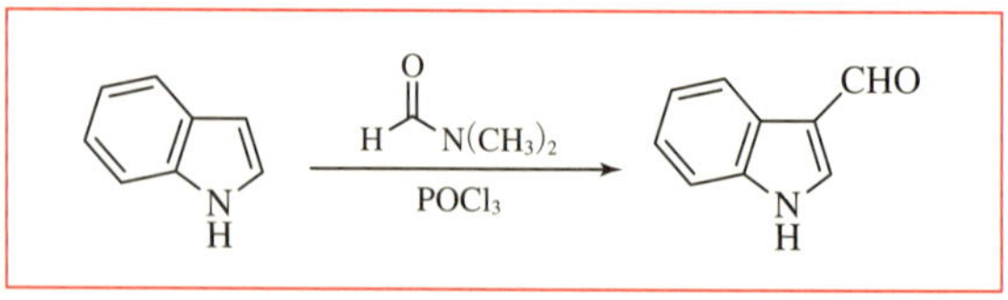

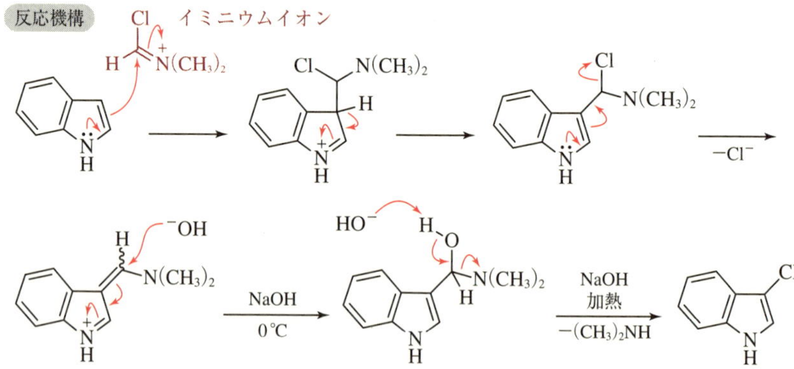

インドールと塩化オキサリル COCl₂ の反応も 3 位で起こる効率のよい求電子置換反応の例であり,トリプタミン類の合成に利用されている.インドールから出発するとトリプタミンが,5-ベンジルオキシインドールから出発するとセロトニンが得られる.

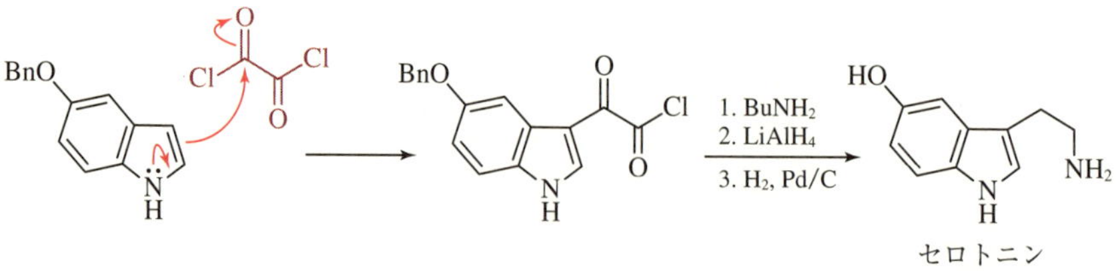

そのほか,**Mannich 反応**(p.100 参照)もインドールの 3 位と優先的に反応する反応例の一つである.ピロールやフラン,チオフェンと同様,インドールでも円滑に進行しグラミンが生成する.このようにして得られた Mannich 塩基であるグラミンをヨウ化メチル CH₃I で第四級アンモニウム塩とした後,シアン化ナトリウム NaCN を作用させると,NaCN は塩基および求核剤として働き,3-シアノメチルインドールが得られる.これを還元するとトリプタミンになる.

b. 3-置換インドールの求電子置換反応機構　すでに 3 位に置換基があるインドールの求電子置換反応は 2 位で起こる．しかし，その反応機構は直接の 2 位攻撃（α 位攻撃）によるものではなく，まず 3 位の攻撃（β 位攻撃）と続く 2 位への 1,2-転位が主たる反応経路である．これも 2 位攻撃で生成する中間体よりも 3 位攻撃で生成する中間体の共鳴安定化に基づいている．しかし，7 位にメトキシ基（–OCH₃）のような電子供与基がある場合には直接の 2 位への攻撃が有利になる．

3 位攻撃による反応経路を支持する証拠は N_b-メトキシカルボニルトリプトファンメチルエステルと求電子 H⁺ との反応から得られた．すなわち 3 位のプロトン化によって生成する中間体，3H-インドリウムカチオンが分子内求核中心によって捕捉され，三環性化合物として単離されたことである．

また，つぎに示す分子内 Friedel–Crafts アルキル化によるテトラヒドロカルバゾールの合成も直接の 2 位攻撃ではないことを証明した例である．

この環化反応で環に隣接するメチレン（–CH$_2$–）を重水素（^{2}H）やトリチウム（放射性 ^{3}H）で標識した出発物を用いると，生成物のテトラヒドロカルバゾールには予想箇所（1位）は 50％しか標識されておらず，50％は別の箇所（4位）が標識されていた．このような結果をもたらすためには，反応が対称的な中間体を経由しなければならない．それは明らかにまず3位への攻撃によってスピロ中間体が生成したことを示唆している．すなわち，インドール環と直交した五員環スピロ中間体からはどちらのメチレンも同じ確率で転位するはずである．

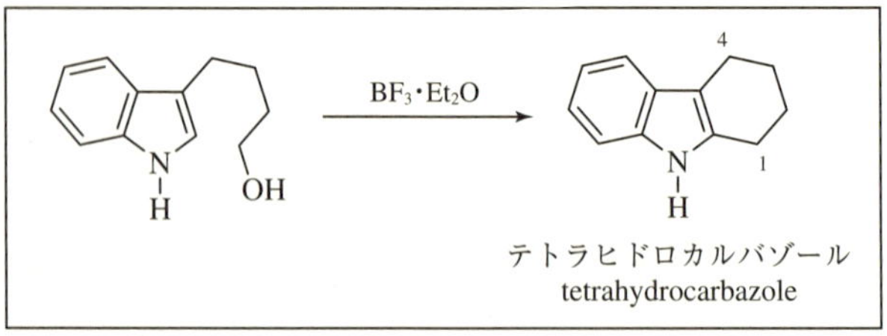

テトラヒドロカルバゾール
tetrahydrocarbazole

反応機構 * = C^{3}H$_2$ または CD$_2$

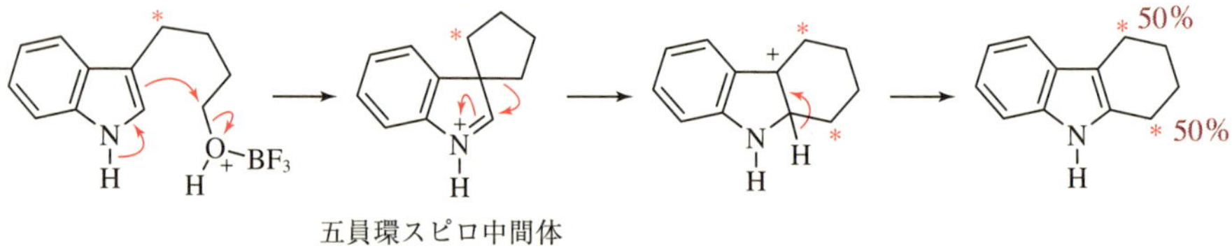

五員環スピロ中間体

また，トリプタミンとアルデヒドから生成するイミニウムイオン中間体も分子内 Mannich 反応によってテトラヒドロ-β-カルボリンを生成する．この反応は β-カルボリン環の重要な構築法の一つであり，後述する **Pictet-Spengler 反応**である（§7・3・1 参照）．インドールアルカロイドの合成にしばしば利用されてきたこの反応もスピロ中間体を経由して進行する．実際に反応中間体を還元するとスピロインドリン還元体が単離される．

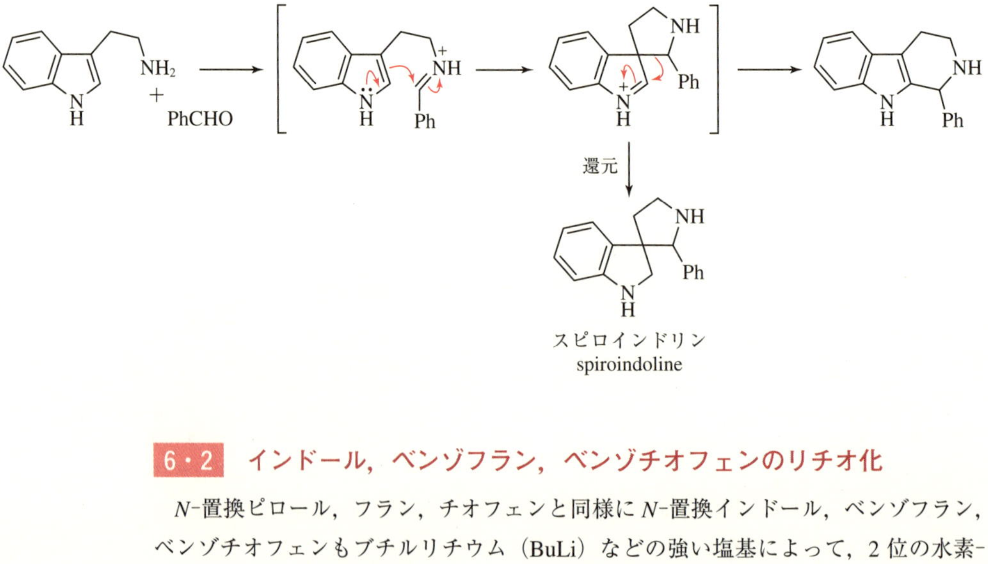

還元

スピロインドリン
spiroindoline

6・2 インドール，ベンゾフラン，ベンゾチオフェンのリチオ化

N-置換ピロール，フラン，チオフェンと同様に N-置換インドール，ベンゾフラン，ベンゾチオフェンもブチルリチウム（BuLi）などの強い塩基によって，2位の水素-

リチウム交換やハロゲン-リチウム交換が進行する．これらのリチオ体は求電子剤と反応するので環の 2 位や特定の位置に新しい炭素-炭素結合を形成するために有効な方法である．

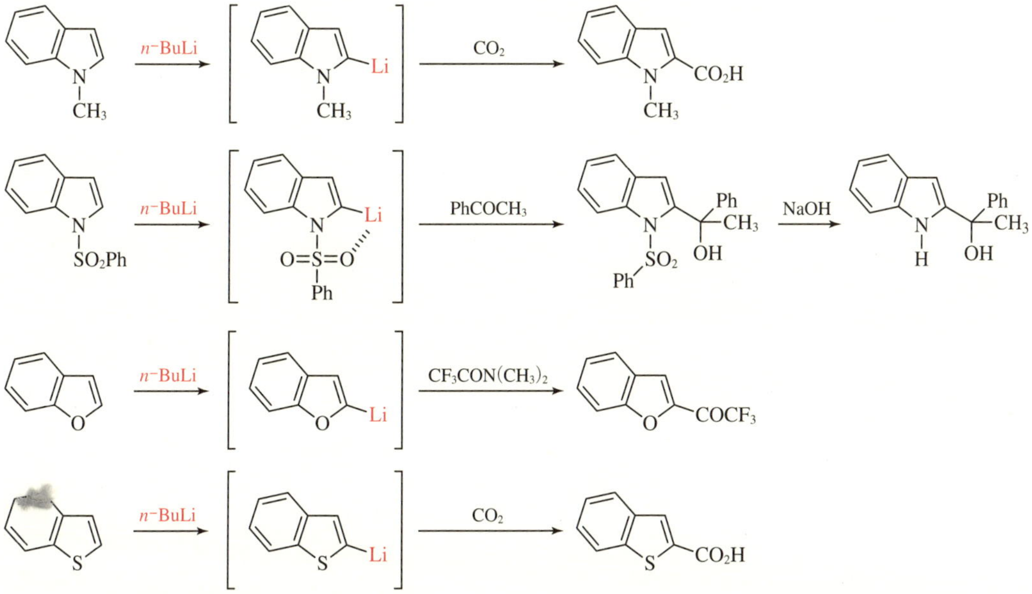

インドールを臭素化すると 3-ブロモインドールが生成するが，まず n-BuLi でインドールアニオンとした後に CO_2 と反応させて N-カルボキシリチウム塩とした後にさらに t-BuLi と反応させると選択的に 2 位がリチオ化される．これを臭素化すると後処理中に自発的な脱炭酸が起こり 2-ブロモインドールが得られる．同様に塩素化剤やヨウ素化剤を用いると，対応するハロゲン化物が得られる．

C3 位の臭素化

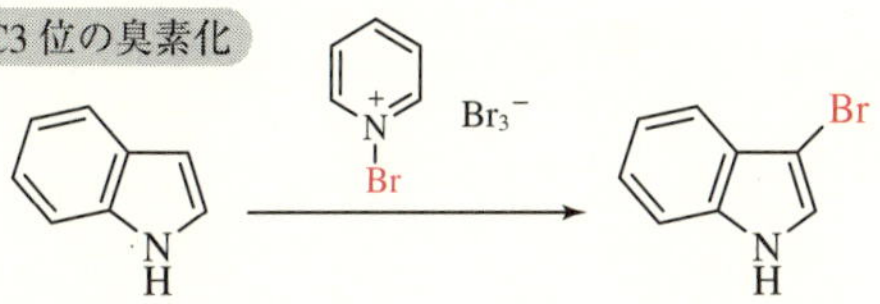

C2 位の臭素化

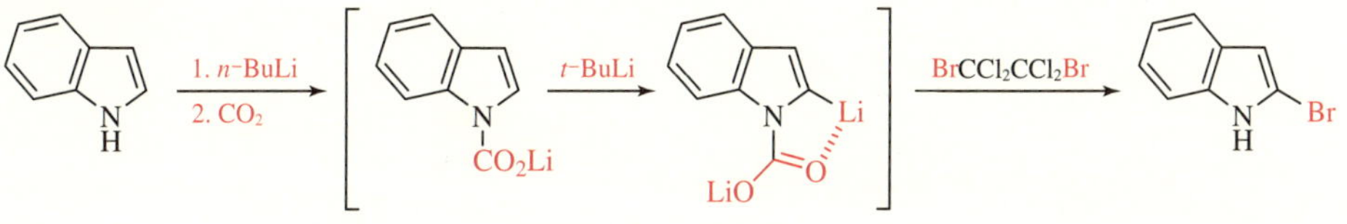

6・3 パラジウム触媒によるインドール，ベンゾフラン，ベンゾチオフェンの反応

インドール，ベンゾフラン，ベンゾチオフェンもピリジンやピロールなどのヘテロ環と同様に主としてパラジウム(0)〔Pd(0)〕のような遷移金属を触媒とする反応を行う．この章では簡単に反応例を列挙するにとどめる．

6・3・1 溝呂木-Heck 反応

溝呂木-Heck 反応は芳香族ヘテロ五員環化合物にアルケニル基を導入するための有用な反応である．ハロゲン化物やトリフラートとアルケンを Pd(0) 触媒のもとカップリングさせると新しいアルケンが生成する．はじめの例は分子間溝呂木-Heck 反応で 3-ブロモインドールとメチルアクリル酸エステルから *trans*-3-インドールアクリル酸エステルが得られる．2-ブロモチオフェンと 4-ビニルピリジンの反応からもトランス体が得られる．

チャノクラビン-I の重要中間体の合成では分子内溝呂木-Heck 反応が巧みに利用されている．一方，フランやベンゾフランの溝呂木-Heck 反応ではより電子豊富な 2 位で反応する．

6・3・2 鈴木-宮浦カップリング

有機ボロン酸とインドールハロゲン化物あるいはトリフラートとの鈴木-宮浦カップリングも重要なクロスカップリング反応の一つである．*N*-TIPS-3-ブロモインドールのリチオ体から得られるインドール-3-ボロン酸を臭化アミノクロチルエステルとカップリングさせるとデヒドロ-β-メチルトリプトファンが生成する．つづいて，不斉還元を行うと光学活性な β-メチルトリプトファンが得られる．また，5-インドールボロン酸と 2-ブロモフランからは 5-フリルインドールが，4-ブロモピリジンとのカップリングからは 5-ピリジルインドールが生成する．

6・3 パラジウム触媒によるインドール，ベンゾフラン，ベンゾチオフェンの反応

6・3・3 小杉-右田-Stille カップリング

3-インドールスタンナン誘導体も種々のアリール，ビニール，ハロゲン化アリルとカップリングをする．

6・3・4 薗頭カップリング

インドールのハロゲン化物と末端アルキンとの薗頭カップリングも容易に進行する．この触媒プロセスではほかのヘテロ環の場合と同様に Pd(0) 錯体のほかに一般に塩基を共存させて共触媒としてヨウ化銅 CuI を用いる．

6・3・5 根岸カップリング

次の反応例は根岸カップリングである．塩化亜鉛化合物は通常リチオ体と塩化亜鉛 $ZnCl_2$ の反応から得られる．これらの塩化亜鉛化合物は次ページの例に示すように種々のアリールハロゲン化物と反応して対応するカップリング生成物を与える．

6・4 インドール，ベンゾフラン，ベンゾチオフェンを含む天然物と医薬品

インドールは必須アミノ酸の一つである**トリプトファン**の母核でありタンパク質に含まれていること，そしてトリプタミンや2,3-ジヒドロインドールを含む二次代謝物の生合成前駆物質であるなど重要なヘテロ環である．トリプトファンの5位がヒドロキシ化され，ついで脱炭酸すると**セロトニン**が生成する．セロトニンは睡眠や体温調節といった生理機能に関与する生理活性アミンであり，中枢神経，心血管や胃腸系の重要な神経伝達物質として機能している．**メラトニン**は生体リズムの調節作用などにあずかる重要な脳内ホルモンである．植物成長ホルモンの一つである**オーキシン**はインドール酢酸であることが知られている．さらに単純な構造のインドール-3-アルデヒドは植物の側芽成長を抑制する物質である．

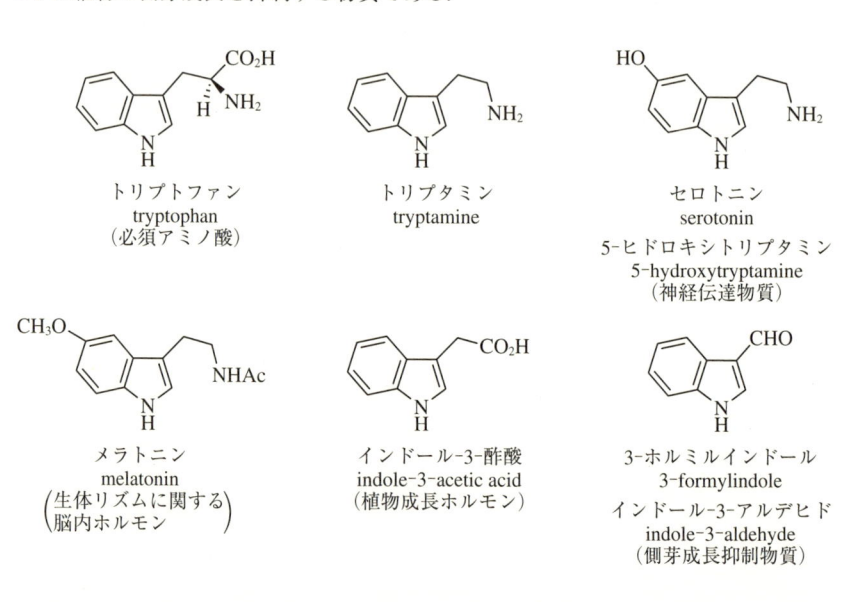

インドールアルカロイド
indole alkaloid

さらに，インドール環が重要な理由は顕著な生物活性をもつ膨大な数と多彩な構造をもつ**インドールアルカロイド**の母核となっていることである．たとえば，植物界では植物成長ホルモンであるインドール-3-酢酸，ニチニチ草から得られる白血病治療薬ビンクリスチン，アセチルコリンエステラーゼ阻害作用を示すフィゾスチグミン，マチン科アルカロイドの天然猛毒ストリキニーネなどがある．さらにはバッカク（麦

角) アルカロイド誘導体のリゼルグ酸ジエチルアミド (LSD) は幻覚誘発作用をもち麻薬である. インドジャボク (蛇木) から単離されたレセルピンは降圧・鎮静薬として今日も広く利用されている.

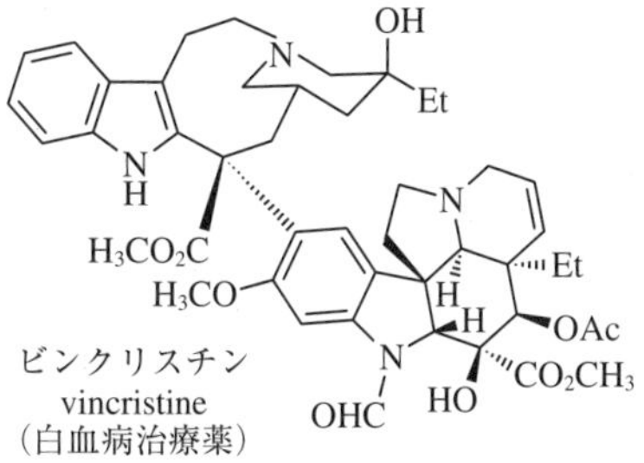

ビンクリスチン
vincristine
(白血病治療薬)

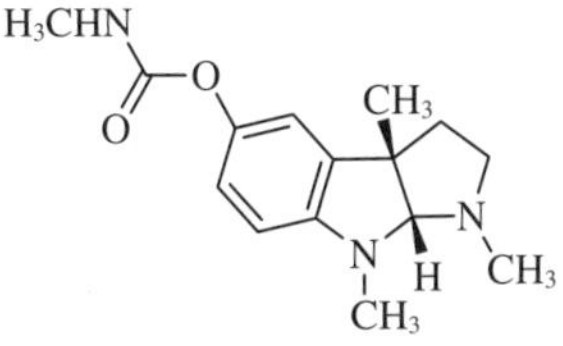

フィゾスチグミン
physostigmine
(アセチルコリンエステラーゼ阻害薬)

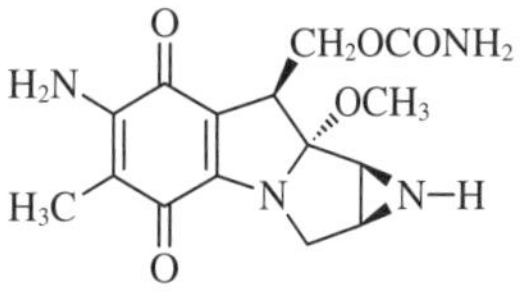

マイトマイシンC
mitomycin C
(抗がん性抗生物質)

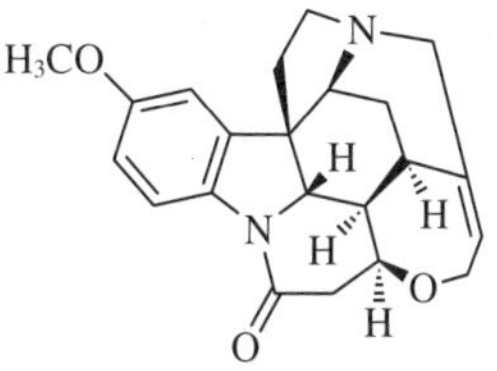

ストリキニーネ
strychinine
(中枢神経興奮作用)

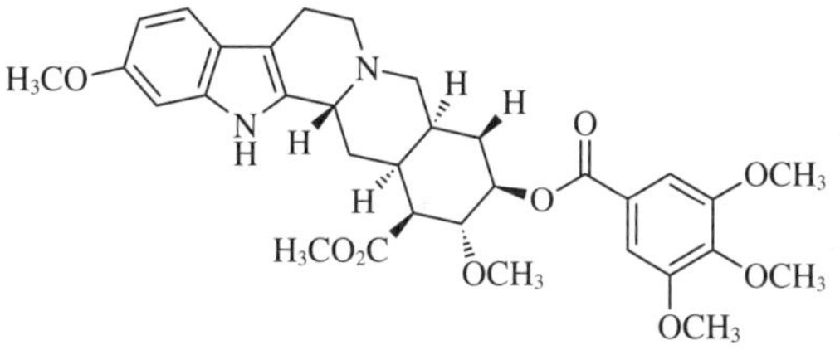

レセルピン
reserpine
(血圧降下薬)

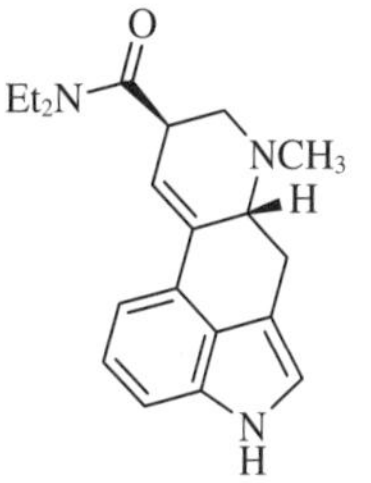

リゼルグ酸ジエチルアミド
lysergic acid diethylamide (LSD)
(幻覚誘発作用)

図 6・3 インドールアルカロイド

ベンゾフラン骨格は植物由来また微生物由来の天然物に広く見いだされている. 5-メトキシベンゾフランのような簡単な構造のものから複雑な構造のものまで多彩である.

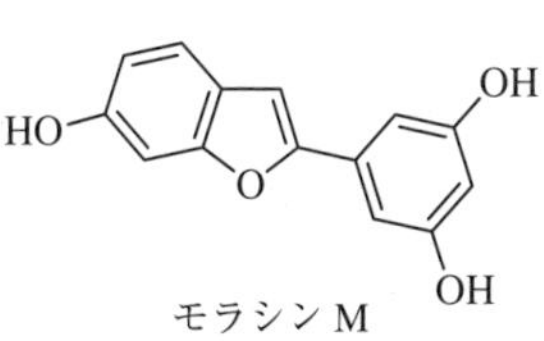

モラシン M
moracin M
(ファイトアレキシン)

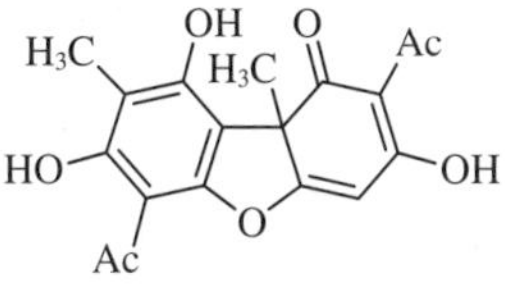

ウスニン酸
usnic acid
(地衣の黄色素)

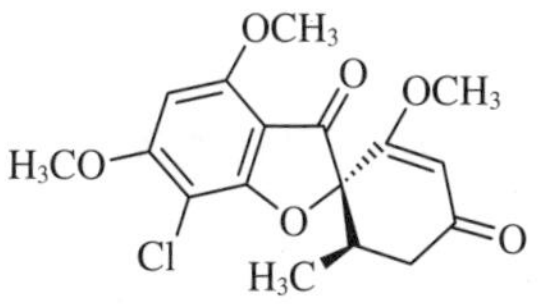

グリセオフルビン
griseofulvin
(抗糸状菌性抗生物質)

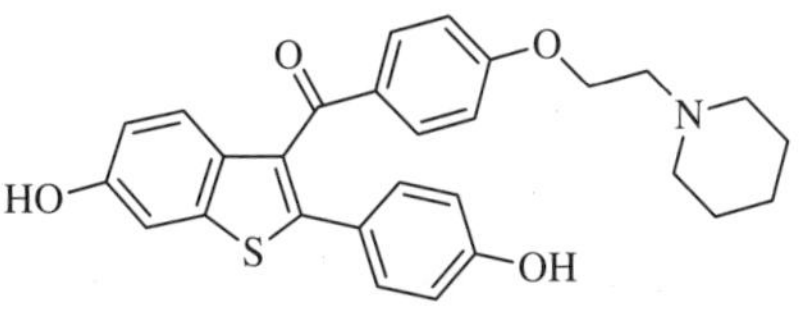

ラロキシフェン
raloxifene
(抗乳がん薬)

図 6・4 ベンゾフラン, ベンゾチオフェンを含む天然物

また, インドールはしばしば重要なインドール系医薬品の基本構造にもなっている. 神経伝達物質であるセロトニンは5位にヒドロキシ基 (-OH) をもつインドール

126   第6章 インドール，ベンゾフラン，ベンゾチオフェン

* セロトニン受容体に作用する化合物.

生物学的等価体（bioisostere）：バイオアイソスターともいう．"タンパク質との結合において，薬物の重要な生理活性に影響を与えることなく，薬物の特定の化学官能基を置き換えることが可能なほかの化学官能基"と定義されているが，単に"似ている"という広い意味で使われることもある．作用の増強，安定性や選択性の向上，副作用の低減などの効果を期待してこのような変換による分子修飾が行われるが，化学的な類似性と，タンパク質との相互作用における生物学的類似性が異なるためか，必ずしも期待どおりの結果が得られないこともある．

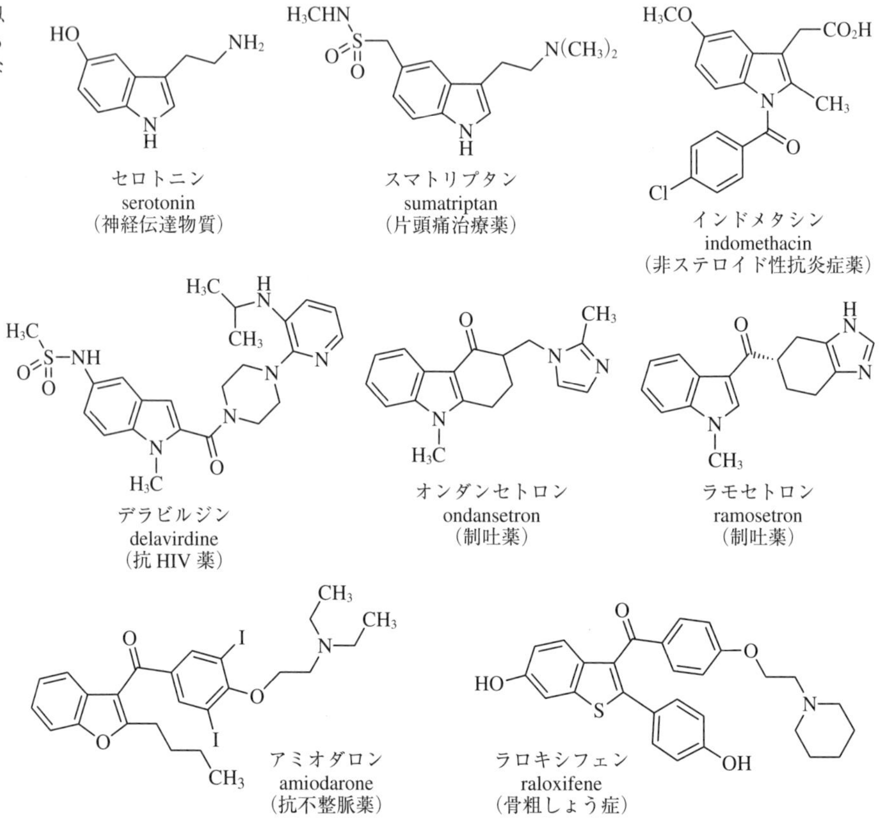

であるが，重要なインドール系医薬品にも5位に置換基をもつものが多い．たとえば，片頭痛などに用いられるスマトリプタンはセロトニンから開発された選択的 5-HT$_{1D}$ 作動性化合物*であるが，5位のヒドロキシ基は CH$_2$SO$_2$NHCH$_3$ 基と置換されている．デラビルジン（抗 HIV 薬），インドメタシン（非ステロイド性抗炎症薬）のような医薬品も 5-置換インドールが基本構造になっている．デラビルジン（非核酸系逆転写酵素阻害薬）では，セロトニンの5位のヒドロキシ基が**生物学的等価体**である NHSO$_2$CH$_3$ 基と置き換えられている．抗がん剤の副作用による強力な吐き気を抑制する第一世代の制吐薬，オンダンセトロンやラモセトロンもセロトニンから開発された．不整脈の治療薬として用いられるアミオダロンはベンゾフラン環を含む医薬品の一例であり，甲状腺ホルモンの類縁体として設計された．ラロキシフェンは骨粗鬆症の治療薬として用いられているベンゾチオフェン誘導体である．

図 6・5 インドール，ベンゾフラン，ベンゾチオフェンを含む医薬品

近代の有機化学は天然物の有効成分を抽出し，化学構造を決定し，生物活性を評価することによって医薬品創製に大きな貢献をしてきた．そして天然物よりも臨床的に有用性が高く，医薬としてより大量かつ安定供給の可能な，副作用を低減した薬の開発に力が注がれてきた．

コレシストキニン（cholecystokinin）：略号 CCK. 消化管ホルモンの一つで，十二指腸や空腸の細胞から分泌されるペプチド．

コレシストキニン受容体拮抗薬（CCK-A 遮断薬）デバゼピドはこのような過程を経て開発された医薬品の一つである．カビの代謝産物であるアスペルリシンはベンゾジアゼピンとインドール骨格をもつ複雑な構造である．アスペルリシンは脳内の**コレ**

シストキニン（CCK）とよばれるペプチドホルモンの拮抗作用をもつ新規天然物である．CCK は食欲の制御に関与しているほか，また，脳内神経伝達物質としてパニック時に関与していると考えられている．そこでアスペルリシン作用を保持し，かつ，ベンゾジアゼピンとインドール環を基軸に構造を単純化することによって，不安症状やパニック発作を抑制する薬デバゼピドが開発され，抗不安薬として，またパニック障害治療薬として使用されている．

アスペルリシン　asperlicin
〔カビ代謝産物（CCK-A 拮抗作用）〕

デバゼピド　devazepide
（CCK-A 拮抗薬，抗不安薬，パニック障害治療薬）

プリビリッジ構造 (privileged structure)：プリビリッジドストラクチャーともいう．

*1 リード化合物の生物活性を高め，選択性を向上させ，代謝を最適化し，毒性を減らるために，化学修飾や活性評価を重ねてリード化合物の構造の最適化を行った結果，薬としての開発を行う候補となった化合物．

リガンド (ligand)：受容体結合物質ともいう．受容体タンパク質に親和性をもつ物質．分子間力によってタンパク質表面のポケットに結合してそのタンパク質の立体構造を変化させ拘束する作用をもつ．

作動薬 (agonist)：アゴニストともいう．受容体タンパク質と結合し，内因性リガンドと同じ生理学的応答をひき起こす外因性リガンド．

拮抗薬 (antagonist)：遮断薬，アンタゴニストともいう．受容体タンパク質と結合するが，対応する生理学的応答をひき起こさず，内因性リガンドや作動薬の結合を阻害する外因性リガンド．

スキャホールド (scaffold)：医薬品化学分野で合成化合物・生物活性化合物のコア部分となる共通構造．ヘテロ環をさすことが多い．

*2 drug-like とは "薬らしい" の意．医薬品として好まれる性質をもつ分子を "薬らしい" 分子といい，この "薬らしさ" を drug-likeness という．"薬らしい" 分子（リガンド）は構造的，物性的側面から判定するのが一般的である．構造的側面としては，一定の分子量をもち，かつ医薬品に頻出する部分構造をもつことなどから，また，物性的側面からは脂溶性，溶解性などから判定する．

lead-like とは "リード化合物のような" の意．目的とする生物活性を示し，派生する誘導体の出発点に当たる化合物．lead-like は drug-like への発展途上と位置づけられるため，その構造面・物性面における定義は，drug-like のものよりも小さい．これは，drug に発展させるために，構造的修飾が必要で，そのための余力を残す必要があるためである．

6・5　プリビリッジド構造にみられるヘテロ環

新しい医薬品を見いだすためのアプローチの一つとして**プリビリッジド構造**から**リード化合物**（p.47 参照）や**開発候補化合物**[*1] などを生み出す創薬研究が知られている．プリビリッジド構造は種々の機能性タンパク質，たとえば，G タンパク質共役受容体（GPCR）やリン酸化酵素など幅広い多数の**レセプター**（酵素や受容体などの種々の標的タンパク質）にファミリー分子種を超えて結合する能力をもつ**リガンド**（受容体結合物質）で，かつ活性発現に重要な役割を担う特別な化学構造を指す．1988 年の B. E. Evans の論文ではじめて使われた．

医薬品や生物活性化合物がその作用を発現するために必須なコア部分の構造は**スキャホールド**とよばれているが，プリビリッジド構造は，生物活性発現が期待できるスキャホールドとして汎用されており，置換基を三次元空間に配置する足場として活用されている．この足場にいろいろな置換基（官能基）を導入して，これらの空間的配置を最適化することにより，親和性をもつ多数のレセプターのなかから，ある特定のレセプターに対して特に強い親和性をもつ選択的なリガンド（受容体結合物質）を探索する手がかりとなる．

このようにプリビリッジド構造はレセプターと強い親和性をもつ選択的リガンドのスキャホールドとして活用されるので，**drug-like・lead-like**[*2] な性質を示す化学構造であることが前提である．

以来プリビリッジド構造として，1,4-ベンゾジアゼピン，ビフェニル，1,4-ジヒドロピリジン，インドール，環状ペプチド，β-グルコースなど多くの化合物が知られているが，平面構造をもつヘテロ環はその代表的なものである．ヘテロ環はそれ自体が drug-like・lead-like な性質をもち，生物活性発現に必須の構造である場合

が多い.
　代表的な例としてインドールがあげられる．インドール環は，天然物や合成品を問わず多くの医薬品や生物活性化合物の構造にみられる．このインドールおよびインドール誘導体に種々の異なった置換基を導入すると如何に多彩な作用を示す医薬品や生物活性化合物が生成するかということを図6・6に示した．これはインドールという共通構造に種々の置換基（官能基）を導入すると，置換基に依存した三次元空間配置に応じて，それぞれ異なったレセプターに作用する結果である．

　インドール以外のヘテロ環プリビリッジド構造の例として，次ページに1,4-ベンゾジアゼピンと2-アミノチアゾールを示した．いずれも置換基の導入によって，多彩な薬理作用が現れる．

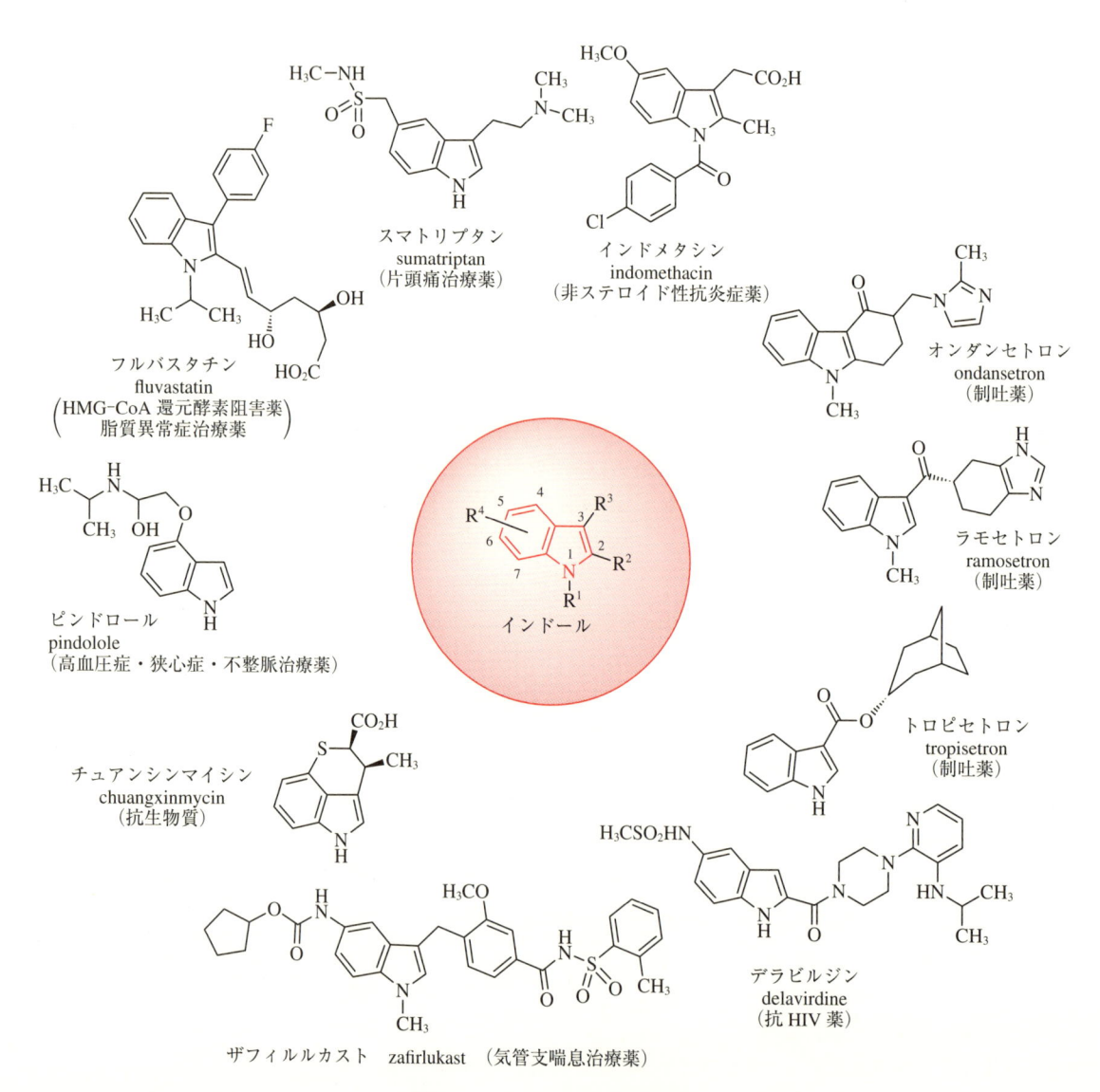

図 6・6　インドール系医薬品

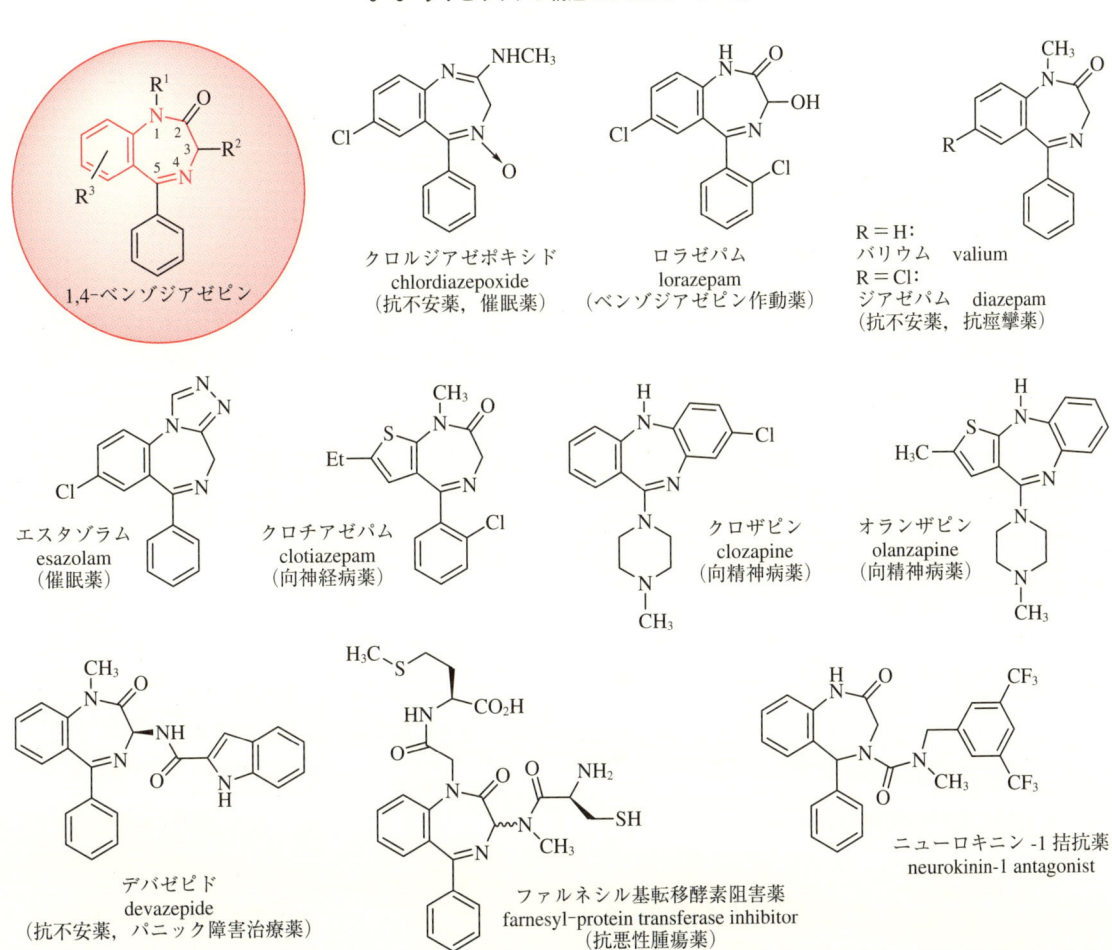

6・5 プリビリッジド構造にみられるヘテロ環

1,4-ベンゾジアゼピン

クロルジアゼポキシド
chlordiazepoxide
（抗不安薬，催眠薬）

ロラゼパム
lorazepam
（ベンゾジアゼピン作動薬）

R = H：
バリウム valium
R = Cl：
ジアゼパム diazepam
（抗不安薬，抗痙攣薬）

エスタゾラム
esazolam
（催眠薬）

クロチアゼパム
clotiazepam
（向神経病薬）

クロザピン
clozapine
（向精神病薬）

オランザピン
olanzapine
（向精神病薬）

デバゼピド
devazepide
（抗不安薬，パニック障害治療薬）

ファルネシル基転移酵素阻害薬
farnesyl-protein transferase inhibitor
（抗悪性腫瘍薬）

ニューロキニン-1拮抗薬
neurokinin-1 antagonist

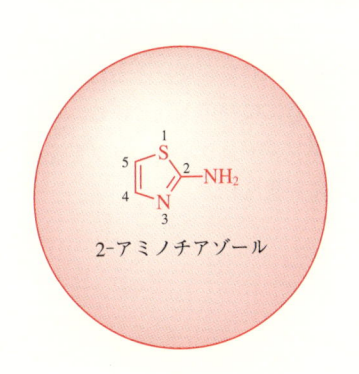

2-アミノチアゾール

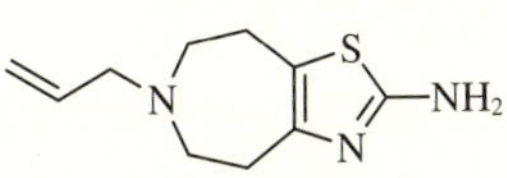

タリペキソール
talipexole
（パーキンソン病薬）

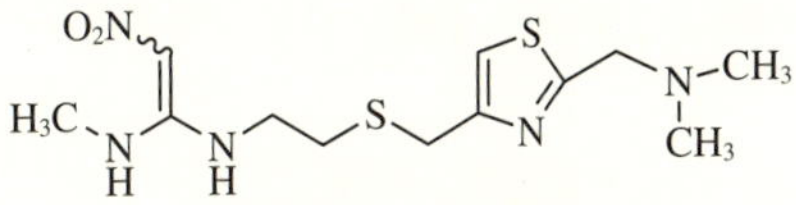

ニザチジン nizatidine
（消化性潰瘍治療薬）

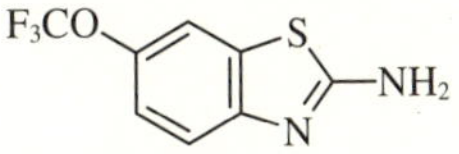

リルゾール
riluzole
（筋萎縮性側索硬化薬）

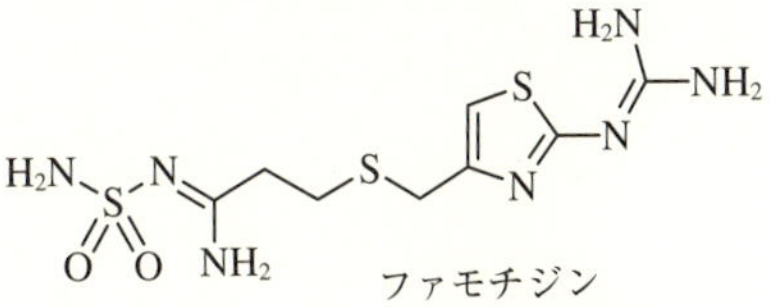

ファモチジン
famotidine
（消化性潰瘍治療薬）

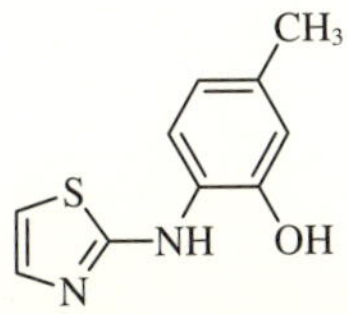

シクロオキシゲナーゼ（COX）
5-リポキシゲナーゼ 5-lipoxygenase

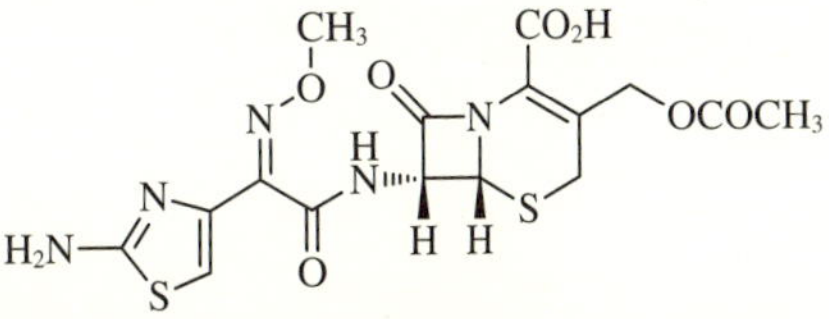

セフォタキシム
cefotaxime
（セフェム系抗生物質）

130   第6章　インドール，ベンゾフラン，ベンゾチオフェン

このほかにも，ピロール，チアゾールなどのアゾール類やキノリン，キナゾリン，キノキサリンなどのアジン類，また β-ラクタム，さらに含酸素や含硫黄ヘテロ環，環状ペプチドなど多くのヘテロ環はさまざまな医薬品にみられる共通骨格である．代表的なプリビリッジド構造を図6・7に示した．

| ピロール | チアゾール | インドール | ピリミジン | キノリン | キナゾリン | キノキサリン |
| pyrrole | thiazole | indole | pyrimidine | quinoline | quinazoline | quinoxaline |

| ヒダントイン | β-ラクタム | ベンゾジアゼピン | グルコース | フェノチアジン |
| hydantoin | β-lactam | benzodiazepine | glucorse | phenothiazine |

| ベンゾ[b]ピラン | クマリン | ベンゾイミダゾール | ベンゾ[b]フラン | ベンゾ[b]チオフェン |
| benzo[b]pyran | coumarin | benzimidazole | benzo[b]furan | benzo[b]thiophene |

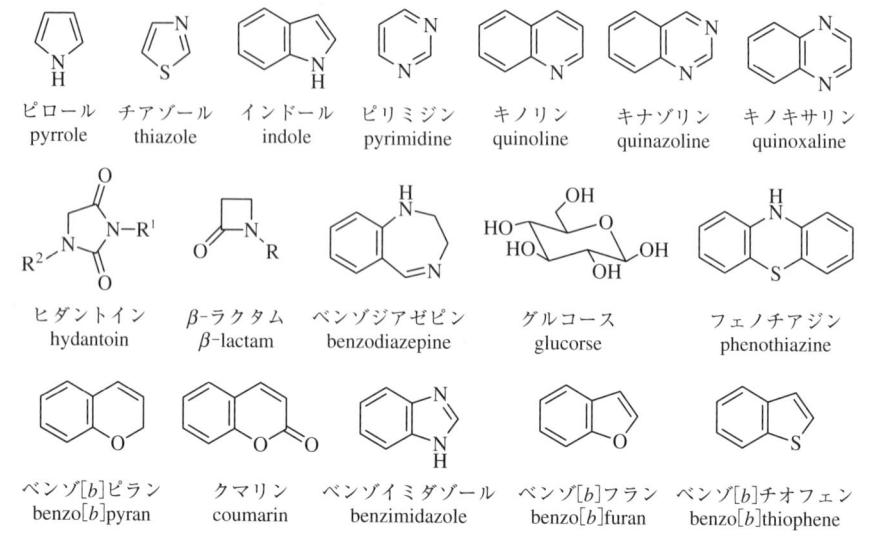

図 6・7　ヘテロ環を含んだ代表的なプリビリッジド構造

コンビナトリアル合成（combinatorial synthesis）: いくつかの合成ブロック（ビルディングブロック）を組合わせることで，多種多様な化合物を短期間で効率よく合成するプロセス．コンビナトリアルケミストリー（combinatorial chemistry）はコンビナトリアル合成によって，目的とする性質をもつ化合物を短期間で見いだし，その化合物を効率よく最適化するためのテクノロジーである．多様な生物学的受容体に固有の親和性をもつプリビリッジド構造は組合わせライブラリー構築のためにしばしば用いられている．

ハイスループットスクリーニング（high throughput screening）: 略号 HTP．リード化合物の迅速な探索の一手段として，多数の化合物（ライブラリー，数万から数百万個）をスクリーニングロボットにより迅速に活性評価し，生理活性物質を効率的に見いだす方法．

プリビリッジド構造を活用して，特定のレセプターに対する最適な化合物（リガンド）へと導くためには，置換基の検討およびその最適な空間的配置を探索する必要があり，そのために多数の誘導体を合成する必要がある．その効率的な手段として，**コンビナトリアル合成**が利用されている．コンビナトリアル合成では従来のように，化合物を1個ずつ合成するのではなく，多数の関連化合物を同時に合成できるため，プリビリッジド構造をスキャホールドとした誘導体合成に盛んに利用されている．合成した多数の化合物（ライブラリー）の活性は**ハイスループットスクリーニング**と連動することによっていくつものスクリーニング系で迅速に評価される．

7 芳香族ヘテロ五員環化合物の合成

7・1 ピロール, フラン, チオフェンの合成

7・1・1 Paal-Knorr 法

　ピロール, フラン, およびチオフェンの合成で古くより知られている最も簡便な方法の一つは Paal-Knorr 法である. この合成法は 1884 年に C. Paal(パール) と L. Knorr(クノール)によって開発され, いまだに有用な反応である.

a. Paal-Knorr ピロール合成

　この合成法を理解するために 2,5-二置換ピロールを例にとり逆合成を考えてみる. まずピロールのエナミン部分に注目する. 一般にエナミンはケトンとアミンの脱水縮合によって生成するので, ピロールのエナミン部分に水を付加 (**官能基変換**, **FGI**) してみると C−N 結合の切断ができることがわかる. ついで同じようにもう一つのエナミン部分にも水の付加, C−N 結合の切断を行うと 1,4-ジケトンとアンモニアが得られる. この逆合成解析から 1,4-ジケトンとアミンがあればピロール環が構築可能であることが示唆される. 実際に 2,5-ヘキサンジオンをアンモニアと反応させると 2,5-

ジメチルピロールが得られる．この反応でアンモニアの代わりに第一級アミンを用いれば同様に反応して直接 N-置換ピロールが得られる．

　Paal-Knorr 法は複雑な構造の天然物や医薬品などの合成にも広く利用されている．抗腫瘍性抗生物質ロセオフィリンの合成では三環性大員環中間体に含まれるピロール環は典型的な Paal-Knorr 法で合成された．合成されたものは非天然型エナンチオマー（ent-(−)-ロセオフィリン）であるが，その抗腫瘍活性は天然物〔(+)-ロセオフィリン〕よりも 2〜10 倍強力である．先に述べた抗炎症薬クロピラック（p.101, 図 5・9 参照）は N-(4-クロルフェニル)-2,5-ジメチルピロールの Mannich 反応で合成されたが，出発物質の 1,2,5-三置換ピロールは 1,4-ジケトンと第一級アリールアミンである 4-クロルアニリンとの Paal-Knorr 法で合成された．スタチン系の脂質異常症（高脂血症）治療薬（p.46 のコラム参照）であるアトルバスタチンはピロール環のすべての位置に異なった置換基と二つのキラル炭素をもつ多置換ピロールである．このアトルバスタチンのエナンチオ選択的合成においても伝統的な Paal-Knorr 法が利用された．

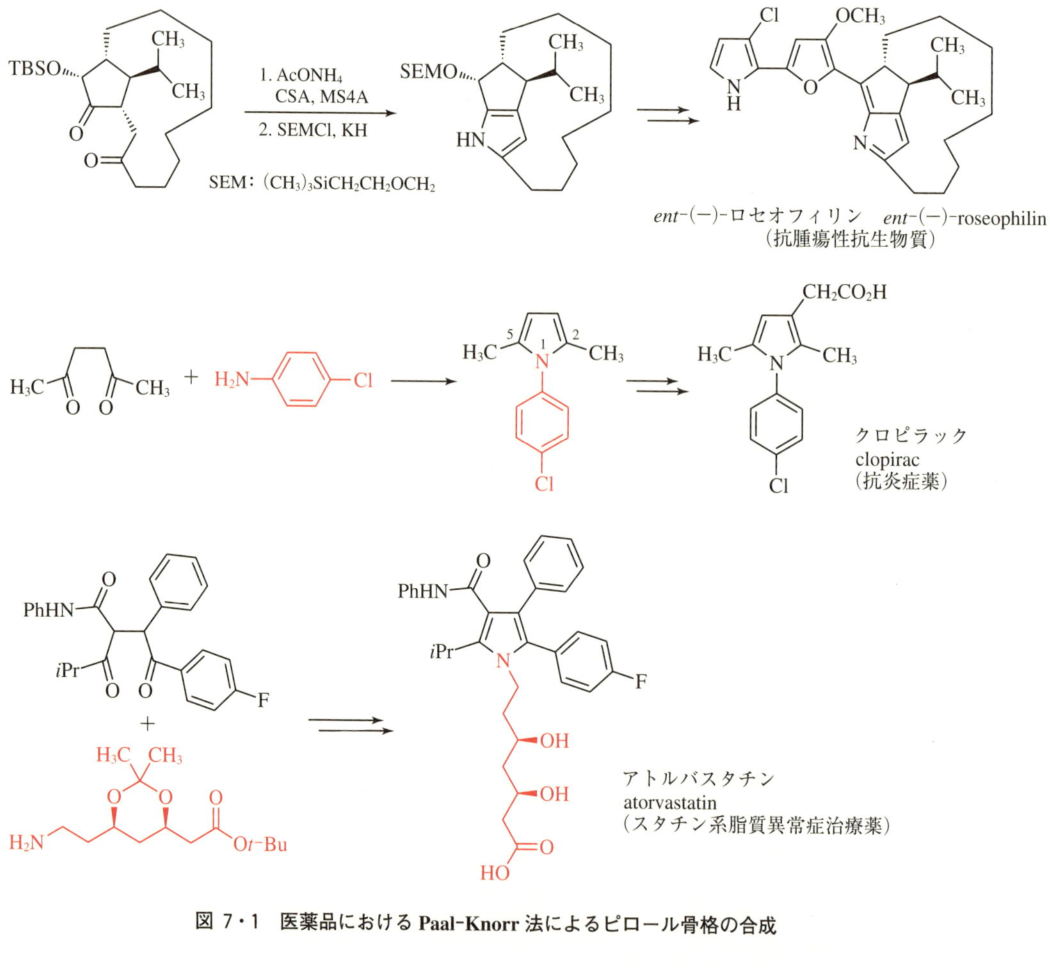

図 7・1　医薬品における Paal-Knorr 法によるピロール骨格の合成

b. Paal-Knorr フラン合成　　1,4-ジケトンを酸触媒と加熱すると分子内で脱水環化してフランが生成する．脱水は硫酸や塩酸などの強酸や Lewis 酸（ZnCl$_2$, BF$_3$ な

7・1 ピロール,フラン,チオフェンの合成

ど),さらには五酸化二リン P_2O_5 や無水酢酸 $(CH_3CO)_2O$ などの脱水剤が用いられる.反応機構に示したようにこの反応はすべての段階が平衡反応であるため,すでにフランの反応性でみたように,フランを酸加水分解すると 1,4-ジケトンになる.

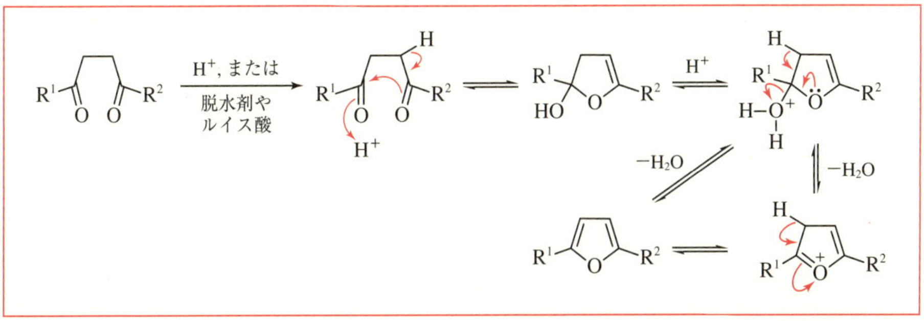

典型的なフラン合成の反応例は図 7・2a に示す p-トルエンスルホン酸触媒 (p-TsOH) による t-ブチルケトンの脱水環化である.2,5-ジ-t-ブチルフランが得られる.

フラン環を含む 16π 電子系のアヌレンであるピレノフランも Paal-Knorr フラン合成で構築された (b).脱水剤として P_2O_5 が使われている.抗菌性キノロンである 5-フリルキノロンの合成では p-TsOH 触媒で環化する (c).

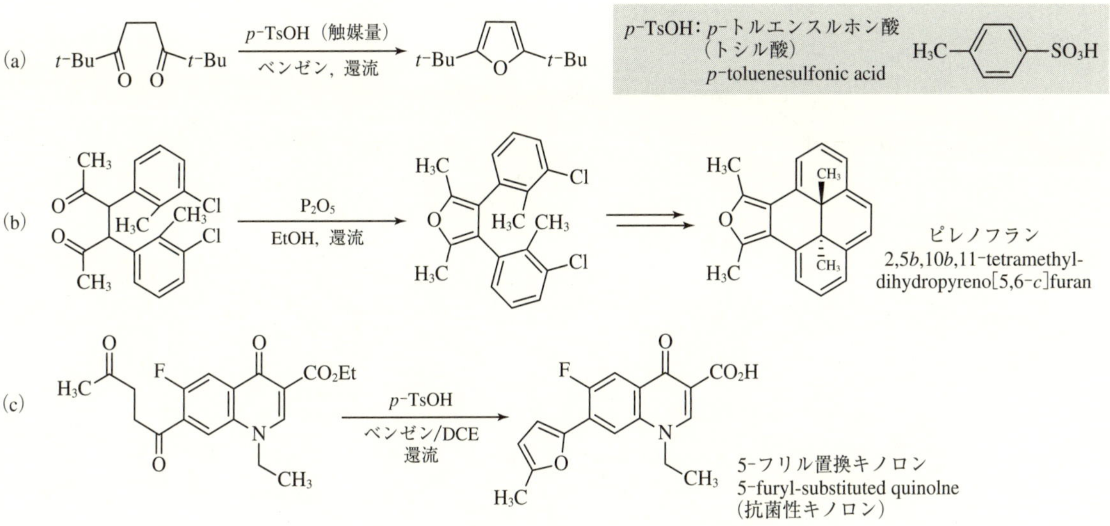

図 7・2 Paal-Knorr 法によるフランの合成

c. Paal-Knorr チオフェン合成 チオフェンの合成にはまずカルボニル基をチオカルボニル基 (C=S) に変換する.チオケトンはケトンよりも反応性に富むので 1,4-ジケトンからフランへの環化と同じような機構で速やかに環化してチオフェンになる.チオケトン生成のためには通常五硫化二リン P_2S_5 などの無機硫黄化合物や Lawesson 試薬を用いる.

このように Paal-Knorr 法ではエノール化が可能なアルデヒド,ケトン,カルボン

Lawesson 試薬
Lawesson's reagent

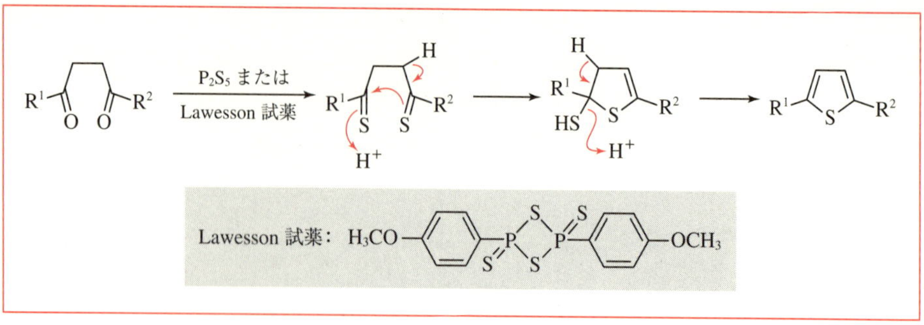

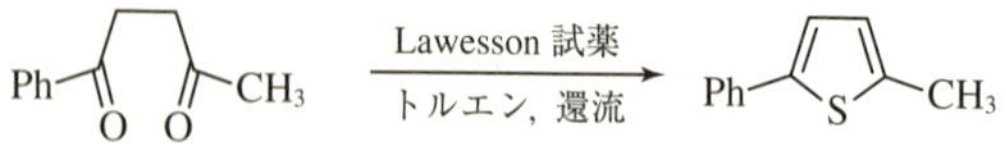

酸などの 1,4-ジカルボニル化合物がそれぞれエナミン，エノール，エンチオール型中間体のカルボニル基またはチオカルボニル基への分子内求核攻撃とそれに続く脱離反応で芳香化し，それぞれピロール，フラン，チオフェンを生成する．

7・2　インドールの合成

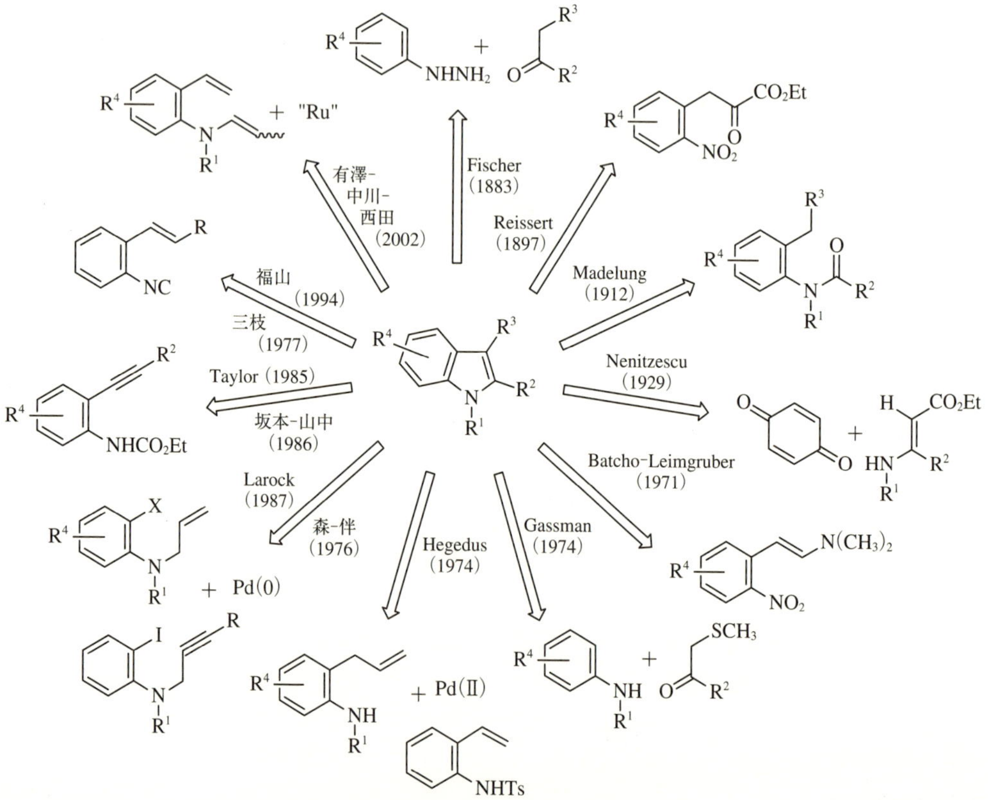

図 7・3　インドールの合成法

7・2 インドールの合成

インドール環は広範囲の化合物に含まれているのでインドール環の合成に対してはさまざまな手法が開発されてきた．その多くはオルト置換アニリン誘導体を出発物質とし環化する方法である．年代順に代表的な合成法を図 7・3 に示した．このうち最も古くより知られ，かつ最もしばしば利用されてきたのが Fischer インドール合成である．1970 年代からは有機金属化学の進展に伴って，パラジウム（Pd），ニッケル（Ni），ルテニウム（Ru）などの遷移金属を触媒とする手法が新たに加わった．本書では，図 7・3 に示した合成法のうち，反応例が多い Fischer インドール合成と実用性が高いと考えられる遷移金属触媒を用いたインドール合成について述べるにとどめる．

7・2・1 Fischer インドール合成

すでにフェニルヒドラジンを発見していた生化学の先駆者であり，また偉大な有機化学者である E. Fischer* はカルボニル化合物との反応を研究中，1883 年，ピルビン酸とフェニルヒドラジンから得られるフェニルヒドラゾンをアルコール中，塩酸と反応させると 2-インドールカルボン酸が生成することを発見した．

* 生物化学分野で重要な糖，プリンおよびタンパク質についての広範囲な研究で 1902 年ノーベル化学賞を受賞したドイツの偉大な有機化学者．"生物化学の父"とよばれる．Fischer インドール合成や Fischer エステル合成法などを発見した．

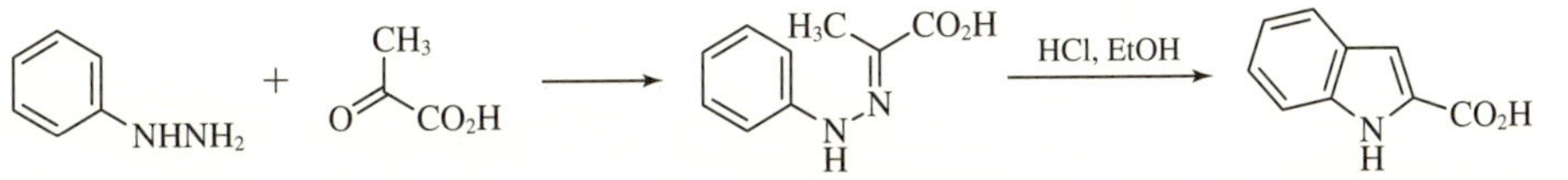

フェニルヒドラジン　ピルビン酸　　　フェニルヒドラゾン　　2-インドールカルボン酸
phenylhydrazine　 pyruvic acid　　phenylhydrazone　　2-indolecarboxylic acid

後にこの反応はピルビン酸に限らず，アルデヒドやケトンをフェニルヒドラジンと酸性溶液中で加熱すると対応するインドールが生成する一般性のある反応であることを明らかにし，**Fischer インドール合成**として知られるところとなった．

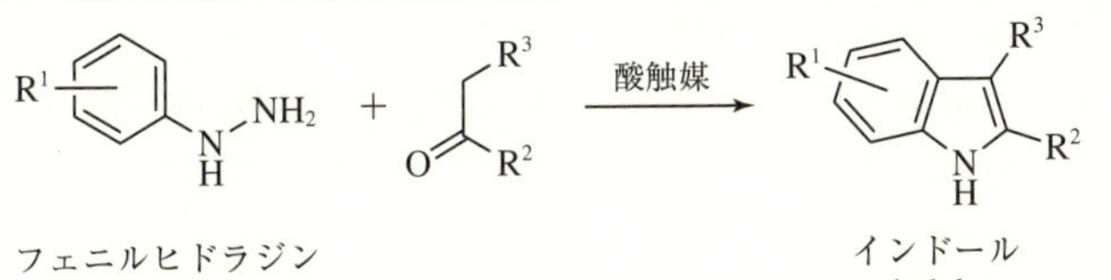

フェニルヒドラジン　　　　　　　　　　　　　　インドール
phenylhydrazine　　　　　　　　　　　　　　indole

図 7・4 Fischer インドール合成

この古典的な合成法は現在に至るも，なおインドール合成法の最も重要な反応の一つであり，これまで多大な貢献をしてきた．医薬品中間体などの工業的スケールでの大量合成にも利用されており，鎖状ケトンやアルデヒドにとどまらず，環状ケトン，ジケトン，ケトエステルにも適用できる．触媒として塩酸，硫酸，酢酸，トリフルオロ酢酸などの各種の Brønsted 酸のほか，BF_3 や $ZnCl_2$ などの Lewis 酸もしばしば用いられる．

a. 反応機構　現在一般に受け入れられている反応機構は三つの段階からなる．まず ① ヒドラゾン-エンヒドラジンの平衡：ケトンとフェニルヒドラジンの脱水反応によるヒドラゾン（イミン）の生成で始まる．ヒドラゾンは単離することもできるが，反応条件下では互変異性化してエンヒドラジン（エナミン）と平衡になる．② [3,3]

シグマトロピー転位による新しい C–C 結合の生成：エナミンはベンゼン環のオルト位に近づく配座をとると [3,3]シグマトロピー転位が可能となり，新たな C–C 結合の形成と N–N 単結合の開裂が起こる．ついで脱プロトンする．この不可逆的な脱プロトンによってイミン，エナミンの平衡はインドール環合成に有利なように右に偏る．③ アンモニアの放出によるインドール環の生成：アニリンのアミノ基は直ちにもう一つのイミンを求核攻撃し，アンモニアが脱離してインドール環が生成する．

ヒドラジンはベンゼン環や窒素上に置換基をもつものも用いることができるが，反応機構から予想されるように，非対称構造であると両オルト位への環化による異性体が生成する．また，ケトンのエノール化が両アルキル基側に可能な場合も異性体が生成する．

たとえば，フェニルヒドラジンとエチルメチルケトンの反応では，エンヒドラジンはアルキル基の両サイドで生成するので 2-エチル-3-メチル体と 2-エチル体が生成する．両異性体の生成比は用いる酸触媒や反応条件によって変わる．

次ページのスマトリプタンの合成に示したように Fischer インドール合成で確実に 1 種類の生成物を得るには両出発物ともに対称構造のものを用いることである．

神経伝達物質であるセロトニンや，睡眠ホルモンといわれる日照時間の情報を伝える内因性物質メラトニンなど 5 位に置換基をもつトリプタミン誘導体には重要な生物活性を示すものが多い．また，これらは Fischer 法で合成されることが多い．

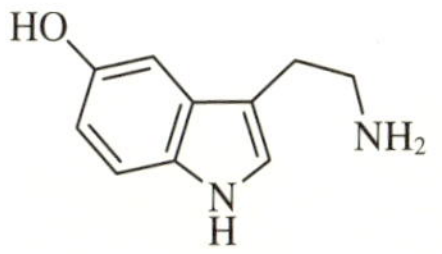

7·2 インドールの合成

セロトニン serotonin
5-ヒドロキシトリプタミン
5-hydroxytryptamine
（神経伝達物質）

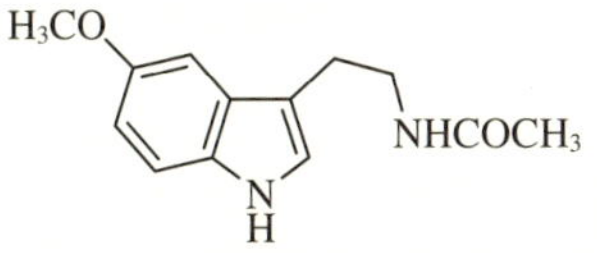

メラトニン melatonin
N-アセチル-5-メトキシトリプタミン
N-acetyl-5-methoxytryptamine
（睡眠ホルモン）

　片頭痛薬スマトリプタンもその一例である．Fischer 法で合成するにはパラ位に置換基をもつフェニルヒドラジンとアセタールで保護した 3-シアノプロパナールとの反応で得られるヒドラゾンが必要である．これをポリリン酸エステル（PPE）触媒と反応させると，幸いにして基質に対称性があるため 5-置換インドールのみが生成する．続くシアノ基の還元とジメチル化によってスマトリプタンが得られる．

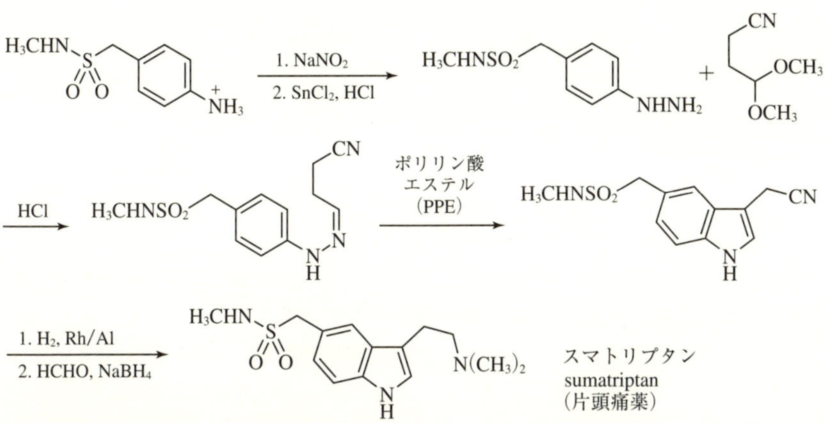

スマトリプタン
sumatriptan
（片頭痛薬）

　非ステロイド性抗炎症薬であるインドメタシンは 1,2,3,5 位にそれぞれ置換基をもっている．5-メトキシ-N-(p-クロロベンゾイル)ヒドラジンと非対称鎖状ケトカルボン酸から生成したヒドラゾンは非対称である．しかし，酸性条件下でメチル基側

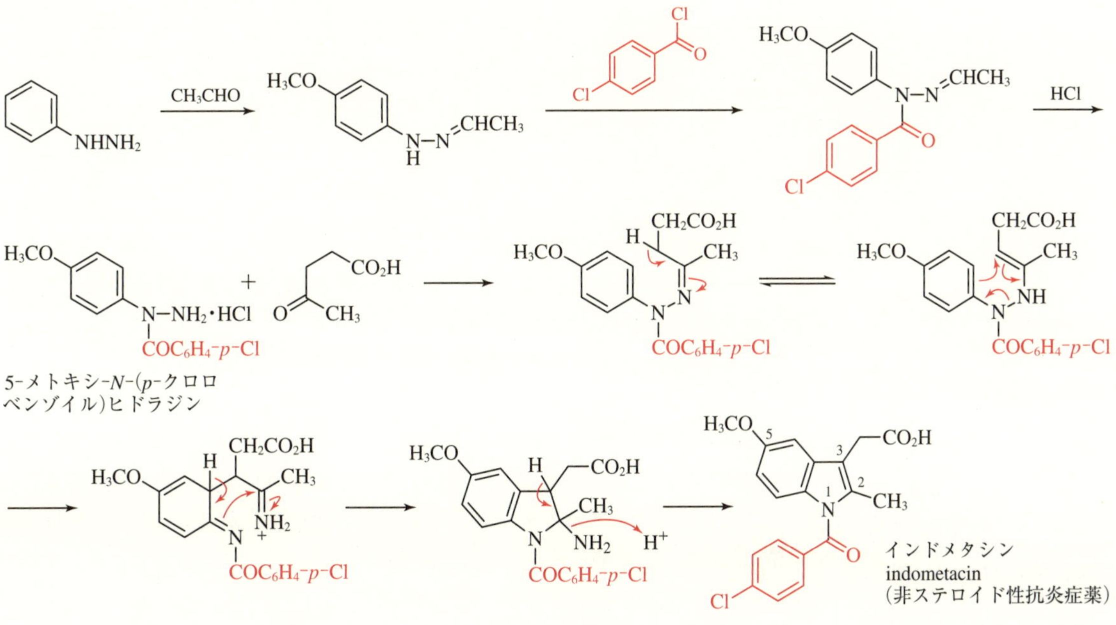

5-メトキシ-N-(p-クロロベンゾイル)ヒドラジン

インドメタシン
indometacin
（非ステロイド性抗炎症薬）

ではなくアルキル鎖側で優先的に異性化し、より安定なエナミンが生成するために、[3,3]シグマトロピー転位が一方にのみ進行し、唯一の目指す置換インドールが生成する。この例でみられるように *N*-アシルヒドラジンを用いると、直接 *N*-置換インドールが得られる。

非対称ヒドラゾンを用いて位置選択性を制御した例は、抗腫瘍薬の服用による吐き気を緩和するがん患者用制吐薬オンダンセトロンの合成である。この逆合成を考えると、4-オキソ-1,2,3,4-テトラヒドロ-9-メチルカルバゾールの Mannich 反応により合成できると考えられる。

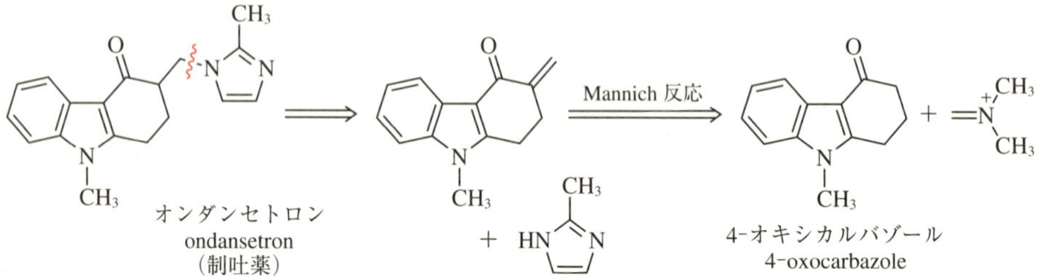

4-オキソカルバゾールはシクロヘキサン-1,3-ジオンとフェニルヒドラジンの Fischer 法で合成できる。シクロヘキサン-1,3-ジオンは等価のカルボニル基をもち、フェニルヒドラゾンからエナミンへの平衡はカルボニル基と共役するエナミンに偏るので位置選択的な環化が起こり 4-オキソ体のみが生成する。ついで塩基共存下に *N*-メチル化した後、Mannich 反応、イミダゾールとの反応を行うとオンダンセトロンが得られる。

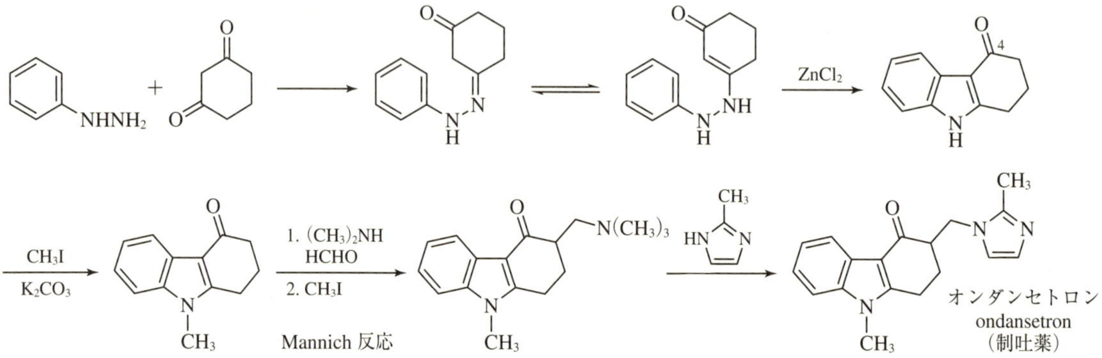

b. インドールアルカロイド合成 インドールアルカロイドの合成には Fischer インドール合成法がしばしば用いられてきた。20 世紀の最も偉大な有機化学者の一人である R. B. Woodward* は最強の植物毒ストリキニーネの世界初の全合成を達成した。全合成の最初の工程はジメトキシアセトフェノンの Fischer 法による 2-(3,4-ジメトキシフェニル)インドールの合成であった（図 7・5a）。

(+)-アスピドスペルミジンの合成では複雑な三環性ケトンの Fischer インドール合成が鍵段階で用いられている（図 7・5b）。ケトンは非対称であるが、酢酸のような弱い酸性条件下では置換基の多い α 炭素にのみエノール化が起こるため、位置選択的に環化が進行し、求めるインドレニン誘導体のみが生成する。これにより一挙にアスピドスペルミジンの五環性骨格が構築される。

---

* R. B. Woodward 元ハーバード大学教授は"20 世紀最大の有機化学者"と評価されている。さまざまな複雑な骨格をもつ天然物の化学合成における業績で 1965 年にノーベル化学賞を受賞した。また、R. Hoffman と共にペリ環状反応の化学選択性を理解するための経験則である **Woodward-Hoffmann 則**（軌道対称性保存則ともよばれる）を提唱した。

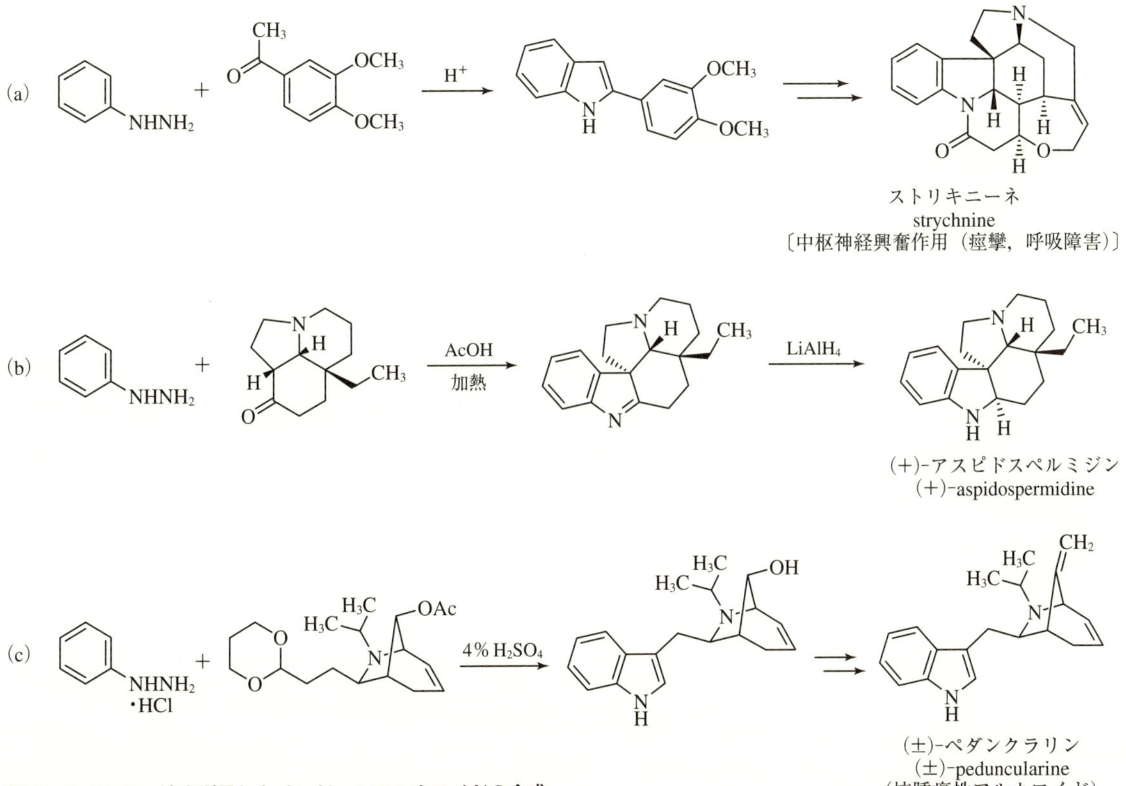
(a)
H^+
ストリキニーネ
strychnine
〔中枢神経興奮作用（痙攣，呼吸障害）〕
(b)
AcOH
加熱
$LiAlH_4$
(+)-アスピドスペルミジン
(+)-aspidospermidine
(c)
4% H_2SO_4
(±)-ペダンクラリン
(±)-peduncularine
(抗腫瘍性アルカロイド)

図 7・5　Fischer 法を利用したインドールアルカロイドの合成

3 位置換インドールアルカロイドのペダンクラリンはアセタールで保護されたビシクロアルデヒドとフェニルヒドラジン塩酸塩を硫酸触媒で反応させることによって効率的に合成される（図 7・5 c）.

7・2・2　遷移金属触媒を用いるインドール合成

Fischer インドール合成のほかにも多くのインドール合成法があるが，ここでは近年開発された遷移金属触媒を用いる合成法に簡単に触れる．これらは比較的入手しや

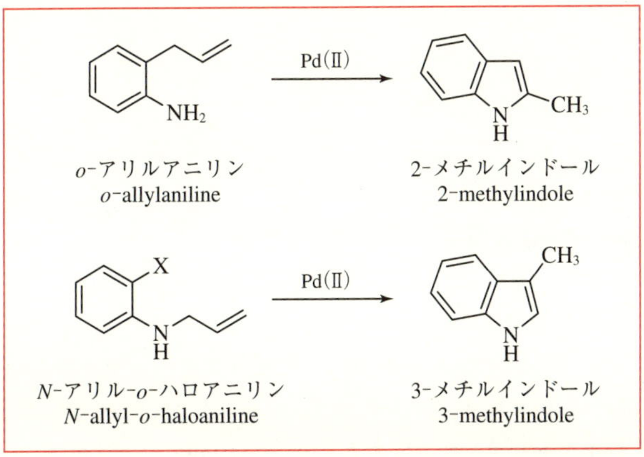
Pd(II)
o-アリルアニリン
o-allylaniline
2-メチルインドール
2-methylindole
Pd(II)
N-アリル-o-ハロアニリン
N-allyl-o-haloaniline
3-メチルインドール
3-methylindole

図 7・6　パラジウム触媒を用いたインドール環合成

すい出発物質 o-アリルアニリンか N-アリル-o-ハロアニリンからパラジウム (Pd) などの遷移金属触媒を用いたインドールへの環化反応である（図7・6）．

通常非共役アルケンは求核剤の攻撃を受けないが，2価のパラジウム〔Pd(II)〕のような遷移金属に二重結合が配位すると求核攻撃を受けるようになる．これはπ電子が金属に引きつけられるために，電子密度が低下してアルケンの求電子性が劇的に向上するためである．Pd(OAc)$_2$ や PdCl$_2$ のような2価のパラジウムに配位して活性化されたアルケンは，分子内の適当な位置にアミンやアルコールがあると分子内求核攻撃を受けて，環状アミンや環状エーテルになる．

a. Hegedus インドール合成　　o-アリルアニリンに PdCl$_2$ を加えて反応させると 2-メチルインドールが生成する．この反応では活性化されたアルケンに窒素が求核攻撃して二環性の σ-アルキルパラジウム中間体が生成する．これより β 水素脱離が起こった後，異性化すると 2-メチルインドールになる．ここで生成した HPdCl は還元的脱離によって Pd(0) を生成するが，ベンゾキノンによって再酸化されて Pd(II) になり，触媒サイクルが完結する（図7・7）．

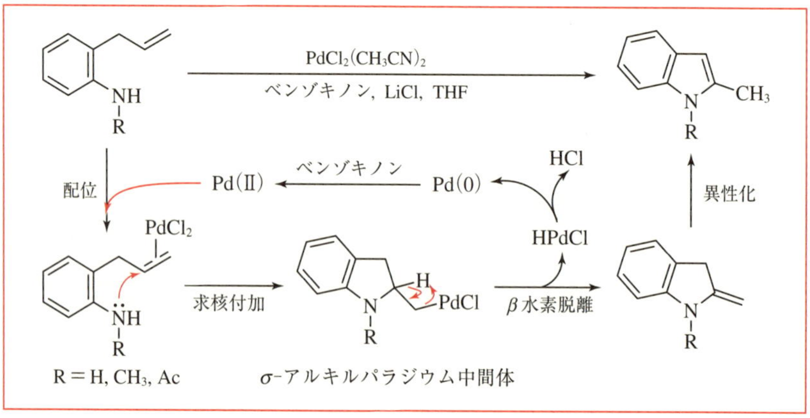

図 7・7　Hegedus インドール合成

N-置換 o-ビニルアニリン誘導体からも同じような機構で Pd(II) 触媒による環化が進行し N-置換インドールが得られる．

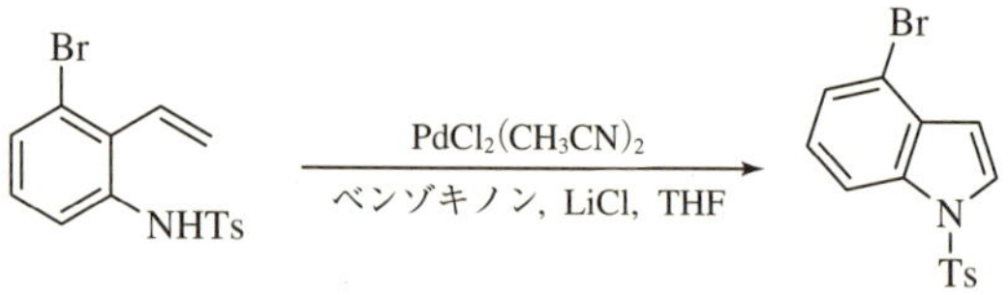

b. 分子内溝呂木-Heck 反応（森-伴インドール合成）　　N-アリル-o-ハロアニリンの分子内溝呂木-Heck 反応によってもインドールが得られる．この反応に関与するパラジウムは0価である．Pd(OAc)$_2$ はトリエチルアミン Et$_3$N によって反応系内で Pd(0) に還元（p.34 のコラム参照）されてヨードベンゼンに酸化的付加する．ついで二重結合への挿入反応（カルボパラジウム化）が起こり環化し，続く β 水素脱離によって 3-インドリデンが生成する．一方で HPdI の還元的脱離により Pd(0) が再生し触媒工程に入り，3-インドリデンは異性化によって 3-メチルインドールと

7・2 インドールの合成

なる（図7・8）．

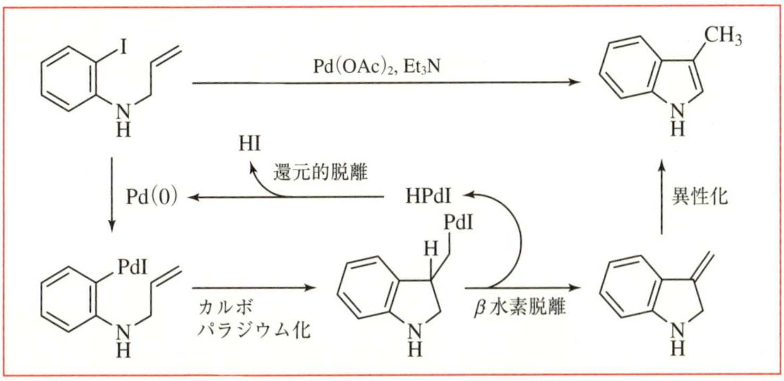

図7・8 Mori-Ban インドール合成

O-アリル-*o*-ヨードフェノールや *S*-アリル-*o*-ヨードチオフェノールも同様の分子内溝呂木-Heck 反応によって環化し，それぞれ 3-メチルベンゾフランと 3-メチルベンゾチオフェンになる．これらの反応は森-伴のインドール合成として知られている．

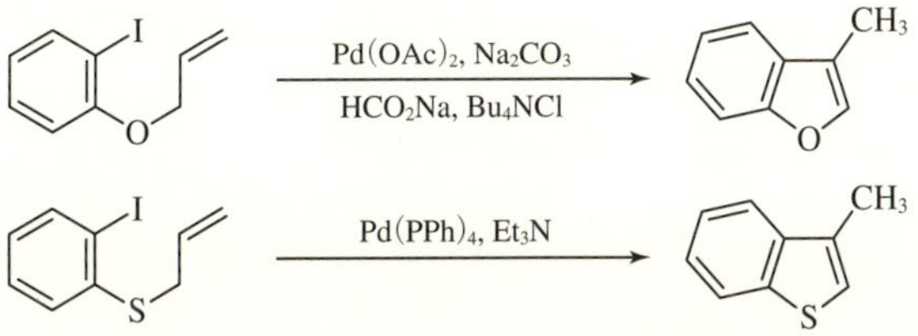

分子内溝呂木-Heck 環化反応はより複雑な系においても有効である．一つの例が CC-1065 の重要中間体合成にみられる．また *N*-アリル基の代わりに *N*-アルキニル

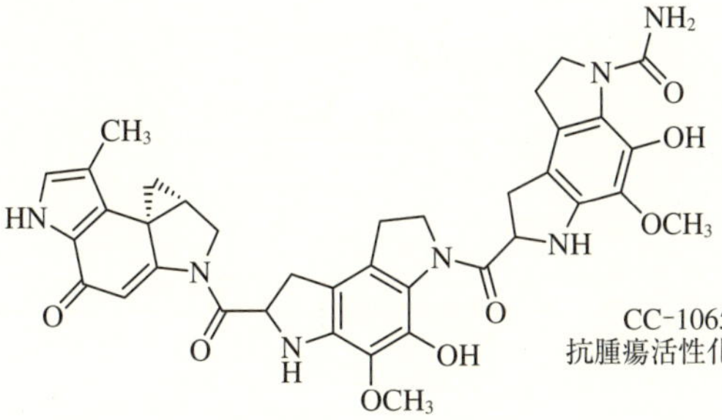

CC-1065
抗腫瘍活性化合物

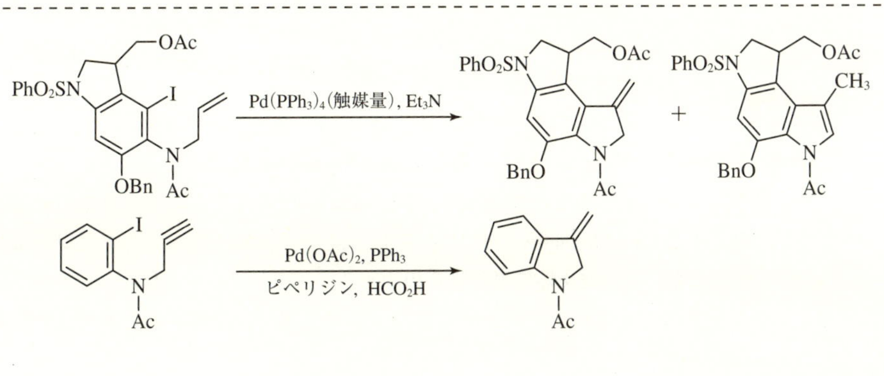

置換体も同様に反応して 3-インドリデンが生成する．この反応を触媒する Pd(0) は PPh₃ による Pd(OAc)₂ の還元（p.34 のコラム参照）によって系内で発生する．

c. 坂本-山中，Taylar インドール，フラン合成　　o-ハロアニリンと末端アルキンからパラジウム触媒によって生成する o-アルキニルアニリンは容易に環化して 2 位置換インドールになる（図 7・9）．

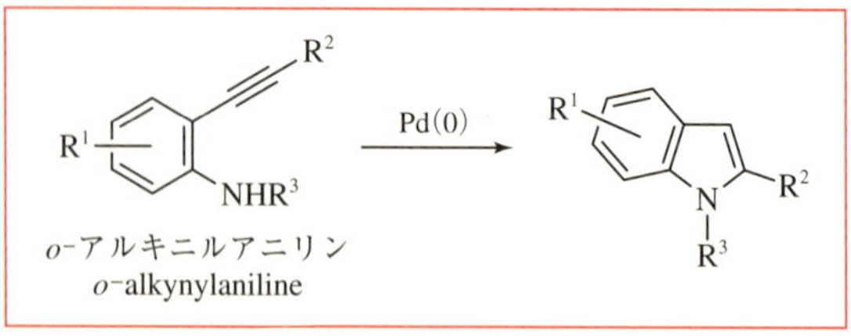

図 7・9　坂本-山中，Taylar インドール，フラン合成

この場合も実際の触媒は Pd(OAc)₂ のような 2 価パラジウムが Et₃N で還元されて生じた 0 価パラジウムである（p.34 のコラム参照）．このような反応はヨードフェノールでも進行し，2 位置換ベンゾフランが得られる．

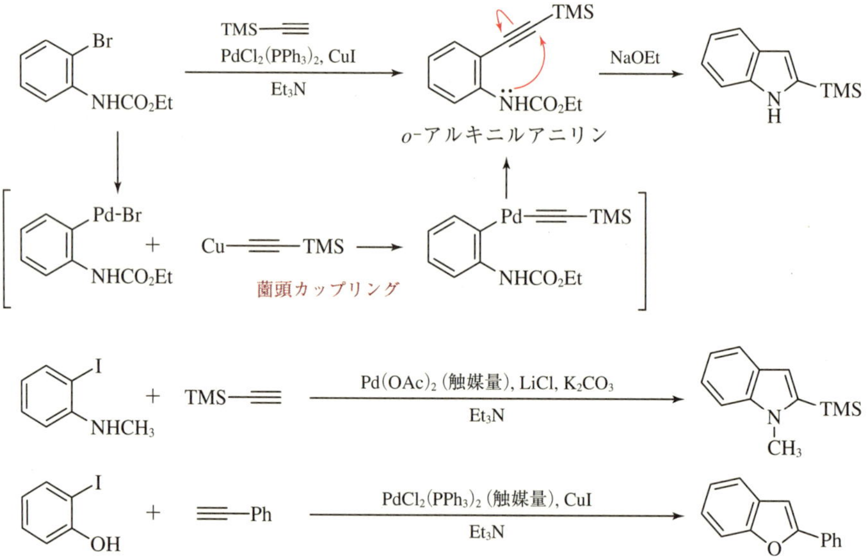

7・3　β-カルボリンの合成

7・3・1　Bischler-Napieralski 反応と Pictet-Spengler 反応

イソキノリン合成法のなかで Bischler-Napieralski 反応（ビシュラー ナピラルスキー）による 3,4-ジヒドロイソキノリンの合成と Pictet-Spengler 反応（ピクテ スペングラー）による 1,2,3,4-テトラヒドロイソキノリン合成について説明した．この両反応で出発物質のフェニルエチルアミンの代わりにトリプタミンやトリプトファンのような 2-インドリルエチルアミンを用いると同じように反

7・3 β-カルボリンの合成

応が進行してβ-カルボリンが生成する．トリプタミンやトリプトファンのような 2-インドリルエチルアミンのアシル化で得られるアミドは五酸化二リン P_2O_5 またはオキシ塩化リン $POCl_3$ などの酸触媒によって分子内求電子置換反応（分子内 Mannich 反応）が進行し 3,4-ジヒドロ-β-カルボリンになる．これもイソキノリン合成でみられた Bischler-Napieralski 反応である．一方，トリプタミンやトリプトファンとアルデヒドやケトンの脱水により生成するイミンは，酸触媒下に分子内 Mannich 反応が起こり，1,2,3,4-テトラヒドロ-β-カルボリンに環化する．これは Pictet-Spengler 反応である（図 7・10）．

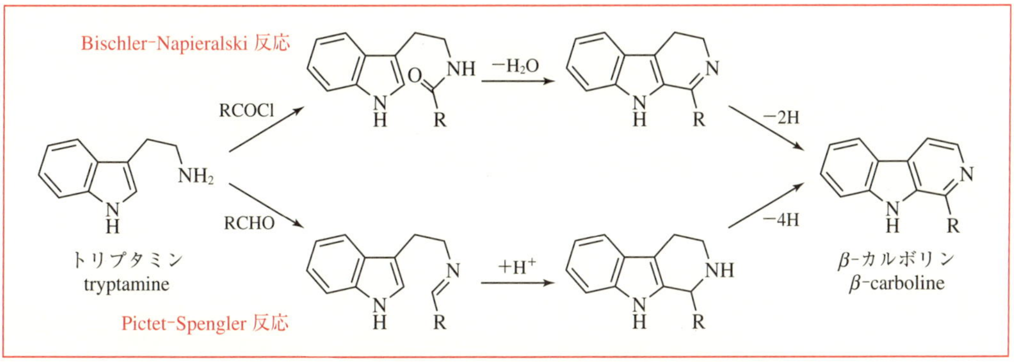

図 7・10　Bischler-Napieralski 反応と Pictet-Spengler 反応

Bischler-Napieralski 反応によって得られるジヒドロ体や Pictet-Spengler 反応によって得られるテトラヒドロ体は，脱水素剤 DDQ などによって芳香化し β-カルボリンになる．また，ジヒドロ体は $NaBH_4$ などによってテトラヒドロ体に還元される．

2-インドリルエチルアミンの Pictet-Spengler 反応や Bischler-Napieralski 反応機構はイソキノリン合成（§3・3・1，§3・3・2 参照）の場合とほぼ同じであるがやや異なっている点がある．

a. 反応機構　2-インドリルエチルアミンとアルデヒドから生成するカチオン中間体，イミニウムイオンの分子内攻撃はインドールの 3 位か 2 位か二つの可能性が考えられる．しかし，すでにインドールの反応性で述べたように，Pictet-Spengler

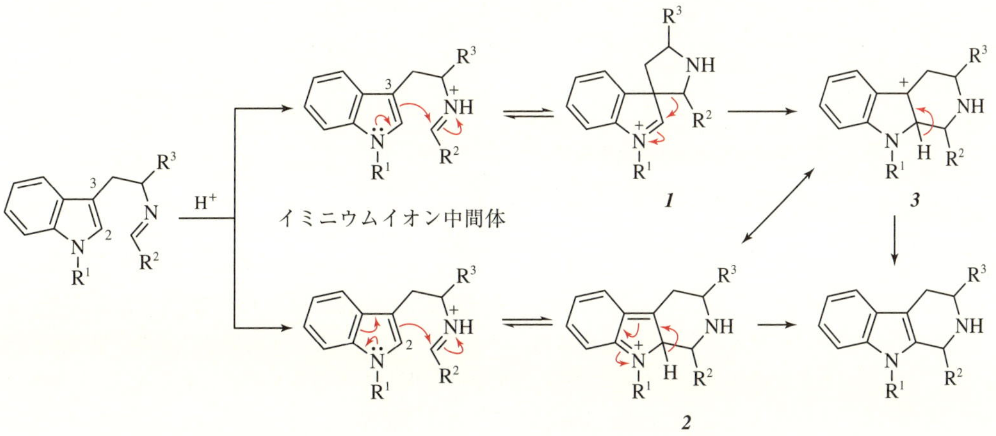

反応や Bischler-Napieralski 反応においても，直接 3 位攻撃が起こり生成するスピロインドレニン中間体 *1* から転位体 *3* を経由する反応機構で進行するものと考えられている．しかし，インドールのベンゼン環上の置換基によっては中間体 *2* を経由し進行する可能性も残されている．

　トリプタミンとアセトアルデヒドを酸と反応させるとイミン中間体の環化が起こり 1-メチル-1,2,3,4-テトラヒドロ-β-カルボリンが得られる（図 7・11 a）．これは最も簡単な Pictet-Spengler 反応の例であるが，Pictet-Spengler 反応は複雑なインドールアルカロイドの合成にも用いられている．カビ毒の成分の一つ，フミトレモルジン B の合成の最初の工程は，トリプトファンエステルとブタナールの Pictet-Spengler 反応である（図 7・11 b）．この反応では 1,3-シス異性体と 1,3-トランス異性体の生成が予想されるが，主生成物は 1,3-*cis*-β-カルボリンである．同様に (*S*)-シアノメチルトリプタミンとプロパナール誘導体から得られるイミンにトリフルオロ酢酸（TFA）を加えると，反応はシス選択的に進行し，数段階を経て 1,3-*cis*-β-カルボリンアルカロイドである (−)-スアベオリンに導かれる（図 7・11 c）．

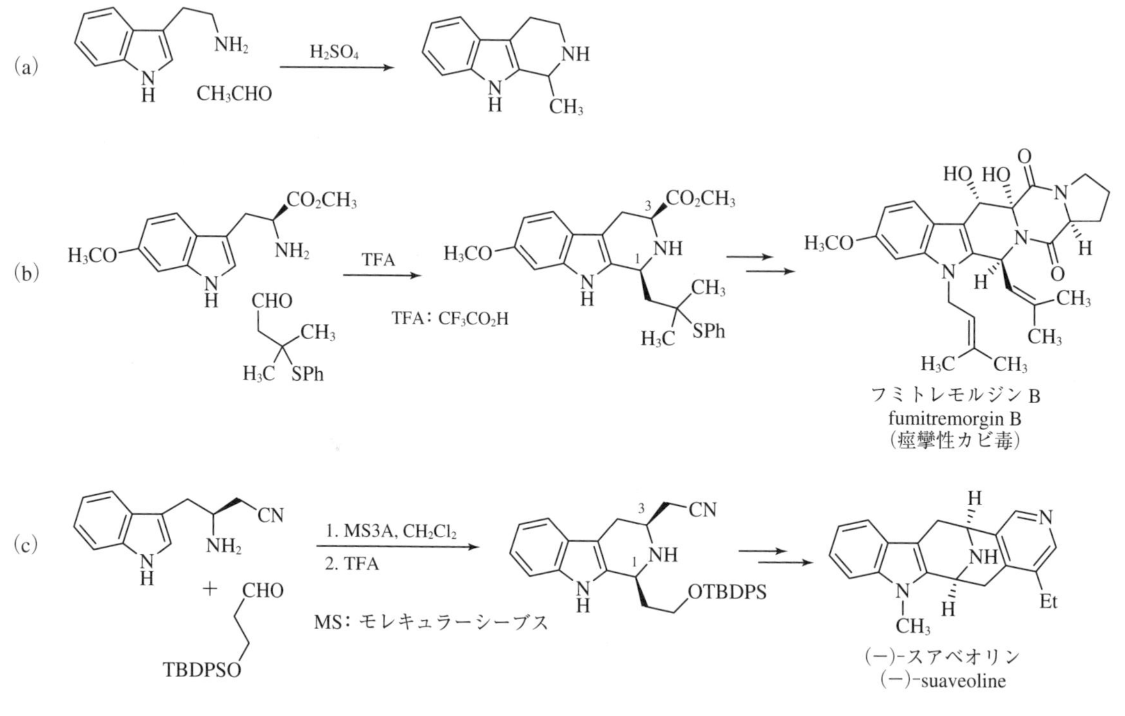

図 7・11　Pictet-Spengler 反応を利用したインドールアルカロイドの合成

　また，トリプタミンの代わりに N_b-ヒドロキシトリプタミンを用いても Pictet-Spengler 反応は進行する．ホヤから単離された強力な抗ウイルス活性，抗菌活性をもつユーデストミン類の合成においては，オキサチアゼピン環構築の重要な中間体である光学活性なテトラヒドロ-β-カルボリン環がキラルなアルデヒドと N_b-ヒドロキシトリプタミンとの Pictet-Spengler 反応により構築された（図 7・12）．

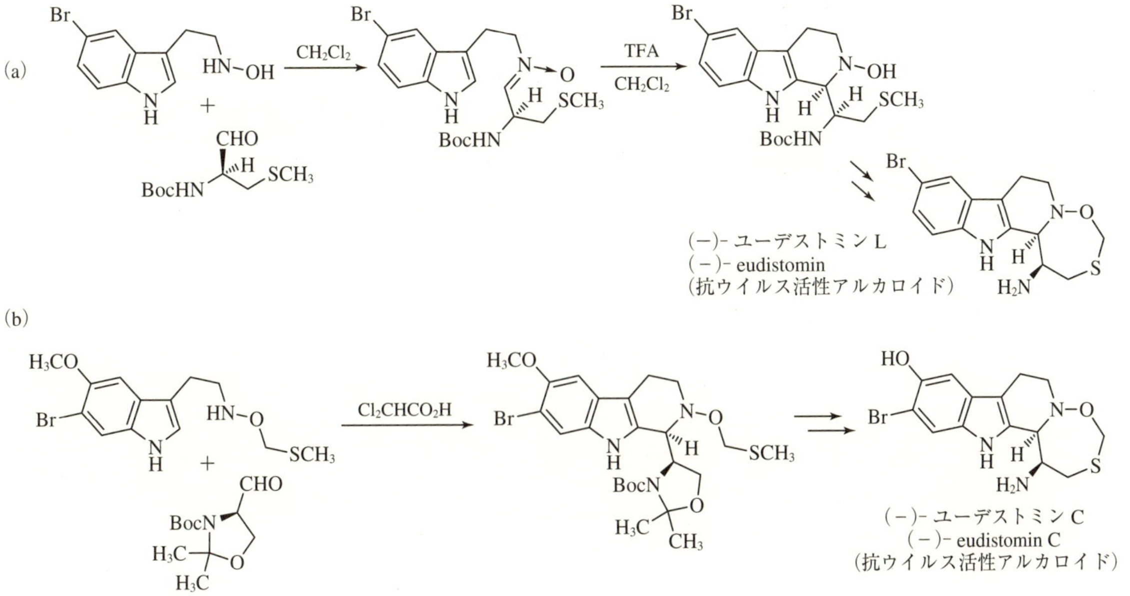

図 7・12 N_b-ヒドロキシトリプタミンの Pictet-Spengler 反応

　近年，不斉 Pictet-Spengler 反応による光学活性置換テトラヒドロ-β-カルボリンの合成も可能になった．その一例は，トリプタミンの側鎖の窒素（N_b 位）にキラルスルホキシドなどのキラル補助基をつけて Pictet-Spengler 反応を行い，反応後にキラル補助基を除去する方法である．

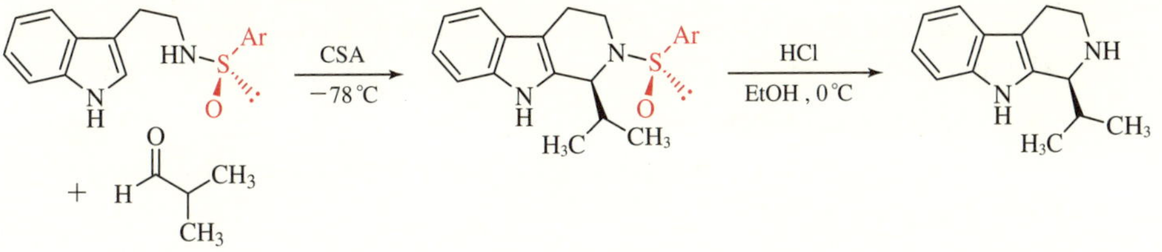

7・3・2　インドールアルカロイドの生合成における Pictet-Spengler 反応

　Pictet-Spengler 反応は生体内反応においてもインドールアルカロイド生合成の鍵反応になっている．膨大な数のインドールアルカロイドが知られているが，β-カルボリン骨格をもっているものが多い．これらの生合成の第一歩はトリプタミンとモノテルペン配糖体セコロガニンとの Pictet-Spengler 反応による 1 位置換テトラヒドロ-β-カルボリン骨格の生成である．3 位に新しくキラル炭素ができるので二つの立体異性体，ビンコシドとストリクトシジンが生成する．ストリクトシジン生成，すなわちトリプタミンとセコロガニンの Pictet-Spengler 反応を触媒する酵素は単離されピクテ-スペングラーゼストリクトシジンシンターゼとよばれている．この酵素は植物にみられる 2000 に及ぶインドールアルカロイド生合成の重要な鍵酵素である．ストリクトシジンはヨヒンビン型アルカロイド，アスピドスペルマアルカロイド，コリナンテイ

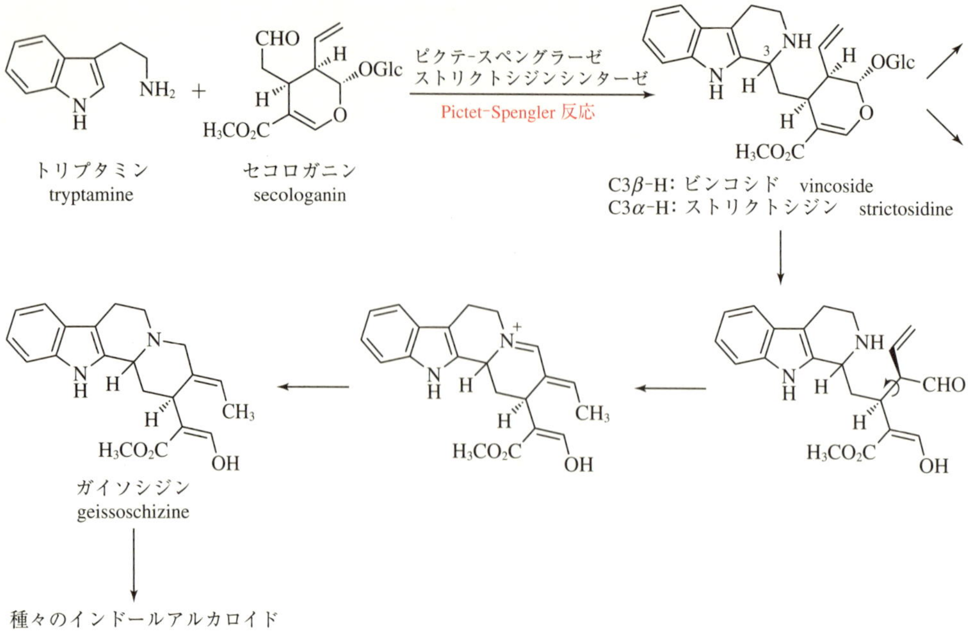

146   第7章 芳香族ヘテロ五員環化合物の合成

ン型アルカロイド，ストリキニーネ型アルカロイド，さらにキニーネやカンプトテシンのようなキノリン骨格をもつ変形型インドールアルカロイドなど多岐にわたるインドールアルカロイド生合成の重要な共通前駆物質である．

Bischler-Napieralski 反応もインドールアルカロイドの合成においてしばしば利用されてきた．R. B. Woodward（§7・2・1b 参照）らは，1958 年インド蛇木より単離された *Rauwolfia* 属アルカロイド，レセルピンの全合成を達成した〔(1) 式〕．五環性基本骨格の構築過程では *N*-インドリルエチルラクタムのオキシ塩化リン POCl$_3$ を用いる Bischler-Napieralski 反応と続く NaBH$_4$ 還元を行っている．以来この反応条件はヨヒンビン型アルカロイドやヨヒンバン型アルカロイドなどの合成に広く利用されてきた〔(2) 式，(3) 式〕．

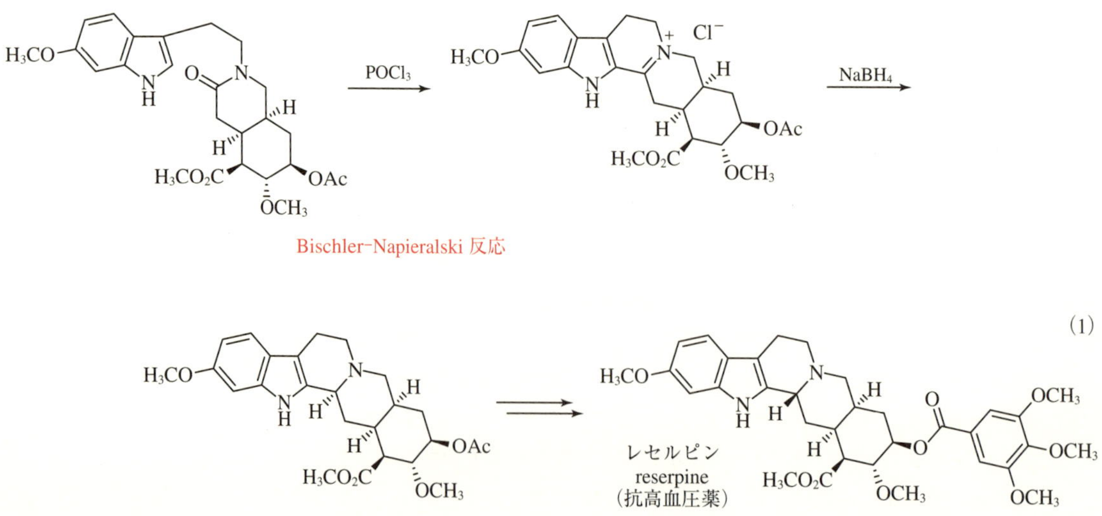

Bischler-Napieralski 反応

(1)

レセルピン
reserpine
（抗高血圧薬）

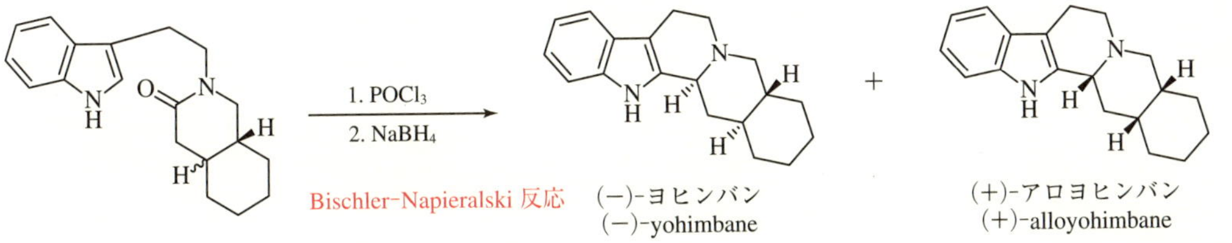

7・3 β-カルボリンの合成

(−)-ヨヒンバン
(−)-yohimbane

(＋)-アロヨヒンバン
(＋)-alloyohimbane

Bischler–Napieralski 反応 (2)

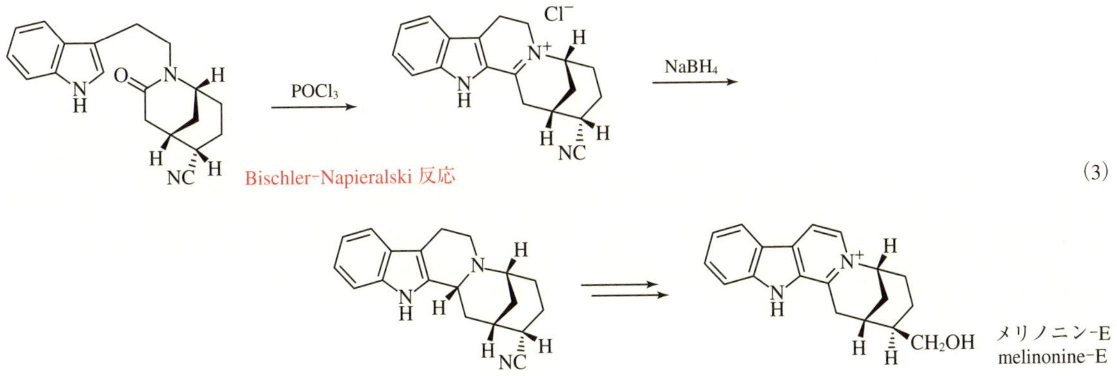

Bischler–Napieralski 反応 (3)

メリノニン-E
melinonine-E

8

複数の環内窒素をもつ芳香族ヘテロ五員環化合物

アゾール

8・1 アゾールの構造と化学的特徴

アゾール（azole）のオール（-ole）という語尾は不飽和のヘテロ五員環を意味する系統的な名称のことである．したがって，窒素を含む五員環は窒素を意味する接頭辞（aza）を加えて（末尾 a を除き）アゾール（azole）と総称される．**ピロール**は最も簡単なアゾールであるが，ピロールの一つの CH（sp^2 混成炭素）をさらに N（sp^2 混成窒素）と置き換えたり，同じくフランやチオフェンの CH を N と置換した環はすべてアゾールである．ピロールの CH を N と置き換えると 1,2-ジアゾール（慣用名：**ピラゾール**）と 1,3-ジアゾール（慣用名：**イミダゾール**）ができる．さらにもう一つの CH を N と置き換えると**トリアゾール**ができ，トリアゾールの CH をさらに N と置換したものは**テトラゾール**である．トリアゾール，テトラゾールには慣用名はない．トリアゾールには 1,2,3-トリアゾールと 1,2,4-トリアゾール*の異性体がある．

* 1,2,4-トリアゾールと 1,3,4-トリアゾールは互変異性体である．

ピロール pyrrole → ピラゾール pyrazole（1,2-ジアゾール） / イミダゾール imidazole（1,3-ジアゾール） → 1,2,3-トリアゾール 1,2,3-triazole / 1,2,4-トリアゾール 1,2,4-triazole → 1,2,3,4-テトラゾール 1,2,3,4-tetrazole

同様にフランやチオフェンからも 1,3-アゾールである**オキサゾール**や**チアゾール**ができ，1,2-アゾール異性体はそれぞれ**イソオキサゾール**，**イソチアゾール**という．

フラン furan → イソオキサゾール isoxazole / オキサゾール oxazole

チオフェン thiophene → イソチアゾール isothiazole / チアゾール thiazole

8・1 アゾールの構造と性質

　これらのアゾールはすべてピロール，フラン，チオフェンと同様に芳香族性をもっているが，ピロール，フラン，チオフェンでみられたような N, O, S の環内への電子供与性をもつ一方，その逆の効果，すなわちピリジンでみられたように C=N 結合による電子求引性を併せもっており，アゾールの反応性を特徴づけている．すなわち，アゾール類はピロールなどの芳香族ヘテロ五員環化合物とピリジンのような芳香族ヘテロ六員環化合物の中間的な性質をもっている化合物である．

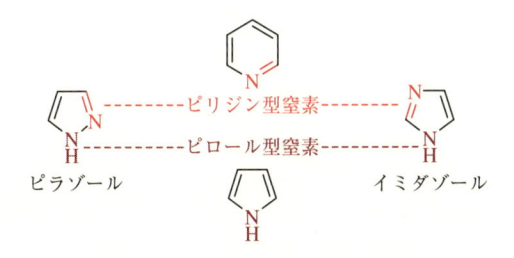

　1,2-アゾールおよび 1,3-アゾールの分子軌道図は，ピロールと同じく五つの原子がいずれも sp² 混成軌道であり，ヘテロ原子（X）の p 軌道にある二つの非共有電子対は芳香族 π 電子として使われている．加えて 3 個の炭素（sp² 混成軌道）の p 軌道と窒素（sp² 混成軌道）の p 軌道にはそれぞれ 1 個ずつ π 電子が入っている．これら五つの p 軌道が重なり合って，ベンゼンのように五員環の上面と下面に広がり，6 個の π 電子を受け入れて芳香族分子軌道を形成している．さらにピリジン型 C=N の窒素原子には sp² 混成軌道に非共有電子対がある．この軌道はピリジンと同じく環の平面上にあり，6π 系とは直交しているために相互作用はない．そのためにこのピリジン型窒素（C=N）は塩基性を示すと同時に求核性をもっている（図 8・1）．

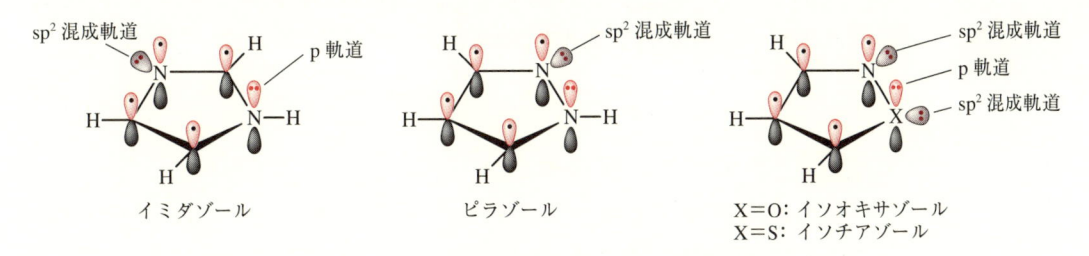

図 8・1 アゾールの軌道図

　図 8・2 のアンモニウムイオンの pK_{aH} で示されるように，1,2-アゾールの塩基性は対応する 1,3-アゾールよりも弱い．電気陰性度の大きなヘテロ原子が窒素に直結しているからである．

　これらのなかでイミダゾールの塩基性（pK_{aH} 7.0）は最も大きく，ピロール（pK_{aH} −3.8）やピリジン（pK_{aH} 5.2）よりも強い塩基である．中性の水中では 50% がプロトン化されていることを意味している．一方，イミダゾールの pK_a は 14.5 であり，酸としてもピロール（pK_a 17.5）より 1000 倍も強い．

　イミダゾールのこの興味深い特質は二つの窒素が 1 位と 3 位にあることに由来している．1,3 位に窒素があるために，プロトン化したカチオン **1** も脱プロトンしたア

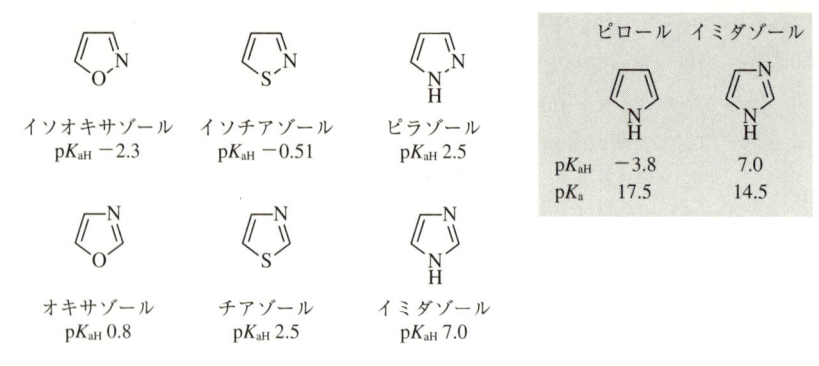

イソオキサゾール　イソチアゾール　ピラゾール
pK_{aH} −2.3　　pK_{aH} −0.51　　pK_{aH} 2.5

	ピロール	イミダゾール
pK_{aH}	−3.8	7.0
pK_a	17.5	14.5

オキサゾール　チアゾール　イミダゾール
pK_{aH} 0.8　　pK_{aH} 2.5　　pK_{aH} 7.0

図 8・2　アゾール類の pK_{aH}

ニオン 2 も共にそれぞれ二つの完全に対称な共鳴構造によって共鳴安定化しており，電荷は二つの窒素原子間に均等に分布している．

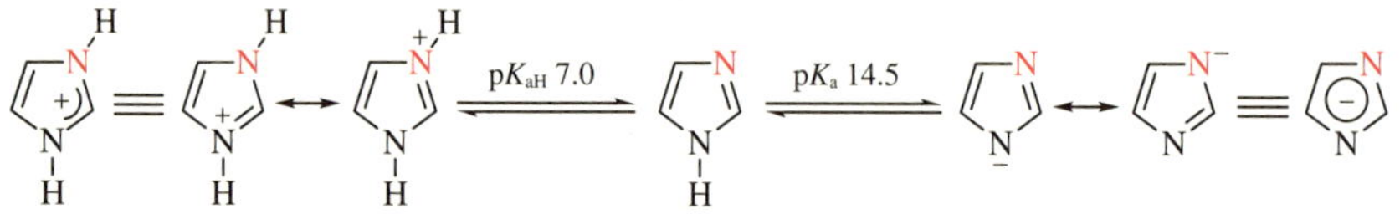

$$\underset{1}{} \quad \xrightarrow{\text{p}K_{aH}\ 7.0} \quad \text{イミダゾール} \quad \xrightarrow{\text{p}K_a\ 14.5} \quad \underset{2}{}$$

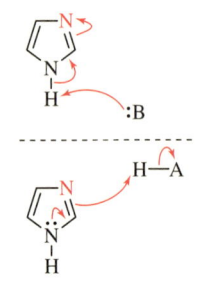

　左図のように塩基（:B）によるイミダゾールの脱プロトンでは，二つの 1,3 位の窒素が協奏的に関与しているように書き表わせばピロールよりも強い酸であることがわかり，また，塩基として酸（H−A）との反応も二つの窒素が同時に関与しているように書くとピロールよりも塩基性が強いことがわかるであろう．
　§10・1 で後述するが，酵素触媒反応ではヒスチジン残基のイミダゾール環がこの特異な反応性を利用して，生体内で塩基としてまた同時に酸として作用している．

8・2　アゾールの反応性

　ピラゾールの N−N 結合やイソオキサゾール，イソチアゾールのようなイソ (iso) がつく化合物においては，N−N 結合や O−N 結合，S−N 結合が弱いために，対応する 1,3-異性体に比べて不安定である．3 位や 5 位に置換基のない 1,2-アゾールは強い塩基によって脱プロトンし開環する．5 位の水素が塩基によって脱プロトンするとニトリルとカルボン酸が得られる．また，イソオキサゾールの 3 位の水素が塩基によって脱プロトンすると α,β-不飽和ニトリルが生成する．鈴木-宮浦カップリングは塩基性条件下で行われることをみてきた．そこで，2-ブロモナフタレンのような芳香族ハロゲン化物とイソオキサゾール-4-ボロン酸ピナコールエステルを用いた鈴木-宮浦カップリングでは予想されるカップリング生成物は得られずに，2-ナフチルアセトニトリルが得られる．これはカップリング反応に用いられた塩基によって最初に生成したカップリング体のイソオキサゾール環が開裂し，アセトニトリルアニオンを経て生成したものである（図 8・3）．
　イソオキサゾールやイソチアゾールの O−N 結合や S−N 結合は還元剤によっても

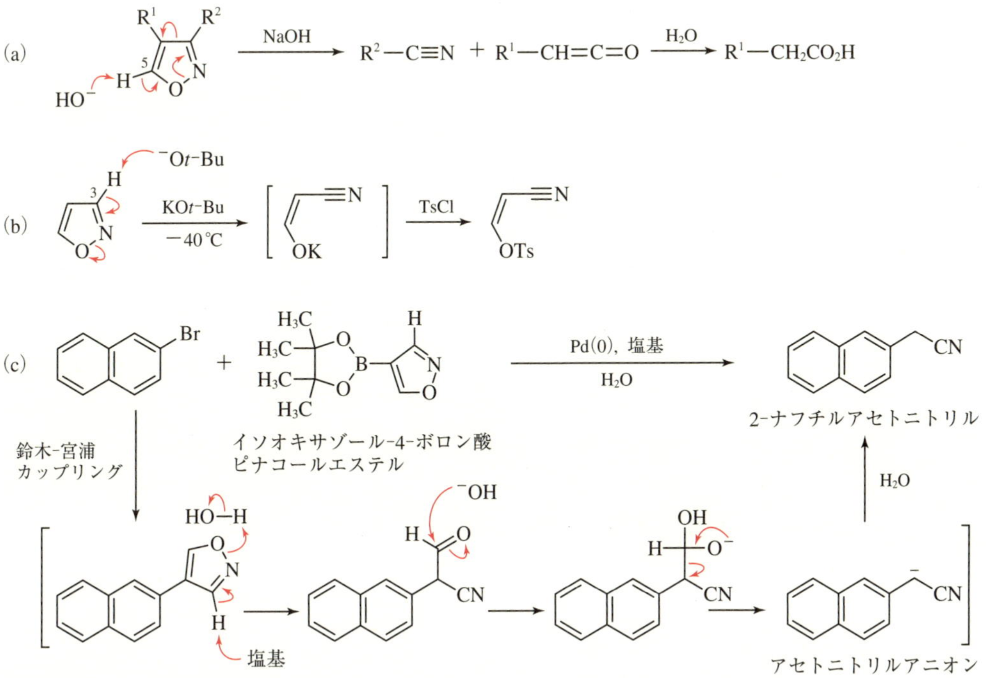

図 8・3 塩基による 1,2-イソキサゾールの開環反応

容易に開裂する．イソキサゾールの還元で生成したイミノエノールのイミンはさらに還元されてアミノケトンになる．

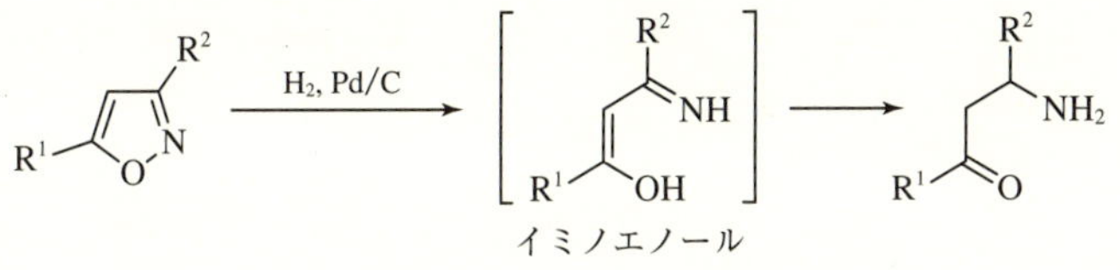

1,2-アゾールおよび 1,3-アゾールの求電子剤に対する反応性はおおむねピリジンとチオフェンの間にある．ニトロ化やスルホン化に代表されるような強酸中の反応は，まずピリジン型の C=N がプロトン化されるために反応はピロール，フラン，チオフェンよりも進行しにくい．

1,2-アゾールの求電子置換反応は通常 4 位で起こる．ピラゾールのニトロ化の例でみられるようにエナミン部分への求電子剤 NO_2^+ の攻撃が起こり，4 位置換体が生成

● 1,2-アゾールの求電子置換反応

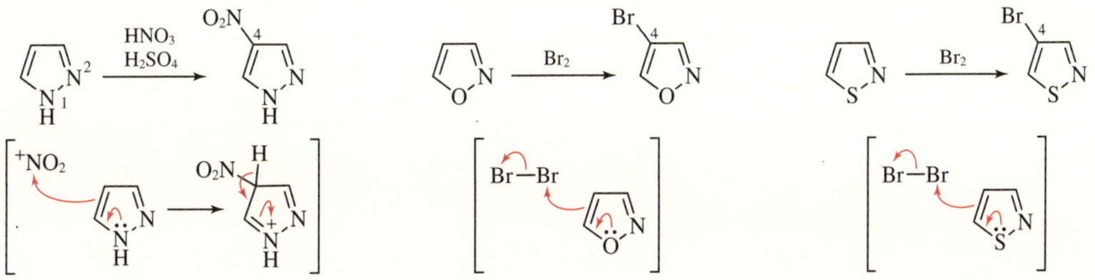

● 1,3-アゾールの求電子置換反応

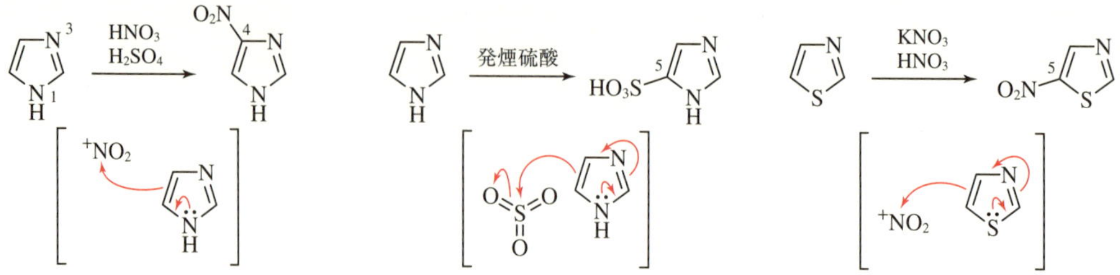

する．イソオキサゾールやイソチアゾールも求電子剤と同じように反応し，4位置換体が生成する．

1,3-アゾールの求電子置換反応は反応剤，反応条件によって5位か4位で進行する．

1,3-アゾールのイミン窒素は塩基性を示すばかりではなく，ハロゲン化アルキルや酸塩化物に対して求核的に攻撃し第四級塩を生成する．1,3-アゾールのなかでアルキル化の速度はイミダゾールが圧倒的に速い．

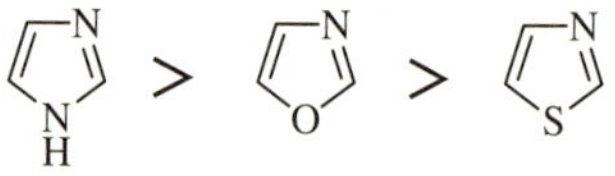

900 : 15 : 1
アルキル化の相対速度

イミダゾールとヨウ化メチルの反応を例にとると，最初の生成物はプロトン化された N-アルキルイミダゾールである．これは未反応のイミダゾールによって脱プロトンし，さらに 2 mol 目のヨウ化アルキルと反応すれば，共鳴安定化した 1,3-ジメチルイミダゾリウムイオンが生成する．

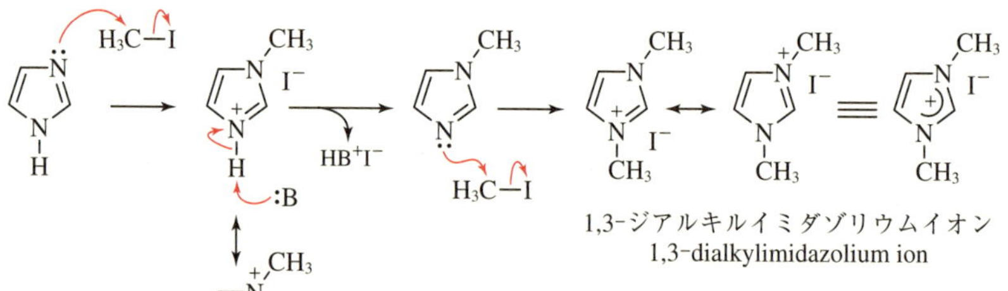

1,3-ジアルキルイミダゾリウムイオン
1,3-dialkylimidazolium ion

8・2・1 イオン液体

イミダゾールの 1,3-ジアルキル体は興味深いことにイオン液体の陽イオンとして使われていることである．イオン液体はカチオン（陽イオン）とアニオン（陰イオン）のみからなる物質で，水と有機溶媒に並んで第三の液体とよばれる．イオン液体は揮発性がほとんどなく，耐熱性であり，イオンのみから構成されるので電気をよく通す．イオン液体の多くはイミダゾリウムイオンを構成イオンとしているために化学的に修飾が可能である．長鎖アルキル基の側鎖にシス形やトランス形の二重結合を導入

すると飽和体にくらべて融点が著しく下がることなどが知られている．また，アニオンも PF_6^- や BF_4^- のような無機イオンばかりでなくアミノ酸など多種に及んでおり，多様性に富む化合物として注目を集めている．なお，N-置換ピリジニウムイオンもカチオンとして使われている．現在，これらのイオン液体は非プロトン性溶媒として比類のない高極性を示し，電解質，溶媒，潤滑剤などに利用されている．またセルロースなど多糖類の溶媒としても注目される．イオン液体は物性や機能を変えることができるので，さらなる応用と展開が期待されている化合物群である（図8・4）．

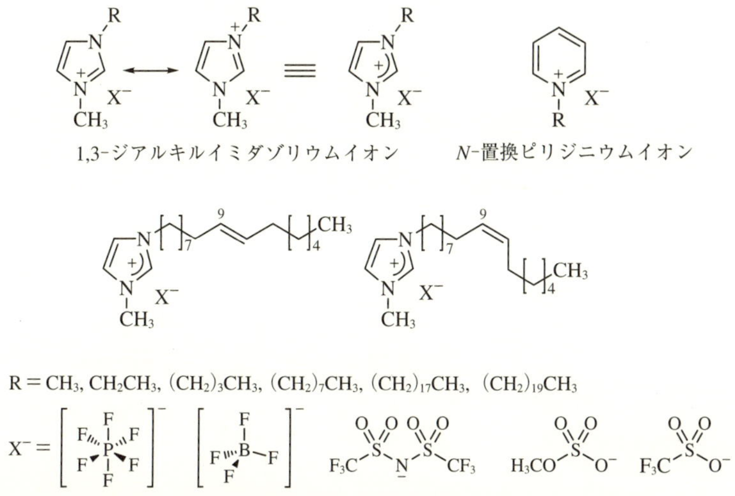

図 8・4　代表的な 1,3-ジアルキルイミダゾリウムイオン液体

8・2・2　五員環ヘテロサイクリックカルベン

イミダゾールの 1,3-ジアルキル体のさらなる特性は塩基によって 2 位の水素が脱プロトンし，二つの窒素原子に挟まれた五員環 *N*-ヘテロサイクリックカルベン（**NHC**）が生成し安定に存在しうることである．これは脱プロトンによって生成したイリド構造がカルベンとの間で共鳴安定化するためである．このカルベンは中性で非常に高い求核性を示し，遷移金属錯体の配位子や有機触媒としてきわめて多くの用途に用いられている（第 11 章参照）．

N-ヘテロサイクリックカルベン　*N*-heterocyclic carben（NHC）

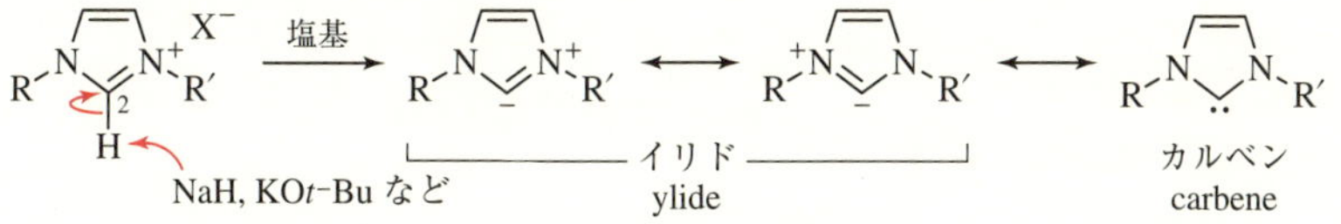

求核的な有機触媒としての古典的な反応例は，芳香族アルデヒドの二量化にみられる**ベンゾイン縮合**である．この反応はシアン化物イオンによって触媒され，ベンゾインが生成する反応であるが，シアン化物イオンの代わりにイミダゾリウムカルベンや次に示したチアゾリウムカルベンによってもまったく同様の反応機構で触媒される．

ベンゾイン縮合　benzoin condensation

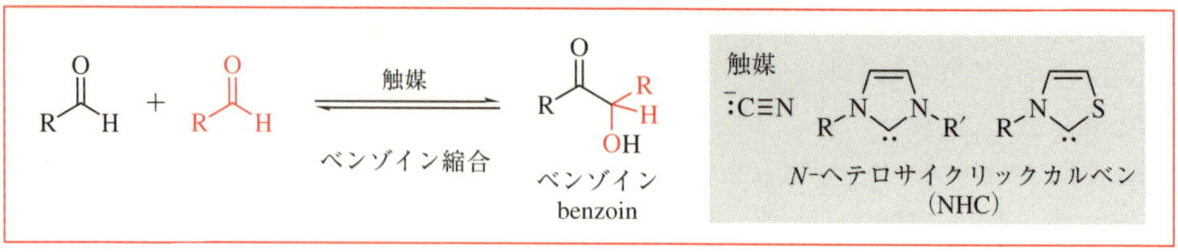

第8章 アゾール

ベンゾイン縮合

触媒として N-ヘテロサイクリックカルベン (NHC) を用いる.

反応機構

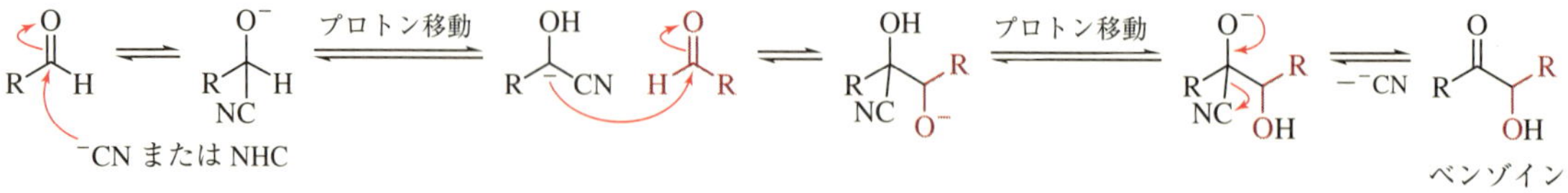

近年 NHC は重合反応の触媒や開始剤としても非常に有用であることがわかり，ポリマー合成の触媒としても利用されている．

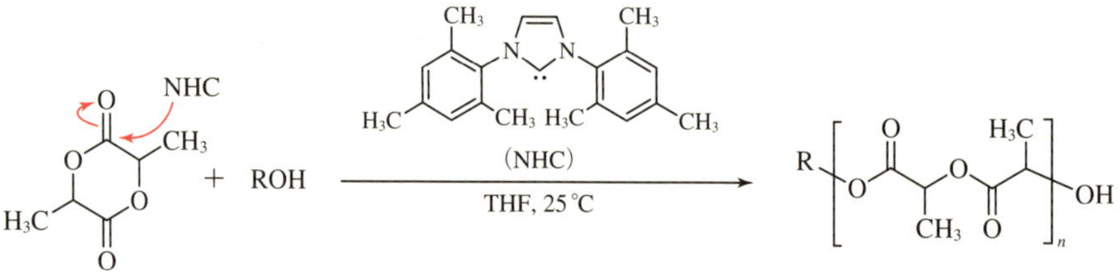

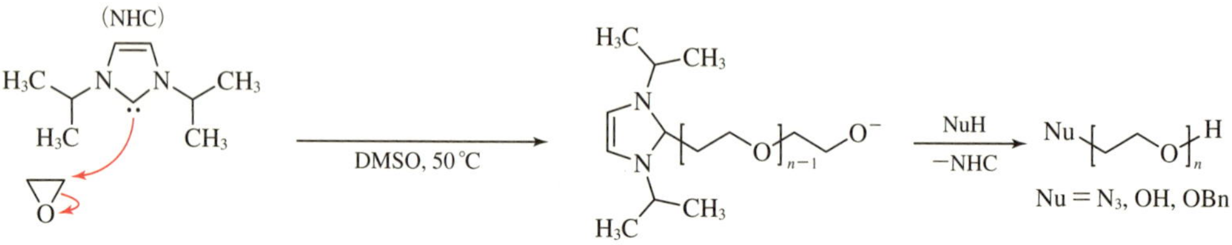

チアゾールのイミン窒素もハロゲン化アルキルに対して求核攻撃を行い第四級アンモニウムイオンであるチアゾリウムイオンを生成する．チアゾリウムイオンの S と正に荷電した N に挟まれた 2 位の水素の pK_a は 18 で弱いながら酸性である．アセトンのメチル水素（pK_a 19.3）よりも酸性であり，塩基によって脱プロトンして求核的な**チアゾリウムイリド**（カルベン）を生成する．

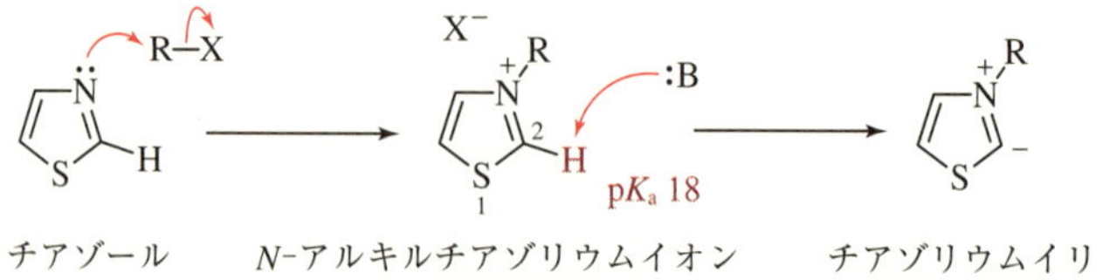

thiazole → N-アルキルチアゾリウムイオン (N-alkylthiazolium ion) → チアゾリウムイリド (thiazolium ylide)

チアミン（ビタミン B_1）はチアゾールがアルキルピリミジン誘導体で第四級化されたものであり，その二リン酸のイリドは生体内における重要な求核的触媒である．後述するように酵素による 2-オキソ酸（α-ケト酸）の脱炭酸反応（§10・2 参照）などにおける補酵素として働いている．

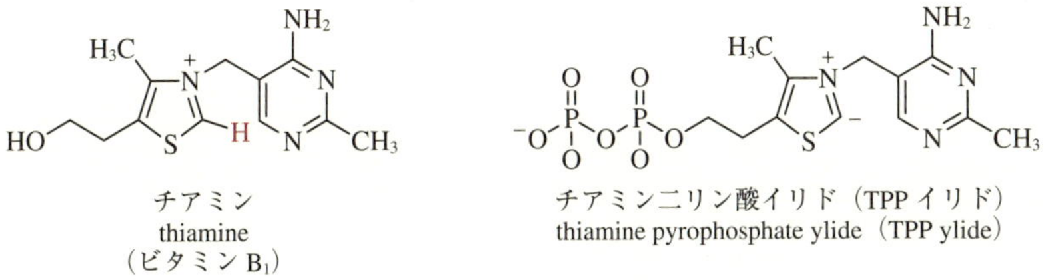

チアミン
thiamine
（ビタミン B1）
チアミン二リン酸イリド（TPP イリド）
thiamine pyrophosphate ylide（TPP ylide）

8・3　トリアゾール，テトラゾール

トリアゾールには先に示したように 1,2,3-トリアゾールと 1,2,4-トリアゾールの 2 種類がある．1,2,3-トリアゾールの互変異性体は等価であるが（図 8・5 a），1,2,4-トリアゾールには 2 種類の互変異性体が存在する．イミダゾールの環内に窒素がさらに一つ増えたことにより，1,2,4-トリアゾールの塩基性（pK_{aH} 2.2）はイミダゾール（pK_{aH} 7.0）よりも弱くなり，一方，酸（pK_a 10.3）としてはイミダゾール（pK_a 14.5）よりも強くなっている（b）．この傾向はテトラゾールにおいてさらに顕著になり，テトラゾールは酸である．その pK_a は 4.9 であり，酢酸（pK_a 4.76）やプロピオン酸（pK_a 4.87）のようなカルボン酸とほぼ同程度の酸性を示す（c）．

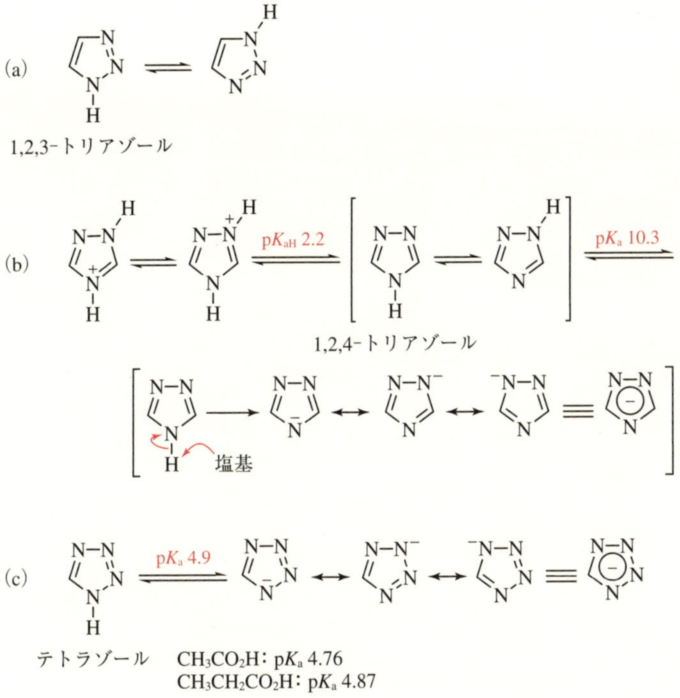

(a)
1,2,3-トリアゾール
(b)
pKaH 2.2
pKa 10.3
1,2,4-トリアゾール
塩基
(c)
pKa 4.9
テトラゾール
CH3CO2H: pKa 4.76
CH3CH2CO2H: pKa 4.87

図 8・5　トリアゾール，テトラゾールの酸性度

トリアゾールやテトラゾールは酸性度が高いため，Et_3N や $NaHCO_3$ などの塩基によってアニオンを発生させ *N*-アルキル化を行うことができる．臨床的に使用されている抗真菌薬フルコナゾールの合成では，1,2,4-トリアゾールアニオンがクロロメチルケトンとエポキシドに順次 S_N2 型の求核攻撃を行っている．

第8章 アゾール

[反応スキーム: 1,3-ジフルオロベンゼン → AlCl₃/ClCH₂COCl → 2,4-ジフルオロフェニル α-クロロケトン + 1,2,4-トリアゾール（Et₃N）→ N-アルキル化生成物 → (CH₃)₃S⁺=O I⁻, NaOH → エポキシド体 → 1,2,4-トリアゾール, K₂CO₃ → フルコナゾール fluconazole（抗真菌薬）]

エピマー化（epimerization）：二つのジアステレオマーが，1箇所のキラル中心のみ異なっており，ほかはすべて同じ立体配置をとっている場合に，それらの化合物は**エピマー**（epimer）とよばれる．ある化合物からそのエピマーに変換する手法をエピマー化あるいはエピ化，エピメリ化とよぶ．

ペプチド合成で C 末端に光学活性なアミノ酸残基がある場合，ジシクロヘキシルカルボジイミド（DCC）などのカルボキシ基活性剤を用いると，一部**エピマー化**が起こることがある．このとき，1-ヒドロキシベンゾトリアゾール（HOBt）を添加し，活性エステルとして縮合させるとエピマー化を抑制することができ，高い光学純度のペプチドが得られる．HOBt の代わりに HOAt のようなピリジン類縁体を用いると収率や生成物の純度の向上がみられる．

[反応スキーム: DCC/HOBt によるペプチド縮合機構]

1-ヒドロキシベンゾトリアゾール
1-hydroxybenzotriazole（HOBt）

ジシクロヘキシルカルボジイミド
dicyclohexylcarbodiimide（DCC）

7-アザ-1-ヒドロキシベンゾトリアゾール
7-aza-1-hydroxybenzotriazole（HOAt）

* テトラゾールはカルボン酸と同程度の酸性を示すため生物学的等価体として用いられる．

創薬研究においては，有望なカルボン酸の好ましい作用を増強し毒性や副作用などを低減するための手法として，カルボン酸に替わる**生物学的等価体**（p.126 参照）としてテトラゾールがしばしば利用されている*．抗炎症薬インドメタシンのカルボキシ基をテトラゾールで置換したものもその一例であり，同じような活性がみられる．

8・3 トリアゾール,テトラゾール　　　157

また,世界で初めて実用化された非ペプチド型アンギオテンシンⅡ受容体拮抗薬(高血圧症治療薬)であるロサルタン*は,その開発途中においてカルボキシ基をテトラゾールに置換したことで体内動態が改善され,副作用の軽減とともに経口投与が可能になった.カリウム塩として用いられている.

* ロサルタンのビフェニル結合は鈴木-宮浦クロスカップリングにより工業的スケールで合成されている.ヘテロ環部分の合成については後述する.

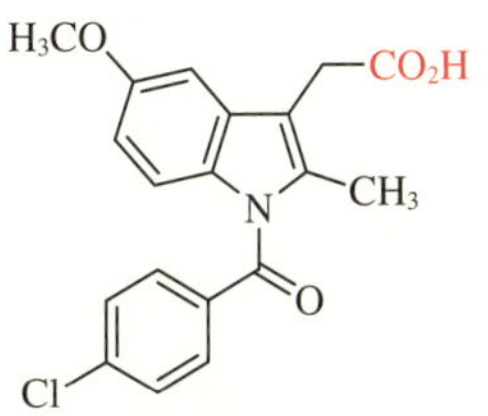

インドメタシン
indomethacin
(抗炎症薬)

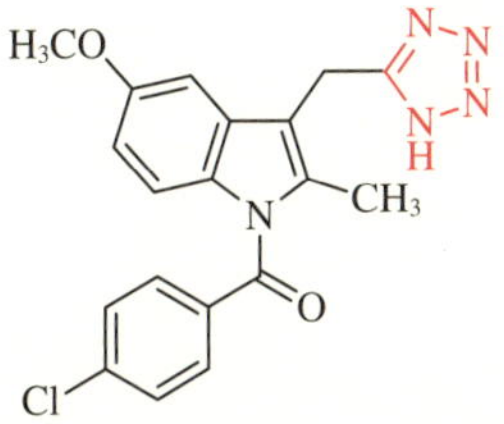

インドメタシンテトラゾール置換体
(抗炎症薬)

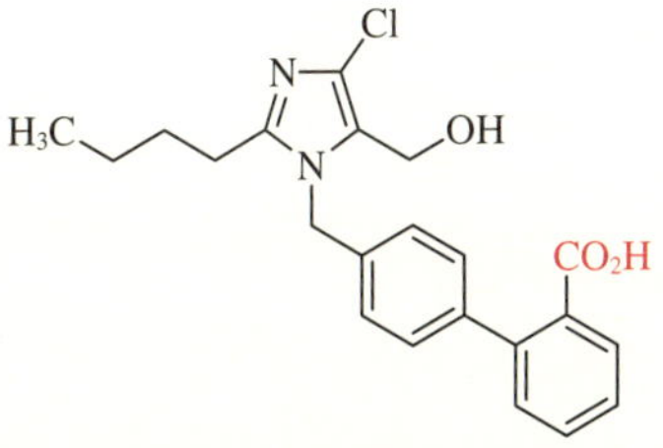

ロサルタン開発途中のもの

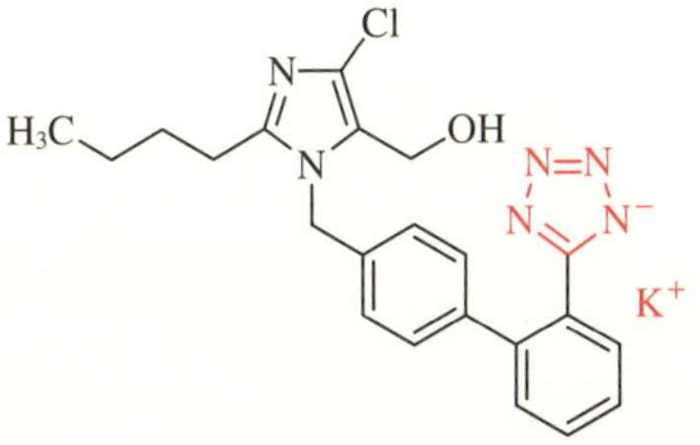

ロサルタンカリウム
losartan potassium
(高血圧症治療薬)

テトラゾールが酸として特に有用な一例は,自動 DNA 合成の過程で二つのデオキシヌクレオシドのカップリングに酸触媒として使用されていることである.テトラゾールを用いることによって,非プロトン性極性溶媒アセトニトリル中でのカップリング反応は 99% 以上の収率で進行する.

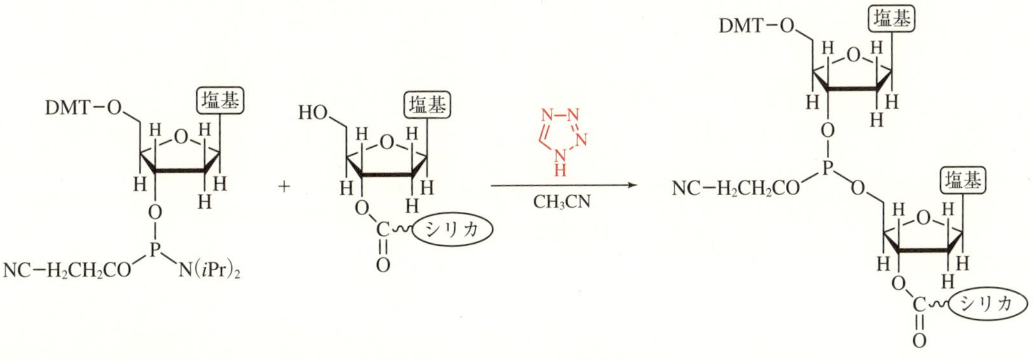

アゾールも溝呂木-Heck 反応やクロスカップリングの基質として用いることができ,天然物や医薬品,さらに有用な機能性材料などの合成に利用されている.

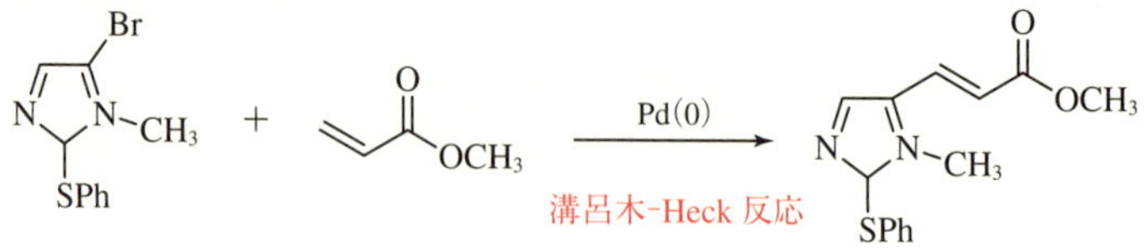
Pd(0)
溝呂木-Heck 反応

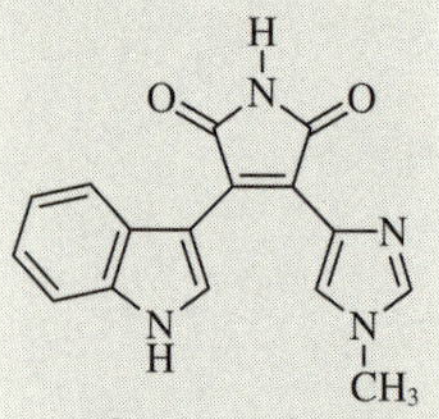

ジデムニミド C
didemnimide C
（海洋産アルカロイド）

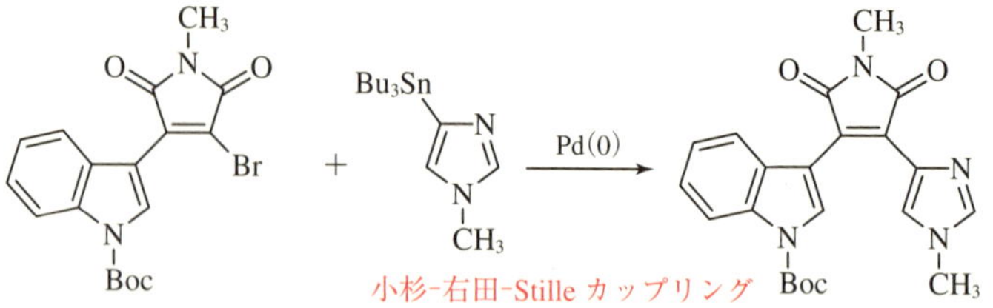
Pd(0)
小杉-右田-Stille カップリング

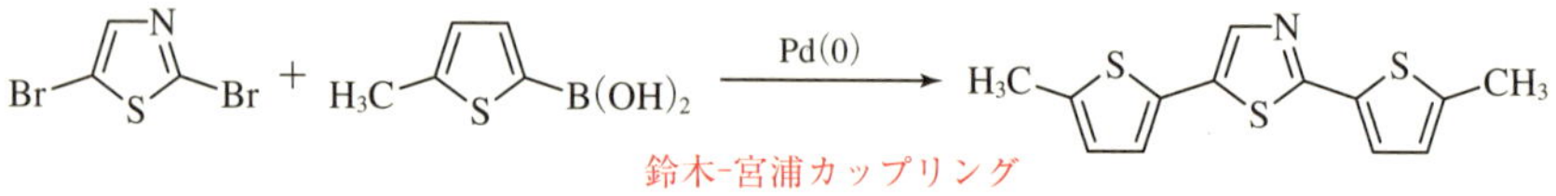
Pd(0)
鈴木-宮浦カップリング

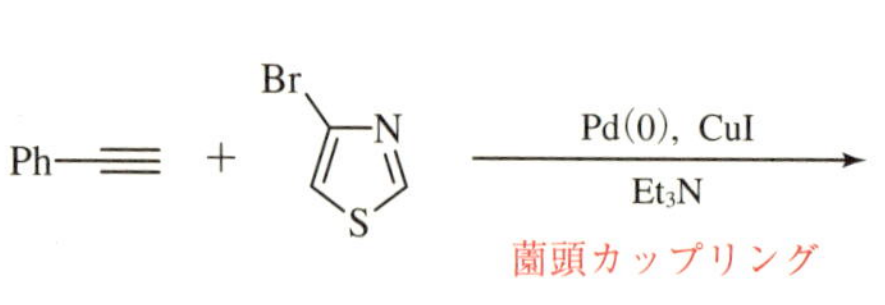
Pd(0), CuI
Et3N
薗頭カップリング

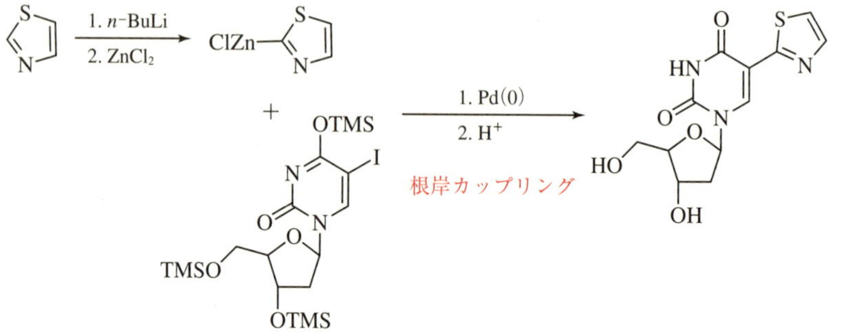
1. n-BuLi
2. ZnCl2
1. Pd(0)
2. H+
根岸カップリング

8・4 アゾールの合成

8・4・1 1,2-アゾールの合成

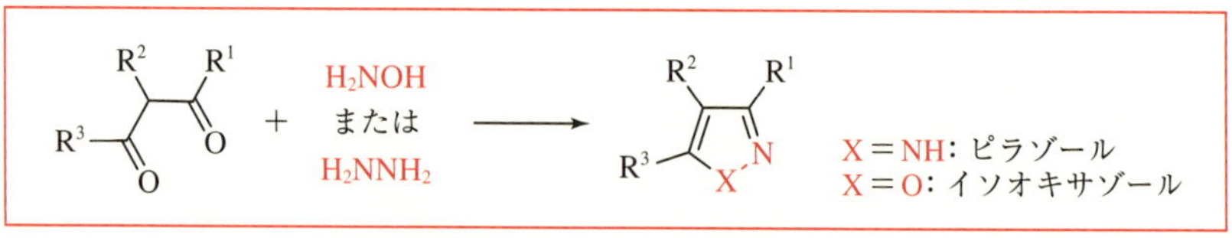
H2NOH
または
H2NNH2
X＝NH: ピラゾール
X＝O: イソオキサゾール

図 8・6 1,2-アゾールの合成

ピラゾールやイソオキサゾールのような1,2-アゾールを逆合成してみると 1,3-ジカルボニル化合物（β-ジケトン）とヒドラジン H_2NNH_2 やヒドロキシルアミン H_2NOH

8・4 アゾールの合成

から合成できることがわかる．しかし，この合成戦略ではチオールアミン（H₂NSH）が実在しないためにイソチアゾールの合成はできない．

実際にβ-ジケトンとヒドラジンやヒドロキシルアミンを反応させるとピラゾールやイソキサゾールが生成する．反応機構は 2,4-ペンタンジオンとヒドロキシアミンの反応で示されるように中間にβ-ジケトンのモノヒドラゾンあるいはモノオキシムが生成し，脱水閉環するものと推定される．

非対称の 1,3-ジカルボニル化合物と置換ヒドラジンの反応では二つの異性体が生成する．

β-ジケトンとヒドラジンの反応からピラゾール骨格を合成する実例は，次のシルデナフィル（商品名：バイアグラ）の最初の合成段階においてみられる．非対称のβ-ジケトンとヒドラジンの反応から 3-ピラゾールカルボン酸エステルが得られる．続くメチル化では 2-メチルピラゾールが単一の異性体として得られる．1-メチル体の生成も予想されるが，実際には 3-エトキシカルボニル基と共鳴安定化している 2-メチルピラゾールカルボン酸のみが生成する．

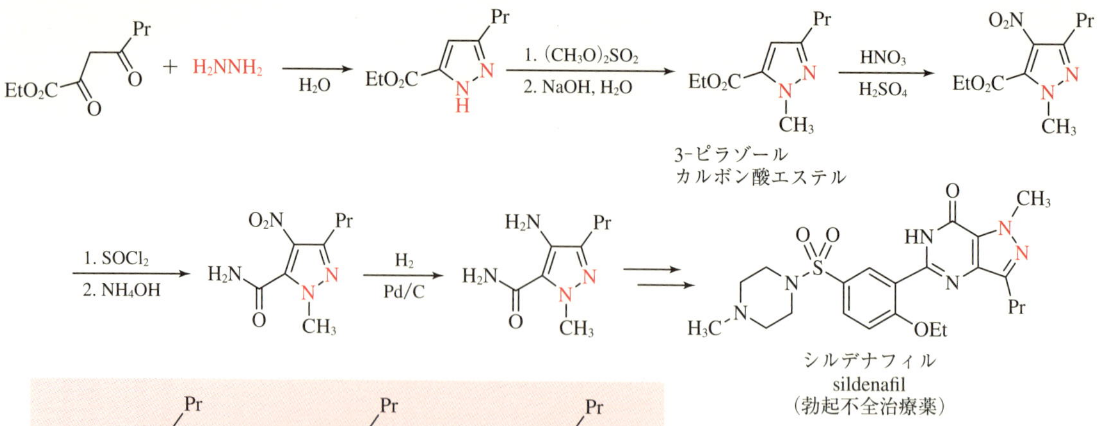

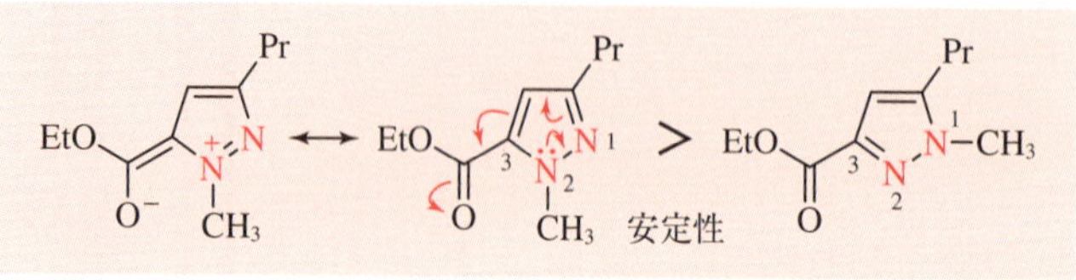

8・4・2 1,3-アゾールの合成

1,3-アゾールの逆合成を考えると，その合成戦略は水の付加 C−X 結合の切断から得られる α-(アシルアミノ)ケトンの環化である．

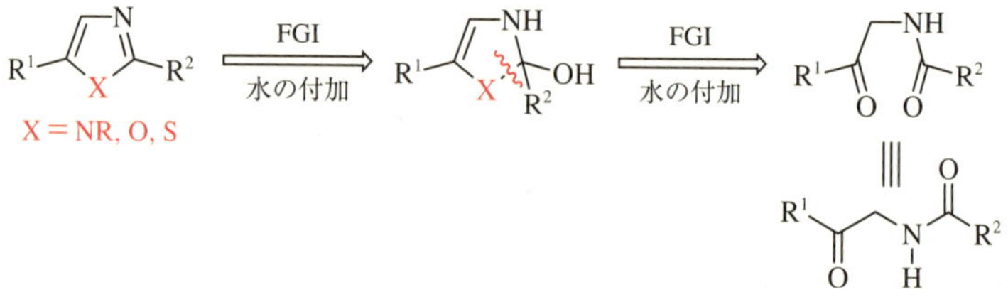

この合成法（**Robinson-Gabriel 合成**）は Paal-Knorr 法によるピロール，フラン，チオフェンの合成と機構的に類似している．α-(アシルアミノ)ケトンを酸（H_2SO_4, P_2O_5, PPA, HF など）と反応させると脱水環化が起こり，オキサゾールが得られる．

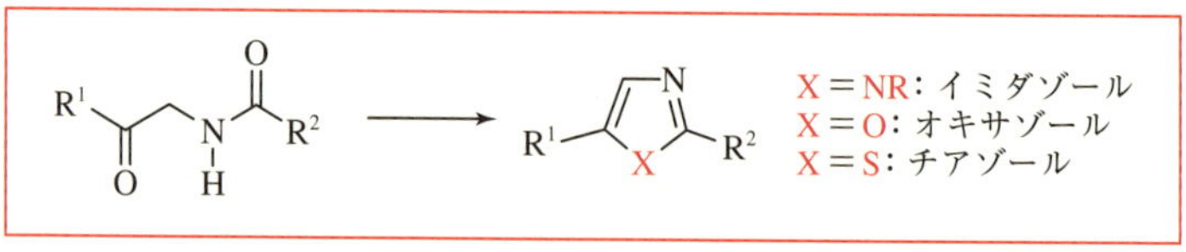

図 8・7　1,3-アゾールの合成（1）──α-(アシルアミノ)ケトンの環化

類似の反応として，P_2S_5 と加熱すると，チアゾールが生成する．一方，α-(アシルアミノ)ケトンとアンモニアまたは第一級アミンを反応させると，イミダゾールが得られる．このオキサゾール合成は天然に産出するオキサゾールアルカロイドやオキサゾールを含むペプチドの生合成に関連して興味がもたれる反応である（図 8・8）．

つぎによく利用される 1,3-アゾール合成は α-ジケトン，α-ヒドロキシケトン，α-ハロケトンなどとアミジン，グアニジン，ホルムアミド，チオアミドの反応である．

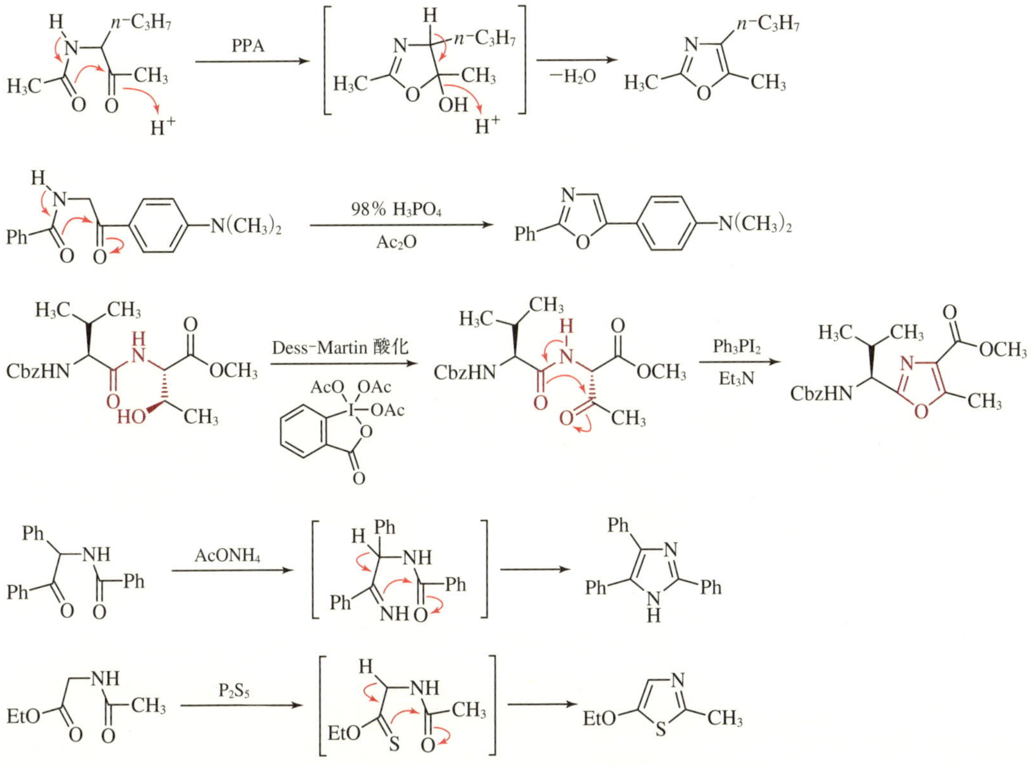

8・4 アゾールの合成

図8・8　1,3-アゾールの合成例

α-ジケトンとアミジンからはイミダゾールが生成する．酸触媒下にα-ハロケトンとホルムアミドを反応させると，オキサゾールが得られる．ホルムアミドの代わりにチオアミドを用いると，チアゾールが生成する．医薬品合成への応用例はロサルタンやファモチジンの合成でみられる（図8・9）．

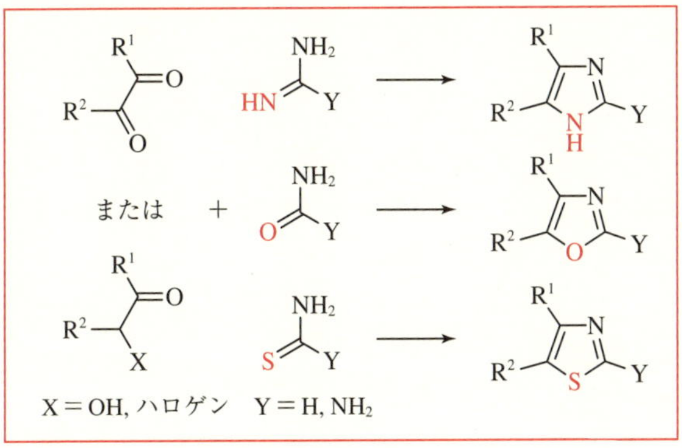

図8・9　1,3-アゾールの合成（2）

前述のロサルタンは降圧薬（高血圧症治療薬）として使用されている薬であるが，その分子には二つのヘテロ環，イミダゾールとテトラゾールが含まれている．これらのヘテロ環はそれぞれ上記にあげた典型的なアゾール合成法で合成される．イミダ

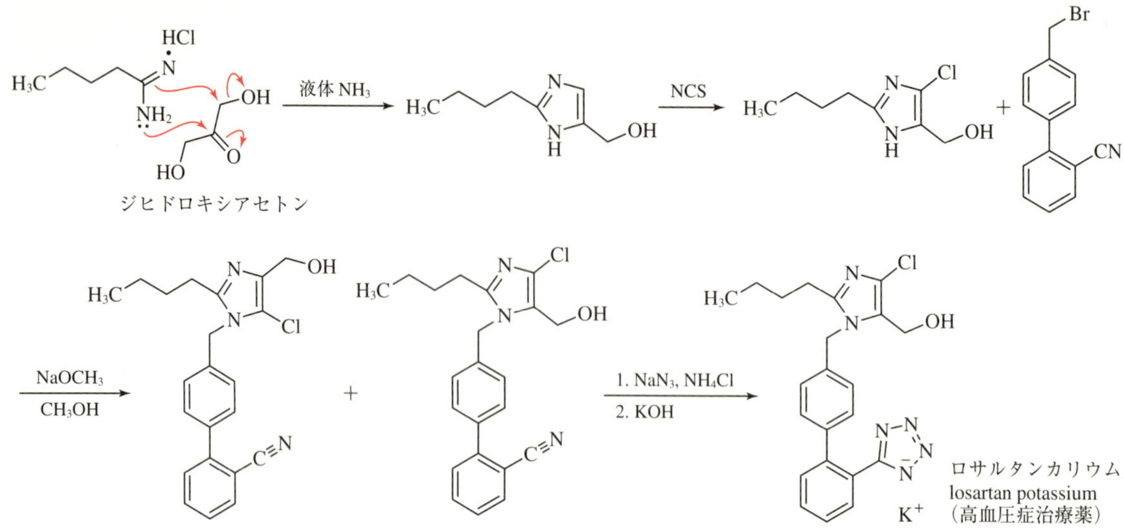

[スキーム: ロサルタンカリウム(losartan potassium, 高血圧症治療薬)の合成]

ゾール環の合成は α-ジヒドロキシケトン(ジヒドロキシアセトン)とアミジンの反応であり,テトラゾール環の合成はニトリルとアジドイオンの付加反応である.

ファモチジン(消化性潰瘍治療薬)の合成経路におけるチアゾール環構築も α-ハロケトン(ジクロロアセトン)とチオ尿素による環化反応の例である.

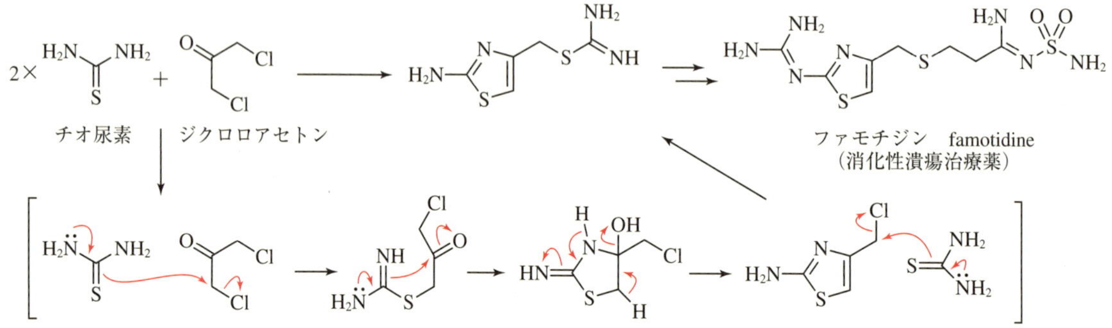

[スキーム: ファモチジン famotidine(消化性潰瘍治療薬)の合成機構]

8・4・3 トリアゾール,テトラゾールの合成

トリアゾール環やテトラゾール環の結合を下図の位置で切断すると **1,3-双極付加環化反応**による合成経路が浮かび上がる.

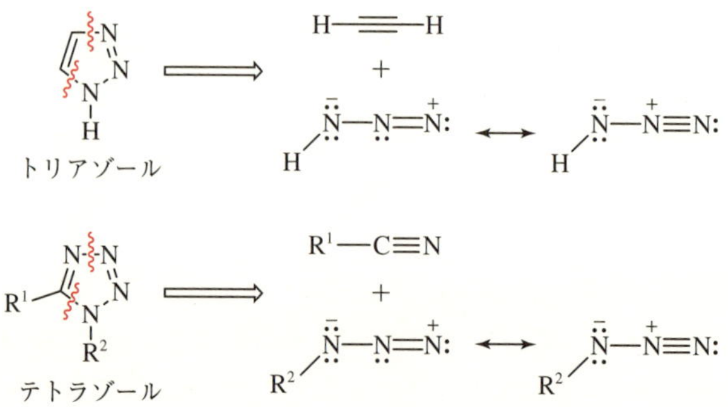

1,3-双極付加環化反応 (1,3-dipolar cycloaddition reaction): 1,3-双極子(π電子系)と2π電子系との付加環化によって五員環が形成される反応. 1,3-双極子とは1個以上のヘテロ原子を含む3個の原子からなり,分子内イオン対型オクテット構造で示すことのできる化合物である.

[スキーム: トリアゾール,テトラゾールの逆合成解析]

8・5 アゾールを含む天然物と医薬品

アセチレンとアジドイオン (N_3^-) の付加環化からは 1,2,3-トリアゾールが，また，ニトリルとアジドイオンの付加環化からはテトラゾールが得られる．このテトラゾール構築法は最もよく使われている合成法である（図 8・10）．

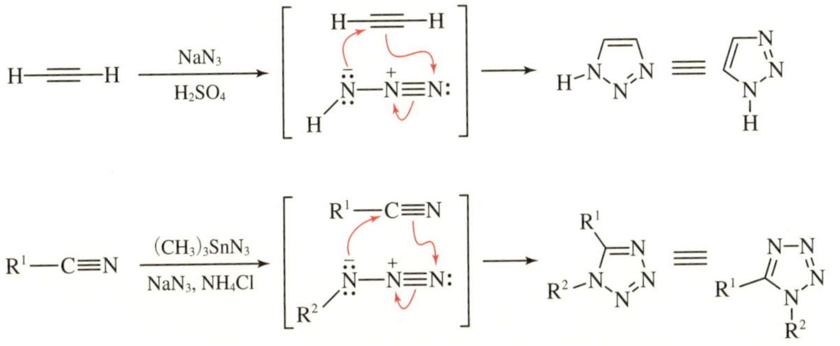

図 8・10 トリアゾール，テトラゾールの合成

トリメチルシリルジアゾメタン $(CH_3)_3SiCHN_2$ はブチルリチウム BuLi やリチウムジイソプロピルアミド (LDA) のような塩基を作用させると脱プロトンされてリチウム塩 $[(CH_3)_3SiC(Li)N_2]$ になる．このリチウム塩は種々の多重結合と 1,3-双極付加環化を起こし，対応する [C-N-N] アゾールを生成する有用な合成法である．

リチウムジイソプロピルアミド lithium diisopropylamide (LDA)

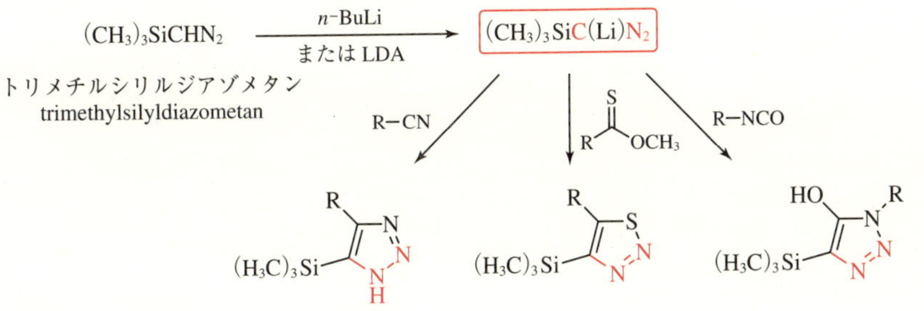

8・5 アゾールを含む天然物と医薬品

植物，海洋天然物，微生物などから見いだされたイミダゾール，オキサゾール，チアゾールなどのヘテロ環を含む天然物や医薬品は膨大な数にのぼる．そのうちの代表的なものを図 8・11 に示す．

ブレオマイシンは微生物より単離された抗腫瘍抗生物質である．イミダゾール，チアゾールのほかに，ピリミジン環を含む複雑な構造をもっている．DNA 鎖の切断を主たる作用機構とする抗がん剤の代表的な化合物である．ブレオマイシンは鉄と錯体を形成し，そのビスチアゾール部分は DNA を認識して結合する役割を演じている．ついで酸素分子を活性化してラジカルを発生することにより DNA の切断をひき起こす．

夏の夜空に舞うホタルの生物発光は，発光基質ホタルルシフェリンと ATP，そして酸素がルシフェリン酵素によって不安定な四員環ヘテロ環ジオキセタノンを生成し，この四員環が開裂するときの発光に由来する．ホタルルシフェリンはチアゾリン

環とベンゾチアゾール環の二つのヘテロ環から構成される比較的簡単な化合物である（§9・3参照）．

テロメスタチンは放線菌から単離されたセリン，トレオニン，システイン由来の環状ペプチドで，七つのオキサゾールと一つのチアゾリン環から構成されている．がん細胞の増殖を促進する酵素であるテロメラーゼを阻害する．現在知られている最も強力かつ選択的なテロメラーゼ阻害作用をもつ化合物である．

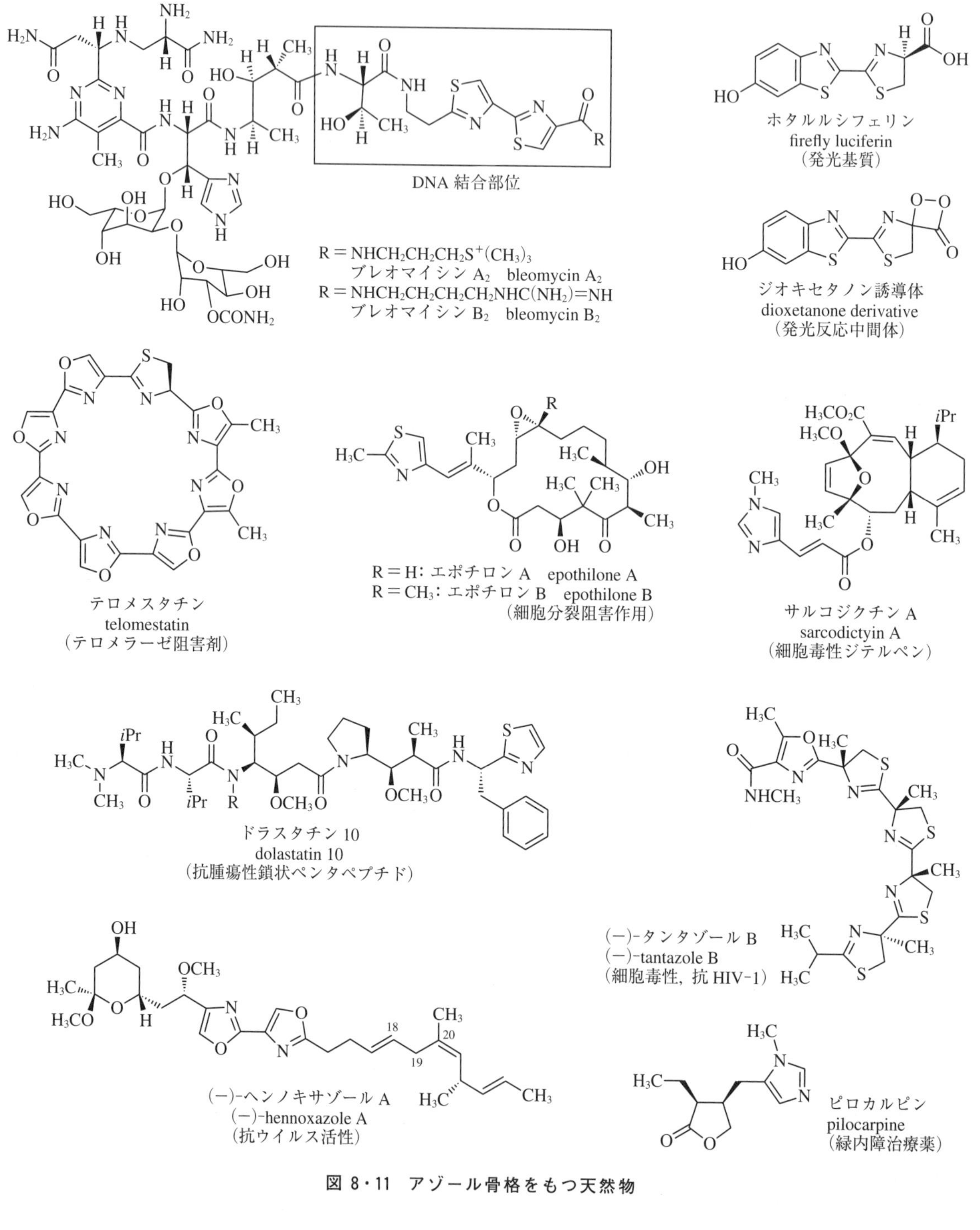

R = NHCH$_2$CH$_2$CH$_2$S$^+$(CH$_3$)$_3$
ブレオマイシン A$_2$　bleomycin A$_2$
R = NHCH$_2$CH$_2$CH$_2$CH$_2$NHC(NH$_2$)=NH
ブレオマイシン B$_2$　bleomycin B$_2$

ホタルルシフェリン
firefly luciferin
（発光基質）

ジオキセタノン誘導体
dioxetanone derivative
（発光反応中間体）

テロメスタチン
telomestatin
（テロメラーゼ阻害剤）

R = H: エポチロン A　epothilone A
R = CH$_3$: エポチロン B　epothilone B
（細胞分裂阻害作用）

サルコジクチン A
sarcodictyin A
（細胞毒性ジテルペン）

ドラスタチン 10
dolastatin 10
（抗腫瘍性鎖状ペンタペプチド）

(−)-タンタゾール B
(−)-tantazole B
（細胞毒性，抗 HIV-1）

(−)-ヘンノキサゾール A
(−)-hennoxazole A
（抗ウイルス活性）

ピロカルピン
pilocarpine
（緑内障治療薬）

図 8・11　アゾール骨格をもつ天然物

8・5 アゾールを含む天然物と医薬品

エポチロンは土壌菌から発見されたチアゾール環を含むマクロライドである。細胞分裂を妨害する作用をもつので，抗がん剤として注目され研究が行われている．ドラスタチン 10 は海洋に生息するアメフラシの一種より単離されたチアゾールを含む抗腫瘍性の鎖状ペンタペプチドである．サルコジクチン A はサンゴから単離された細胞毒性をもつジテルペノイド化合物で末端にイミダゾールが結合している．(−)-タンタゾール B はスキトネマ科藍藻 Scytonema mirabile から単離されたアルカロイドで，オキサゾール，チアゾリン環が連結した構造をもち，細胞毒性を示す．ヘンノキサゾール A は二つのオキサゾールとピラノイドグルコシドと非共役トリエンを含むユニークな構造のアルカロイドで抗ウイルス活性を示す．ピロカルピンは植物アルカロイドの一種で，ヒスチジン由来の構造をもっており非選択的ムスカリン受容体刺激作用がある．緑内障の治療やアトロピン中毒の治療などに用いられている（図 8・11）．

胃潰瘍の原因の一つは胃酸の過剰分泌である．消化性潰瘍治療薬シメチジン[*1] はヒスタミンによる過剰な胃酸放出作用を阻害して胃酸分泌を防ぐことを目的にヒスタミンの構造から分子設計されて生まれたヒスタミン H_2 受容体拮抗薬[*2] である（図 8・12）．

イミダゾールのヘテロ環とシアノグアニジン部分，そして両部分をつなぐ 2-チアブチル鎖状中央部分からなるシメチジンは，N_a-グアニルヒスタミンをリード化合物として構造を修飾することによって開発された，画期的なヒスタミン H_2 受容体拮抗薬である．消化性潰瘍の治療薬として 1976 年英国で初めて発売された．その後，薬効や副作用などの面でより優れた拮抗薬を目指して研究が重ねられ，登場したのがラニチジンやファモチジンのようなヒスタミン H_2 受容体拮抗薬である．これらの出現により消化性潰瘍は外科的手段から薬物療法へと治療法が大きく転換した．ラニチジンは，シメチジンのイミダゾール環の代わりにフラン環をもち，消化性胃潰瘍治療薬として最盛期には市場でかつてない成功を収めた合成医薬品の一つである．ファモチジ

[*1] シメチジンを発見した J. Black は血圧を低下させる β 遮断薬（β-blocker）プロプラノロールの開発にも成功し，1988 年にノーベル生理学・医学賞を受賞した．シメチジンは胃潰瘍・十二指腸潰瘍の治療において，また，プロプラノロールは狭心症などの心臓病の治療において，革命的な変化をもたらした．

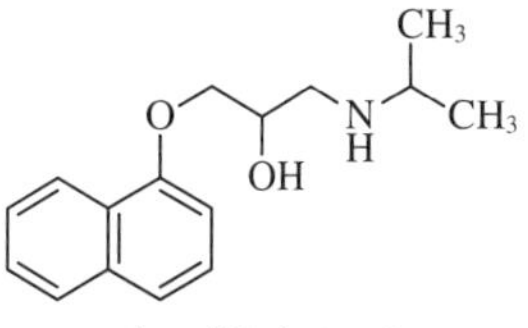

プロプラノロール
propranolol

[*2] ヒスタミンは生体内に広く分布する生理活性アミンの一つである．胃壁細胞膜上のヒスタミン H_2 受容体に結合すると胃酸が分泌される．ヒスタミン H_2 受容体拮抗薬はヒスタミン H_2 受容体に結合することによって，ヒスタミンのヒスタミン H_2 受容体への結合を阻止し，その結果として胃酸分泌を抑制する．

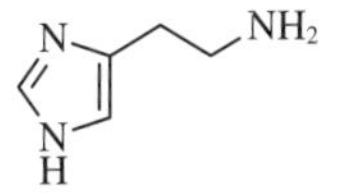

ヒスタミン
histamine

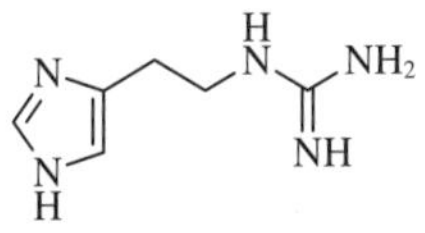

N_a-グアニルヒスタミン
N_a-guanylhistamine

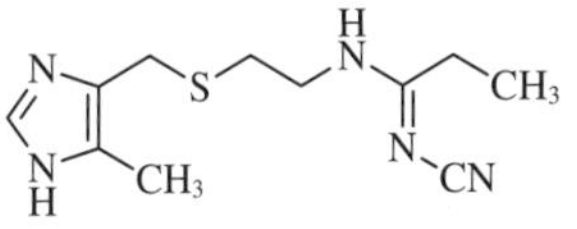

シメチジン　cimetidine
（消化性潰瘍治療薬）

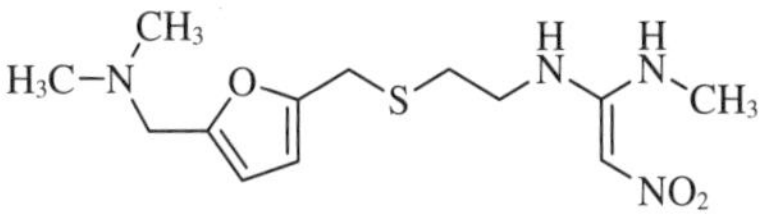

ラニチジン　ranitidine
（消化性潰瘍治療薬）

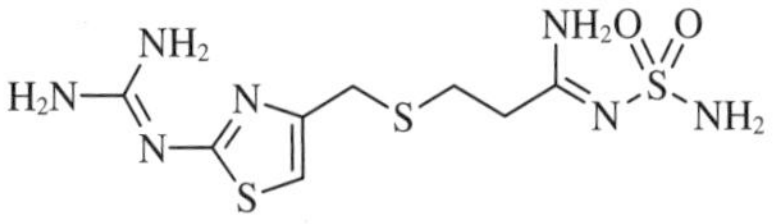

ファモチジン　famotidine
（消化性潰瘍治療薬）

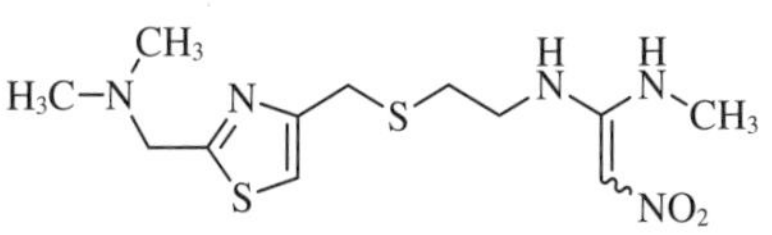

ニザチジン　nizatidine
（消化性潰瘍治療薬）

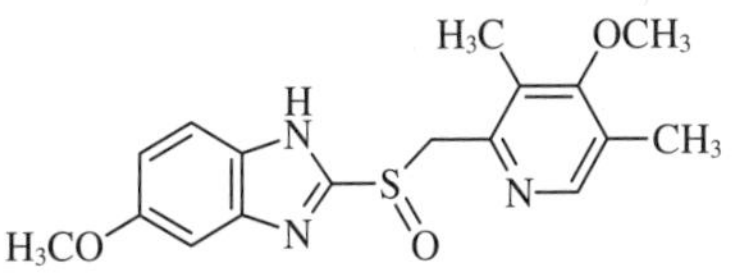

オメプラゾール　omeprazole
〔消化性潰瘍治療薬（プロトンポンプ阻害薬）〕

図 8・12　アゾールを含む医薬品（1）——ヒスタミンの構造から分子設計された医薬品

* 胃酸分泌を司る胃壁細胞のH⁺分泌機構をプロトンポンプという．H^+/K^+-ATPアーゼは壁細胞に存在し胃酸分泌過程の最終段階で関与する酵素である．H^+/K^+-ATPアーゼを阻害すると，H^+分泌が阻止される．このH^+/K^+-ATPアーゼを阻害することで強力な酸分泌抑制作用を示す薬物をプロトンポンプ阻害薬（proton pump inhibitor, PPI）またはH^+/K^+-ATPアーゼ阻害薬とよぶ.

シクロオキシゲナーゼ
cyclooxygenase（COX）

アイソザイム（isozyme）：イソ酵素ともいう．構造の異なる酵素が類似の反応を触媒する．シクロオキシナーゼ（COX）はプロスタグランジン生合成の初期の段階に関与しており，二つのアイソザイムCOX-1とCOX-2がある．その阻害は非ステロイド性抗炎症薬作用の基礎となっている．

ン，ニザチジンはヘテロ環がチアゾールである．ファモチジンは2-グアニジノチアゾールと側鎖末端にアミジノ基をもつヒスタミンH_2受容体拮抗薬である．関連した消化性胃潰瘍治療薬としてオメプラゾールが開発された．オメプラゾールはベンゾイミダゾールとピリジンの二つのヘテロ環をもつスルホキシドで新しいメカニズムによって胃酸分泌を抑制する．すなわち，胃壁細胞に存在するH^+/K^+-ATPアーゼを特異的に阻害することにより強力な酸分泌抑制を示すプロトンポンプ阻害薬*である．

ヒポキサンチンがキサンチンオキシダーゼによって酸化されて生成する尿酸は痛風の原因物質である．ヒポキサンチンと構造がきわめて類似したアロプリノールはピラゾール構造をもち，ヒポキサンチンから尿酸への酵素酸化を阻止することによって病状を抑える薬剤である．フェニルブタゾンはピラゾロン骨格をもつ非ステロイド性抗炎症薬（NSAID）であり古くより使われてきたが，シクロオキシナーゼ（COX）の二つのアイソザイムCOX-1とCOX-2の両方を同時に阻害する欠点があった．COX-1は胃や腎臓など多くの組織で発現して生理機能の恒常性維持に関与しているために，これが阻害されると出血などの副作用が発生することになる．一方，COX-2の阻害は抗炎症作用と鎮静作用を示す．そこで非ステロイド性COX-2選択的阻害薬であるセレコキシブが開発された．これは炎症性の刺激があったときにのみ発現するCOX-2を選択的に阻害するため，副作用のより少ない非ステロイド性抗炎症薬とされている．オキサゾール環をもつ医薬品としてNSAIDのオキサプロジンや抗菌薬のスルファメトキサゾールなどがある．ゾメタはイミダゾールとビスホスホネートからなる簡単な化合物である．骨に転移したがんや，多発性骨髄腫などの治療に用いられる（図8・13）．

ヒポキサンチン
hypoxanthine

アロプリノール
allopurinol
（痛風治療薬）

フェニルブタゾン
phenylbutazone
（非ステロイド性抗炎症薬）

セレコキシブ
celecoxib
（消炎鎮痛薬，関節リウマチ治療薬）

オキサプロジン
oxaprozin
（非ステロイド性抗炎症薬）

ゾメタ
zometa
（多発性骨髄腫治療薬）

メトロニダゾール
metronidazole
（トリコモナス症薬）

スルファメトキサゾール
sulfamethoxazole
（抗菌薬）

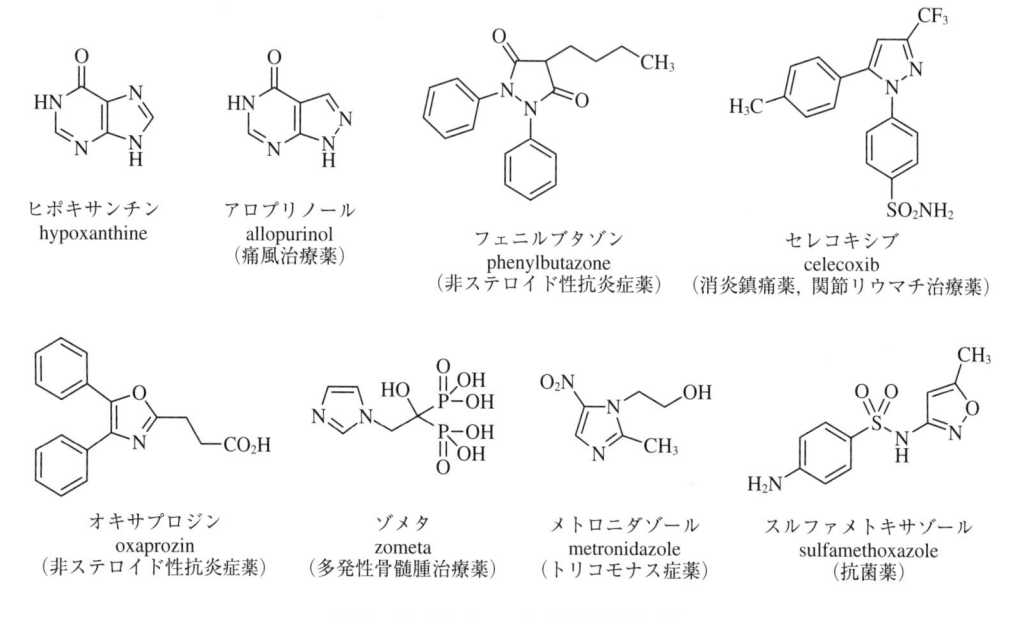

図8・13 アゾールを含む医薬品（2）

9 脂肪族ヘテロ環化合物

　脂肪族ヘテロ環化合物はヘテロ原子の存在およびその種類を表す接頭語をつけて，対応する環状アルカンとして命名する．すなわち，窒素はアザ（aza），酸素はオキサ（oxa），硫黄はチア（thia）というように示す．しかし，そのほかにも使用できる名称があり，なかでもよく用いられる慣用名を示した．ヘテロ環に番号をつけるときには，ヘテロ原子の番号ができるだけ小さくなるように番号をつける．

　三員環および四員環のヘテロ環は，大きな結合角ひずみとねじれひずみをもっている．このひずみのために求核的開環が起こりやすい．

アザシクロプロパン
azacyclopropane
アジリジン
aziridine
エチレンイミン
ethylene imine

オキサシクロプロパン
oxacyclopropane
オキシラン
oxirane
エポキシド
epoxide
エチレンオキシド
ethylene oxide

チアシクロプロパン
thiacyclopropane
チイラン
thiirane
エチレンスルフィド
ethylene sulfide
エチレンエピスルフィド
ethylene episulfide

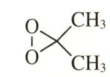

ジメチルジオキシラン
dimethyldioxirane

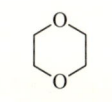

1,4-ジオキサン
1,4-dioxane

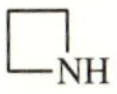

アザシクロブタン
azacyclobutane
アゼチジン
azetidine

オキサシクロブタン
oxacyclobutane
オキセタン
oxetane

チアシクロブタン
thiacyclobutane
チエタン
thietane

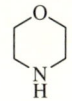

モルホリン
morpholine

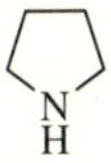

アザシクロペンタン
azacyclopentane
ピロリジン
pyrrolidine

オキサシクロペンタン
oxacyclopentane
テトラヒドロフラン
tetrahydrofuran

チアシクロペンタン
thiacyclopentane
テトラヒドロチオフェン
tetrahydrothiophene

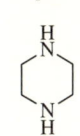

ピペラジン
piperazine

キヌクリジン
quinuclidine

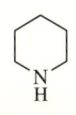

アザシクロヘキサン
azacyclohexane
ピペリジン
piperidine

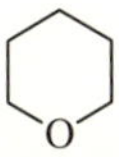

オキサシクロヘキサン
oxacyclohexane
テトラヒドロピラン
tetrahydropyran

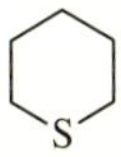

チアシクロヘキサン
thiacyclohexane
テトラヒドロチオピラン
tetrahydrothiopyran

1,4-ジアザビシクロ
[2.2.2]オクタン
1,4-diazabicyclo[2.2.2]octane
（DABCO）

第9章 脂肪族ヘテロ環化合物

9・1 ヘテロ三員環化合物——アジリジン，オキシラン，チイラン

アジリジンは飽和環状アミンのなかで最も塩基性が低い．これは三員環のひずみにより非共有電子対は通常のNのsp³軌道よりもp性が弱いので，その分だけs性が強くなった軌道に入っており，核により強く保持されているためである．三員環よりも大きなヘテロ環の塩基性は非環状アミンと同程度である．モルホリンやピペラジンのようにヘテロ原子がもう一つ含まれていると，それらの誘起効果によって窒素原子から電子が求引されるため，ピペリジンと比べて塩基性が低下する．キヌクリジンはピペリジンの架橋体であり，DABCOはピペラジンの架橋体であるが，同様の理由によってキヌクリジンに比べてDABCOの塩基性は低下している（図9・1）．

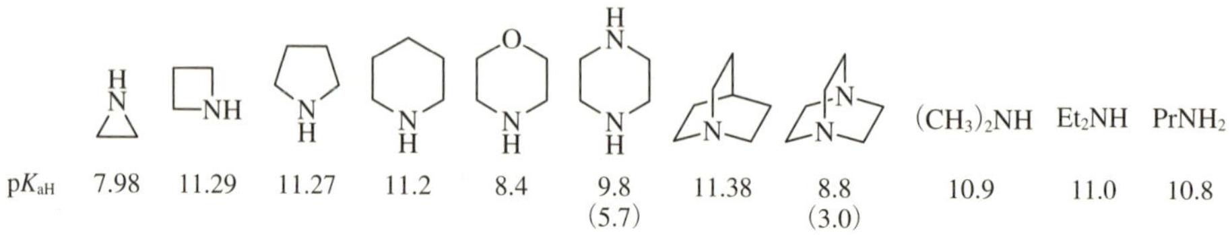

pK_{aH}	7.98	11.29	11.27	11.2	8.4	9.8 (5.7)	11.38	8.8 (3.0)	10.9	11.0	10.8

図9・1 脂肪族ヘテロ環アミンの塩基性 （ ）内の数値はジアミンの第二 pK_{aH}（二つ目の窒素をプロトン化するための pK_{aH}）．

ピラミッド反転（pyramidal inversion）：窒素上の非共有電子対の立体配置が反転すること．ピラミッド反転は，窒素原子が瞬間的に平面的なsp²構造に再混成し，つぎにこの平面中間体がsp³形に再混成することによって起こる．窒素の反転障壁は約25 kJ mol⁻¹であり，C–C結合の回転障壁のたった2倍である．

アジリジン窒素の**ピラミッド反転**は簡単な鎖状アミンに比べて非常に遅い．これは反転時の遷移状態における sp² 軌道への再混成がさらなる角ひずみを増大し高いエネルギーを必要とするからである．次の N-クロロアジリジンは二つの立体異性体の分離が可能で単離されている例である．

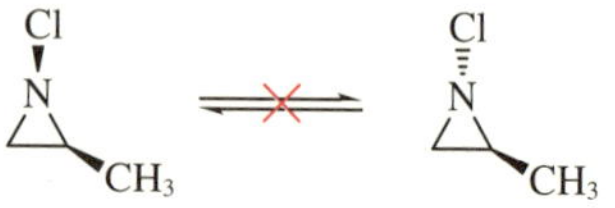

9・1・1 ヘテロ三員環化合物の反応

a. 求核剤による開環反応 ヘテロ三員環化合物の主たる反応は開環反応である．環はヘテロ原子が分子内の脱離基として働き，かつ，ひずみから解放されるために求核剤に対して反応性がきわめて高い（図9・2）．

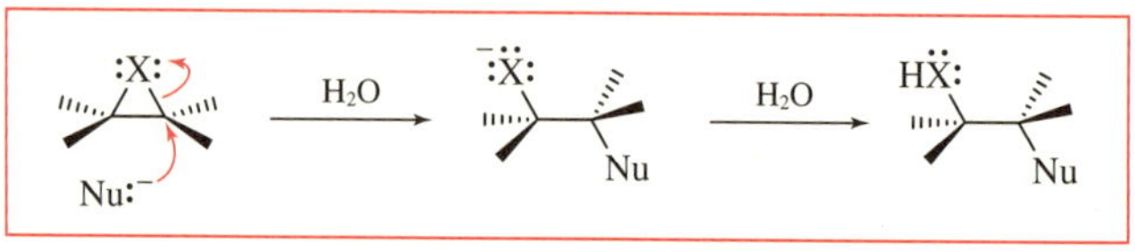

図9・2 ヘテロ三員環化合物の求核的開環反応

開環反応の位置選択性は誘起効果や電子的な効果よりも立体的な要素が優先し，求核剤は主として置換基の少ない側から S$_N$2 型の攻撃を行う（図9・3）．

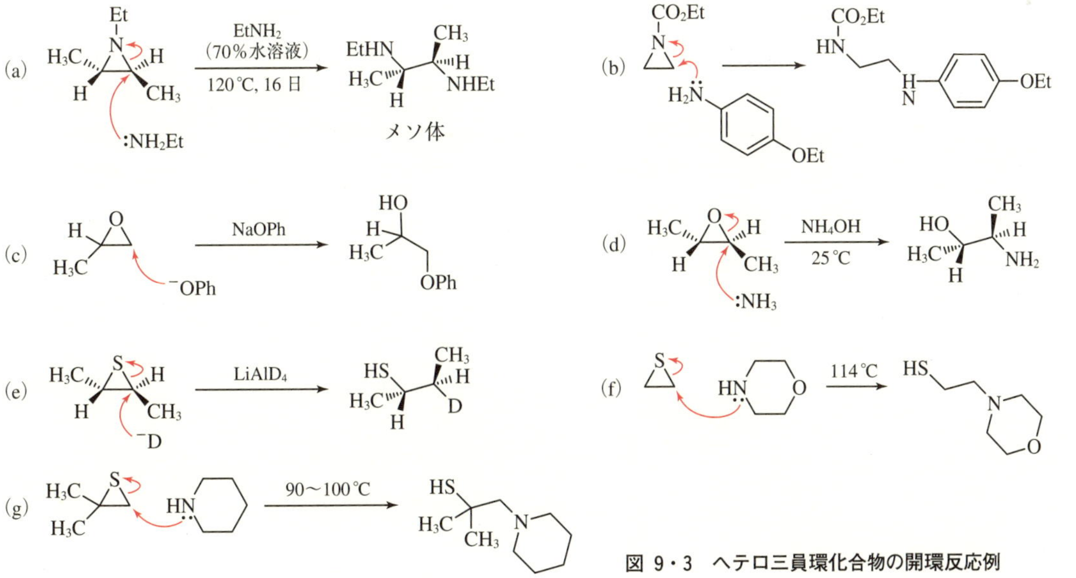

9・1 ピヘテロ三員環化合物──アジリジン，オキシラン，チイラン   169

図 9・3 ヘテロ三員環化合物の開環反応例

　プロプラノロールは血圧を低下させる β 遮断薬（アドレナリン β 受容体遮断薬）として高血圧や不整脈などの治療薬や予防に広く使用されている．またラベタロールも β 遮断薬として高血圧の治療に用いられている．これらはいずれも第一級アミンによるエポキシドへの S_N2 反応によって合成されている．この反応で得られるラベタロールは四つの可能な立体異性体の混合物として得られるが，実際に有効な活性体は (R,R)-異性体である．

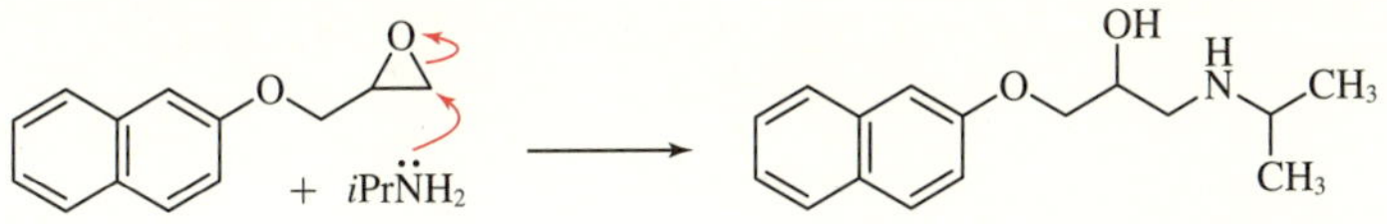

プロプラノロール　propranolol
（高血圧症治療薬）

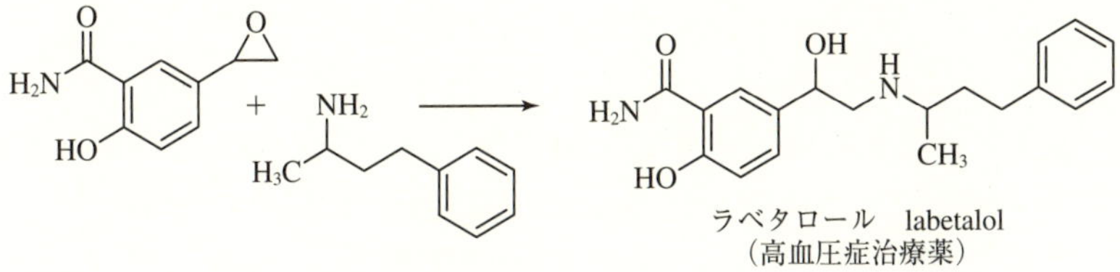

ラベタロール　labetalol
（高血圧症治療薬）

b. 求電子剤により活性化された開環反応（図 9・4）

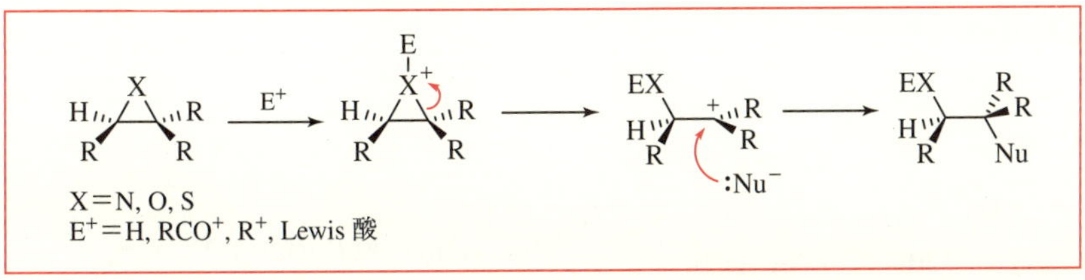

X = N, O, S
E⁺ = H, RCO⁺, R⁺, Lewis 酸

図 9・4　求電子剤 E⁺ で活性化されたヘテロ三員環化合物の開環反応

アジリジン，オキシラン（エポキシド）やチイランの開環反応は，N, O, S がプロトン化されたり，アシル化されたり，あるいはアルキル化や BF₃ のような Lewis 酸によって正電荷を帯びるとヘテロ原子はよりよい脱離基となるために反応が促進される．このようにカルボカチオンが生成するような条件下では，求核剤は立体的な条件よりも主として置換基のより多い位置を攻撃するか，または異性体の混合物が得られる．

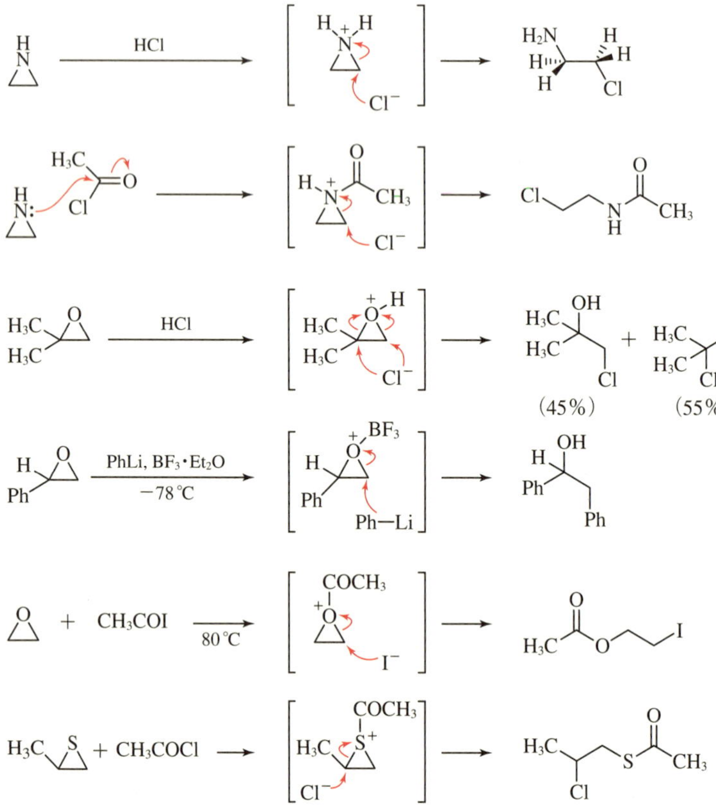

c. ポリマーの生成

ポリマー（polymer）：高分子，重合体ともいう．
モノマー（monomer）：単量体ともいう．
重合 polymerization

合成高分子（**ポリマー**）は現代の生活にきわめて重要なものであるが，これは**モノマー**とよばれる小さな分子の繰返し単位がつながってできる巨大な分子である．モノマーがつながり合う過程は**重合**とよばれる．モノマーとして三員環ヘテロ環はしばしば利用されている．たとえば，エポキシドは重合開始剤として，水酸化物イオン（⁻OH）やアルコキシドイオン（RO⁻）のような求核剤によって，アニオン機構で重合する．一方，Lewis 酸やプロトンが開始剤の場合にはカチオン機構で開環重合する．

● 塩基開始剤による重合

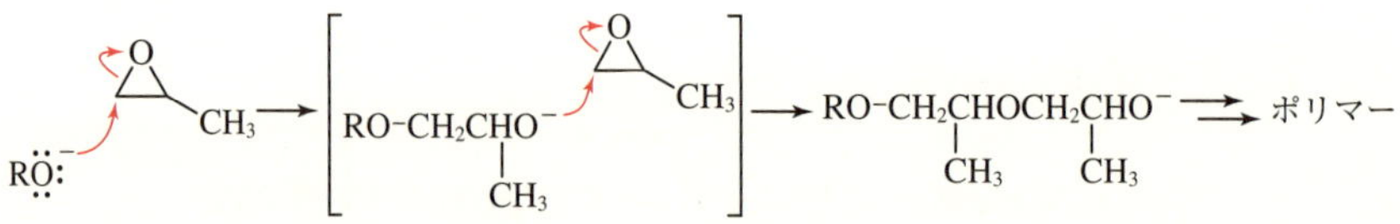

9·1 ピへテロ三員環化合物 —— アジリジン，オキシラン，チイラン

● 酸開始剤による重合

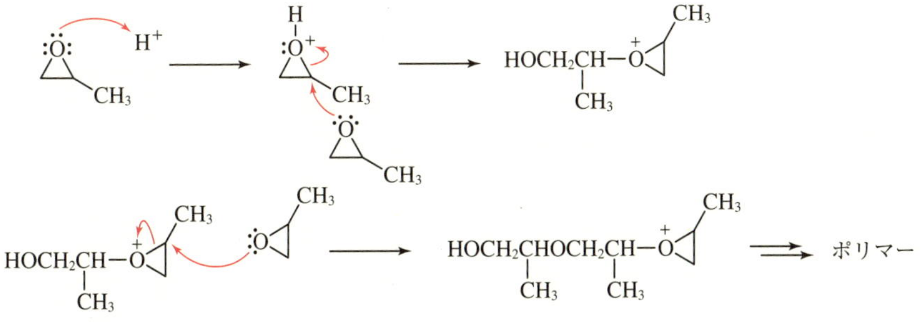

このエポキシドの開環反応は有機系接着剤の開発に多大な貢献をしている．特に瞬間接着剤は建設土木用接着剤などの産業分野や医療用瞬間接着剤など多くの業種に恩恵をもたらした．エポキシ系接着剤は，下記の代表例でみられるような両末端にエポキシ基をもつエポキシ樹脂に，ポリアミン類やイミダゾールなどの開環開始剤を作用させると架橋反応が進行し硬化する．

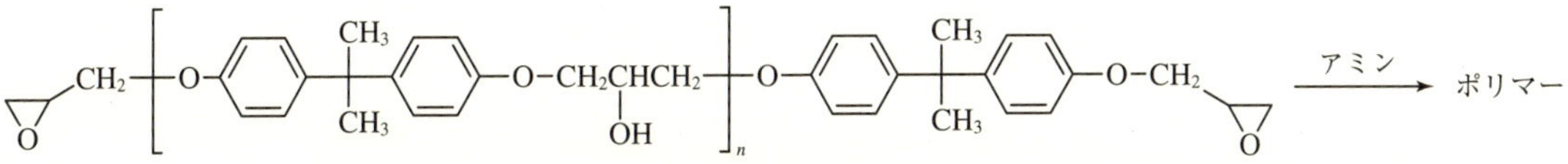

代表的なエポキシ樹脂

また，近年ポリマーは特別な需要に合わせて設計されるようになった．その一例として歯型に用いられるポリマーがある．歯型に用いられるポリマーの一つは下図に示すようにポリマー開始剤となるために末端にアジリジン三員環を含んでいる．アジリジン環は急激には反応しないので，橋架けは比較的にゆっくり起こり，そのために患者の口から取除かれるまでポリマーの硬化は強く起こらない．

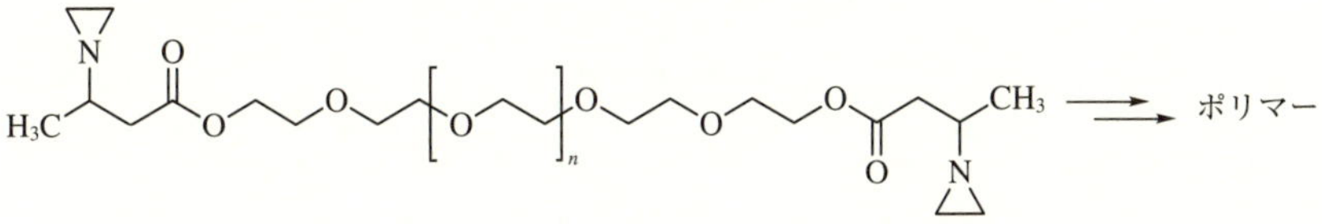

三員環に二つの酸素原子を含む化合物，ジメチルジオキシランはアセトンを過硫酸*で酸化すると得られる．ジメチルジオキシランは溶液中で短時間しか存在できな

* H_2SO_5．一般に反応試薬としてはカリウム塩のペルオキシ一硫酸カリウム $KHSO_5$（商品名：Oxone）を用いる．

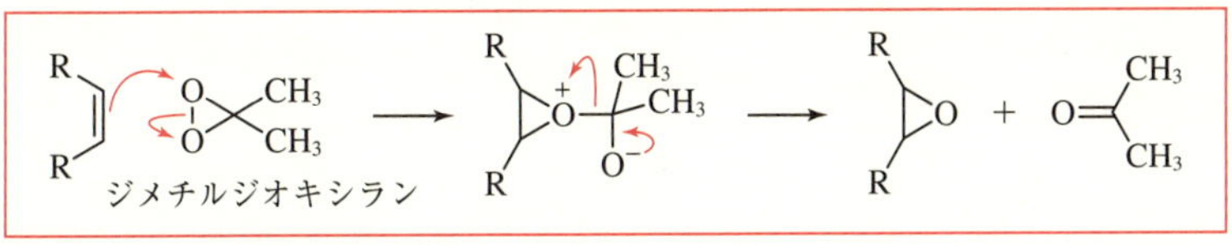

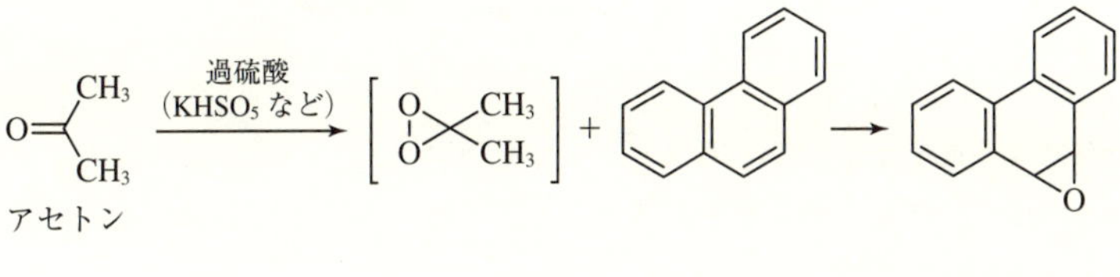

いが過酸に似た酸化剤として二重結合から対応するエポキドへの酸化に用いられる．この酸化剤の特徴は反応後無害な中性のアセトンになることである．

9・2 ヘテロ四員環化合物──アゼチジン，オキセタン，チエタン

　ヘテロ四員環化合物も三員環と同じように求核剤による開環に対して高い反応性を示す．しかし，四員環は三員環よりもひずみが減少しているために，対応する三員環より反応性は低く安定に単離することが可能である．オキセタンの水酸化物イオン（⁻OH）による求核的開環反応はオキシランの反応にくらべて 10^3 倍遅い（図9・5）.

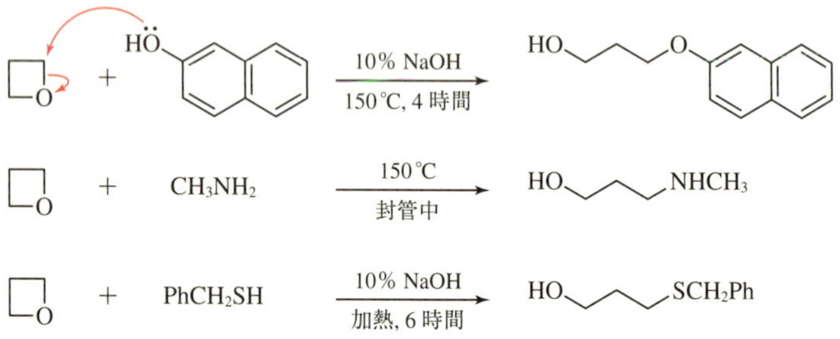

図9・5　オキセタンの求核的開環反応

　一般に四員環は三員環の場合よりも強い条件を用いると求核的開環が起こるが，三員環の場合と同様，酸，Lewis 酸などによって促進される（図9・6）．

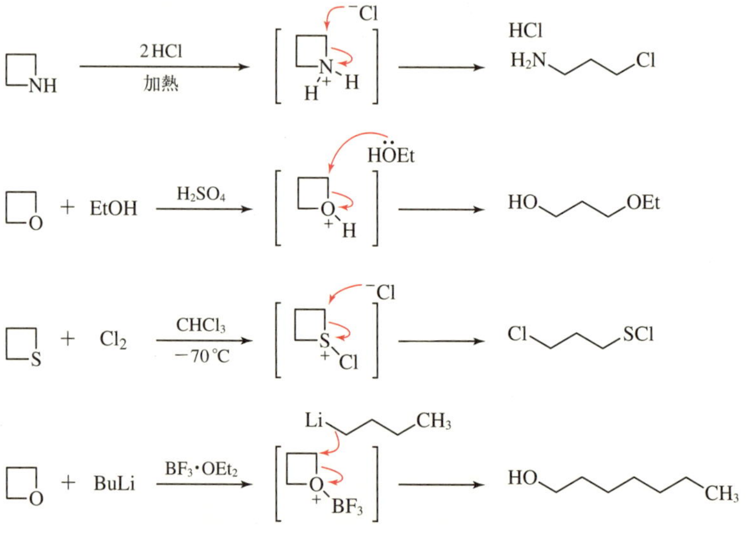

図9・6　酸・Lewis 酸による開環反応

ラクトン　lactone
ラクタム　lactam

　環状のエステルを**ラクトン**，環状のアミドを**ラクタム**という．環の員数はギリシャ文字で表される．アジリジンやオキシランのような三員環にカルボニル基を導入する

と三員環ラクタム（α-ラクタム）やラクトン（α-ラクトン）が生成するが，結合角のひずみはさらに大きくなる．したがって，三員環ラクタムやラクトンの反応性は非常に高い．α-ラクトンはひずみが大き過ぎて単離することは通常できないが，反応中間体としてその存在が証明されている．一方，四員環ラクトン（β-ラクトン）は反応性が高いが α-ラクトンより安定で単離することができる．

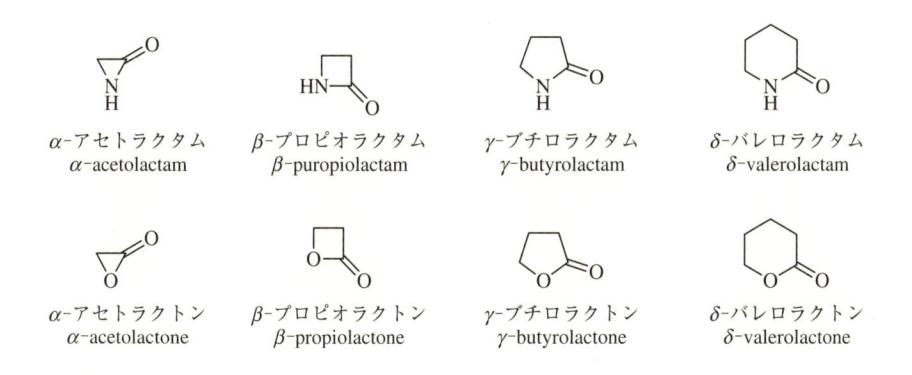

α-アセトラクタム
α-acetolactam

β-プロピオラクタム
β-puropiolactam

γ-ブチロラクタム
γ-butyrolactam

δ-バレロラクタム
δ-valerolactam

α-アセトラクトン
α-acetolactone

β-プロピオラクトン
β-propiolactone

γ-ブチロラクトン
γ-butyrolactone

δ-バレロラクトン
δ-valerolactone

β-ラクトンおよび β-ラクタム（四員環ラクタム）は求核剤によって容易に開環する．第一段階では求核剤のカルボニル基への付加によって本来 120° である sp^2 の結合角のひずみが軽減されて，正四面体型中間体が生成する．この中間体の炭素は sp^3 混成軌道であるので，四員環のために本来の 109° よりひずみがある．このひずみの解消が推進力となって容易に脱離開環し対応する鎖状化合物が得られる．

β-プロピオラクタム
β-propiolactam
sp^2 120° が 90° に（結合角のひずみ）
sp^3 109° が 90° に（結合角のひずみ）

β-プロピオラクトン
β-propiolactone

9・2・1 β-ラクタム

a. ペニシリン，セファロスポリン　四員環ヘテロ環のなかで最も重要な環の一つは β-ラクタムである．ひずみのかかった β-ラクタムは開環によって環のひずみが解消されるために，鎖状のアミドに比べての反応性は異常に高い．β-ラクタム環はペニシリンやセファロスポリン抗生物質の重要な共通構造であり，この四員環が生物活性発現に重要な役割を演じている．ペニシリン G は β-ラクタムに五員環チアゾリジン環が縮合した一見非常に不安定に見える二環性化合物であるが，1929 年，A. Fleming により発見され，1938 年には H. W. Florey，E. B. Chain らによって穏和な条件下での単離方法が見いだされた．1941 年までには単離されたペニシリンの初の臨

第9章 脂肪族ヘテロ環化合物

床実験が行われ，細菌感染に対する優れた効果が実証された．1945年にはこれら3名の功績に対してノーベル生理学・医学賞が授与された．

ペニシリン G
penicillin G

セファロスポリン C
cephalosporin C

ペニシリンの骨格はシステインとバリンの二つのアミノ酸から生合成され，側鎖（R）は発酵媒体の成分に左右される．セファロスポリンの生合成もペニシリンに似ているが，これには酢酸が関与している．

システイン

バリン

生合成 → ペニシリン系抗生物質

生合成 → セファロスポリン系抗生物質

ペニシリンやセファロスポリンの発見についで，さらに新しい抗生物質を見いだす探索研究が盛んになる一方で，半合成ペニシリンや半合成セファロスポリンの開発研究も盛んに行われてきた．より優れた抗菌作用をもち，より副作用を低減した類縁体の創製を目指し，たくさんの有用な非天然型の β-ラクタム化合物がつくられ，β-ラクタム系抗生物質とよばれる大きなグループができるに至った．それらの基本構造は以下に示す九つのタイプのヘテロ環に大別される．

● ペニシリン系抗生物質基本構造

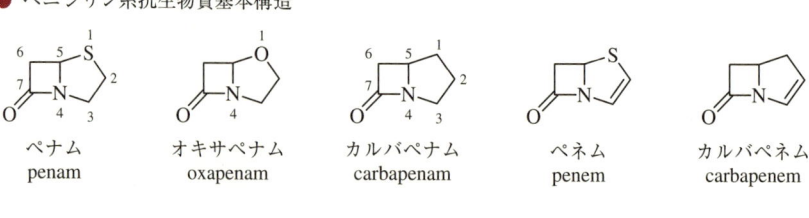

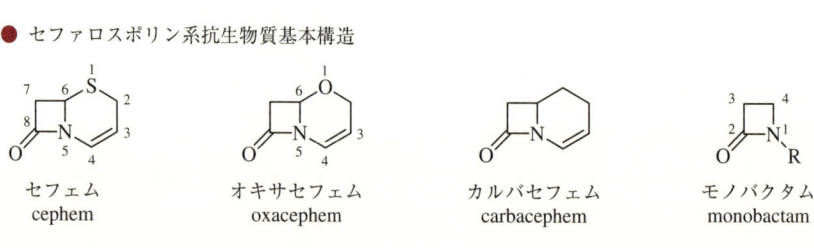

ペナム penam
オキサペナム oxapenam
カルバペナム carbapenam
ペネム penem
カルバペネム carbapenem

● セファロスポリン系抗生物質基本構造

セフェム cephem
オキサセフェム oxacephem
カルバセフェム carbacephem
モノバクタム monobactam

これらのなかから人類に大きな貢献をした 20 世紀を代表する医薬品が生まれた．図 9・7 には代表的な β-ラクタム系抗生物質を示した．

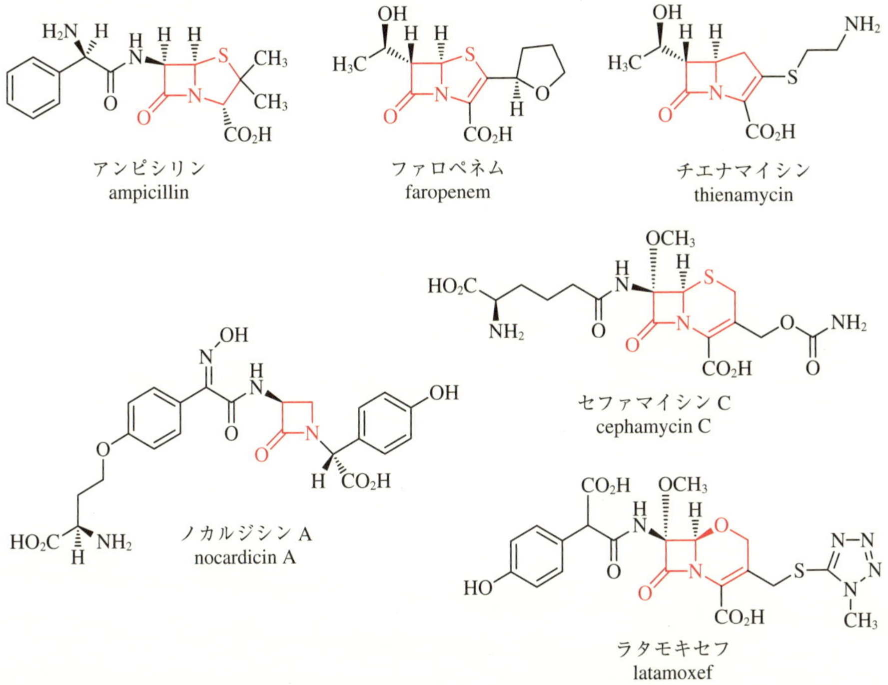

アンピシリン
ampicillin

ファロペネム
faropenem

チエナマイシン
thienamycin

ノカルジシン A
nocardicin A

セファマイシン C
cephamycin C

ラタモキセフ
latamoxef

図 9・7　代表的な β-ラクタム系抗生物質

細菌の細胞は細胞壁で覆われている．ペニシリンは細菌の細胞壁の生合成を阻止することによって抗菌作用を発現する．細胞壁はペプチドと糖からなるペプチドグルカン構造をしているが，この高分子ペプチド鎖構造を強固に保持するために細胞壁の生合成では最終段階でトランスペプチダーゼ（ペプチド転移酵素）によるペプチド間の架橋反応が行われ強固な細胞壁が構築される（図 9・8）．

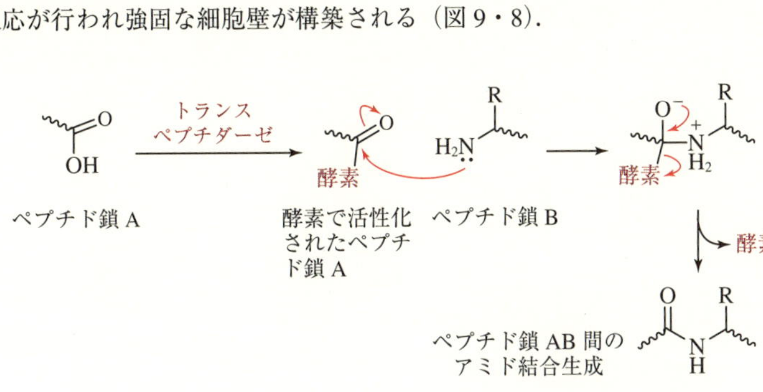

ペプチド鎖 A　→（トランスペプチダーゼ）→　酵素で活性化されたペプチド鎖 A　＋　ペプチド鎖 B　→　ペプチド鎖 AB 間のアミド結合生成

図 9・8　トランスペプチダーゼによる細菌の細胞壁の架橋反応

b. ペニシリンの作用機序　トランスペプチダーゼはその活性部位にセリン残基をもっており，セリンのヒドロキシ基が架橋の構築（アミド結合生成）に必須である．しかし，トランスペプチダーゼがペニシリンやセファロスポリンを誤って活性部位に取込むと，ペニシリンやセファロスポリンの β-ラクタム環にある反応性の高い

● ペニシリン系

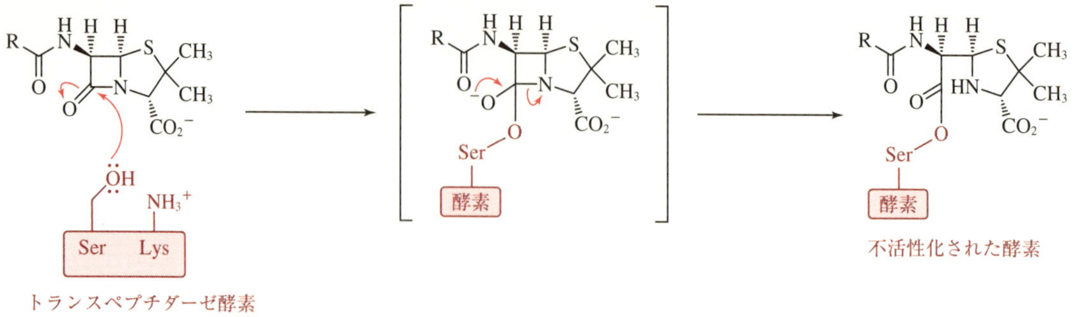

● セファロスポリン系

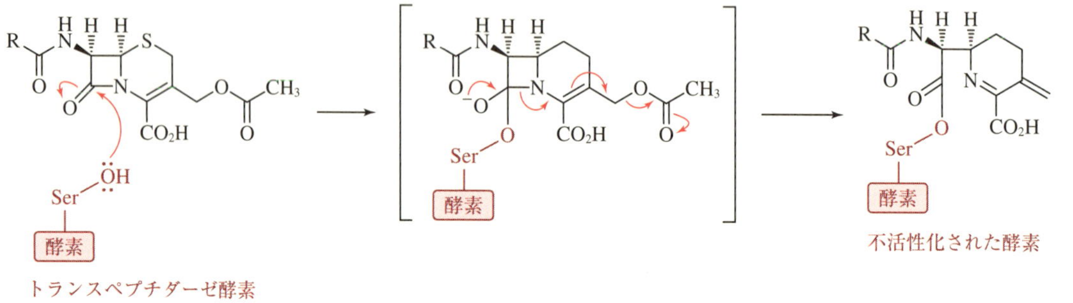

カルボニル基にトランスペプチダーゼのセリン残基のヒドロキシ基が求核攻撃し，不可逆的に反応して開環する．結果として酵素のヒドロキシ基はアシル化されたことによって不活性となり，細胞壁の生合成は停止し細菌は死滅する．哺乳類の細胞には細胞壁がないので，ペニシリンは哺乳類には影響することがない．

ペニシリン発見後，ペニシリン耐性菌が出現したが，これは細菌がペニシリンの β-ラクタム環の加水分解を触媒する**ペニシリナーゼ**という酵素を生産するようになったためである．加水分解で得られるペニシリン酸はもはや抗菌作用を示さない．ペニシリナーゼ以外にも β-ラクタム環を加水分解する酵素 β-ラクタマーゼを産出する耐性菌が出現した．β-ラクタマーゼはペニシリナーゼと**セファロスポリナーゼ**の2種類に大別される．一般に，グラム陽性菌ではペニシリナーゼがグラム陰性菌ではセファロスポリナーゼが産出されることが多い．

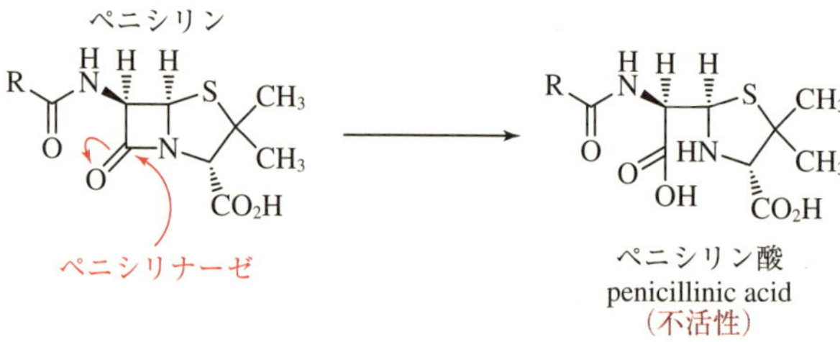

ペニシリナーゼ
penicillinase

セファロスポリナーゼ
cephalosporinasw

そこで β-ラクタマーゼによる β-ラクタム環上のカルボニル基への攻撃を阻止するための戦略の一つとしてかさ高い置換基（R）の導入が検討された．たとえば，ペニシリンの側鎖（R）にヘテロ五員環のイソオキサゾール環を導入したオキサシリンの合成である．イソオキサゾールは立体的にかさ高く β-ラクタマーゼに対して遮蔽効果があるばかりでなく，オキサシリンの酸に対する安定化にも役立っており，経口投

9・2・2 ジオキセタン

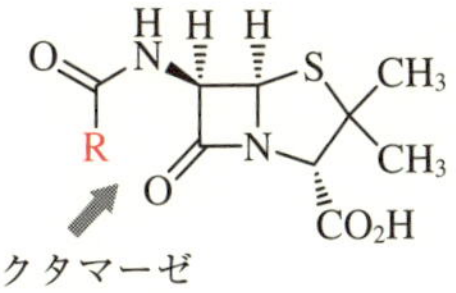

　ヘテロ四員環化合物のなかでジオキセタンやジオキセタノンは特異な化合物である．一般に不安定であるが，単離されたり，あるいは中間体としてその存在が知られている．これらの特徴的な反応性は分解する際に［2+2］付加環化の逆反応によって，励起状態のカルボニル化合物が発生し，これが基底状態に移行する際に光を発することである．ジオキセタンやジオキセタノンは化学発光や生物発光にみられる共通化学構造である（図9・9）．

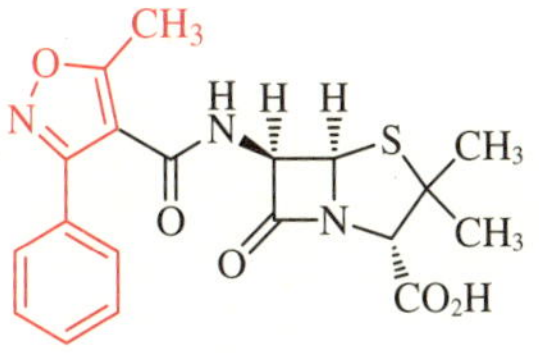

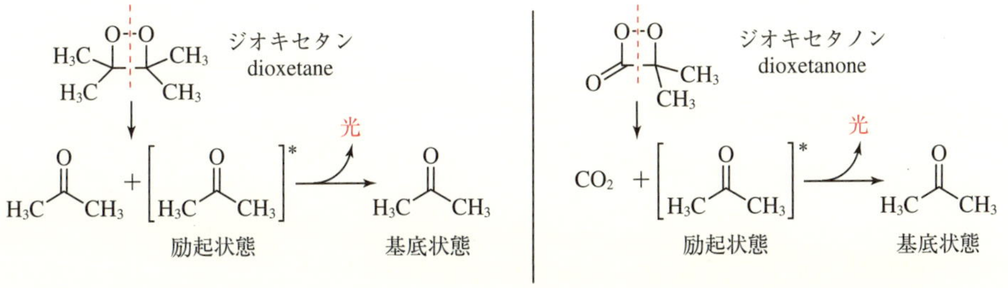

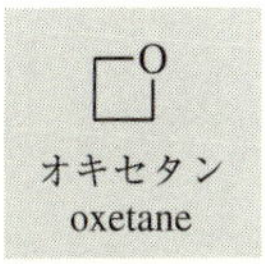

図 9・9　ジオキセタン，ジオキセタノンの開裂反応

　ホタルは体内に発光基質，ルシフェリンをもっているが，これがATP存在下ルシフェラーゼという酵素によって分子状の酸素と反応すると不安定な四員環ケトン，ジオキセタノンを生成する．これが開裂するときに蛍光を発生する．

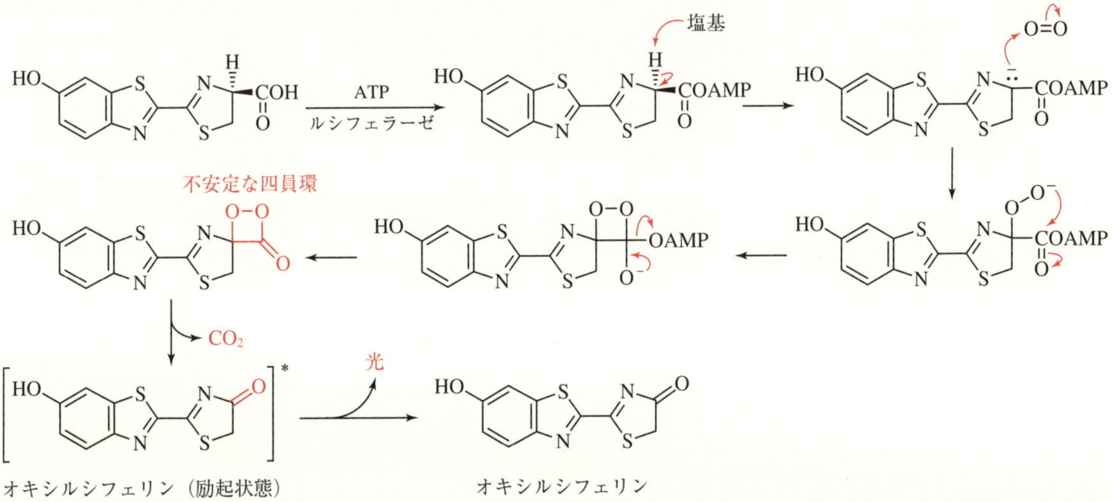

またオワンクラゲの発光物質セレンテラジンの発光もほぼ同様のメカニズムで進行する．

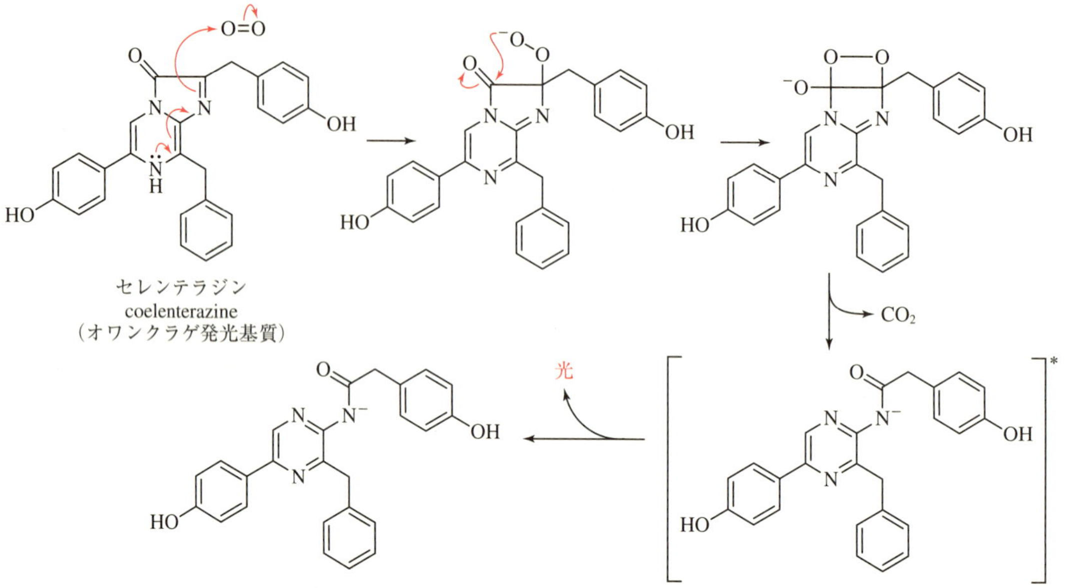

セレンテラジン
coelenterazine
（オワンクラゲ発光基質）

9・3 ヘテロ五員環，六員環化合物

9・3・1 塩基性と求核性

ヘテロ三員環および四員環とは対照的に，ヘテロ五員環および六員環は求核攻撃に対して比較的安定であり，求核剤による直接の開環反応は起こりにくい．環状第二級アミンであるピロリジン，ピペリジン，ピペラジン，モルホリンなどの単純なヘテロ環アミンは，非環状アミンと同様に置換反応や付加反応において求核剤として働く．しかし，ピロリジンやピペリジンはジエチルアミンのような非環状アミンよりも求核性が高い．これは二つのアルキル基が手をつなぎ環になっているために，非共有電子対の入っている sp^3 軌道が非環状第二級アミンの場合に比べて立体的に障害が小さくなっており，求電子剤が近づきやすくなっているためである．

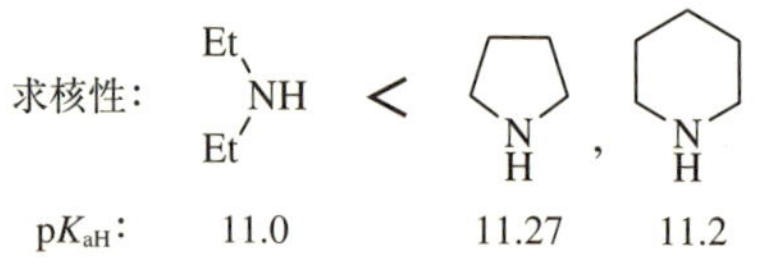

求核性： Et₂NH < ピロリジン , ピペリジン

pK_{aH}： 11.0　　11.27　　11.2

この効果は第三級アミンとヨウ化メチルの反応速度の比較に表れている．キヌクリジンはトリエチルアミン Et₃N と同じく第三級アミンであり，ほぼ同値度の塩基性であるが，メチル化の反応性は約 60 倍も高い．キヌクリジンはピペリジンの架橋体であるので，トリエチルアミンに比べて窒素の非共有電子対が露出しているために求核

9・3 ヘテロ五員，六員環化合物

性が高くなっている．

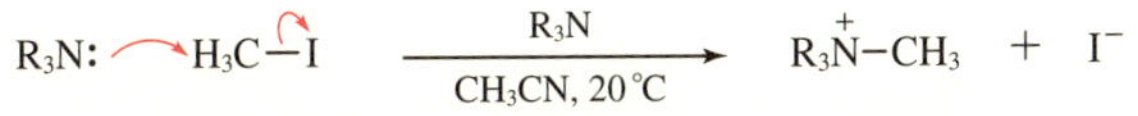

R₃N: ⤴ H₃C—I　—[R₃N / CH₃CN, 20°C]→　R₃N⁺—CH₃ + I⁻

アミン (R₃N):	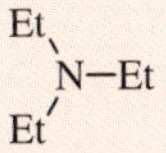 トリエチルアミン	 キヌクリジン
相対速度:	1	63
pK_{aH}:	10.7	11.0

ピペリジンの 2 位と 6 位にメチルが置換された 2,2,6,6-テトラメチルピペリジン (TMP) は，四つのメチル基によって窒素上の非共有電子対が囲まれた大きな立体障害のある塩基である．*n*-BuLi で脱プロトンされた TMP のリチウム (Li) 塩 (LiTMP) は構造的にリチウムジイソプロピルアミド (LDA) と似ているが LDA よりもかさ高く，そのために求核性がより低い．LiTMP は速度支配のエノラートを生成させるような立体選択的な脱プロトンが必要なときに LDA に代わって使用される特異な塩基である．

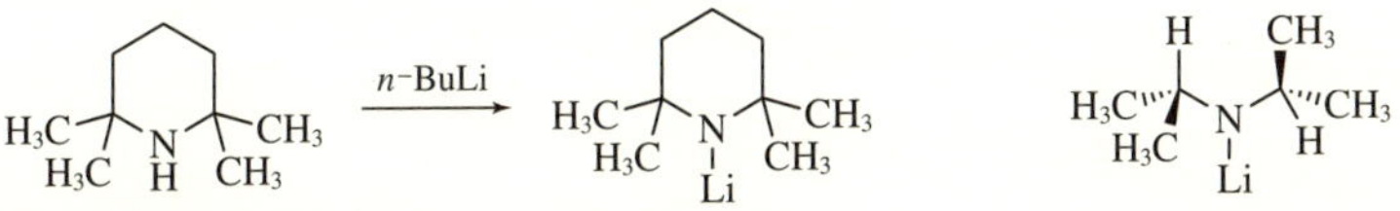

TMP (2,2,6,6-tetramethylpiperidine) —[*n*-BuLi]→ LiTMP　　LDA (lithium diisopropylamide)

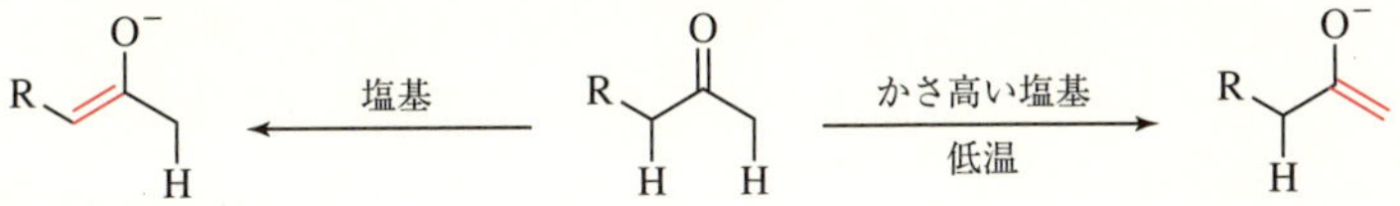

熱力学支配のエノラート ←[塩基]— ケトン —[かさ高い塩基, 低温]→ 速度支配のエノラート

一方，五員環や六員環アミンの求核置換反応はハロゲン化アルキルのみならず，(±)-オフロキサシン合成 (§3・2・1 参照) でみられるように活性化されたフルオロベンゼンのフッ素とも置換する．

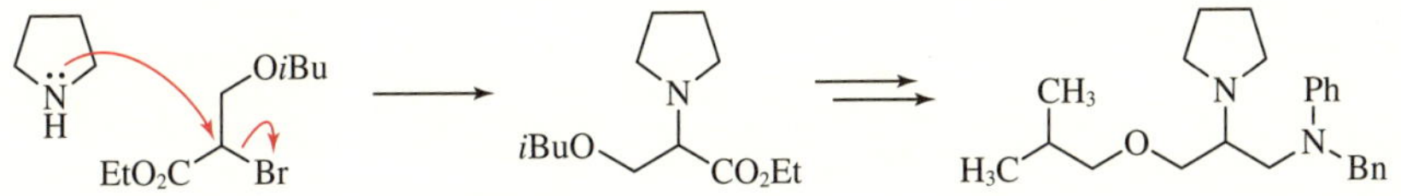

ベプリジル
bepridil
(抗不整脈薬)

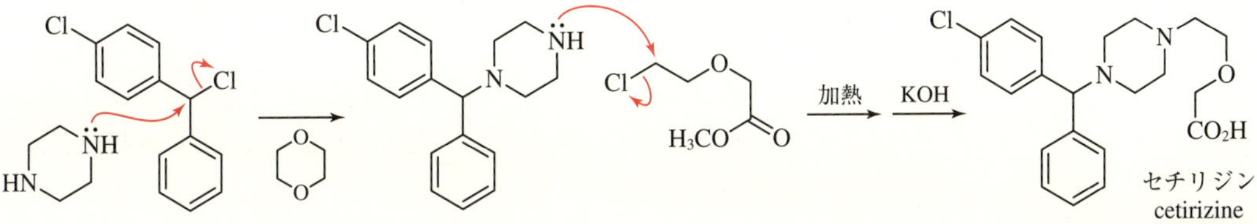

セチリジン
cetirizine
(アレルギー疾患治療薬)

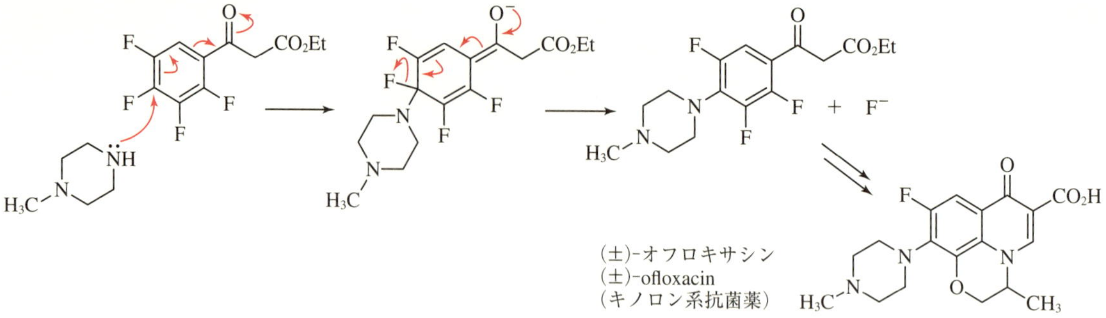

(±)-オフロキサシン
(±)-ofloxacin
(キノロン系抗菌薬)

9・3・2 ヘテロ環アミンから生成したエナミンの活用

アルデヒドやケトンの α-アルキル化や α-アシル化ではエノールやエノラート中間体を経由する反応が知られているが，自己縮合などの副反応を避けるためエノールやエノラート等価体を用いる方法が数多く開発された．なかでも重要なものの一つが Stork の**エナミン法**である．ピロリジン，ピペリジン，モルホリンなどのヘテロ環アミンから生成したエナミンは非環状第二級アミンから生成したエナミンよりも特に安定である．さらにヘテロ環アミンはカルボニル基への攻撃および生成したエナミンと求電子剤との反応において求核性が増大している．

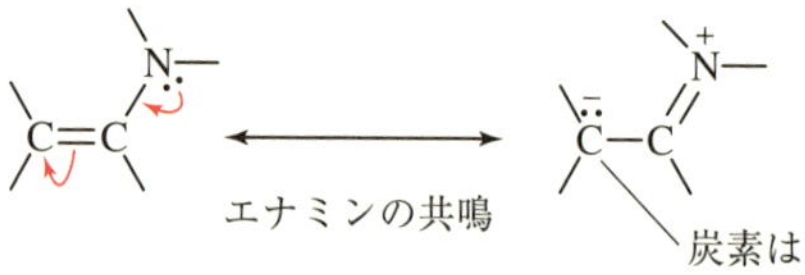

エナミンの共鳴 　炭素は求核性

ピロリジンのカルボニル基への求核攻撃によって生成するエナミンがハロゲン化アルキルやハロゲン化アリルと反応した後に穏和な条件下で加水分解され α-アルキル化体が得られる．この反応の全過程ではカルボニル化合物から新たなカルボニル化合物，α 位置換体が得られたことになるが，この反応過程では強塩基もエノラートも関与していないので，自己縮合やハロゲン化アルキルの E2 脱離によるアルケンの生成，さらに第二，第三のアルキル化などの副反応は最小限に抑えられる．

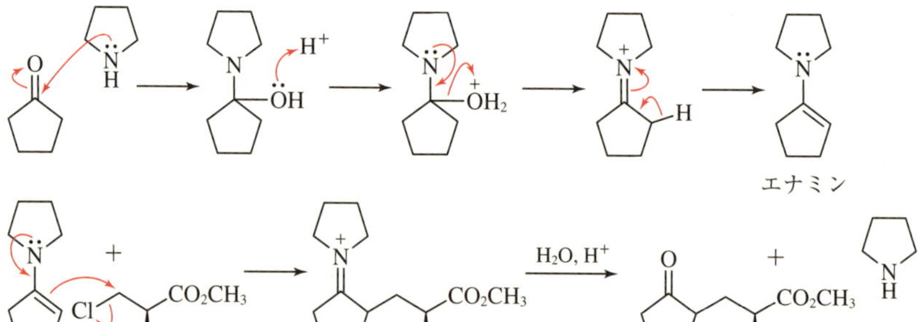

エナミンはハロゲン化アリル（図 9・10），ハロゲン化ベンジル，α-ハロカルボニル化合物のようなきわめて反応性の高い求電子剤としか反応しないという難点があるが，イソブチルアルデヒドのアルキル化のように α 位に第三級アルキル基をもつアルデヒドの合成にも用いることができるなどエナミン法の利用範囲は広い．

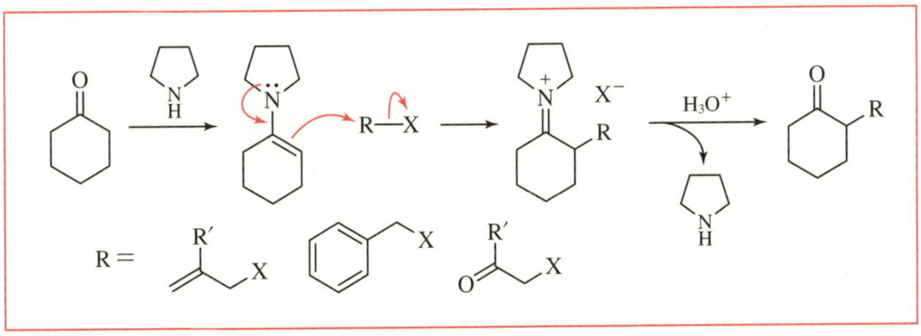

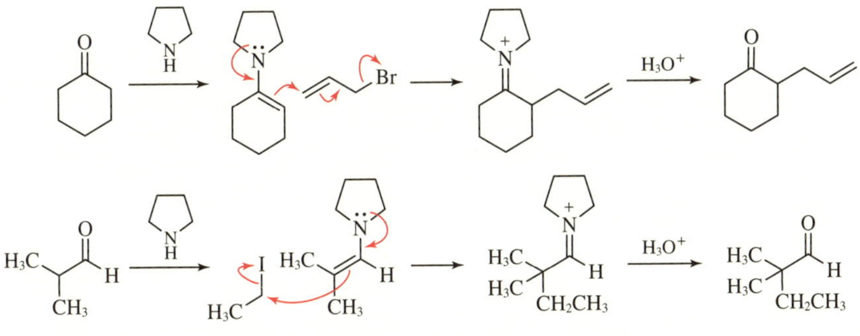

図 9・10　ピロリジンを用いたエナミンの反応

9・3・3　配座制御への利用

ピペリジンはシクロヘキサンのように**いす形配座**をとっている．窒素上の R が水素かアルキル基の場合は通常エクアトリアル配座異性体 ***1*** がアキシアル配座異性体 ***2*** よりも安定である．

いす形配座
chiar comformation

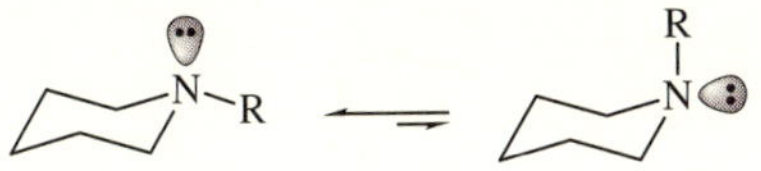

1　　***2***

安定性: ***1***>***2***（R＝H, アルキル基）

創薬研究の中で，鎖状アミンの配座を制限するために，ピペリジンやピペラジンなどのヘテロ環に変換することがしばしば行われる．六員環にすることによって，アルキル基はエクアトリアル位に，また，非共有電子対はアキシアル配向に配座制限され

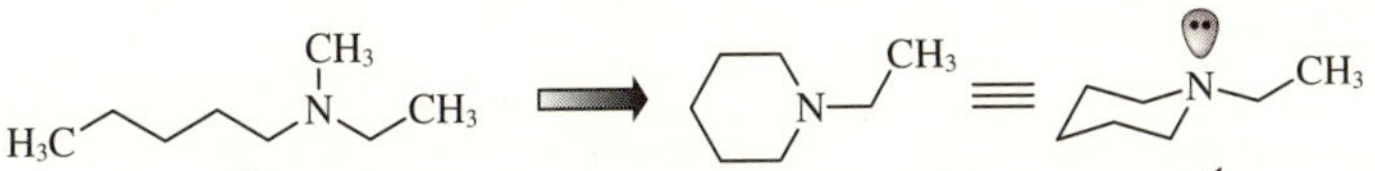

3　　***4***

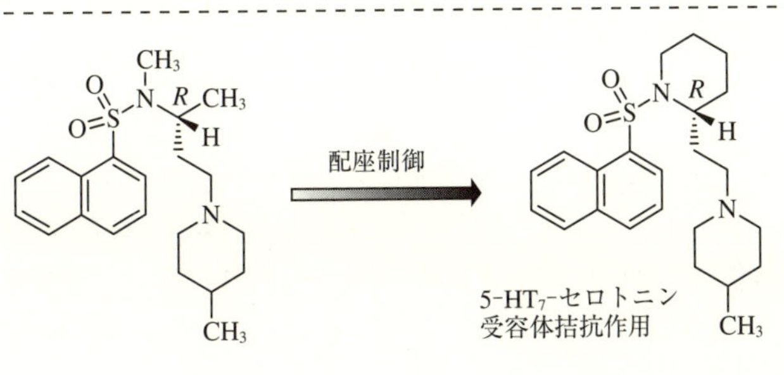
配座制御
5-HT₇-セロトニン
受容体拮抗作用

ると受容体との相互作用が有利になる場合がある．たとえば，**3**のようなフレキシブルな鎖状第三級アミンは，環化させることによって**4**のような配座に固定された形となり，薬物分子において重要な窒素の非共有電子対はアキシアル位に露出してくる．*N*-アルキルベンゼンスルホンアミドの配座制御は医薬品開発における一例である．

　ヒドロキシ基で置換されたテトラヒドロフランやテトラヒドロピランは糖（炭水化物）にみられる重要なヘテロ環である．グルコースは水溶液中では環状ヘミアセタールと鎖状構造の**5**の平衡で存在しており，エクアトリアル位にヒドロキシ基をもつ異性体**6**とアキシアル位にヒドロキシ基をもつ異性体**7**との間に**5**を介して平衡になっている．

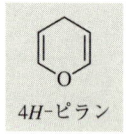

4*H*-ピラン

β-D-グルコピラノース **6**
(62.6%)

グルコース **5**
(0.002%)

α-D-グルコピラノース **7**
(37.3%)

アノマー　anomer

　鎖状の単糖がピラノース形に環化したとき生成するヘミアセタール炭素を**アノマー中心**（**アノマー炭素**）とよぶ．一般に2位に電気陰性度の高い置換基（X）をもつテトラヒドロピランでは，Xはアキシアル位をとりやすい．これを**アノマー効果**という．アキシアル配位の方が安定な理由は，ピラン環の酸素原子上のある非共有電子対のsp³混成軌道とC–X結合のσ*軌道との間に結合性相互作用が生じることに起因する．これは立体電子効果である．

β-アノマー　　　　　α-アノマー
*：アノマー中心
安定性：β-アノマー＜α-アノマー

C–Xσ*
アノマー効果
anomeric effect

　D-フルクトース**8**はピラノース形**9**と五員環ヘミアセタールのフラノース形**10**の平衡混合物として存在する単糖である．

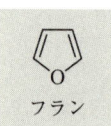

フラン

β-D-フルクトピラノース **9**
(70%)

D-フルクトース **8**
(0.7%)

β-D-フルクトフラノース **10**
(23%)

　スクロース（ショ糖，砂糖）は1分子のグルコースがフルクトース1分子に結合してできた二糖である．これらをはじめとする糖は，単糖から数千個のグルコース単位が互いに結合したセルロースやデンプンのような多糖まで，さまざまな重要な生物学的機能をもつ生体分子である．

スクロース sucrose
(ショ糖, 砂糖)

セルロース cellulose
〔(1→4)-O-(β-D-グルコピラノシド)ポリマー〕

9・3・4 反応溶媒としての飽和ヘテロ環

飽和ヘテロ環は反応溶媒としても重要なものがある．有機化学反応の溶媒としてジエチルエーテル Et$_2$O が不適当な場合に，テトラヒドロフラン（THF）やジオキサンなどの環状エーテルを用いるとうまく進行することがある．窒素の場合と同様，環状エーテルも鎖状エーテルと比較して求核性が高くなっている．そのために THF はしばしば有機リチウム化合物の優れた溶媒として使われている．これは THF の酸素原子上にある求核性の高い非共有電子対が有機リチウムの電子不足なリチウム原子を安定化するためである．しかし，THF を BuLi の反応溶媒として用いるときには常に 0℃以下，通常 −78℃ で反応を行わないと THF は脱プロトンされて，アセトアルデヒドのエノラートとエチレンに分解するので注意を要する．

テトラヒドロフラン
tetrahydrofuran（THF）

テトラヒドロピラン
tetrahydropyran（THP）

1,4-ジオキサン
1,4-dioxane

3,4-ジヒドロ-2H-ピランは環状エノールエーテルである．酸触媒下，アルコールの求核攻撃を受けて環状アセタールを生成する．アセタールは塩基性条件下では安定であるが，酸性水溶液でアルコールを再生するので，3,4-ジヒドロピランはアルコールの保護基として利用されている．

3,4-ジヒドロ-2H-ピラン
3,4-dihydro-2H-pyran

環状アセタール

2H-ピラン
2H-pyran

一方，非プロトン性極性溶媒である N,N-ジメチルホルムアミド（DMF）の代わりに環状ラクタムの N-メチルピロリドンを用いたり，同じく非プロトン性極性溶媒であるジメチルホルムアミド（DMSO）の代わりにスルホランを反応溶媒として用いると反応の向上がみられる場合がある．

N-メチルピロリドン
N-methylpyrrolidone（NMP）
1-methyl-2-pyrrolidone

N,N-ジメチルホルムアミド
N,N-dimethylformamide（DMF）

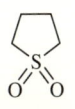

スルホラン
sulfolane
tetrahydrothiophene-1,1-dioxide

ジメチルスルホキシド
dimethyl sulfoxide（DMSO）

* 酵素のように，特定の分子を選択的に認識できる高秩序をもった空間を提供する分子を**ホスト**，そこに受け入れられる分子を**ゲスト**という．ホスト-ゲストは"鍵と鍵穴"のような関係にある．人工的に合成されたホストとして，クラウンエーテル，シクロデキストリン，クリプタンドなどがある．

1987年，この分野で大きな貢献をした C. J. Pedersen, D. J. Cram, J.-M. Lehn の3名にノーベル化学賞が授与された．

さらに大環状ヘテロ環として有用なものにクラウンエーテルやクリプタンドのような環状ポリエーテルがある．エーテル酸素の非共有電子対は電子不足の金属に配位することができる．ポリエーテルはこのような酸素原子が金属イオンを選択的に取囲むホストとして機能するので，溶媒和力がとりわけ強くなる．その結果，塩類を有機溶媒に溶かすことができるようになる．このような多環状エーテルの重要性が認識されホスト-ゲストの化学分野が発展してきた*．

18-クラウン-6
18-crown-6

クリプタンド
cryptand

9・4 脂肪族ヘテロ環を含む天然物と医薬品

飽和ヘテロ環化合物を含む天然物は芳香族ヘテロ環化合物と同様天然物に豊富に見いだされ，顕著な生物活性をもつものが多い（図9・11）．それらのなかには有用な薬として用いられているものもある．一方，構造中に飽和ヘテロ環を含む数多くの合成医薬品も開発されている．

ホスホマイシン
fosfomycin（FOM）
抗生物質
（大腸菌 O157 に対する抗菌薬）

ジシダジリン
dysidazirine
（抗菌活性物質）

(＋)-ビオチン
(＋)- biotin
（ビタミン H）

(S)-コニイン
(S)-coniine
（ドクニンジンのアルカロイド）

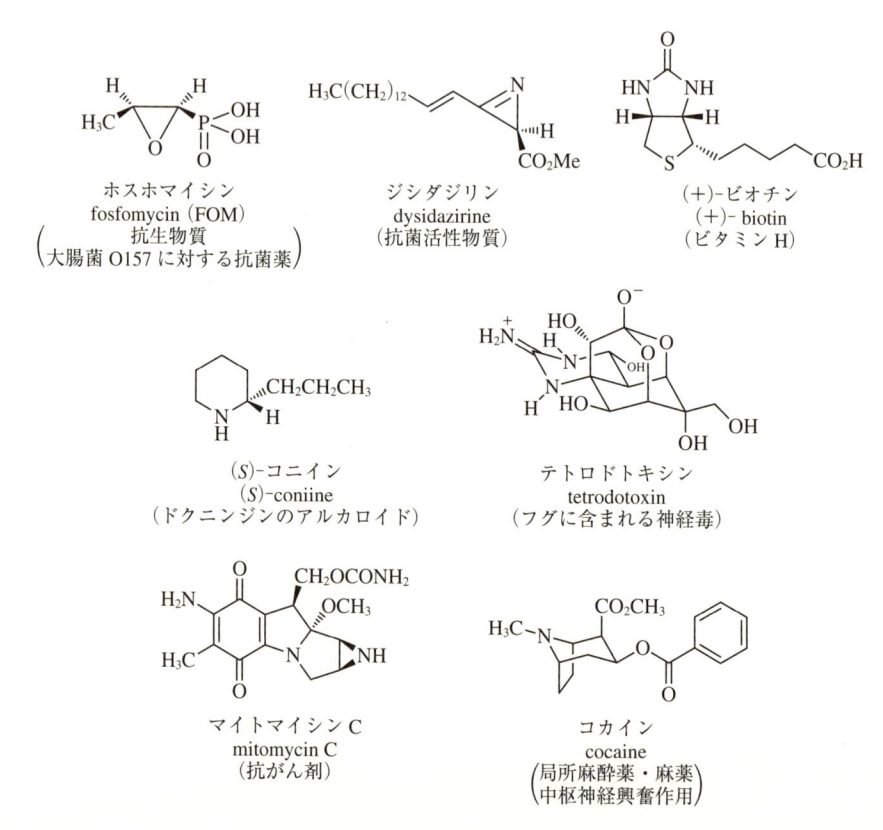

テトロドトキシン
tetrodotoxin
（フグに含まれる神経毒）

マイトマイシン C
mitomycin C
（抗がん剤）

コカイン
cocaine
（局所麻酔薬・麻薬
中枢神経興奮作用）

図 9・11　脂肪族ヘテロ環骨格をもつ天然物

近年，腸管出血性大腸菌 O157 による感染症にオキシランのリン酸誘導体であるホスホマイシン（抗生物質）が使用されている．ホスホマイシンもペニシリン同様，細菌の細胞壁の構築を阻害する．しかし，ペニシリンが菌体の細胞壁ペプチドグルカン生合成の最終段階を阻害するのに対して，ホスホマイシンはペプチドグルカン生合成の初期段階を阻害することにより抗菌作用を現す．ジシダジリンは海綿動物から単離されたアザシクロプロペン構造をもつ抗生物質である．ビオチン（ビタミン H）はカルボニル基の隣の炭素をカルボキシ化する酵素の補酵素である．ビオチンは二つのヘテロ五員環が縮合しており，その一つは環状スルフィドである．ほかの一つは環状の尿素であり生化学反応において CO_2 を求電子剤として活性化するのはこの環である．マイトマイシン C は核酸塩基間にインターカレーション（挿入）して DNA の合成を阻害する抗がん剤である．

フグ毒であるテトロドトキシンは，環状グアニジル構造と一つの炭素に三つの酸素が結合し解離してイオンになっているラクトール構造を含むきわめて複雑な構造からなるアルカロイドである．強力な神経毒であり，青酸カリの 850 倍に相当する猛毒である．ドクニンジンの活性成分であるコニインは単純な構造であるが，ソクラテスを死に至らしめた悪名高いアルカロイドである．

コカの木の葉から単離されるコカインは架橋二環性構造をもった覚醒作用や依存性を示す麻薬である．しかし，局所麻酔作用を示すことが古くより知られており，現在ではこの作用を活かし，眼科手術において非常に有効な局所麻酔薬として用いられている．

海洋天然物由来の環状ポリエーテルであるマクロライドは多数知られており，顕著な生物活性を示すものが多い．ハリコンドリン B もその一つであり，上村大輔らにより *Halichondria* 属のクロイソカイメンから単離された．テトラヒドロフラン，テ

プロカイン，リドカインの創製 ── コカインからの開発経緯

天然物コカインをリード化合物（p.47 参照）として，局所麻酔作用が増強されると共に，覚醒作用などの副作用や習慣性が低減した新たな局所麻酔薬を開発するため構造の最適化が行われた．その結果，コカイン構造のメトキシカルボニル基を除去すると局所麻酔作用が増強することがわかり，また，N-メチル基や五員環部分の除去，六員環の開環などは作用にあまり影響がないことから，より単純な構造をもつ合成局所麻酔薬プロカインの開発に至った．プロカインの麻酔作用は良好であったが，エステルの加水分解が早いために持続時間が短かった．そこでエステルをより安定なアミドに変換し，さらにベンゼンの両オルト位をメチル基で置換してカルボニル基への求核剤や酵素の接近を防ぐ工夫を施した．このようにして作用がより長く継続するリドカインが開発された．

コカイン
cocaine
（局所麻酔薬・麻薬天然物）

単純化 →

プロカイン
procaine
（合成局所麻酔薬）

→

リドカイン
lidocaine
（合成局所麻酔薬）

トラヒドロピラン環を基本骨格に含み，ユニークな作用機構で強力な細胞分裂阻害作用をもつことが知られていた．ハリコンドリン B は，2009 年，岸 義人らによって全合成されたが，その合成途上で新規乳がん治療薬エリブリン（商品名：ハラヴェン）が開発された．エリブリンは長期間かつ非可逆的な細胞分裂を阻害し，がん細胞にアポトーシスをひき起こすことによって抗がん作用を示す．

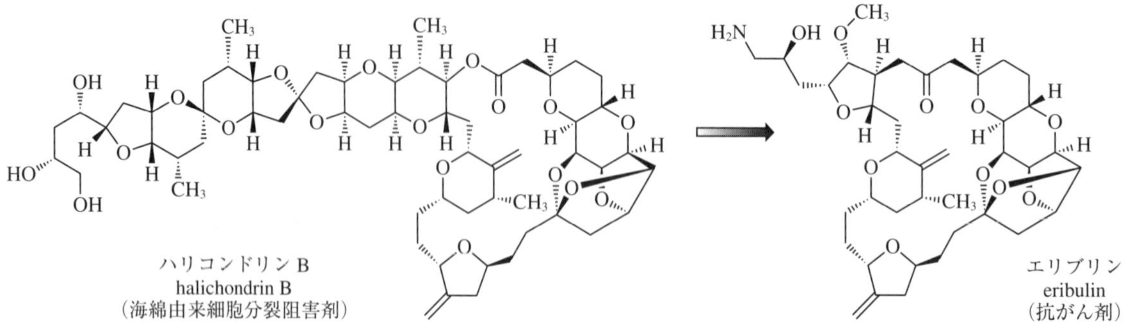

ハリコンドリン B
halichondrin B
（海綿由来細胞分裂阻害剤）

エリブリン
eribulin
（抗がん剤）

ストレプトマイシンに代表されるアミノグリコシド系抗生物質やエリスロマイシンのようなマクロライド系抗生物質も広義の意味では含酸素ヘテロ環系化合物とみることができる．これら一群の抗生物質は生命維持活動に重要なタンパク質合成を阻害する．ストレプトマイシンは結核に初めて効く抗生物質として一大革命をもたらし，大きな貢献を果たしたが，副作用や耐性菌などの出現により近年ではあまり使用されなくなった．放線菌より生産されるエリスロマイシンはグラム陽性菌，グラム陰性菌，スピロヘータなどに有効な抗生物質である．さらにエリスロマイシンのヒドロキシ基をメチルエーテルに化学修飾したクラリスロマイシンは，エリスロマイシンに比べ，抗菌力が強力で，副作用が低減された薬物である．

＜アミノグリコシド系抗生物質＞

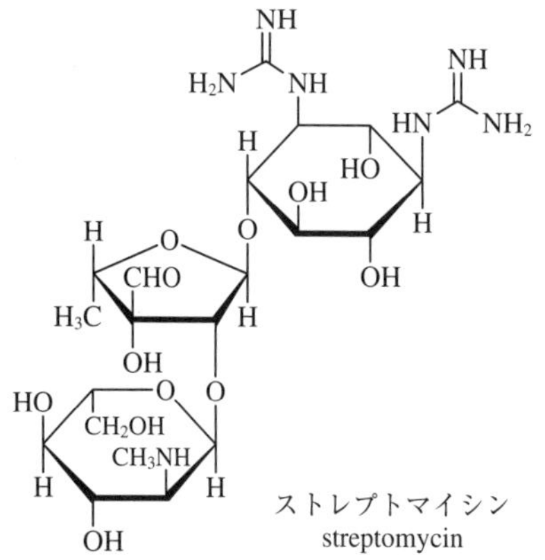

ストレプトマイシン
streptomycin

＜マクロライド系抗生物質＞

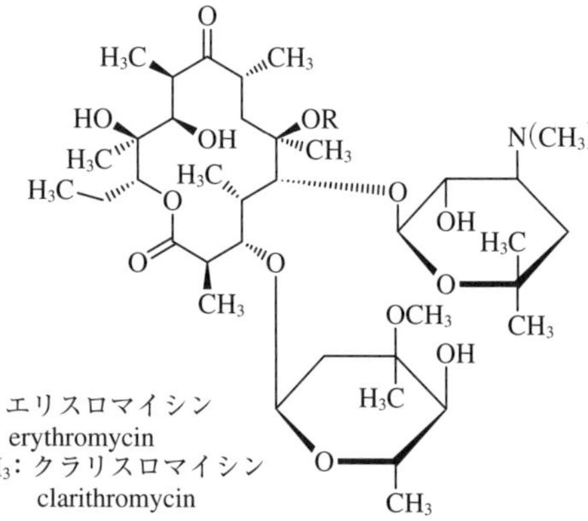

R＝H：エリスロマイシン
erythromycin
R＝CH₃：クラリスロマイシン
clarithromycin

五，六，七員環のヘテロ環構造をもつ医薬品も非常に多い．代表的な医薬品を図 9・12 に示した．カプトリルは**アンギオテンシン変換酵素（ACE）**を阻害する"アンギオテンシン変換酵素阻害薬（ACE 阻害薬）"として開発された降圧薬（高血圧治療薬）である．

アンギオテンシン変換酵素
angiotensin converting enzyme
（ACE）

わが国で開発され 1996 年に発売されたドネペジル（商品名：アリセプト）はアセ

チルコリンエステラーゼ阻害作用をもち，老人性痴呆症の多くが占めているアルツハイマー型認知症の進行を抑制する最も有効な治療薬である（2014年1月現在）．リネゾリドはまったく新規なオキサゾリジノン系完全合成抗菌薬で，わが国では2001年にバンコマイシン耐性腸球菌（VRE）感染症治療薬として承認された．メチシリン耐性黄色ブドウ球菌（MRSA）などほかの薬剤耐性菌に対しての適用も計られている．リネゾリドはアミノ酸を最初に生産するときに必要なtRNA，mRNA，30Sリボソーム複合体の形成過程を阻害することによって，タンパク質合成を初期段階で停止させる．このような新しい作用機構のために，耐性獲得は困難であると考えられている．

モサプリド（商品名：ガスモチン）はわが国で開発された代表的な胃腸薬である．リネゾリドと同様にモルホリン環を含んでいる．胃腸管神経に働いて，消化管運動，排泄を促進させる．モルホリン骨格を含む医薬品はほかにも多くみられる．アプレピタントもモルホリン環を含む複雑な構造をもっているが，神経伝達物質サブスタンスP*が脳にその信号を伝える受け皿（受容体）と結合するのを防ぐ世界初のニューロキニン-1（NK-1）受容体拮抗薬である．これは抗がん剤による悪心や吐き気解消に使用される第二世代の制吐薬である．従来の制吐薬（オンダンセトロンなど，p.126参照）とは作用機構が異なることから，ほかの制吐薬との併用で相乗効果も期待されている．ピペラジン誘導体も多くの医薬品にみられるヘテロ環であるが，抗うつ薬ミアンセリンはその代表例である（図9・12）．

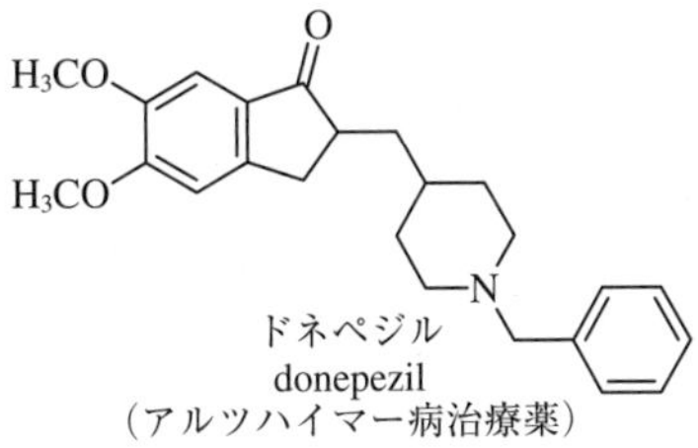

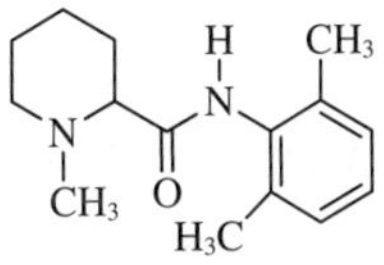

* サブスタンスP：視床下部から分泌されるペプチドで神経伝達物質．ホルモンにも分類される．構造はH-Arg-Pro-Lys-Pro-Gln-Gln-Phe-Gly-Leu-Met-NH₂．

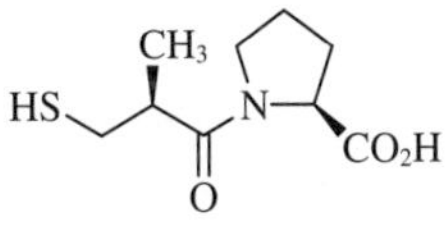

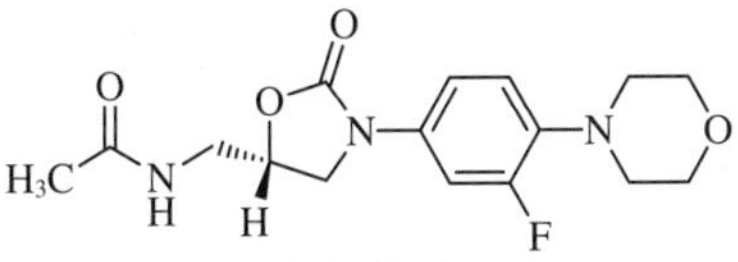

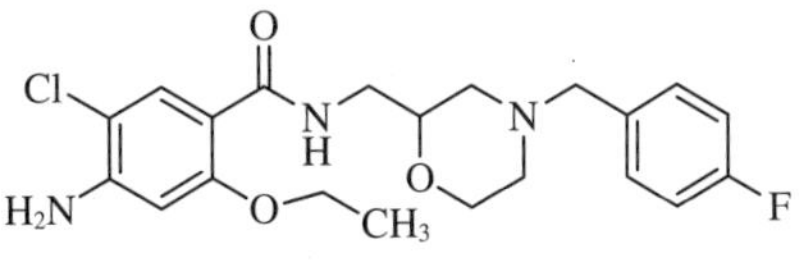

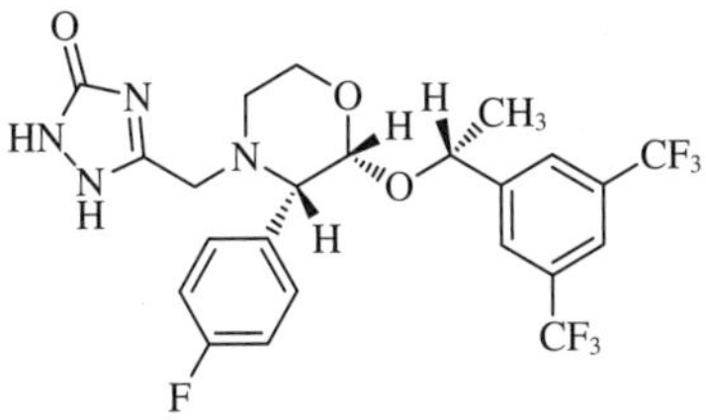

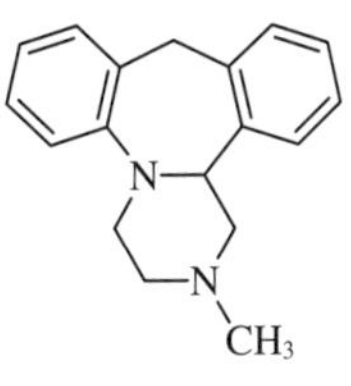

図9・12　脂肪族ヘテロ環骨格をもつ医薬品

10 からだの中で働くヘテロ環

近年,生体の中で起こっている反応についての理解が深まり分子レベルの解明が進展してきた.生体内反応は一見実験室で行われる反応よりも複雑にみえる.しかし,基本的には実験室で起こるのと同じ反応性の法則に従い,また,同じ反応機構で進行している.生物の細胞内で進行する多くの反応は**代謝**とよばれるが,そのなかで消化を経て大きな分子が小さな分子に分解していく過程は**異化**とよばれ,異化の逆過程,すなわち小さな分子から大きな生体分子を合成する過程は**同化**とよばれる.本章では代表的な異化過程のなかから,脂肪酸の β 酸化,炭水化物の異化過程の一つであるピルビン酸からアセチル CoA への変換,アミノ酸の異化過程でアミノ基転移反応,さらにクエン酸回路などを取上げ,これらの過程においてヘテロ環がどのように関与し,重要な役割を担っているかという観点から眺めてみたい.

代 謝　metabolism
異 化　catabolism
同 化　anabolism

10・1 脂肪酸の異化──β 酸化

脂肪酸はまず補酵素 A (CoA-SH) によってチオエステルであるアシル補酵素 A (アシル CoA) に変換されてミトコンドリア内部に移動する.アシル CoA として活性化された脂肪酸は,**β 酸化経路**(図 10・1)とよばれる 4 段階の酵素触媒反応の繰返しによって,アシル CoA から炭素原子 2 個ずつがアセチル CoA として切断される.この反応は基本的には脂肪酸を 3-オキソアシル CoA (β-ケトチオエステル) に導き,逆 Claisen 反応によってアセチル CoA に切断していく戦略である.アシル CoA から 3-オキソアシル CoA への変換では,2 種類のヘテロ環化合物 **FAD**(フラビンアデニンジヌクレオチド)と **NAD$^+$**(ニコチンアミドアデニンジヌクレオチド,構造は p.190 参照)が酸化剤として重要な役割を担っている.

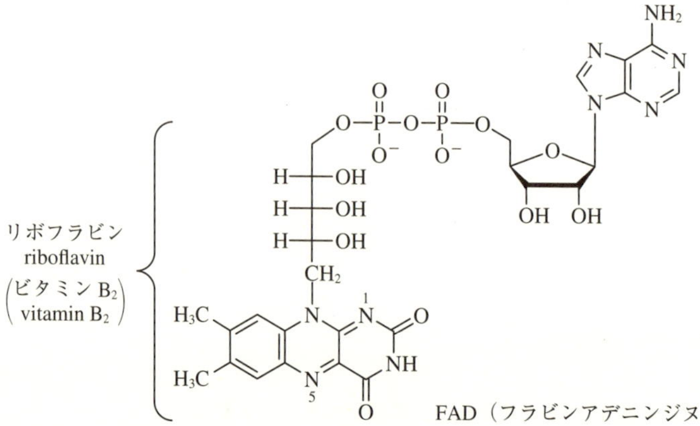

β 酸化　β oxidation

FAD　flavin adenine dinucleotide
NAD$^+$　nicotinamide adenine dinucleotide

10・1 脂肪酸の異化——β酸化

まず,アシル CoA は補酵素 FAD によって脱水素が起こり共役二重結合が導入され,α,β-不飽和脂肪酸アシル CoA になり,還元型 FADH₂ が生成する(段階①),ついで水の共役付加反応(Michael 反応)によって 3-ヒドロキシアシル CoA が生成する(段階②).さらにこの第二級アルコールは代謝酵素の一つであるアルコールデヒドロゲナーゼの触媒のもと,もう一つのヘテロ環,補酵素 NAD⁺ によって酸化され 3-オキソアシル CoA(β-ケトチオエステル)になる(段階③).

FAD(フラビンアデニンジヌクレオチド)はリボフラビン(ビタミン B₂)とアデニンを含む複雑な構造をもつ補酵素である.この補酵素は酵素触媒による炭素–炭素二重結合の生成(FAD)とその逆の二重結合の還元(FADH₂)に関与している.

FAD による脱水素反応の機構は,現在のところ次のように進行すると考えられている(図 10・2).段階①では FAD 中のフラビンの –N=C–C=N– へアシル CoA の β 位の水素が水素化物イオン H⁻ として求核攻撃し,α,β-不飽和脂肪酸アシル CoA (α,β-不飽和チオエステル)と FADH₂ が生成する.この反応は立体選択的に進行し,トランス形の共役二重結合が生成する.このような飽和カルボン酸から α,β-不飽和

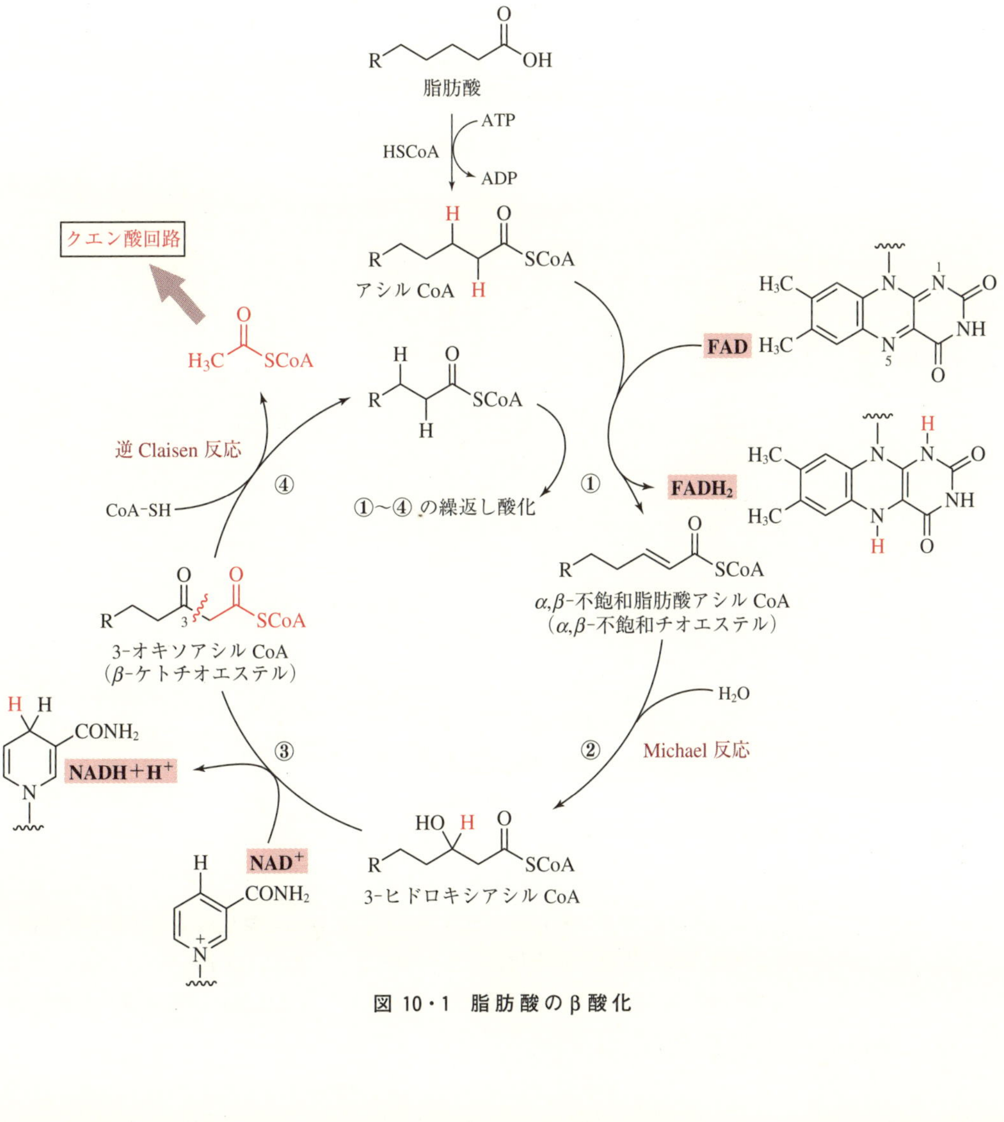

図 10・1 脂肪酸の β 酸化

カルボン酸への FAD による酸化反応は脂肪酸の β 酸化のみならずクエン酸回路（コハク酸からフマル酸，p.196 参照）など，ほかの脱水素反応経路においてもしばしばみられる反応である．

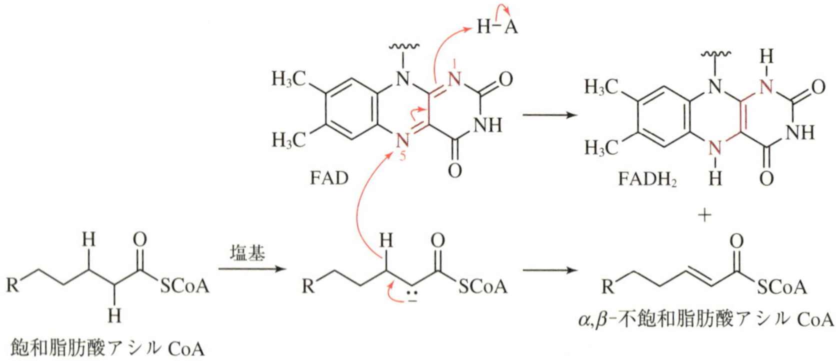

図 10・2 飽和脂肪酸の脱水素 ── α,β-不飽和脂肪酸の生成

つぎに α,β-不飽和脂肪酸アシル CoA（α,β-不飽和チオエステル）への水の付加が起こり，3-ヒドロキシアシル CoA が生成する（Michael 反応）（段階②）．

生成した 3-ヒドロキシアシル CoA のヒドロキシ基は補酵素 **NAD$^+$**（ニコチンアミドアデニンジヌクレオチド）によってカルボニル基に酸化されて 3-オキソアシル CoA（β-ケトチオエステル）になる（段階③）．

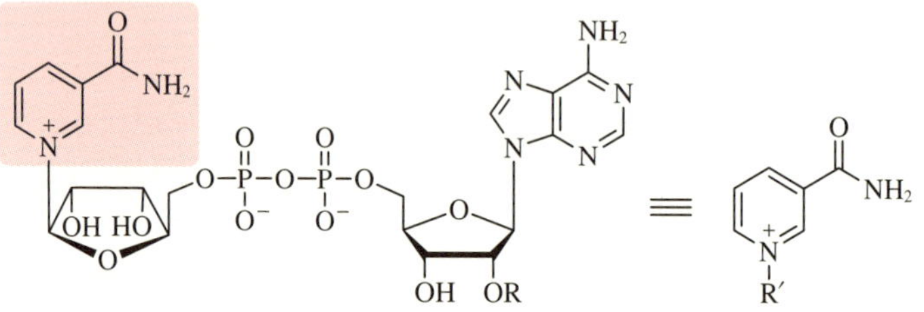

R＝H: NAD$^+$（ニコチンアミドアデニンジヌクレオチド）
R＝PO$_3$H$_2$：NADP$^+$（ニコチンアミドアデニンジヌクレオチドリン酸）

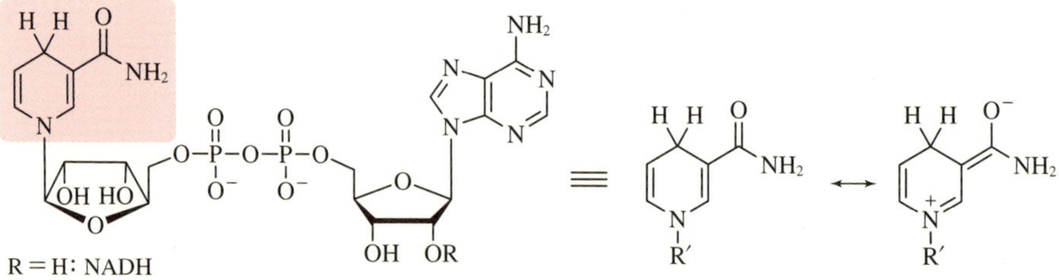

R＝H: NADH
R＝PO$_3$H$_2$: NADPH

この第二級アルコールからカルボニル化合物への酸化は α 位水素が NAD$^+$ のピリジニウム環の 4 位へ水素化物イオン H$^-$ として求核攻撃する反応である．第二級アルコールの α 位の水素の水素化物イオンとしての反応性は，酵素活性部位にあるヒス

チジン残基のイミダゾールが塩基として働き，協奏的に脱プロトンがひき起こされることによって高められている．

● NAD⁺ によるアルコールの酸化

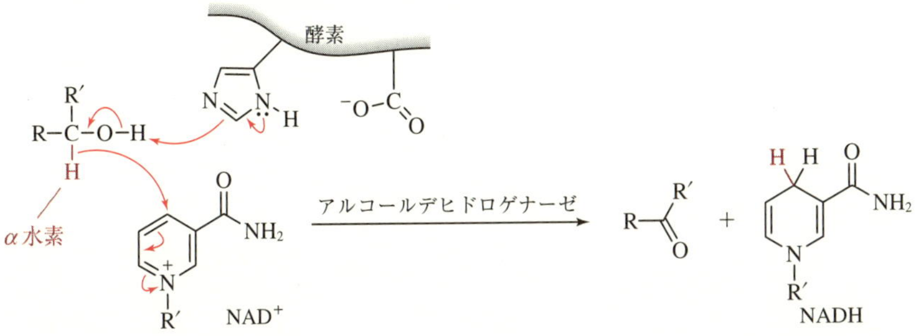

● NADH によるカルボニルの還元

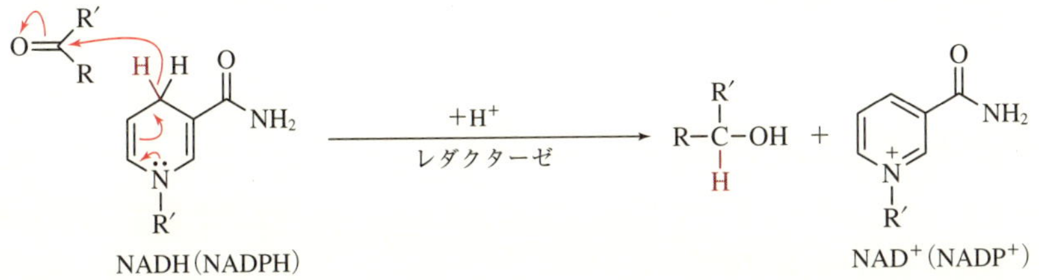

最後の段階 ④ は酵素 (Enz-SH) が C3 位のカルボニル基を求核攻撃し，逆 Claisen 反応によって C2 位と C3 位の結合を切断し，アセチル CoA と炭素鎖が 2 炭素分短くなった脂肪酸が生成する過程である．通常，脂肪酸は偶数の炭素をもっているので，これら 4 段階の反応を繰返すことによって脂肪酸はすべてアセチル CoA に分解される．

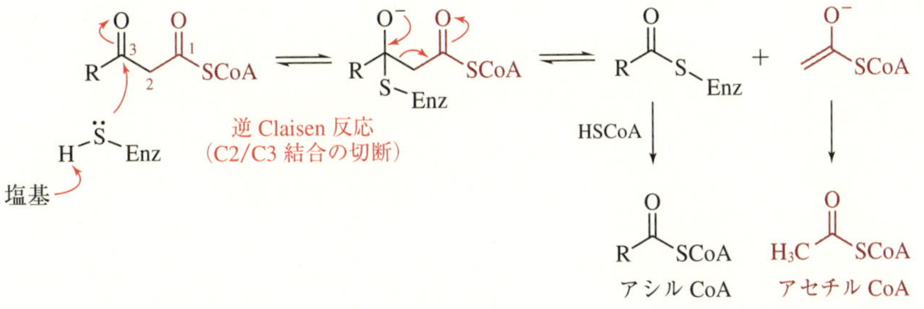

以上の例でみられるようにヒスチジン残基のイミダゾール環は酵素反応中における酸塩基触媒として最も活躍しているヘテロ環の一つである．図 10・3 にはタンパク質のペプチド結合の加水分解においてイミダゾールがいかに触媒として作用しているのか，キモトリプシンによる加水分解反応を示した．キモトリプシン酵素の活性部位にはアスパラギン酸 (Asp)，ヒスチジン (His)，セリン (Ser) の三つのアミノ酸残基があり，ヒスチジン残基のイミダゾールとセリンのヒドロキシ基は各段階において酸塩基触媒として協同的に作用している．アスパラギン酸カルボキシラートアニオンはプロトン移動を促進するばかりではなく，イミダゾールカチオンを静電気相互作用によって安定化している．

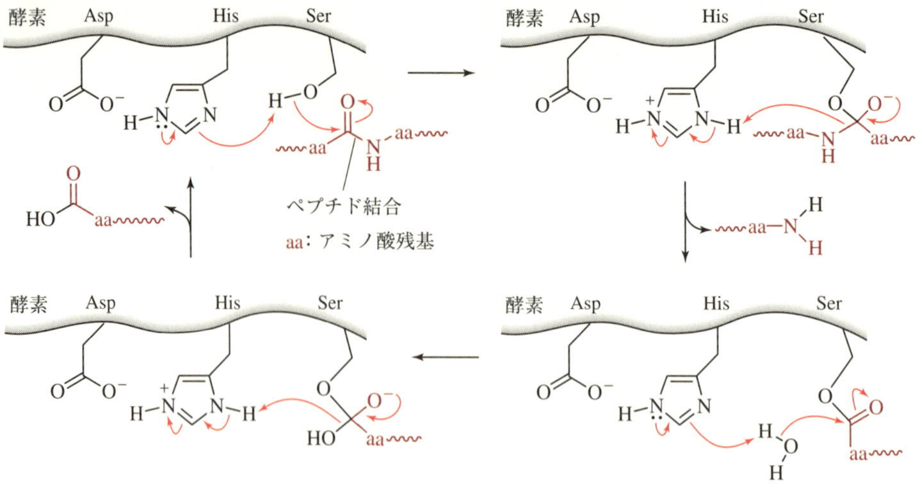

図10・3 キモトリプシンによるペプチドの加水分解

10・2 炭水化物の代謝（異化）── ピルビン酸からアセチル CoA への変換

グルコースは代謝によってピルビン酸に分解され，ついで脱炭酸によってアセチル CoA になりクエン酸回路に取込まれる．チアミン（ビタミン B_1）はピルビン酸の脱炭酸によるアセチル CoA への変換を触媒する補酵素である．

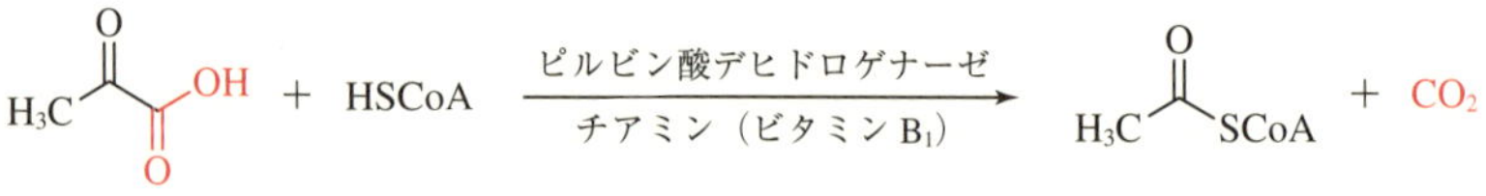

チアミン分子の特徴は硫黄と窒素を含む芳香族ヘテロ五員環であるチアゾールを含んでいることである．チアゾールの窒素をアルキル化すると**チアゾリウム塩**になる．チアミンはチアゾリウム塩であり，その二リン酸エステル（ピロリン酸エステル）の形で糖の分解を含むいくつかの生化学的な変換反応の補酵素として働いている．

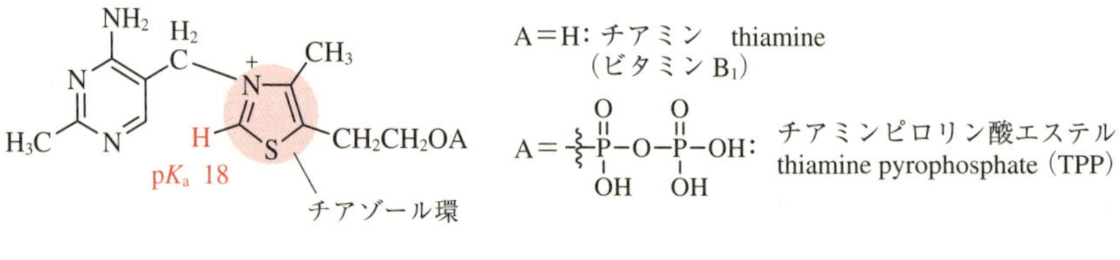

A=H: チアミン thiamine （ビタミン B_1）

A=$-\overset{O}{\underset{OH}{P}}-O-\overset{O}{\underset{OH}{P}}-OH$: チアミンピロリン酸エステル thiamine pyrophosphate（TPP）

チアゾリウム環の特性は二つのヘテロ原子間に位置する水素が比較的酸性（pK_a 18）であり，弱い塩基によって脱プロトンして，共鳴安定化したイリド（チアゾリウム塩の共役塩基）が生成することである．

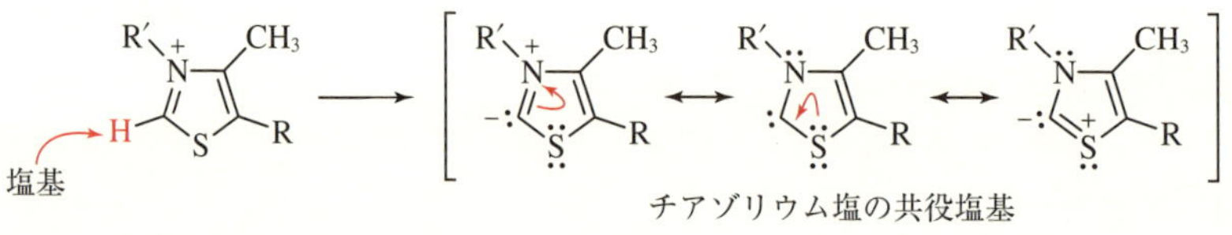

チアゾリウム塩の共役塩基

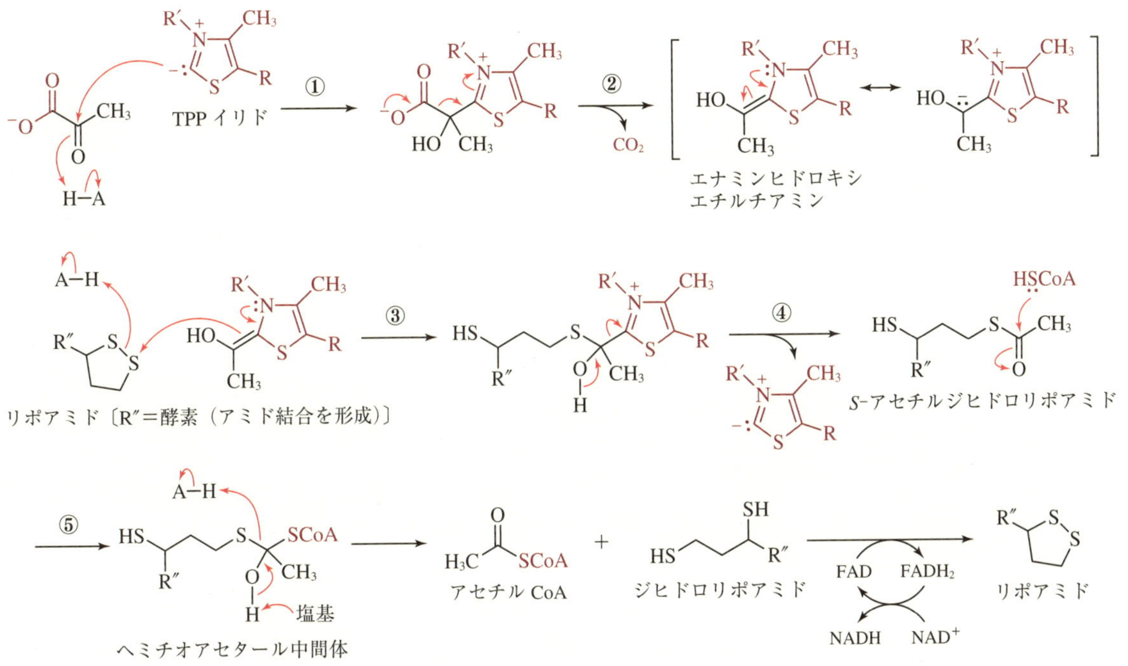

図 10・4 ピルビン酸の脱炭酸

このイリドは図10・4に示すように求核的であり，ピルビン酸イオンの α 炭素に求核付加する（段階①）．付加体はチアゾリウム環によって活性化され容易に**脱炭酸**し，共鳴安定化したエナミンヒドロキシエチルチアミン二リン酸を生成する（段階②）．ついでエナミンがリポアミドの硫黄を求核攻撃し，ヘミチオアセタール四面体中間体が生成する（段階③）．ヘミチオアセタールから脱離基として優れたチアゾリニウム環が脱離すると S-アセチルジヒドロリポアミドが生成する（段階④）．最後に補酵素 A（CoA-SH）がリポアミドを求核攻撃し，ヘミチオアセタール中間体を経由してチオエステル交換を行うと，アセチル CoA とジヒドロリポアミドが生成する（段階⑤）．ジヒドロリポアミドは FAD によって酸化されて再びリポアミドに戻り，還元された FADH₂ は NAD⁺ で FAD に再酸化される．

脱炭酸　decarboxylation

10・3 アミノ酸の異化反応――アミノ基転移

アミノ酸の異化作用の第一段階はアミノ基を除去することである．このためにまずアミノ酸のアミノ基が 2-オキソ酸（α-ケト酸）のカルボニル基と相互変換される．この過程は**アミノ基転移（反応）**とよばれ，アミノ基転移酵素によって触媒される．アミノ基の受容体は多くの場合 2-オキソグルタル酸である．アミノ基転移を進行させるために必要な補酵素がピリドキシン（ビタミン B₆）の誘導体である**ピリドキサールリン酸（PLP）**であり，ピリジン環が重要な働きをしている（図 10・5）．

アミノ基転移反応の最初の段階はピリドキサールリン酸のアルデヒドとアミノ基転移酵素のリシン残基側鎖のアミノ基（-NH₂）との脱水反応によるイミン結合の生成で

アミノ基転移（反応）
transamination

図 10・5 アミノ酸の異化反応

ある（図 10・6）．生成した PLP-酵素イミンの C=N 結合に α-アミノ酸のアミノ基が求核的に付加し，酵素中のリシン残基が脱離すると新たな PLP-アミノ酸イミンが生成する（段階①）．つぎにピリジニウムイオンによってアミノ酸の α 水素が活性化されると同時に酵素中のアミノ基による脱プロトンが協奏的に進行して 2-オキソ酸イミン中間体が生成する（段階②）．この中間体のビニローガスエナミンにプロトン化が起こると，2-オキソ酸イミン互変異性体が生成する（段階③）．ついで H_2O が C=N 結合に求核付加して加水分解が起こると 2-オキソ酸とピリドキサミンリン酸

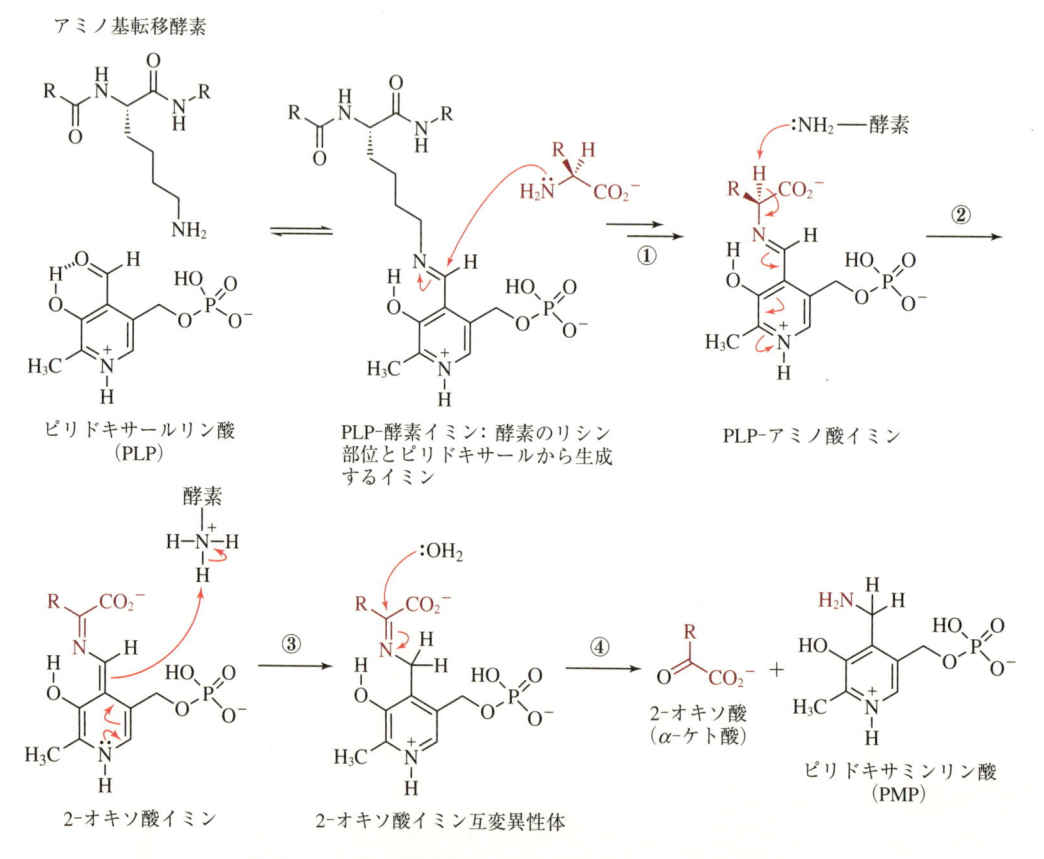

図 10・6 アミノ基転移におけるピリドキサールリン酸の役割

(PMP) が生成する (段階④).

残るは PMP を PLP に戻すための反応が必要となる．このためにピリドキサミンリン酸 (PMP) は 2-オキソ酸 (通常は 2-オキソグルタル酸) と反応し，アミノ基転移を行い α-アミノ酸 (グルタミン酸) とピリドキサールリン酸 (PLP) に変換されることによって達成され，触媒サイクルとなる．

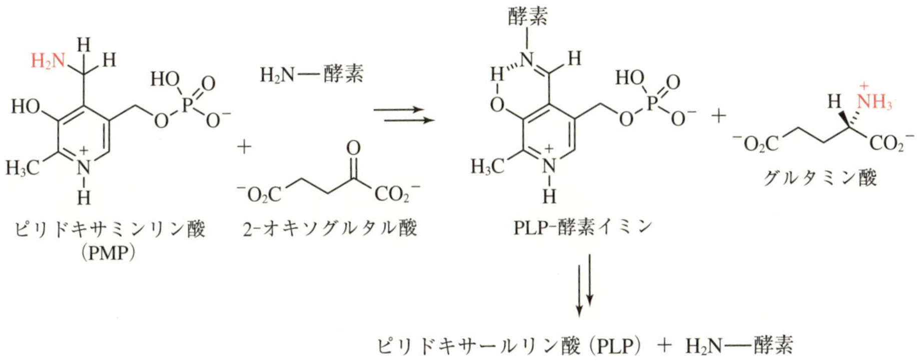

グルタミン酸に移行したアミノ基は NAD^+ による酸化的脱アミノによって，NH_4^+ イオンとして**尿素回路**に入り尿素として排出される (図 10・5 参照). このようにアミノ酸の異化反応においてヘテロ環ピリドキサールは重要な反応剤であるが，アミノ酸が関与するその他の反応，アミノ酸のラセミ化や脱炭酸など，いずれもイミン中間体を経る反応の反応剤としても活躍している．

尿素回路 (urea cycle)：オルニチン回路 (ornithine cycle) ともいう.

尿素 (urea)

10・4 クエン酸回路

異化の最初の段階では図 10・7 に示すように，食物中の脂肪は脂肪酸に，タンパク質はペプチドを経て加水分解されアミノ酸に，また，炭水化物はグルコースなど単純な糖類に分解される．つぎに脂肪酸は β 酸化により，また大部分のアミノ酸はアミノ基転移により，さらにグルコースは解糖から始りピルビン酸を経由して最終的にアセチル CoA に変換される．

このようにアセチル CoA はすべての食物分子の異化において重要な中間体となっている．生じたアセチル CoA はミトコンドリア中で**クエン酸回路**に入り二酸化炭素 CO_2 に酸化される．エネルギー産生機構の中心であるクエン酸回路は 8 段階からなり，そのうち四つの段階 (③, ④, ⑥, ⑧) は酸化段階である．酸化の反応剤は NAD^+ と FAD である．この酸化で放出されるエネルギーはきわめて効率的に還元型電子伝達体である補酵素，NADH や $FADH_2$ と GTP (グアノシン三リン酸) に保存される (図 10・7). このようにして生成したエネルギーは次の電子伝達系に伝わっていき，

クエン酸回路 (citric acid cycle)：トリカルボン酸回路 (tricarboxylic acid cycle), TCA 回路 (TCA cycle), Krebs 回路ともいう.

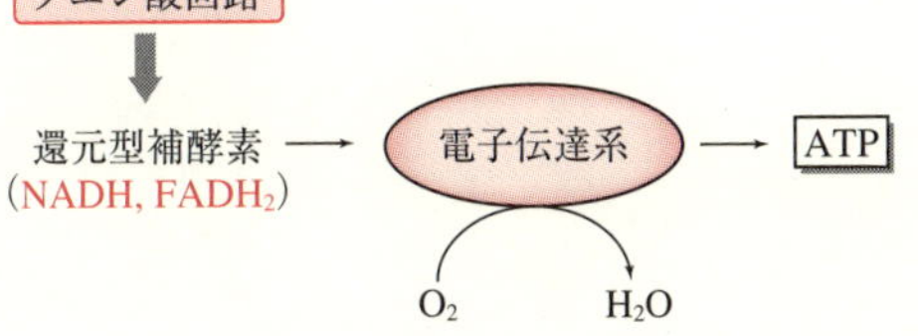

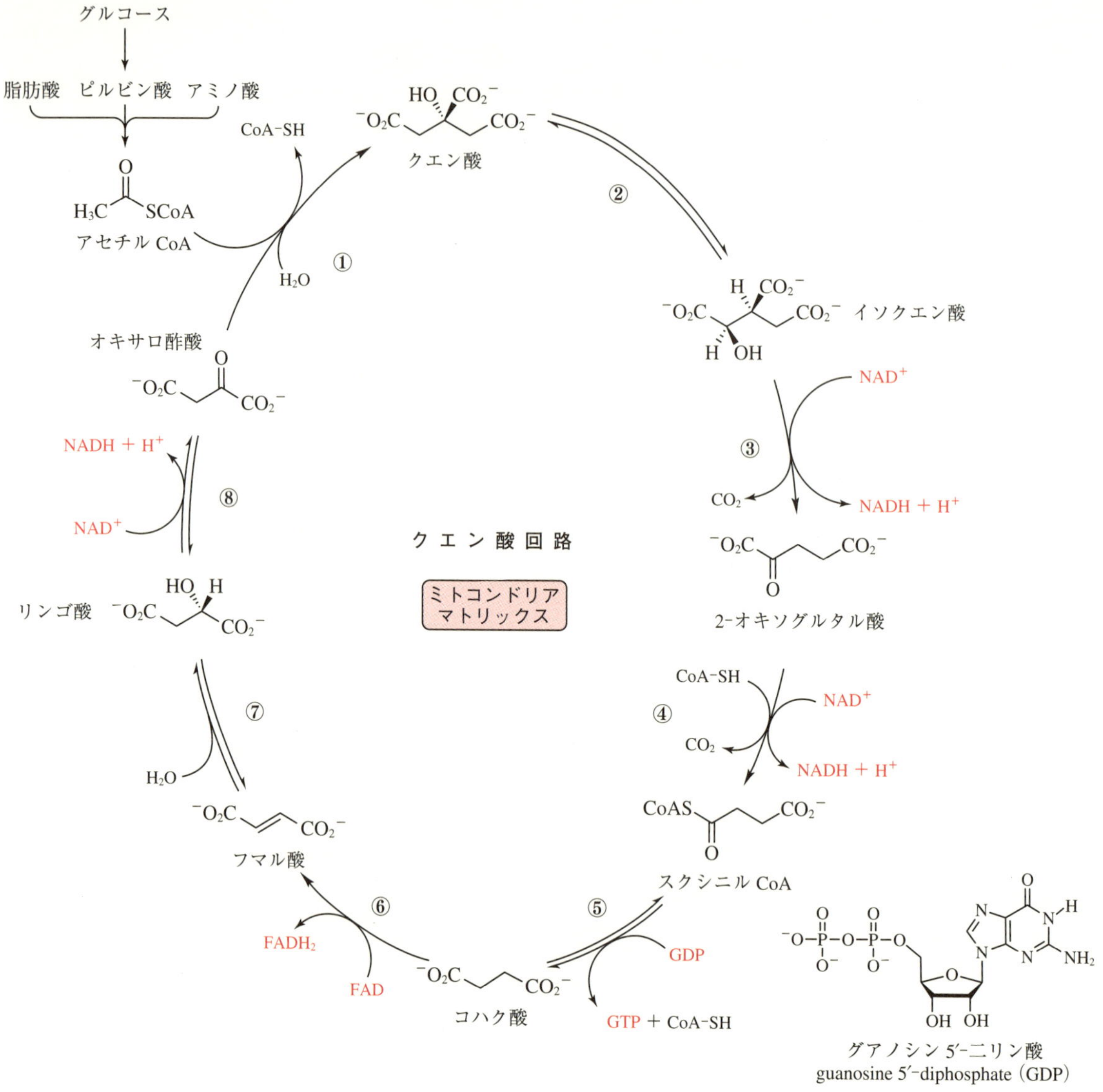

図 10・7 クエン酸回路

還元型補酵素は最終的に空気中の酸素により酸化されて，そのエネルギーは ATP 分子の化学結合中に貯えられる．

このようにクエン酸回路においても，NAD^+ や FAD のヘテロ環が酸化剤として活躍しているが，反応機構はすでに述べた機構と同様である．

11 配位子としてのヘテロ環

含窒素ヘテロ環は窒素の sp^2 混成軌道に非共有電子対がある場合が多い．この電子対は金属，特に**遷移金属**や他の分子との非共有結合的な相互作用（水素結合，van der Waals 力，疎水性相互作用など）と，さらに芳香環の平面性も相まって，**不斉反応の触媒**の**配位子**やアルケンメタセシス反応触媒の配位子としてきわめて重要な役割を演じている．さらに，近年次世代太陽電池の一つとして色素増感太陽電池（DSC）の開発が注目されている．増感色素としては**金属錯体**やメタルフリー有機色素などが開発されている．金属錯体のなかには高変換効率の有望な増感色素が見いだされているが，主としてルテニウム錯体が主流であり，配位子は芳香族ヘテロ環である．さらに超分子の重要な構成要素としても種々のヘテロ環が含まれており，組織化された巨大分子の構築に深く関与している．このようにヘテロ環化合物の応用は化学，物理学，生物学などの学際的な科学分野にまで広がっている．本章ではそのいくつかの例を取上げる．

遷移金属 transition metal
不斉反応 asymmetric reaction
触媒 catalyst
配位子 ligand
金属錯体 metal complex

11・1 不斉補助剤としてのヘテロ環

11・1・1 Evans の不斉補助剤 ── オキサゾリジノン

D. Evans によって開発されたキラルな**オキサゾリジノン**はエノラートのアルキル化，アシル化，アミノ化，ヒドロキシ化やアルドール反応，さらに Diels-Alder 反応などの不斉反応を行うための重要な**不斉補助剤**である．オキサゾリジノン不斉補助基を用いた不斉反応を **Evans 不斉反応**とよぶ．図に示した不斉アルキル化でみられるように，N-アシルオキサゾリジノン環はエノラートのリチウム塩を安定化すると共に 4 位のイソプロピル基は平面の α 側にあるため，エノラートへの求電子剤（PhCH$_2$I）の接近は β 面から起こる．

オキサゾリジノン（oxazolidinone）: オキサゾリジン-2-オン（oxazolidin-2-one）ともいう．

不斉補助基 chiral auxiliary, asymmetric auxiliary

Evans 不斉反応 Evans asymmetric reaction

4-イソプロピルオキサゾリジノン

第11章　配位子としてのヘテロ環

最も簡単なオキサゾリジノン不斉補助剤は(S)-バリンから容易に合成されるヘテロ環（**1**）である．また(1S,2R)-ノルエフェドリンからも同様にしてオキサゾリジノン不斉補助剤（**2**）が得られる．

2はあたかも(S)-バリン由来のオキサゾリジノン（**1**）のエナンチオマーのように振舞う．すなわち，**2**を用いた反応では**1**を用いて得られる生成物とは逆のエナンチオマーが生成する．その代表例がEvans不斉アルドール反応でみられる．**1**を用いたアルドール反応ではα-syn-1,2-ジオールが得られるのに対して，**2**を用いるとβ-syn-1,2-ジオールが生成する．オキサゾリジノンは立体的にかさ高い補助基であるためエ

Evans不斉アルドール反応

DIPEA：ジイソプロピルエチルアミン（diisopropylethylamine）

ノラートは Z 形のみが生成することと，求電子剤の攻撃はオキサゾリジノン環の 4 位のキラル炭素上の置換基の立体障害を避けて逆の面からのみ優先して起こるように設計されていることが，Evans 不斉反応の重要な点である．

11・1・2 Sharpless 触媒的不斉ジヒドロキシ化

アルケンは四酸化オスミウム OsO₄ により 1,2-ジオールになるが，K. B. Sharpless* はこの反応でキニーネ（キニン）の誘導体である**ジヒドロキニン**（**DHQ**）または，**ジヒドロキニジン**（**DHQD**）のようなキラルなアミンを共存させると光学活性なジオールが得られることを見いだした．しかし，この反応は等量反応であり，高価な OsO₄ やキラルなアミンを多く使用する必要がある．そこで Sharpless は，ヘキサシアノ鉄(Ⅲ)酸カリウム K₃Fe(CN)₆ を**共酸化剤**（**再酸化剤**）として用いると，触媒量の OsO₄ で酸化できること，さらにキラルなアミンとしてヘテロ環，フタラジンに DHQ と DHQD を結合して得られる 2 種類のフタラジン誘導体，ビス(ジヒドロキニル)フタラジン〔(DHQ)₂PHAL〕とビス(ジヒドロキニジニル)フタラジン〔(DHQD)₂PHAL〕を用いると，多くのアルケンから高い光学純度の syn-1,2-ジオールが得られる触媒的不斉ジヒドロキシ化を開発した．

Sharpless 触媒的不斉ジヒドロキシ化(反応)
Sharpless catalytic asymmetric dihydroxylation

* 2001 年，K. B. Sharpless の立体選択的な酸化反応の研究と，W. Knowles と野依良治による立体選択的水素化反応の研究に対してノーベル化学賞が授与された．

共酸化剤 co-oxidant
再酸化剤 reoxidant

つぎに示す trans-(E)-スチルベンを基質とした反応は，これまでに行われた触媒的不斉ジヒドロキシ化のなかで最も高い**エナンチオ選択性**を示す一つの例である．

エナンチオ選択性
enantioselectivity

*AD は asymmetric dihydroxylation の略，α と β はエナンチオ選択性を意味する．

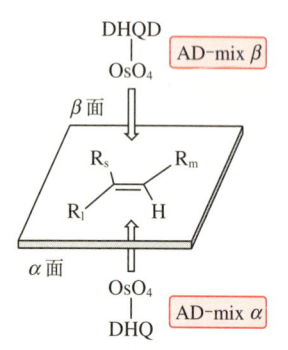

図 11・1 アルケンのジヒドロキシ化反応におけるエナンチオ選択性の予測

AD-mix α: (DHQ)$_2$PHAL + K$_2$OsO$_2$(OH)$_4$ + K$_3$Fe(CN)$_6$
AD-mix β: (DHQD)$_2$PHAL + K$_2$OsO$_2$(OH)$_4$ + K$_3$Fe(CN)$_6$

R$_s$=small
R$_m$=medium
R$_l$=large

ホスフィン (phosphine): PH$_3$ の水素原子を有機基 R で置換した化合物の総称．

OsO$_4$ は揮発性で毒性があるので通常反応系内で OsO$_4$ を発生する OsO$_4$ の還元体 K$_2$OsO$_2$(OH)$_4$ が用いられる．K$_2$OsO$_2$(OH)$_4$，K$_3$Fe(CN)$_6$，炭酸カリウム K$_2$CO$_3$，(DHQ)$_2$PHAL との混合物を AD-mix α，(DHQD)$_2$PHAL との混合物が AD-mix β の名で市販されている*．これを水-t-ブチルアルコール溶液とした後，基質のアルケンを加えるだけで容易に立体選択的な反応を行うことができる．K$_2$CO$_3$ とメタンスルホンアミド CH$_3$SO$_2$NH$_2$ は反応を加速している．アルケンのジヒドロキシ化におけるエナンチオ選択性は AD-mix α を用いるか AD-mix β を用いるかによって大体予測することができる（図 11・1）．

このように Sharpless の触媒的不斉ジヒドロキシ化ではフタラジン，キノリン環のような芳香族ヘテロ環のみならず，キヌクリジンのような飽和ヘテロ環もエナンチオ選択性に影響を及ぼしている例である．

11・1・3 パラジウム触媒カップリング反応のヘテロ環配位子

芳香族ヘテロ五員環および六員環ハロゲン化合物は，すでに述べたように溝呂木-Heck 反応や小杉-右田-Stille カップリング，鈴木-宮浦カップリング，薗頭カップリング，根岸カップリング，玉尾-熊田-Corriu カップリング，檜山カップリングなど多くのクロスカップリング反応を行う．これらの反応に用いられる Pd(0)触媒の配位子は通常ホスフィンが多い．とくに t-Bu$_3$P のようなかさ高い，電子供与基をもつトリアルキルホスフィン（R$_3$P）を用いると触媒の反応性は高くなる．しかし，トリアルキルホスフィンは酸化されやすく，取扱いは必ずしも容易ではない．一方，トリアルキルホスフィンの代わりにイミダゾールやイミダゾリンなどの含窒素ヘテロ環配位子を用いるとより高い活性が得られる．さらにイミダゾール，イミダゾリン配位子

図 11・2 イミダゾリン配位子を用いた溝呂木-Heck 反応

(**3**, **4**, **5**, **6**) およびその Pd 錯体は安定であり反応操作が簡単になった．たとえば，4-ブロモトルエンとスチレンの溝呂木-Heck 反応では，PdCl$_2$ と **3** から系内で発生する錯体 **7** によって高収率で 4-メチルスチルベンが得られる（図 11・2）．

他のカップリング反応においても，イミダゾリン（**3**, **4**）から生成する**単座配位子**や **5** や **6** から得られる**二座配位子**のいずれかを選択することにより，反応は高収率で進行する．さらに 2-(2′-ピリジル)ベンゾイミダゾール（**5**）配位子は銅触媒系にも使用することが可能であり，インドールの N-アリール化が効率よく進行する．

単座配位子（monodentate ligand）：配位結合を形成する部分（配位部分）を 1 箇所もつ配位子．

二座配位子（bidentate ligand）：配位結合を形成する部分（配位部分）を 2 箇所ある配位子．

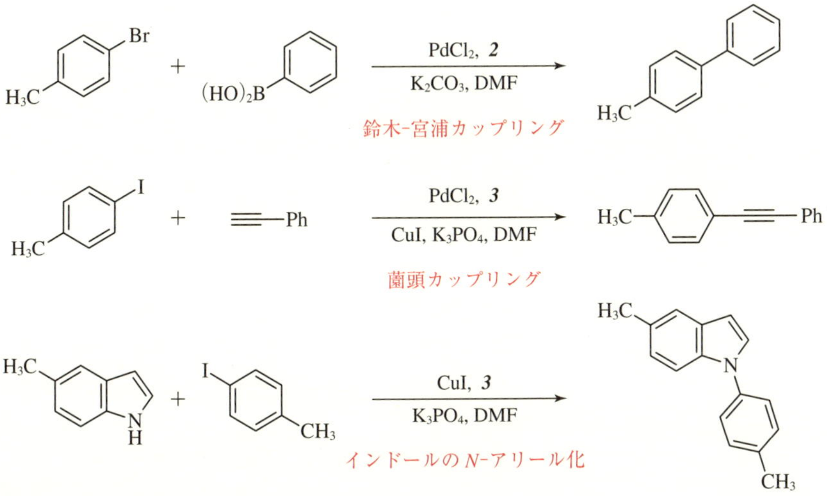

鈴木-宮浦カップリング

薗頭カップリング

インドールの N-アリール化

11・2　N-ヘテロサイクリックカルベン──アルケンメタセシス反応触媒の配位子

アルケンメタセシス（反応）は二重結合同士を組替えたり，二重結合と三重結合を反応させたりするカルベン錯体によって触媒される反応である（図 11・3）．カルベン錯体は 1980 年後半に知られていたが，その後，Grubbs や Schrock はそれぞれ中心金属ルテニウムやモリブデンに**カルベン**を配位子とした高い活性をもつカルベン錯体を開発した．ここでは，特に**閉環メタセシス（RCM）**を例にアルケンメタセシスにおけるヘテロ環配位子の効果について述べる．

アルケンメタセシス（反応）
alkene metathesis

カルベン　carbene

閉環メタセシス（反応）　ring closing metathesis（RCM）

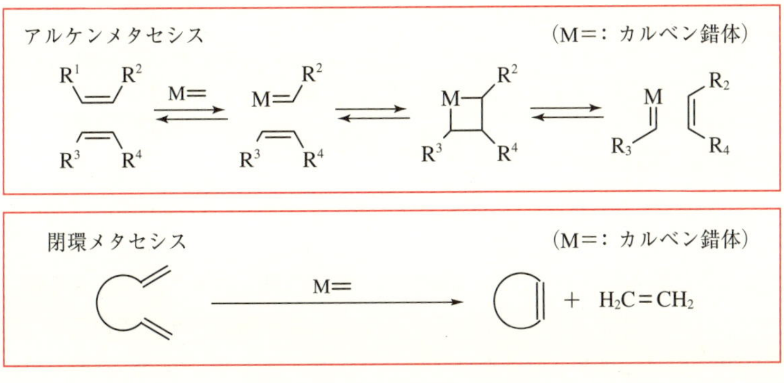

図 11・3　メタセシス反応

第11章 配位子としてのヘテロ環

* R. H. Grubbs と R. R. Schrock と共に"有機合成におけるメタセシス法の開発"により2005年ノーベル化学賞を受賞した．

1995年，R. H. Grubbs や R. R. Schrock ら*によって開発されたカルベン錯体（**8**〜**10**）は，有機合成化学分野におけるその有用性が急速に認められ利用されるようになった．Grubbs の第一世代触媒ではルテニウム（Ru）にトリシクロヘキシルホスフィン PCy₃ を配位子としたことが成功の要因の一つであった．

第一世代 Grubbs 触媒 — **8**, **9**
Schrock 触媒（**10**）

これは PCy₃ がかさ高いために自己重合しにくく，かつ電子供与性が高いためと考えられる．その後，1,3-二置換イミダゾリウムイオンあるいはそのジヒドロ体（**11**）を塩基処理すると共鳴安定化した **N-ヘテロサイクリックカルベン**（NHC, **12**）が生成することがわかり，これらカルベン（**12**）を配位子とする研究が進展した．

N-ヘテロサイクリックカルベン　*N*-heterocyclic carbene, NHC

1998年以降はルテニウムを中心金属にイミダゾール由来の *N*-ヘテロサイクリックカルベン（NHC）を配位子とした第二世代のメタセシス触媒が開発された．この NHC 配位子は中心金属から解離しにくく，かつかさ高く求核性が高いのが特徴である．最初につくられた錯体 **13** は，第一世代 Grubbs 触媒 **9** の PCy₃ 配位子二つを NHC で置換したものである．ついで一つの PCy₃ 配位子のみを置換した **14** などが相次いで発表された．これらの触媒はいずれも第一世代 Grubbs 触媒を凌駕する活性を示した．さらに Grubbs らはイミダゾール環を飽和した，いわゆる第二世代 Grubbs 触媒を開発した．これは第一世代 Grubbs 触媒 **9** では進行しなかった基質にも反応する，強力で高効率的な触媒であり，官能基選択性も低い．

Mes = 2,4,6-トリメチルフェニル

13, **14**, 第二世代 Grubbs 触媒（**15**）

次の反応例でみられるように，一置換アルケンの閉環メタセシスでは **9** を用いても **15** を用いても環化が定量的に進行する．しかし，両末端が 1,1-二置換アルケンである場合は **9** では反応はまったく進行しない．一方，**15** を用いると，目的の環化生成物が高収率で得られる．

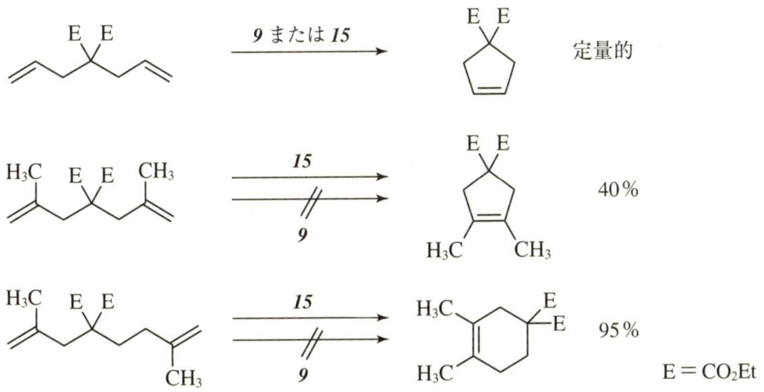

[反応スキーム: ジエン → シクロペンテン誘導体, 触媒 9 または 15, 定量的]

[反応スキーム: メチル置換ジエン → シクロペンテン誘導体, 触媒 15 (9 不可), 40%]

[反応スキーム: メチル置換ジエン → シクロヘキセン誘導体, 触媒 15 (9 不可), 95%, E = CO₂Et]

　また，Schrock 触媒 **10** も優れた活性をもっているが，空気や水に対して非常に不安定で取扱いが困難であった．しかし，2,2′-ビピリジンのようなヘテロ環が配位した **16** は空気中で安定であり，かつ反応系で活性種 **10** を再生する．このようにヘテロ環を配位子とするカルベン錯体の開発によって，アルケンメタセシスは今や合成的有用性の高い重要な反応として高く評価されている．

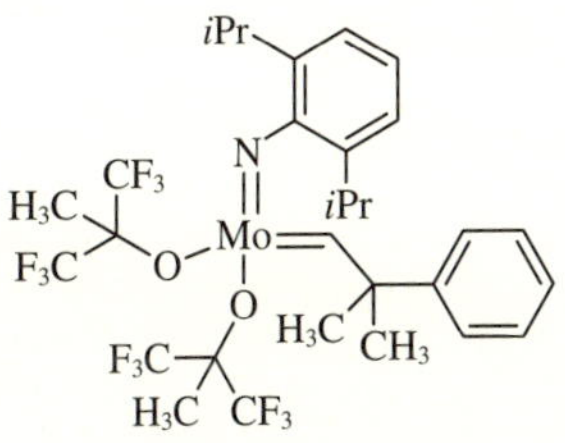

[構造式: Schrock 触媒 (**10**)]　　[構造式: **16**]

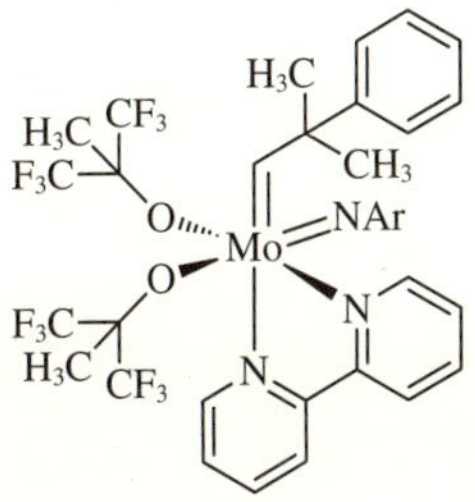

11·3　色素増感太陽電池（DSC）用増感色素の配位子

　近年，クリーンエネルギーである太陽光発電への期待がますます高まっている．次世代太陽電池の一つに **色素増感太陽電池（DSC）** があげられる．現在，世界で製造される太陽電池のほとんどはシリコン系であるが，DSC は低コスト，環境負担が低いといった点から次世代 DSC の有力候補と目され，活発な研究開発が行われている．

　DSC の構造は一般に透明導電基板上に形成された TiO_2 などの半導体多孔質膜とその表面に担持された増感色素からなる光電極と対向電極および両電極間にヨウ素電解液が充填されている．

　現在実用レベルとされる増感色素はレッドダイ（赤色 N3，赤色 N719）やブラックダイとよばれるルテニウム錯体である．配位子としてビピリジンやトリスピリジンのようなヘテロ環が用いられている（図 11·4）．

　レッドダイはチタン（Ti）などの表面への色素の吸着を促進するためにビピリジル環のパラ位にカルボキシ基（$-CO_2H$）を導入したものであり，かつ，二つのチオシアネートイオンが配位している．近年では，赤色 N3 に代わって赤色 N3 の二つのカルボン酸をかさ高いテトラブチルアンモニウム塩とした赤色 N719 を使うのが主流に

色素増感太陽電池
dye-sensitized solar cell, DSC

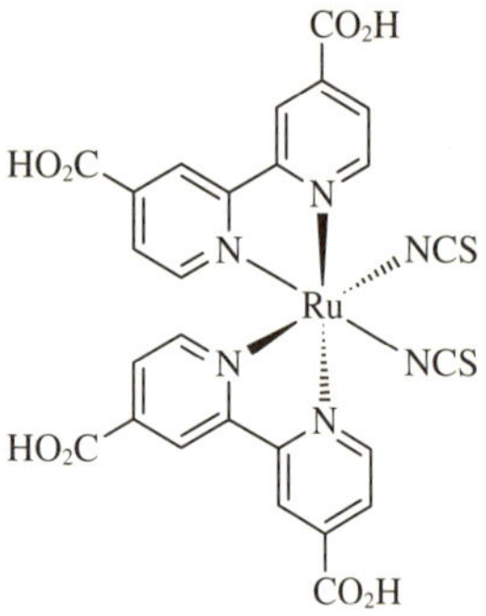

赤色 N3
〔ルテニウム(ビス-ビピリジル)錯体〕

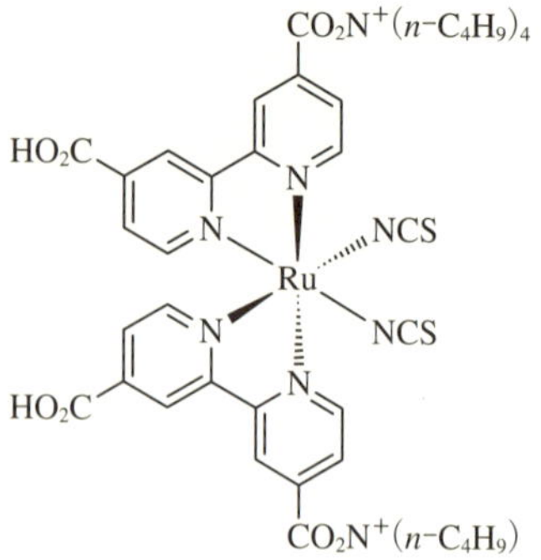

赤色 N719
〔ルテニウム(ビス-ビピリジル)錯体〕

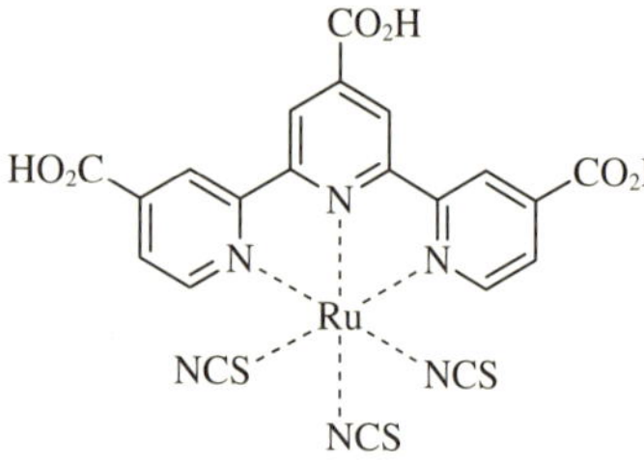

ブラックダイ
〔ルテニウム(トリスピリジル)錯体〕

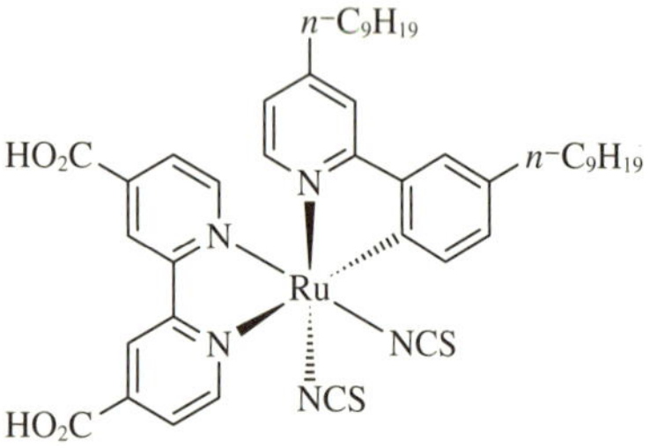

17

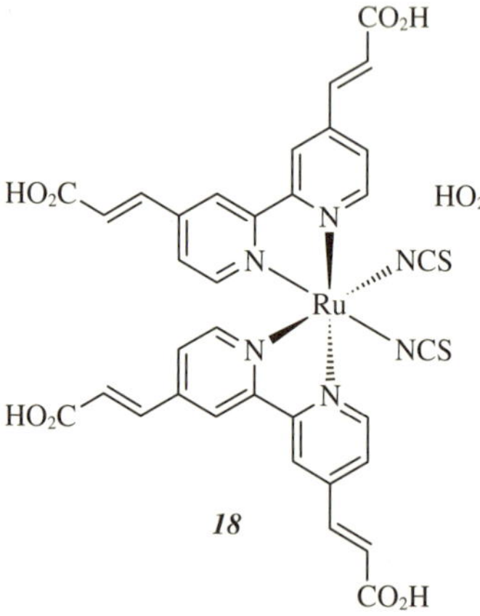

18

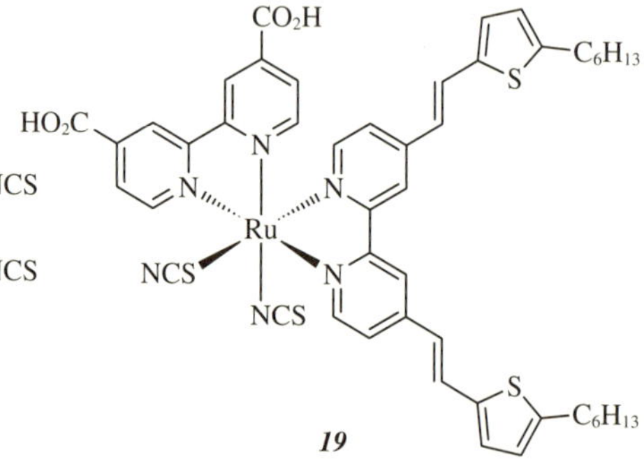

19

図 11・4　光 増 感 剤

なっており，DSC の変換効率が向上している．さらに，電解液の溶媒として用いられているアセトニトリル CH_3CN などの揮発性有機溶媒の代わりに，イオン性液体やこれをゲル化したイオンゲルを用いるなどで耐久性・信頼性向上を目指す研究も進められている．さらに色素の配位子を化学修飾することによって，***17*** や ***18*** では熱安定性（耐久性）を向上させ，また，***19*** ではチオフェン環の共役によって光の吸収性を向上させるなど，多角的な研究が進展している（図 11・4）．

11・4　超分子構造にみられるヘテロ環

超分子は複数の異なる分子が集合し，新たな化学的・物理的機能を発現している複合体である．いわゆる通常の分子が，共有結合された官能基によって物性を発現しているのに対して，超分子は非共有結合的な緩やかな相互作用（水素結合，van der Waals 力，疎水性相互作用など）によって互いに結びつけられ，組織化されている．その結果，構成分子単独ではみられない化学的，物理学的，生物学的性質を発現するようになる．この分野においてもヘテロ環は超分子構築のための重要な役割を担っている．図 11・5 に代表的な含窒素ヘテロ環配位子を示した．単純なヘテロ環であるピリジンおよびその誘導体が多い．たとえば，エチレンジアミン-Pd(Ⅱ)錯体を水溶液中で 4,4′-ビピリジンと混ぜるだけで生成する ***20*** は先駆的な超分子金属錯体である．Pd(Ⅱ)錯

体のエチレンジアミン配位子以外の置換可能な二つの配位部位に，4,4′-ビピリジンの窒素の sp² 混成軌道にある非共有電子対が配位した結果，正方形のシクロファンが自然に形成される．より複雑なヘテロ環配位子の一つとして生体内で重要な四量体ポルフィリンがある．ポルフィリンは Fe(Ⅱ) のような 2 価金属に配位して錯体を形成しやすい．ピロール環の置換基が修飾された構造のヘモグロビンは配位した中央の鉄原子が血中の酸素を運搬する．一方，自発的に集合してつくられた自己集合体の中に，"動く"メカニズムを組込むことに挑戦している研究も活発に行われている．たとえば，ベンゼン環のすべての位置に，チアゾール環をもつ配位子 *21* と一つおきに 3 個のチアゾール環が結合した配位子 *22* は，Ag(Ⅰ)などと金属錯体を形成し，かつ，分子内配位子交換による分子ボールベアリングの生成が明らかにされた．

今後，ヘテロ環化学のさらなる応用面が，巨大分子の集合を扱う生物学に広がることによって，生命科学の展開に必須な要素の一つとして役立つことが望まれる．

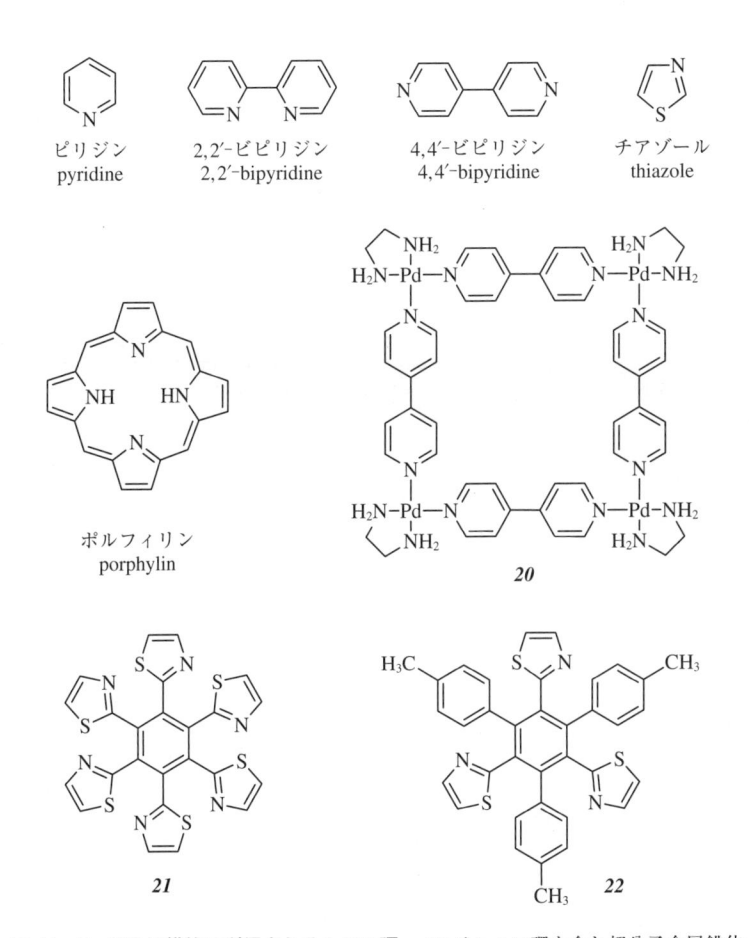

図 11・5 超分子構築に利用されるヘテロ環 *20* はヘテロ環を含む超分子金属錯体．

参 考 文 献

1. "Molecules and Medicine", ed. by E. J. Corey, B. Czakó, L. Kürti, Wiley (2007).
2. "Heterocyclic Chemistry", 5th Ed., ed. by J. A. Joule, K. Mills, Wiley-Blackwell (2010).
3. J. A. Joule, K. Mills, "Heterocyclic Chemistry at a Glance", 2nd Ed., Wiley (2012).
4. "Name Reactions in Heterocyclic Chemistry", ed. by J. J. Li, E. J. Corey, Wiley (2005).
5. "Molecules that Chanedd the World", ed. by K. C. Nicolaou, T. Montagnon, Wiley-VCH (2007).
6. "Heterocyclic Chemistry (Tutorial Chemistry Texts 8)", ed. by M. Sainsbury, Royal Society of Chemistry (2001).
7. "Palladium in Heterocyclic Chemistry: A Guide for the Synthetic Chemist", 2nd Ed., ed. by J. J. Li, G. W. Gribble, Elsevier (2007).
8. W. O. Foye, "Principles of Mdicinal Chemistry", 3rd Ed., Lea & Febiger (1989).
9. "The Art of Drug Synethesis", ed. by D. S. Johnson, J. J. Li, Wiley (2007).
10. G. L. Patrick, "An Introduction to Medicinal Chemistry", 5th Ed., Oxford University Press (2013).
11. A.R. Katritzky, A. F. Pozharskii, J. A. Joule, V. V. Zhdankin, "Handbooks of Heterocyclic Chemistry", 3rd Ed., Elsevier (2010).
12. D. A. Horton, G. T. Bourne, M. L. Smythe, "The Combinatorial Synthesis of Bicyclic Privileged Structures or Privileged Substructures", *Chem. Rev.*, **2003**, *103*(3), 893-930.
13. C. D. Duarte, E. J. Barreiro, C. A.M. Fraga, "Privileged Structures: A Useful Concept for the Rational Design of New Lead Drug Candidates", *Mini Rev. Med. Chem.* **2007**, *7*(11), 1108-1119.
14. R.B. Silverman, "The Organic Chmistry of Drug Design and Drug Action", 2nd Ed., Elsevier (2004).
15. E. C. Taylor, "Principles of Heterocyclic Chemistry", ACS audio course (1974).
16. J. Clayden, N. Greeves, S. Warren, P. Wothers, "Organic Chemistry", Oxford University Press (2001).［"ウォーレン有機化学（上，下）," 野依良治，奥山 格，柴崎正勝，檜山爲次朗監訳，東京化学同人（2003）.］
17. J. McMurry, "Organic Chemistry", 8th Ed., Brooks/Cole (2012).［"マクマリー有機化学（上, 中, 下)", 第 8 版，伊東 椒，児玉三明，荻野敏夫，深澤和正，通 元夫訳，東京化学同人（2013）.］
18. J. McMurry, M. E. Castellion, M. E. D.S. Ballantine, C. A. Hoeger, V. E. Peterson, "Fundamentals of General, Organic and Biological Chemistry", 6th Ed., Pearson (2009)［"マクマリー生物有機化学（生化学編)", 第 3 版，菅原二三男監訳，丸善（2010）.］
19. K. P. C. Vollhardt, N. E. Schore, "Organic Chemistry—Structure and function", 6th Ed., W. H. Freeman and Co. (2010)［"現代有機化学（上，下)", 第 6 版，古賀憲司，野依良治，村橋俊一監訳，化学同人（2011）.］
20. P. Y. Bruice, "Organic Chemistry", 5th Ed., Prentice Hall (2006).［"ブルース有機化学（上）（下)", 第 5 版，大船泰史，香月 勗，西郷和彦，富岡 清監訳，化学同人（2009）.］
21. "大学院講義有機化学 I. 分子構造と反応・有機金属化学", 野依良治，柴崎正勝，鈴木啓介，玉尾皓平，中筋一弘，奈良坂紘一編，東京化学同人（1999）.
22. 大学院講義有機化学 II. 有機合成化学・生物有機化学", 野依良治，柴崎正勝，鈴木啓介，玉尾皓平，中筋一弘，奈良坂紘一編，東京化学同人（1998）.
23. 山中 宏，日野 亨，中川昌子，坂本尚夫, "新編ヘテロ環化合物 基礎編", 講談社サイエンティフィク（2004）.
24. 山中 宏，日野 亨，中川昌子，坂本尚夫, "新編ヘテロ環化合物 応用編", 講談社サイエンティフィク（2004）.
25. 坂本尚夫，広谷 功, "新編ヘテロ環化合物 展開編", 講談社サイエンティフィク（2010）.
26. "創薬化学―有機合成からのアプローチ", 北 泰行，平岡哲夫編，東京化学同人（2004）.
27. J. Saunders, "Top Drugs—Top Synthetic Routes (Oxford Chemistry Primers)", Oxford University Press (2000).［"トップ・ドラッグ―その合成ルートをさぐる", 大和田智彦，夏苅英昭訳，化学同人（2003）.］
28. "創薬化学" 長野哲雄，夏苅英昭，原 博編，東京化学同人（2004）.
29. 周東 智, "有機医薬分子論", 京都広川書店（2011）.
30. "クロスカップリング反応―基礎と産業応用", 共田弘和，町田 博編，シーエムシー出版（2010）.
31. 辻 二郎, "有機合成のための遷移金属触媒反応", 有機合成化学協会編，東京化学同人（2008）.
32. "超分子金属錯体", 藤田 誠，塩谷光彦編著，三共出版（2009）.
33. "人工光合成と有機系太陽電池", 日本化学会編，化学同人（2010）.
34. 杉原秀樹, '太陽電池用色素の合成', "ファインケミカル（2009 年 3 月号)", シーエムシー出版（2009）.

索　引

あ

アイソザイム　166
亜鉛（zinc）　32
赤色 N3　203
赤色 N719　203
アキシアル　181
アクリジン（acridine）　71, 72
アザシクロブタン　167
アザシクロプロパン　167
アザシクロヘキサン　167
アザシクロペンタン　167
7-アザ-1-ヒドロキシ
　　　　　ベンゾトリアゾール　156
アザベンゼン（azabenzene）　7
アシクロビル　84
アジドチミジン　5
アジリジン（aziridine）　167, 168, 170
α-(アシルアミノ)ケトン　160
アシル CoA　188, 189, 191
2-アシルチオフェン　102
N-アシルピリジニウムイオン　14, 23
アシル補酵素 A　188
アジン（azine）　70
　　──の求核置換反応　73
　　──の共鳴エネルギー　71
　　──のクロスカップリング反応　73
　　──の合成　75
　　──の水溶性　72
　　──の反応性　73
　　──の pK_{aH}　71
アスコルビン酸　114
(+)-アスピドスペルミジン　138
アスピリン　2
アスペルリシン　126
アゼチジン（azetidine）　167, 172
アセチル CoA　46, 191, 192, 195
アセチルコリンエステラーゼ　16
S-アセチルジヒドロリポアミド　193
α-アセトラクタム　173
α-アセトラクトン　173
アセトンジカルボン酸　97
アゼルニジピン　53
アゾール（azole）　148
　　──の軌道図　149
　　──の合成　158
　　──の反応性　150
　　──の pK_{aH}　150

1,2-アゾール　148
　　──の求電子置換反応　151
　　──の合成　158
1,3-アゾール　148
　　──の求電子置換反応　152
　　──の合成　160
アデニン（adenine）　5, 72, 81
アート錯体（ate complex）　28
アトペニン　36
アトルバスタチン　115, 132
アナバシン　36
アノマー（anomer）　182
アノマー効果（anomeric effect）　182
アノマー中心　182
アプレピタント　187
アミオダロン　126
アミタール　88
アミドイオン　42
アミノアセタール　69
アミノ基転移（反応）　188, 193
アミノグリコシド系抗生物質　3
アミノクロトン酸　53
アミノ酸　196
　　──の異化　188
2-アミノチアゾール　128
アミノピリジン　17, 21, 79
2-アミノピリジン　21
4-アミノピリジン　17
3-アミノフタル酸　76
アミン　34
アムロジピン　53
アモジアキン　48
アモバルビタール　88
アリピプラゾール　49
o-アリルアニリン　140
N-アリル-o-ハロアニリン　140
アリールボラン　28
亜リン酸エステル　14
RNA　80
アルカリ性赤血塩　23
N-アルキルピリジニウム塩　15
アルキルボラン　28
アルケンメタセシス（alkene metathesis）
　　　　　　　　　　　56, 201
アルコールデヒドロゲナーゼ　191
RCM　201
$α_V β_3$ 拮抗作用物質　30
アロプリノール　166
(+)-アロヨヒンバン　146
アンギオテンシンⅡ受容体拮抗薬　115
アンギオテンシン変換酵素　68, 186

アンギオテンシン変換酵素阻害薬　68
アングスチン　44
安息香酸　24
アンチピリン　2
アンピシリン　175
アンモニア　136

い，う

イオン液体　152
異化（catabolism）　188
胃潰瘍　165
イサチン　60
いす形配座　181
イソオキサゾール　148, 158
イソキノリニウムイオン　38
イソキノリン（isoquinoline）　2, 38, 71
　　──環を含む天然物と医薬品　47
　　──と求電子剤の反応　38
　　──の塩基性　38
　　──の求核置換反応　40
　　──の求電子置換反応　38, 39
　　──の合成　63
　　──の酸化と還元　43
イソキノリンアルカロイド　2, 47
イソクエン酸　196
イソチアゾール　148
イソニアジド　3, 24
イソニコチン酸　24
5′-イノシン酸　83
イプソ置換　94
イブプロフェンピコノール　36
イマチニブ　87
イミダゾピラジノン　83
イミダゾリウムイオン　152, 202
イミダゾリウムカルベン　153
イミダゾリン　200, 201
イミダゾール（imidazole）
　　　　　　148, 152, 160, 191, 200
　　──の塩基性　149
イミニウム塩　100
イリド　192
イリノテカン　48
イレッサ　88
インターカレーション　48
インドジャボク　125
インドメタシン　4, 126, 128, 137, 157

索　引

インドール（indole）　116, 130, 135
　　　──の求電子置換反応　116, 119
　　　──の合成　134
　　　──のリチオ化　120
　　　──を含む天然物と医薬品　124
　　　パラジウム触媒による──の反応　121
trans-3-インドールアクリル酸エステル　122
インドールアルカロイド（indole alkaloid）
　　　124, 138, 144
インドール-3-アルデヒド　124
インドール酢酸　124
インドール-3-ボロン酸　122

Wittig 反応　30, 98
上村大輔　185
ウスニン酸　125
Woodward, R. B.　138
Woodward–Hoffmann 則　138
ウラシル　72, 81
Ullmann 反応　26

え

AIDS　5
ARB　115
エイズ　5
エキソ付加　106
エキノマイシン　83
エクアトリアル　181
エクチナサイジン 743　44, 68
ACE　186
エスタゾラム　129
エチニルトリメチルシラン　45
エチレンイミン　167
エチレンエピスルフィド　167
エチレンオキシド（ethylene oxide）　167
エチレンジアミン　204
エチレンスルフィド　167
HEMF　114
HSAB 則　73
HMG-CoA 還元酵素阻害薬　46, 60
HMG-CoA レダクターゼ　45, 46, 115
HOAt　156
HOBt　156
ATP　195
AD-mix α　200
AD-mix β　200
3-エトキシエチニルピリジン　28
エナミン　53, 54, 61, 179
エナミン法　180
エナール　54
エナンチオ選択性　199
NSAID　3, 36, 166
NHC　153, 202
NAD⁺　35, 188, 190
　　　──によるアルコールの酸化　191
NADH　35, 190
　　　──によるカルボニルの還元　191
NADP⁺　35, 190
NADPH　35, 190
NMDA　43
エノキサシン　50

エノラート　197
エノン　55
Evans, B. E.　127
Evans 不斉反応　197, 198
エピバチジン　27, 36, 106
エピマー　156
エピマー化（エピ化，エピメリ化）　156
FAD　188, 189
FADH$_2$　189
FGI　55, 131
エプロサルタン　115
エポキシ樹脂　171
エポキシド（epoxide）　167
エポチロン　165
エリスロマイシン　186
エリブリン　186
LSD　125
LDA　163, 179
エルロチニブ　88
塩化亜鉛　102, 123
塩化 N-セチルピリジニウム　15
塩化ホスホリル　19, 99, 118
塩基性　8, 178
　　　イソキノリンの──　38
　　　イミダゾールの──　149
　　　キノリンの──　38
　　　ジアジンの──　72
　　　脂肪族ヘテロ環アミンの──　168
　　　トリアゾールの──　155
　　　ピペリジンの──　8
　　　ピリジンの──　8, 149
　　　ピロールの──　149
エンド付加　106
エンヒドラジン　136

お

Oxone　171
オキサシクロブタン　167
オキサシクロプロパン　167
オキサシクロヘキサン　167
オキサシクロペンタン　167
オキサシリン　177
オキサセフェム（oxacephem）　174
オキサゾリジノン（oxazolidinone）　197
オキサゾール（oxazole）　148, 160
オキサプロジン　166
オキサペナム（oxapenam）　174
オキサロ酢酸　196
オキシ塩化リン　19, 65, 142
N-オキシド　17, 73
オキシラン（oxirane）　167, 168, 170
オキシルシフェリン　177
オキシン　62
オーキシン　124
オキセタン（oxetane）　167, 172, 177
3-オキソアシル CoA　188〜190
2-オキソグルタル酸　194〜196
2-オキソ酸　194
オフロキサシン　58, 59
オメプラゾール　36, 165
オランザピン　129

オリゴチオフェン（oligothiophene）　112
オルトギ酸エチル　57
オールドキノロン　59
オルニチン回路（ornithine cycle）　195
オワンクラゲの生物発光物質　83
オンダンセトロン　126, 128, 138

か

開環反応　168, 169
　　　求核剤による──　168, 172
　　　求電子剤により活性化された──　169
ガイソシジン　146
開発候補化合物　127
架橋反応　175
核酸塩基（nucleic acid base）　5, 80
核酸系抗エイズ薬　84
過酸化水素　17
加水分解　191
カフェイン（caffeine）　82
カプトプリル　187
過マンガン酸カリウム　24
過硫酸　171
カルシウムチャネル遮断薬
　　　（カルシウム拮抗薬）　53
カルバセフェム（carbacephem）　174
カルバペナム（carbapenam）　174
カルバペネム（carbapenem）　174
カルベン（carbene）　154, 201
カルベン錯体　201
カルボパラジウム化（carbopalladation）
　　　27, 140
カルボメタル化（carbometalation）　27
β-カルボリン（β-carboline）　66
　　　──の合成　142
還　元　24, 43, 191
　　　イソキノリンの──　43
　　　NADH によるカルボニルの──　191
　　　キノリンの──　43
　　　ピリジンの──　24
還元型ニコチンアミドアデニン
　　　ジヌクレオチド　35
還元的脱離（reductive elimination）　27
還元的脱硫　103
環状アザジエン　78
環状アミド　8
環状エーテル　183
カンタリジン　106
官能基変換　55, 131
カンプトテシン　47, 48, 146

き

岸義人　186
拮抗薬（antagonist）　127
キナアルカロイド　146
キナゾリン（quinazoline）　71, 72, 130
キナプリル　68
キニーネ（quinine）　2, 47, 48, 146
キヌクリジン（quinuclidine）　167, 179, 199

索引

キノキサリン (quinoxaline) 71, 72, 130
キノリニウムイオン 38
8-キノリノール 62
キノリン (quinoline) 38, 61, 71, 130
　——環を含む天然物と医薬品 47
　——と求電子剤の反応 38
　——の塩基性 38
　——の求核置換反応 40
　——の求電子置換反応 38, 39
　——の合成 55
　——の酸化と還元 43
　——の pK_{aH} 40
キノリンアルカロイド 47
キノロン (quinolone) 62
4-キノロン-3-カルボン酸 57
キノロン系抗菌薬 4, 49, 50
キパジン 49
キモトリプシン 191
逆 Claisen 反応 188〜191
逆合成 (retrosynthesis) 55
逆合成解析 (retrosynthetic analysis) 55
逆電子要請型の Diels-Alder 反応 79
求核剤による開環反応 168, 172
求核性 8, 178
求核置換反応 (nucleophilic substitution) 18
　アジンの—— 73
　イソキノリンの—— 40
　キノリンの—— 40
　ジアジンの—— 73
　チオフェンの—— 107
　ハロイソキノリンの—— 41
　ハロキノリンの—— 41
　ハロピリジンの—— 18
　ピリジンの—— 18
　ピロールの—— 107
　フランの—— 107
求核的アート錯体 29
求核的開環反応 168, 172
求ジエン体 (dienophile) 78
求電子型フッ素化剤 12
求電子剤 (electrophile) 9, 197
　——により活性化された開環反応 169
　——の窒素への付加 12
　イソキノリンと——の反応 38
　キノリンと——の反応 38
　ピリジンと——の反応 9
求電子置換反応 (electrophilic substitution) 9, 102
　1,2-アゾールの—— 151
　1,3-アゾールの—— 152
　イソキノリンの—— 38, 39
　インドールの—— 116, 119
　キノリンの—— 38, 39
　チオフェンの—— 93, 94
　ピリジンの—— 9
　ピロールの—— 93, 94
　フランの—— 93〜95
　ベンゼンの—— 9
　ベンゾチオフェンの—— 116
　ベンゾフランの—— 116
　チオフェンの——における反応位置 100
　ピロールの——における反応位置 100
　フランの——における反応位置 100
共酸化剤 199

狭心症 52
共鳴エネルギー 71
共鳴構造 (resonance form) 91
　チオフェンの—— 91
　ピリジンの—— 91
　ピロールの—— 7
　フランの—— 91
共役付加反応 189
極限構造 (canonical structure) 91
キレトロピー反応 107
金属交換反応 (transmetalation) 27
金属錯体 (metal complex) 16, 197

く〜こ

5′-グアニル酸 83
N_a-グアニルヒスタミン 165
グアニン (guanine) 5, 81
5′-グアノシン一リン酸エステル 85
Guareschi-Thorpe ピリジン合成 54
クエン酸 196
クエン酸回路 (citric acid cycle) 192, 195, 196
Knoevenagel 合成 53
L. Knorr 131
クマリン (coumarin) 130
18-クラウン-6 184
クラウンエーテル 184
Grubbs, R. H. 202
Grubbs 触媒 63, 202
グラミン 118
クラリスロマイシン 186
グリセオフルビン 125
Grignard 反応剤 22, 25, 32
クリプタンド (cryptand) 184
グリベック 87
グルコース (glucorse) 130, 182, 192, 196
グルコピラノース 182
グルタミン酸 194, 195
Gould-Jacobs キノロン合成 57
Krebs 回路 195
クロザピン 129
クロスカップリング反応 (cross-coupling) 27
クロチアゼパム 129
クロピラック 101, 132
クロルジアゼポキシド 129
クロルフェニラミン 25, 36
N-(4-クロロフェニル)-2,5-ジメチルピロール 132
N-クロロアジリジン 168
クロロキン 47, 48
クロロクロム酸ピリジニウム 16
クロロピリジン 18
　——の安定性 21
　——の合成 19
クロロフィル (chlorophyll) 114
クワドリゲミン C 110
ゲスト 184
α-ケト酸 194

β-ケトチオエステル 188〜190
ケトロラック 107
ゲフィチニブ 88
降圧薬 161
抗エイズ薬 36, 84
光学活性ビナフチル型キラル触媒 43
抗菌薬 85
高血圧(症) 52
高血圧症治療薬 161
交差反応 27
抗真菌薬 155
合　成 51, 75, 131, 158,
　アジンの—— 75
　アゾールの—— 158
　1,2-アゾールの—— 158
　1,3-アゾールの—— 160
　イソキノリンの—— 63
　インドールの—— 134
　β-カルボリンの—— 142
　キノリンの—— 55
　クロロピリジンの—— 19
　チオフェンの—— 131
　テトラゾールの—— 162
　トリアゾールの—— 162
　ピリジンの—— 51
　ピリダジンの—— 75
　ピリミジンの—— 77
　ピロールの—— 131
　フランの—— 131
合成等価体 55
後天性免疫不全症候群 5
抗ヘルペス薬 84
CoA 188
コカイン 184
五酸化二リン 65, 102, 133, 142
小杉-右田-Still カップリング
　　(Kosugi-Migita-Still coupling)
　　26, 28, 44, 108, 123
骨粗鬆症治療薬 36
コデイン 47
(S)-コニイン 184
コハク酸 196
Corey, E. J. 68
孤立電子対 → 非共有電子対
Collins 反応剤 16
コレステロール 46
コンビナトリアル合成 130
Combes キノリン合成 61
Conrad-Limpach キノロン合成 61

さ

サイクリックグアノシン一リン酸エステル 85
サイトカイニン 82
坂本-山中, Tayler インドール, フラン合成 142
鎖状エーテル 183
作動薬 (agonist) 127
ザフィルルカスト 128
サブスタンス P 187

サリン 16
サルコジクチン A 165
サルファ薬 3, 22, 85
三塩化リン 17
酸 化 24, 43, 191
　　イソキノリンの── 43
　　NAD^+ によるアルコールの── 191
　　キノリンの── 43
　　ピリジンの── 24
酸化的脱アミノ 194
酸化的付加 (oxidative addition) 26
三酸化硫黄 11

し

1,4-ジアザビシクロ[2.2.2]オクタン 167
ジアジン (diazine) 70
　　──の塩基性 72
　　──の求核置換反応 73
1,2-ジアジン 70
1,3-ジアジン 70
1,4-ジアジン 70
ジアゼパム 129
3-シアノメチルインドール 118
2,5-ジアルキルピラジン 83
シアン化ナトリウム 118
ジエノフィル 78
GFP 83
ジエン (diene) 78
四塩化スズ 102
CoA 188
COX 129, 166
1,2-ジオール 199
1,4-ジオキサン (1,4-dioxane) 167, 183
ジオキセタン (dioxetane) 177
ジオキセタノン (dioxetanone) 163, 177
ジオキソラン (dioxolane) 67
1,3-ジカルボニル化合物 158
色素増感太陽電池 203
[3,3]シグマトロピー転位 135
シクロオキシゲナーゼ (cyclooxygenase) 129, 166
シクロセテラミン A 36
シクロデキストリン 184
シクロペンタジエニルアニオン 90
ジクロロアセトン 162
2,3-ジクロロ-5,6-ジシアノ-1,4-ベンゾキノン 51
1,4-ジケトン 98, 131, 132
β-ジケトン 158
四酸化オスミウム 199
ジシクロヘキシルカルボジイミド 156
ジシジリン 184
脂質異常症治療薬 45, 60, 115, 132
システイン 174
ジゾシルビン 43
シタフロキサシン 59
シタラビン 84
GTP 195
自動 DNA 合成 157
シトシン (cytosine) 5, 72, 81
ジドブジン 5, 84

柴﨑正勝 23
CP-293,019 23
ジヒドロキニジン (dihydroquinidine) 199
ジヒドロキニン (dihydroquinine) 199
1,2-ジヒドロキノリン 62, 63
ジヒドロストレプトマイシン 3
3,4-ジヒドロ-2H-ピラン 183
1,4-ジヒドロピリジン 51
ジヒドロピリジン 52
ジヒドロ葉酸 85
ジヒドロ葉酸レダクターゼ 85
ジヒドロリポアミド 193
ジブカイン 49
シプロフロキサシン 50
脂肪酸 18, 81, 89, 196
脂肪族ヘテロ環アミンの塩基性 168
脂肪族ヘテロ環 1
脂肪族ヘテロ五員環化合物 178
脂肪族ヘテロ三員環化合物 168
脂肪族ヘテロ四員環化合物 172
脂肪族ヘテロ六員環化合物 178
シメチジン 4, 165
4-ジメチルアミノピリジン 15, 105
ジメチルジオキシラン 97, 107, 167, 171
ジメチルスルホキシド 183
2,6-ジメチルピリジン 14
N,N-ジメチルホルムアミド 99, 118, 183
2,5-ジメトキシ-2,5-ジヒドロフラン 96
ジメトキシトリチル基 14
cis-ジャスモン 98
Sharpless, K. B. 199
Sharpless 触媒的不斉ジヒドロキシ化反応 199
重合 (polymerization) 21, 170
　　塩基開始剤による── 170
　　酸開始剤による── 171
重水素 120
主 溝 82
Schrock, R. R. 202
Schrock 触媒 203
消化性潰瘍治療薬 162, 162
硝酸アセチル 94, 117
硝酸ベンゾイル 117
触媒 (catalyst) 197
触媒サイクル (catalytic cycle) 27
触媒的不斉ジヒドロキシ化 199
シルデナフィル 5, 85, 159
シントン 55
シンノリン (cinnoline) 49, 71, 72

す

(−)-スアベオリン 144
水酸化物イオン 41
水素化アルミニウムリチウム 24
水素化物イオン (hydride ion) 21, 190
水素化ホウ素ナトリウム 24
水素結合 8
スーパーコイル 49
スキャホールド (scaffold) 127
スクシニル CoA 196

スクシンジアルデヒド 97
Skraup/Debner-Miller キノリン合成 62
スクロース (sucrose) 182
スズ (tin) 28
鈴木-宮浦カップリング (Suzuki-Miyaura coupling) 26, 28, 30, 45, 75, 122, 201
スタチン系 45, 46, 132
スタンニルピリジン 28
スチルベン 199
Stork のエナミン法 180
ストリキニーネ 124, 138
ストリクトシジン 146
ストレプトニグリン 80
ストレプトマイシン 3, 186
スピロインドリン還元体 120
スピロ中間体 120
スマトリプタン 126, 128, 137
スルファジアジン 3
スルファピリジン 3, 22
スルファメトキサゾール 85, 166
スルファメトキシピリダジン 85
スルフイソキサゾール 3
スルホラン (sulfolane) 183
スルホンアミド系抗菌薬 3

せ，そ

正四面体型中間体 173
生物学的等価体 126, 156
精密化学合成プロセス 30
セコロガニン 146
セチルピリジニウム塩化物 15
セファマイシン C 175
セファロスポリナーゼ 176
セファロスポリン 173
セファロスポリン系抗生物質 174
セファロスポリン C 3, 174
セフェム (cephem) 174
セフォタキシム 129
セルロース (cellulose) 182
セレコキシブ 166
セレンテラジン 83
ゼローダ 88
セロトニン (serotonin) 118, 124, 126, 137
遷移金属 (transition metal) 197
遷移金属触媒 (transition metal catalyst) 26
相間移動触媒 (phase transfer catalyst) 30
増感色素 203
双極子モーメント (dipole moment) 7, 92
　　チオフェンの── 92
　　ピペリジンの── 7
　　ピリジンの── 7
　　ピロールの── 92
　　フランの── 92
1,3-双極子付加環化反応 162
挿 入 (insertion) 27
薗頭カップリング (Sonogashira coupling) 26, 31, 44, 113, 123, 201
ソフト (soft) 73

索引

ゾメタ 166

た～つ

第一世代 Grubbs 触媒 63, 202
代謝（metabolism） 188
第二世代 Grubbs 触媒 63, 202
脱炭酸（decarbonation） 192, 193
脱硫反応 103
多糖 182
玉尾-熊田-Corriu カップリング 26
タリペキソール 129
タルセバ 88
単座配位子（monodentate ligand） 201
炭素環（carbocycle） 1
炭素環化合物（carbocyclic compound） 1
(−)-タンタゾール B 165
チアシクロブタン 167
チアシクロプロパン 167
チアシクロヘキサン 167
チアシクロペンタン 167
チアゾリウムイオン 154
チアゾリウムイリド 154
チアゾリウム塩 192
チアゾリウムカルベン 153
チアゾール（thiazole）
　　　　　130, 148, 160, 192, 205
チアミン（thiamine, thiamin） 154, 192
チアミンピロリン酸エステル 192
チイラン（thiirane） 167, 168, 170
チエタン（thietane） 167, 172
チエナマイシン 175
チオ尿素 162
チオフェン（thiophene） 90
　——のアシル化 102
　——の求核置換反応 107
　——の求電子置換反応 93, 94
　——の求電子置換反応における反応位置
　　　　　100
　——の共鳴構造 91
　——の合成 131
　——の双極子モーメント 92
　——の脱硫反応 103
　——の Diels-Alder 反応 107
　——の Friedel-Crafts 反応 102
　——のリチオ化 103
　——を含む天然物と医薬品 114
　パラジウム触媒による——の反応 108
　Paal-Knorr ——合成 133
2-チオフェンボロン酸 112
チタン 203
Chichibabin 反応 21, 42
Chichibabin ピリジン合成 54
窒素の反転障壁 168
チミジル酸シンターゼ 85
チミジン 5
チミン（thymine） 5, 81
チャノクラビン-I 122
Chain, E. B. 3, 173
チュアンシンマイシン 128
超分子 204

て

DSC 197, 203
THF 183
DHQ 199
DHQD 199
(DHQD)$_2$PHAL 199
(DHQ)$_2$PHAL 199
THP 183
DNA 5, 80
DABCO 167
DNA ジャイレース 50
DMSO 183
DMAP 15, 105
DMF 183
TMC-95A 111
DMT 14
TMP 179
DCC 156
DDQ 51, 66, 143
dppf 30
dppp 34
Diels-Alder 反応 92
　チオフェンの—— 107
　ピロールの—— 106
　フランの—— 105
デオキシヌクレオシド（deoxynucleoside）
　　　　　81
デオキシヌクレオチド（deoxynucleotide）
　　　　　5, 81
デオキシリボ核酸（deoxyribonucleic acid）
　　　　　80
テオネラジン B 36
テオフィリン 83
テオブロミン 83
テガフール 84
鉄 205
鉄-酢酸 17
テトラジン（tetrazine） 70
テトラゾール（tetrazole） 148, 155, 157
　——の合成 162
　——の酸性度 155
テトラヒドロアルミン酸リチウム 24
1,2,3,4-テトラヒドロイソキノリン 66
テトラヒドロカルバゾール 120
1,2,3,4-テトラヒドロ-β-カルボリン 66
テトラヒドロチオピラン 167
テトラヒドロチオフェン 167
テトラヒドロピラン（tetrahydropyran）
　　　　　167, 183
テトラヒドロフラン（tetrahydrofuran）
　　　　　167, 183
テトラヒドロホウ酸ナトリウム 24
テトラヒドロ葉酸 85
テトラブチルアンモニウムブロミド 30
2,2,6,6-テトラメチルピペリジン 179
テトロドトキシン 184
デバイ 7
デパゼピド 126, 129
デヒドロ-β-メチルトリプトファン 122
デラビルジン 126, 128

テロメスタチン 164
電気陰性度（electronegativity） 91
電子伝達系 195
デンプン 182

と

銅（copper） 31
同化（anabolism） 188
トスフロキサシン 59
ドネペジル 187
トポイソメラーゼ I 48
トポテカン 48, 49
ドラスタチン 10 165
drug-like 127
トラベクテジン 44, 68
トランスペプチダーゼ 175
トランスメタル化（transmetalation） 27
トリアジン（triazine） 70
トリアゾール（triazole） 148, 155
　——の塩基性 155
　——の合成 162
　——の酸性度 155
2,4,6-トリアミノトリアジン 89
トリアルキルホスフィン 200
トリイソプロピルシリル基 94
トリエチルアミン 179
トリカルボン酸回路
　　　　　（tricarboxylic acid cycle） 195
トリシクロヘキシルホスフィン 29
トリチウム 120
トリフェニルホスフィン 17
トリプタミン（tryptamine）
　　　　　66, 124, 143, 146
トリブチル（エトキシエチニル）スタンナン
　　　　　28
トリブチルビニルスタンナン 45
トリプトファン（tryptophan）
　　　　　35, 66, 124, 143
トリメチルシリルシアニド 42
トリメトプリム 78, 85
p-トルエンスルホニル基 95
トルメチン 101
トロピセトロン 128
トロピノン 97

な 行

ナイアシン（niacin） 35
ナイアシンアミド（niacinamide） 35
ナカドマリン A 111
ナフタレン（naphthalene） 38
ナフチリジン 49, 50
ナリジクス酸 4, 49, 50, 59
ナルコレプシー 20
II 型トポイソメラーゼ 50
ニコチン（nicotine） 35, 87
ニコチンアミド（nidotinamide） 35
ニコチンアミドアデニンジヌクレオチド
　　　　　（nicotinamide adenine dinucleotide）
　　　　　31, 188, 190

索引

ニコチン酸（nicotinic acid）24, 35
ニコチン酸リボヌクレオチド 35
ニザチジン 129, 165
二座配位子 201
二酸化硫黄 11
二重らせん 49
ニトレンジピン 53
4-ニトロピリジン 17
4-ニトロピリジン N-オキシド 17
3-（2′-ニトロフェニル）ピリジン 29
2-PAM 16
ニフェジピン 4, 52
ニフルミン酸 20
ニューキノロン 4, 49, 58
ニューキノロン系抗菌薬 50, 59
尿酸（uric acid）82
尿素 194
尿素回路（urea cycle）194, 195

根岸カップリング（Negishi coupling）
　　　　26, 32, 45, 113, 123
ネビラピン 36

ノカルジシン A 175
ノルフロキサシン 50

は

バイアグラ 5, 85, 159
配位子（ligand）30, 197, 202, 203
配位子交換 34
配座異性体 181
配座制御 181
ハイスループットスクリーニング 130
π電子過剰 30, 91
π電子不足 7, 30
発煙硝酸 9, 12
発煙硫酸 9
バッカク（麦角）アルカロイド 124
Buchwald-Hartwig アミノ化反応
　　　（Buchwald-Hartwig ammination）33
ハード（hard）73
パパベリン 47
パパキン 48
パラコート 15
パラジウム（palladium）26
PD(II)から Pd(0)への還元 34
ハラヴェン 186
ハリコンドリン B 186
バリン 174
C. Paal 131
Paal-Knorr 合成 131～133
バレニクリン 87
δ-バレロラクタム 173
δ-バレロラクトン 173
ハロアジン 74
ハロイソキノリン 41
　　──の求核置換反応 41
　　パラジウム触媒による──の反応 43
ハロキノリン 41
　　──の求核置換反応 41
　　パラジウム触媒による──の反応 43

ハロピリジン 18, 26
　　──のアミノ化 33
　　──の求核置換反応 18
　　──の小杉-右田-Stille カップリング 28
　　──の鈴木-宮浦カップリング 30
　　──の薗頭カップリング 30
　　──の根岸カップリング 32
　　──の溝呂木-Heck 反応 27
　　パラジウム触媒による──の反応 26
ハロベンゼン 18, 26
Hantzsch, A. 51
Hantzsch ピリジン合成 51
反応溶媒 183

ひ

ビアリール骨格 26
　　アジンの── 71
PMP 194, 195
PLP 193, 194
PLP-アミノ酸イミン 194
(+)-ビオチン 184
非核酸系逆転写酵素阻害薬 36
非共有電子対（unshared electron pair）1, 8
Pictet-Gams 合成 69
Pictet-Spengler イソキノリン合成 64
Pictet-Spengler 反応 63, 66, 120, 142
　　アジンの── 71
pK_{aH} 8, 40, 105, 150
　　アゾールの── 150
　　イソキノリンの── 40
　　キノリンの── 40
　　ピリジンの── 8
　　ピロールの── 105
ピコリン 24
PG 36
PCC 16
Bischler-Napieralski イソキノリン合成 63
Bischler-Napieralski 反応 63, 65, 142
ビス（ジヒドロキニジニル）フタラジン 199
ビス（ジヒドロキニル）フタラジン 199
ヒスタミン（histamine）165
ヒスタミン H_2 受容体拮抗薬 165
非ステロイド性抗炎症薬 3, 36, 137, 166
ピタバスタチン 45, 46, 60
ビタミン M 85
ビタミン C 114
ビタミン B_1 154, 192
ビタミン B_3 35
ビタミン B_6 35, 193
ヒダントイン（hydantoin）130
ヒドラジン（hydrazine）76, 96, 136, 158
ヒドラゾン 136
3-ヒドロキシアシル CoA 189, 190
3-ヒドロキシピリジン 8, 97
1-ヒドロキシベンゾトリアゾール 156
ヒドロキシルアミン 158
Pinner 合成 77
PPE 137
2,2′-ビピリジン 205

2,4′-ビピリジン 28
4,4′-ビピリジン 204, 205
ピペラジン（piperazine）167
ピペリジン（piperidine）7, 49, 167
　　──の塩基性 8
　　──の双極子モーメント 7
ヒポキサンチン 166
檜山カップリング 26
ピラジン（pyrazine）70, 71
ピラゾール（pyrazole）148, 158
ピラゾロン骨格 166
ピラミッド反転 168
2H-ピラン 183
ピリジニウムイオン（pyridinium ion）10, 14
　　──の反応 12
　　──への求核付加反応 22
2-ピリジノン 8
4-ピリジノン 8
5-ピリジルインドール 122
3-ピリジル酢酸エチルエステル 28
ピリジルスタンナン 28
ピリジルボラン 29
ピリジルボロン酸 29
ピリジン（pyridine）7, 71
　　環を含む天然物および医薬品 35
　　──と求核剤の反応 18
　　──と求電子剤の反応 9
　　──の塩基性 8, 149
　　──の求核性 8
　　──の求核置換反応 18
　　──の求電子置換反応 9
　　──の共鳴構造 7
　　──の合成 51
　　──の構造 7
　　──の酸化と還元 24
　　──の双極子モーメント 7
　　──のpK_{aH} 8
　　──のリチオ化 25
ピリジンアルカロイド 36
ピリジン N-オキシド 17
ピリジン-三酸化硫黄
　　（pyridine sulfur trioxide）13, 99
ピリジンハロゲン化物 → ハロピリジン
ピリダジン（pyridazine）70, 71, 96
　　──の合成 75
ピリドキサミンリン酸 194, 195
ピリドキサールリン酸 193, 194
ピリドキシン（pyridoxine）35, 193
ピリドピリミジン 49
ピリドンカルボン酸 4
ピリミジン（pyrimidine）70～72, 80, 81, 130
　　──の合成 77
2,4-ピリミジンジオン 72
Vilsmeier 反応 99, 118
ビルディングブロック（building block）23
ピルビン酸（pyruvic acid）135, 192, 193, 196
ピルビン酸デヒドロゲナーゼ 192
ピロカルピン 165
ピロキシカム 22
ピロリウムカチオン 97
ピロリジン（pyrrolidine）167
　　──を用いたエナミンの反応 181
ピロリン酸 35
ピロリン酸エステル 192

索　引

ピロール（pyrrole）　90, 101, 130
　　——のアシル化　102
　　——の塩基性　149
　　——の求核置換反応　107
　　——の求電子置換反応　93, 94
　　——の求電子置換反応における反応位置
　　　　　　　　　　　　　　　　100
　　——の共鳴構造　91
　　——の合成　131
　　——の双極子モーメント　92
　　——の Diels-Alder 反応　106
　　——の pK_{aH}　105
　　——のプロトン化　97
　　——のリチオ化　103
　　——を含む天然物と医薬品　114
　　パラジウム触媒による——の反応　108
　Paal-Knorr——合成　131
ピロールアニオン　105
ピロール三量体　98
2-ピロールボロン酸　110
ピロロキノリンキノン　49
ビンクリスチン　124
ビンコシド　146
ピンドロール　128

ふ

ファインケミカル合成プロセス　30
ファビピラビル　87
ファモチジン　129, 162, 165
ファロペネム　175
フィゾスチグミン　124
Fischer, E.　135
Fischer インドール合成　135
Pfitzinger 合成　60
フェナジノマイシン　83
フェナントリジン（phenanthridine）　71, 72
フェニラミドール　22
フェニルヒドラジン（phenylhydrazine）　135
フェニルヒドラゾン（phenylhydrazone）　135
2-フェニルピロール　109, 110
フェニルブタゾン　2, 166
フェノチアジン（phenothiazine）　130
フェロジピン　53
付加環化反応（cycloaddition）　78
副　溝　82
不斉 Reissert 反応　23
不斉反応（asymmetric reaction）　197
不斉補助基　197
不斉補助剤　197
不斉 Reissert 反応　43
フタラジン（phthalazine）　71, 72, 76, 199
フタラジンジオン　76
フタルジアルデヒド　76
ブタンジアール　97
ブチルリチウム　163
γ-ブチロラクタム　173
γ-ブチロラクトン　173
フッ素化剤　13, 25
ブテニルボラン　30
プテリジン　85
cis-ブテンジアール　96

α,β-不飽和脂肪酸アシル CoA　190
α,β-不飽和チオエステル　189, 190
フマル酸　196
フミトレモルジン B　144
Black, J.　4, 165
ブラックダイ　203
プラバスタチン　46
フラビンアデニンジヌクレオチド
　　（flavin adenine dinucleotide）　188, 189
プラリドキシムヨウ化物　16
フラン（furan）　90
　　——のアシル化　102
　　——の求核置換反応　107
　　——の求電子置換反応　93～95
　　——の求電子置換反応における反応位置
　　　　　　　　　　　　　　　　100
　　——の共鳴構造　91
　　——の合成　131
　　——の酸加水分解　98
　　——の双極子モーメント　92
　　——の Diels-Alder 反応　105
　　——の Friedel-Crafts 反応　102
　　——のリチオ化　103
　　——を含む天然物と医薬品　114
　　パラジウム触媒による——の反応　108
　Paal-Knorr——合成　132
Friedel-Crafts 反応　11, 102
Friedlander 合成　58
プリビリッジド構造　127
5-フリルインドール　122
5-フリルキノロン　133
プリン　72, 80
5-フルオロウラシル　5, 85, 88
N-フルオロピリジウム塩　13
N-フルオロベンゼンスルホンイミド　25
フルクトース　182
フルクトフラノース　182
フルコナゾール　155
フルバスタチン　128
ブレオマイシン　163
Fremy 塩　67
Fleming, A.　3, 173
プロカイン　185
プロキラル炭素（prochiral carbon）　23
プロスタグランジン　36
プロテアソーム阻害　87
プロドラッグ（prodrug）　49, 88
プロトンポンプ阻害薬　166
β-プロピオラクタム　173
β-プロピオラクトン　173
プロプラノロール　165, 169
Florey, H. W.　3, 173
分極率（polarizability）　91
分子内 Mannich 反応　142
分子内溝呂木-Heck 反応　140
分子標的薬　87

へ，ほ

閉環メタセシス（ring-closing metathesis）
　　　　　　　　　　　　　　63, 201

ヘキサシアノ鉄（Ⅲ）酸カリウム　23, 199
2,5-ヘキサンジオン　132
Hegedus インドール合成　140
β 酸化　188
β 遮断薬　165, 169
β 水素脱離（β-hydrogen elimination）　27
ペダンクラリン　138
ヘテロアリールスズ化合物　28
ヘテロ環（heterocycle）　1
ヘテロ環アミン　5, 81
ヘテロ環化学（heterocyclic chemistry）　2
ヘテロ環化合物
　　　（heterocyclic compound）　1
ヘテロ環コポリマー　112
ヘテロ原子（heteroatom）　1
ヘテロ五員環化合物　178
N-ヘテロサイクリックカルベン
　　　　　　　　　　　153, 201, 202
ヘテロ三員環化合物　168
ヘテロ Diels-Alder 反応　79
ヘテロ四員環化合物　172
ヘテロ六員環化合物　178
ペナム（penam）　174
ペニシリナーゼ　176
ペニシリン　3, 173, 175
ペニシリン系抗生物質　174
ペニシリン G　3, 174
ペニシリン酸　176
ペネム（penem）　174
ペプチド結合　191, 192
ペプチド転移酵素　175
ヘミチオアセタール中間体　193
ヘム（heme）　76, 114
ヘモグロビン　76, 114, 205
ペリレン　114
ペルオキシ一硫酸カリウム　171
ヘロイン　47
5-ベンジルオキシインドール　118
ベンゼン（benzene）　7
　　——の求電子置換反応　9
ベンゼンハロゲン化物 → ハロベンゼン
ベンゾイミダゾール（benzimidazole）　130
ベンゾイン縮合　153
ベンゾキノン　51, 140
ベンゾヂアゼピン（benzodiazepine）　130
1,4-ベンゾジアゼピン　128
ベンゾチオフェン（benzothiofen）　116
　　——の求電子置換反応　116
　　——のリチオ化　120
　　——を含む天然物と医薬品　124
　　パラジウム触媒による——の反応　121
ベンゾ[b]チオフェン（benzo[b]thiophene）
　　　　　　　　　　　　　　　　130
ベンゾ[b]ピラン（benzo[b]pyran）　130
ベンゾピリジン（benzopyridine）　38
ベンゾフラン（benzofuran）　116
　　——の求電子置換反応　116
　　——のリチオ化　120
　　——を含む天然物と医薬品　124
　　パラジウム触媒による——の反応　121
ベンゾ[b]フラン（benzo[b]furan）　130
ヘンノキサゾール A　165

芳香族アミノ化反応　33

芳香族性（aromaticity） 2
芳香族ヘテロ環 1
芳香族六員環化合物 7
補酵素 189, 190
補酵素 A 188
ボスカリド 36
ホスト 184
ホスフィン（phosphine） 34, 200
ホスホマイシン 184
ホタルルシフェリン 163
勃起不全治療薬 85
N-Boc ピロール 105
Pomeranz-Fritsch イソキノリン合成 64, 69
ボラン（borane） 28
ポリアミン 171
ポリチオフェン（polythiophene） 112
ポリピロール（polypyrrole） 112
ポリマー（polymer） 170
ポリリン酸 66
ポリリン酸エステル 137
ボルテゾミブ 87
ポルフィリン（porphyrin） 101, 114, 205
3-ホルミルインドール 118
3-ホルミルベンゾチオフェン 118
ホルムアルデヒド 100
ボロン酸（boronic acid） 28
ボロン酸エステル 28

ま 行

Michael 反応 98, 189, 190
マイトマイシン C 184
マッピシン 44, 60
麻 薬 125
マラリア 47
マロン酸ジエチル 57
Mannich 塩基 100, 118
Mannich 反応 100, 118, 132, 138

ミアンセリン 187
ミオグロビン 114
溝呂木-Heck 反応（Mizoroki-Heck reaction） 27, 44, 73, 108, 122, 200
緑色蛍光タンパク質 83

無水酢酸 133

メタルフリー有機色素 197
N-メチル-D-アスパルテート 43
β-メチルトリプトファン 122
4-メチル-2,2′-ビピリジン 32
N-メチルピリジノン 23
N-メチルピロリドン 183
メチルフェニデート 20
2-(2′-メチルフェニル）ピリジン 29
2-メチルフェニルボロン酸 29

メチレンテトラヒドロ葉酸 85
メトキサチン 47
メトトレキサート 85
メトロニダゾール 166
メバロチン 46
メバロン酸 46
メピバカイン 187
メラトニン（melatonin） 124, 137
メラミン（melamine） 89
メラミン樹脂 89
メリノニン-E 146

モキシフロキサシン 59
モサプリド 187
モノバクタム（monobactam） 174
モノマー（monomer） 170
モラシン M 125
森-伴インドール合成 140
モリブデン 201
モルヒネ 2, 47
モルホリン（morpholine） 167

や 行

有機亜鉛化合物 32
有機 EL 30
有機エレクトロルミネッセンス 30
有機過酸 17
有機スズ化合物 28
有機導電性ポリマー 112
有機ホウ素化合物 28
有機リチウム反応剤 22
(−)-ユーデスミン C 145
(−)-ユーデスミン L 145

ヨウ化銅 31, 123
ヨウ化プラリドキシム 16
ヨウ化メチル 118
ヨウ化 N-メチルピリジニウム 15
葉 酸 85
ヨウ素酸化 14
N-ヨードスクシンイミド 95
(−)-ヨヒンバン 146
四酸化二窒素 118

ら 行

Reissert 反応 23, 42
β-ラクタマーゼ 176
ラクタム（lactam） 8, 173
β-ラクタム（β-lactam） 130, 173
β-ラクタム系抗生物質 3, 50
ラクタム（lactim） 8
ラクトン（lactone） 173

ラタモキセフ 175
ラニチジン 165
Raney ニッケル 103
ラベタロール 169
ラミブジン 84
ラモセトロン 126, 128
ラロキシフェン 125, 126

リガンド 30, 127
リセドロン酸ナトリウム 36
リゼルグ酸ジエチルアミド 125
リタリン 20
リチウムジイソプロピルアミド 163, 179
リチオ化（lithiation） 25
　インドールの── 120
　チオフェンの── 103
　ピリジンの── 25
　ピロールの── 103
　フランの── 103
　ベンゾチオフェンの── 120
　ベンゾフランの── 120
リドカイン 185
リード化合物 47, 127
lead-like 127
リネゾリド 187
リボアミド 193
リボ核酸（ribonucleic） 80
緑内障 165
リルゾール 129
リンゴ酸 196
リン酸エステル 14

Lewis 酸 11
ルシフェラーゼ 177
ルテニウム 201
ルミノール反応 76

レセプター 127
レセルピン 125, 146
レダクターゼ 191
レチクリン 2, 47
レッドダイ 203
レバミピド 49
レボフロキサシン 4, 50, 59

ロサルタン 157, 161
ロシグリタゾン 19
ロセオフィリン 132
Lawesson 試薬 133
Robinson, R. 97
Robinson-Gabriel 合成 160
ロラゼパム 129

わ

Waksman, S. A.

中　川　昌　子
　　　1935 年　新潟県に生まれる
　　　1958 年　北海道大学薬学部 卒
　　　1960 年　北海道大学大学院薬学研究科修士課程 修了
　　　千葉大学名誉教授
　　　専攻　有機化学
　　　薬学博士

第 1 版第 1 刷　2014 年 4 月 1 日 発行

ヘテロ環化合物の化学

Ⓒ 2014

著　者　　中　川　昌　子
発行者　　小　澤　美奈子
発　行　　株式会社東京化学同人
東京都文京区千石3丁目36-7(〒112-0011)
電話　03-3946-5311・FAX　03-3946-5316
URL: http://www.tkd-pbl.com/

印　刷　中央印刷株式会社
製　本　株式会社松岳社

ISBN978-4-8079-0842-4　Printed in Japan
無断転載および複製物(コピー, 電子
データなど)の配布, 配信を禁じます.